Wolf-Joachim Fischer
René Schüffny

MOS-VLSI-Technik

Informatik · Kybernetik · Rechentechnik

Herausgegeben von der Akademie der Wissenschaften der DDR
Zentralinstitut für Kybernetik und Informationsprozesse

Band 16

MOS-VLSI-Technik

von Wolf-Joachim Fischer und René Schüffny

MOS-VLSI-Technik

Eine Einführung in

- Technologie
- Entwurf
- CAD-Systeme
- Schaltkreise

von Wolf-Joachim Fischer und René Schüffny

Mit 203 Abbildungen und 22 Tabellen

Akademie-Verlag Berlin 1987

Verfasser: Dr. sc. techn. Wolf-Joachim Fischer
ZFT Mikroelektronik Dresden

Dr. sc. techn. René Schüffny
Technische Universität Dresden

ISBN 3-05-500223-7
ISSN 0232-1351

Erschienen im Akademie-Verlag Berlin, Leipziger Straße 3—4 DDR-1086 Berlin,

Lizenznummer: 202 · 100/405/87
Printed in the German Democratic Republic
Gesamtherstellung: VEB Druckerei „Thomas Müntzer“, 5820 Bad Langensalza
Einband und Schutzumschlag: Dietmar Kunz
Lektor: Dipl.-Phys. Gisela Lagowitz
LSV 3535
Bestellnummer: 763 618 8 (6968)

05800

1. Vorwort

Die Mikroelektronik hat im letzten Jahrzehnt weltweit stürmischen Aufschwung genommen. Vergingen von der Patentierung eines feldgesteuerten Bauelementes im Jahre 1930 bis zur Herstellung erster MOS-Transistoren 1962 noch über dreißig Jahre, so wurden bereits zehn Jahre später integrierte Halbleiterspeicher mit mehreren tausend Transistoren hergestellt. Eine Etappe, die wir heute als Großintegration (LSI — large scale integration) bezeichnen, war erreicht. Heute, ein Dezennium danach, werden Schaltkreise mit mehreren hunderttausend Bauelementen industriell hergestellt, und Chips mit über einer Million Transistoren befinden sich in der Laborfertigung. Für diese Schaltkreisgeneration hat sich die Bezeichnung VLSI-Technik (very large scale integration) eingebürgert. Ein Ende dieser Phase überdurchschnittlichen Wachstums der Mikroelektronik ist gegenwärtig noch nicht absehbar. Noch größere Schaltkreise (ULSI — ultra large scale integration) mit Bauelementen im Submikrometerbereich befinden sich bereits in Vorbereitung.

Mit der Steigerung des Integrationsgrades ist es in zunehmendem Maße möglich geworden, komplette Systeme auf einem einzigen integrierten Schaltkreis zu realisieren. Damit erweitert sich ständig der Kreis derer, die nicht nur Anwender von Schaltkreisen sind, sondern auch aktiv Anteil an der Konzeption, Entwicklung und Herstellung solcher Schaltkreise haben. Unser Anliegen ist es, besonders diesem Interessentenkreis einen Einstieg in die MOS-VLSI-Technik zu ermöglichen. Dabei ist es uns nicht leichtgefallen. aus der kaum übersehbaren Menge des verfügbaren Materials auszuwählen. Viele interessante Probleme mußten weggelassen oder konnten nur mit wenigen Worten angedeutet werden.

Die Beschränkung auf Silizium-MOS-Schaltkreise wurde gewählt, da diese Schaltkreise besonders typisch für die VLSI-Technik sind. Das schließt natürlich nicht aus, daß heute und auch in Zukunft für Spezialanwendungen Bipolarschaltungen oder Schaltkreise auf GaAs-Basis zum Einsatz kommen.

Schwerpunkt dieses Buches ist der Schaltkreisentwurf. Auf benachbarte Gebiete, wie den System- und Logikentwurf oder die Meßtechnik, kann daher nicht oder nur am Rande eingegangen werden. Der interessierte Leser muß hier auf die entsprechende Spezialliteratur verwiesen werden.

Die technologischen und innerphysikalischen Probleme, deren Verständnis für die VLSI-Technik fundamental ist, werden im Kapitel 2 dargestellt. Entwurfsgrundlagen und CAD-Systeme sind Inhalt der beiden folgenden Kapitel. Innerhalb der Klasse der digitalen Schaltkreise wird die moderne VLSI-Technik anhand ausgewählter Beispiele aus den Gebieten Semikundenentwurf, Speicher und Signalprozessoren vorgestellt. Ein

Beitrag zur VLSI-Analogtechnik, die zunehmend an Bedeutung gewinnt und nicht losgelöst von der Digitaltechnik betrachtet werden kann, rundet diese Übersicht ab.

Herrn Prof. Dr.-Ing. habil A. MÖSCHWITZER, der die Anregung zu dem Buch gab und diese Arbeit förderte, möchten wir an dieser Stelle herzlich danken. Unser Dank gilt auch allen Fachkollegen aus dem Kombinat Mikroelektronik, von der Technischen Universität Dresden, aus dem Zentralinstitut für Kybernetik und Informationsprozesse der Akademie der Wissenschaften der DDR und aus dem Institut für Nachrichtentechnik, die uns durch Ihre Mitarbeit an einzelnen Kapiteln geholfen haben. Herrn ROMAN RABE und Frl. KRISTINA RABE möchten wir für die sorgefältige Manuskriptdurchsicht danken.

Unser besonderer Dank gilt Frau Dipl.-Phys. LAGOWITZ vom Akademie-Verlag, die sich mit großem persönlichen Einsatz für die Herausgabe dieses Buches eingesetzt hat, für die sehr gute Zusammenarbeit.

Dresden, August 1985

W.-J. FISCHER R. SCHÜFFNY

Inhaltsverzeichnis

1. Einleitung

Die Entwicklung der Mikroelektronik ist in den letzten Jahren durch eine rasante Zunahme des Integrationsgrades (MSI-, LSI-, VLSI-, ULSI-) gekennzeichnet, die heute die ökonomische Herstellung ganzer Systemlösungen auf wenigen Chips ermöglicht. Die zu bewältigenden Probleme auf dem Weg zur VLSI-Technik stellen eine Herausforderung ersten Ranges dar, die zu einer komplexen, durchgängigen und vernetzten Lösung der Gesamtaufgabe zwingt. Die VLSI-Technik geht zunehmend von den Teilautomatisierungen der LSI-Technik („Automatisierungsinseln“) zur Verkettung zusammenhängender Aufgaben (CAD-, CAM-, CAT-Aspekte) zu einem Entwurfs- und Fertigungssystem (Abb. 1.1) [DMRS 85] über.

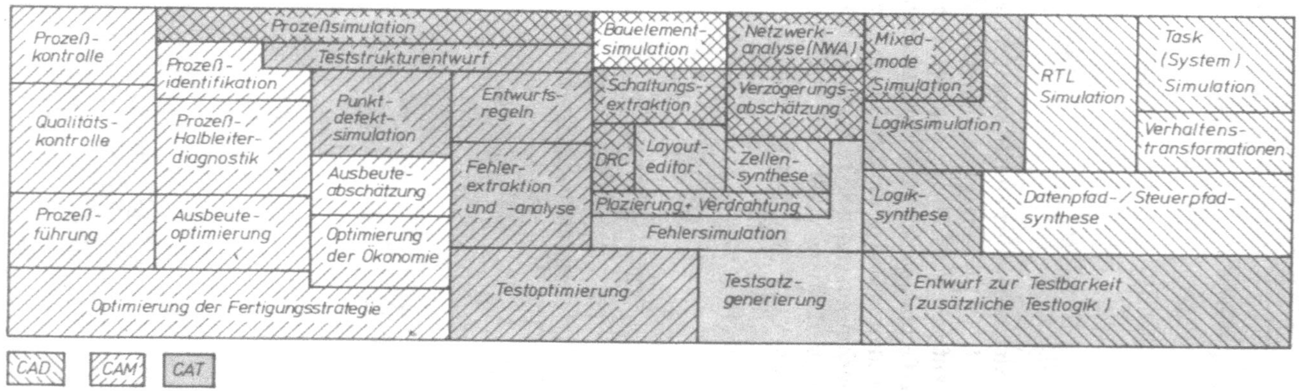

Abb. 1.1 Bestandteile und Wechselbeziehungen in einem System nach [DMRS 85] zur Entwicklung und Fertigung von VLSI-Schaltkreisen:

CAD — computer aided design / rechnergestützter Entwurf
CAM — computer aided manufacturing / rechnergestützte Fertigung
CAT — computer aided test / rechnergestützter Test
RTL — register transfer logic / Registertransfer-Logik
DRC — design rule checking / Entwurfsregelprüfung

2. Physikalische und technische Grundlagen der MOS-Technik

2.1. Grundlagen der MOS-Technik

Dominierendes Bauelement in der integrierten VLSI-Schaltungstechnik ist der Transistor. Er wird in der Digitaltechnik als Schalter und Ladungsspeicher (Kapazität) und in der Analogtechnik als Verstärkerelement eingesetzt. Andere Bauelemente, wie Widerstände, Kapazitäten und Dioden, haben demgegenüber eine untergeordnete Bedeutung und werden nur in Spezialschaltungen verwendet. Transistoren können sowohl in MOS- als auch in Bipolartechnik hergestellt werden. Der gegenwärtig erreichte Stand der Halbleitertechno-

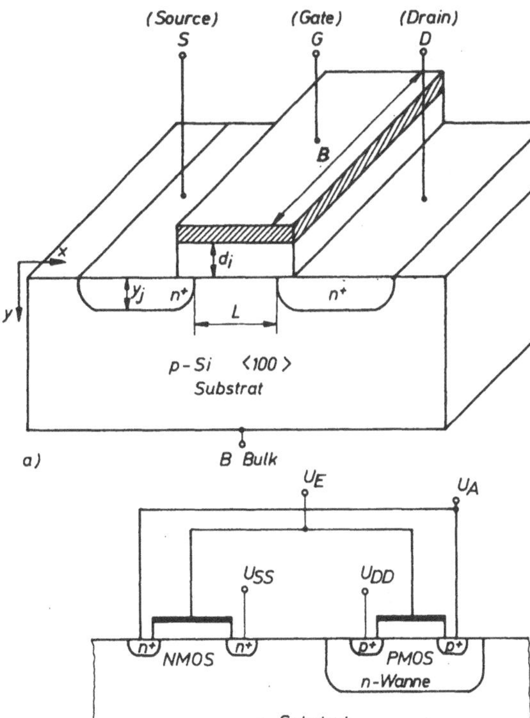

Abb. 2.1 Querschnitte integrierter MOS-Strukturen
a) Integrierter NMOS-Transistor,
b) Integrierter CMOS-Inverter

logie ermöglicht die Herstellung von VLSI-Schaltkreisen sowohl in MOS- als auch in Bipolartechnik. Wegen der einfacheren und damit bezüglich Kosten und Ausbeute ökonomischeren Technologie hat sich die MOS-Technik für hochintegrierte Schaltkreise durchgesetzt. Das spiegelt sich besonders im Verhältnis der jährlich in MOS- und Bipolartechnik produzierten hochintegrierten Schaltkreise wieder.

Der grundlegende Aufbau des integrierten MOS-Transistors (Abb. 2.1) hat sich in den letzten 20 Jahren nicht verändert. Ein zwischen den diffundierten Source- und Draingebieten fließender Löcher- (PMOS) oder Elektronenstrom (NMOS) wird durch das von der isolierten Gateelektrode erzeugte vertikale elektrische Feld gesteuert, indem die Leitfähigkeit im Kanalgebiet verändert wird. Der Stromfluß setzt erst ein, wenn eine minimale Gate-Source-Spannung U_{GS}, die sogenannte Schwellspannung U_{P0}, überschritten wird und eine Drain-Source-Spannung U_{DS} anliegt. Bei Erreichen der Schwellspannung bildet sich an der Halbleiteroberfläche ein Inversionskanal zwischen Source- und Draingebiet aus.

Das typische Ausgangs- und Transferkennlinienfeld eines NMOS-Enhancementtransistors (ET) zeigt Abb. 2.2a, b.

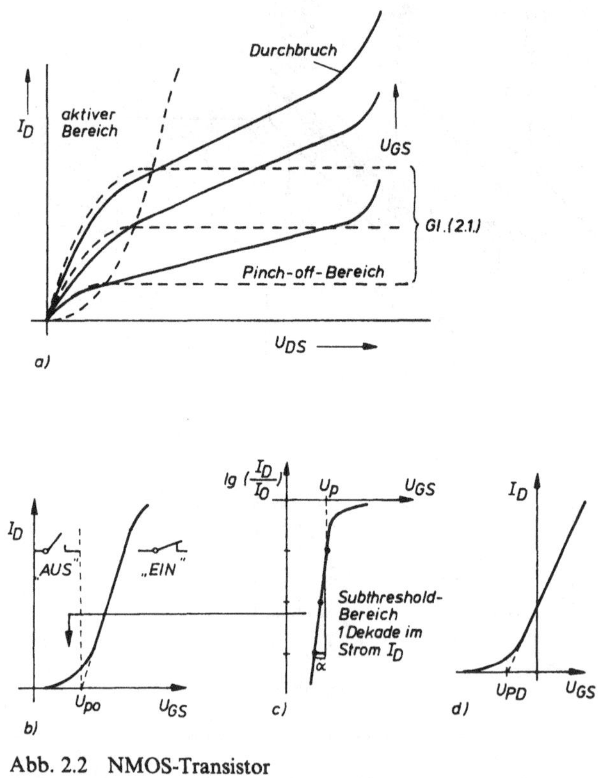

Abb. 2.2 NMOS-Transistor
a) Ausgangskennlinienfeld eines NMOS-Transistors,
b) Transferkennlinie eines NMOS-Transistors (Enhancementtransistor),
c) Transferkennlinie im Subthresholdbereich (logarithm. Darstellung um U_{P0}),
d) Transferkennlinie eines Depletiontransistors

Die Transistorkennlinie läßt sich im einfachsten Fall durch Gl. (2.1) nähern:

$$I_D = \begin{cases} 0, & U_{GSE} \leqq 0 \quad \text{Sperrbereich,} \\ \beta\,(2\,U_{GSE} - U_{DS})\,U_{DS}, & U_{GSE} \geqq U_{DS} \quad \text{aktiver Bereich,} \\ \beta\,U_{GSE}^2\,. & U_{GSE} < U_{DS} \quad \text{Pinch-off-Bereich} \end{cases} \tag{2.1.}$$

mit $U_{GSF} = U_{GS} - U_{p0}$ und der Transistorkonstanten $\beta \approx \frac{\varepsilon_i \mu_{n/p} B}{2 d_i L}$ · Typische Werte sind für die Elektronenbeweglichkeit $\mu_n \approx 600\ \text{cm}^2/\text{Vs}$, die Dielektrizitätskonstante des Gateoxides $\varepsilon_i \approx 10^{-12}$ As/Vcm und die Gateoxiddicke $d_i \approx 10 \ldots 100$ nm.

In der Digitaltechnik arbeitet der MOS-Transistor als Schalter (Abb. 2.2b). Die Schalterfunktion ist dabei nicht ideal. Im „Aus"-Zustand ($U_{GS} < U_{P0}$) fließen Subthresholdströme (Abb. 2.2c), die für dynamisch arbeitende Schaltungen nicht vernachlässigbar sind. Durch Ionenimplantation lassen sich auch NMOS-Transistoren mit negativer Schwellspannung (Abb. 2.2d), sogenannte Depletiontransistoren (DT), herstellen, die in der statischen NMOS-Technik als Lasttransistoren mit Konstantstromquellencharakteristik eingesetzt werden.

Die PMOS-Schaltungstechnik auf der Grundlage von p-Kanal-Enhancementtransistoren ist für das LSI-/VLSI-Gebiet bedeutungslos geworden. Die Kombination von PMOS- und NMOS-Transistoren zur CMOS-Technik (Abb. 2.1b) hat sich dagegen als die dominierende VLSI-Schaltungstechnik durchgesetzt. CMOS-Schaltungen zeichnen sich durch extrem niedrige statische Verlustleistung aus. In der MOS-VLSI-Technik treten mit zunehmender Strukturverkleinerung parasitäre innerelektronische Effekte (Abschn. 2.5.) in den Vordergrund. Mittels aufwendiger, hohe Kosten verursachender technologischer Maßnahmen (Abschn. 2.2.) wird diesen Effekten entgegengewirkt.

2.2. MOS-Technologie

2.2.1. Allgemeine Grundlagen

Die Herstellung eines integrierten Schaltkreises umfaßt eine Vielzahl notwendiger Arbeitsgänge. Üblicherweise werden diese zu den drei Komplexen Entwurf, Präparation und Meßtechnik zusammengefaßt. Die wichtigsten zwischen diesen Komplexen bestehenden Wechselbeziehungen zeigt Abb. 2.3.

Endprodukt des Schaltkreisentwurfes ist ein Datenträger, der den gesamten Schaltungsinhalt in Form einfachster geometrischer Figuren (Rechtecke), sortiert nach den verschiedenen technologischen Ebenen, enthält. Dieser Datenträger ist die Schnittstelle zwischen Schaltungsentwurf und Technologie. Im Verlaufe der technologischen Bearbeitung wird der entworfene Schaltkreis schrittweise in das Halbleitermaterial, das im allgemeinen Silizium ist, umgesetzt. Der technologische Prozeß im engeren Sinn umfaßt dabei alle Teilschritte, die mit dem Wafer (Siliziumscheibe) ausgeführt werden. Dieser Teil des technologischen Gesamtprozesses soll im weiteren mit dem Synonym „Zyklus-I" bezeichnet werden. Die Teilschritte zum Vereinzeln der Wafer in Chips, zum Kontaktieren sowie Verschließen der Bauelemente in Gehäusen sollen sinngemäß unter der Bezeichnung „Zyklus-II" zusammengefaßt werden. Ergänzend sei noch vermerkt, daß teilweise für die

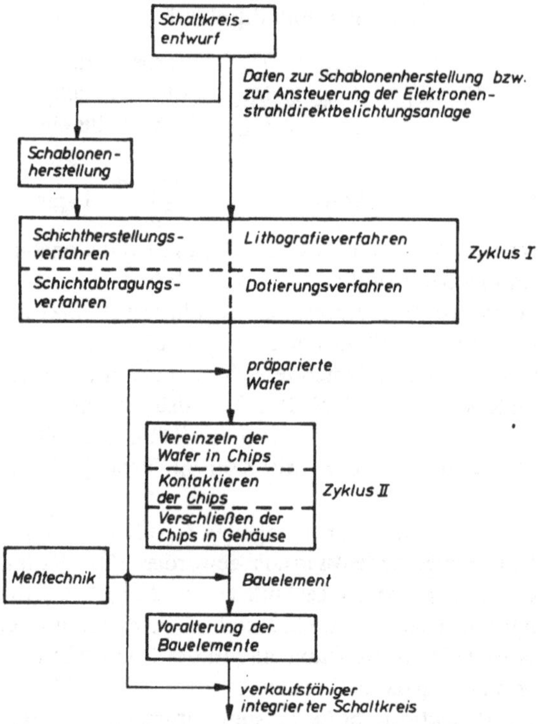

Abb. 2.3 Hauptschritte bei der Herstellung eines integrierten Schaltkreises (IC)

Siliziumscheibenherstellung und die Meßtechnik die Bezeichnungen „Zyklus-0" bzw. „Zyklus-III" gebräuchlich sind.

Wird das Layout nicht direkt, sondern mittels Schablonen auf die Scheibe übertragen, so ist zwischen Entwurf und Technologie die Schablonenherstellung durchzuführen.

Die Besonderheit der VLSI-Technologie im Vergleich zu technologischen Verfahren zur Herstellung von Schaltkreisen mit niedrigerem Integrationsgrad besteht darin, daß Strukturen im Mikrometer- und Submikrometerbereich in einer Anzahl von 10^4 bis 10^6 pro Ebene auf Chips mit einer Chipfläche bis zu einem Quadratzentimeter hergestellt werden müssen. Die Erzielung hoher Ausbeuten ist dabei Grundvoraussetzung für eine ökonomische Produktion. Bei vergleichbaren technischen Parametern ist die erreichbare Ökonomie der Gradmesser, der entscheidet, ob ein im Labormaßstab erfolgreich erprobtes technologisches Verfahren in die Produktion übergeleitet wird.

2.2.2. Schablonentechnologie

Das Layout mikroelektronischer Schaltungen wird mittels Lithografieverfahren auf die Siliziumscheibe übertragen. Dabei wird durch Belichtung ein auf der Scheibe aufgetragener Lack (Resist) strukturiert. Für hochintegrierte Schaltkreise kommen sowohl Schablonenverfahren als auch in zunehmendem Maße Direktbelichtungsverfahren (ohne Schablonen) zum Einsatz.

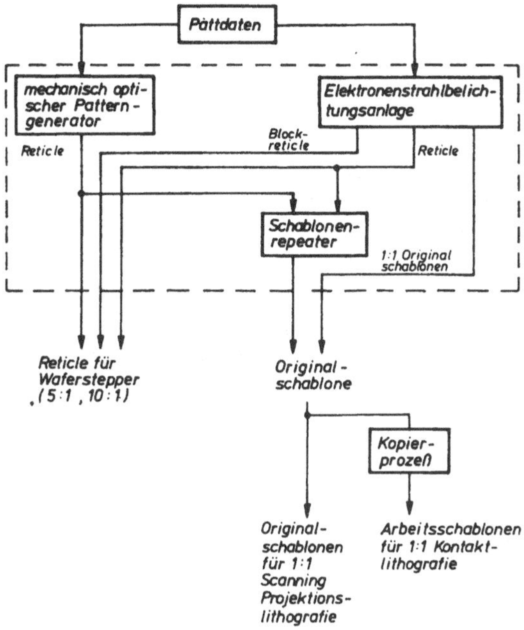

Abb. 2.4 Verschiedene Wege der Schablonenherstellung

Für die Herstellung von Schablonen für LSI-/VLSI-Schaltkreise sind die in Abb. 2.4 dargestellten verschiedenen Möglichkeiten gebräuchlich. Ausgangspunkt für die Schablonenherstellung sind die als Ergebnis des Schaltkreisentwurfes entstandenen geometrischen Elementarfiguren (Pattdaten). In einem ersten Schritt wird aus diesen Pattdaten ein Reticle (Einzelbild) im Maßstab 1:1, 5:1 oder 10:1 hergestellt. Dafür kann sowohl ein Patterngenerator als auch eine Elektronenstrahlbelichtungsanlage (z. B. ZBA 20 Carl Zeiss JENA) zum Einsatz kommen. Beim Patterngenerator werden die Pattdaten zur Steuerung einer mechanischen Blende verwendet. Auf ein Substrat (z. B. Chromsubstrat) werden nacheinander, gesteuert durch eine Blende, alle Pattfiguren einer Schaltkreisebene mittels UV-Belichtung übertragen. Bei Elektronenstrahlbelichtungsanlagen erfolgt die Strukturierung des Resistes auf dem Schablonensubstrat durch einen gesteuerten Elektronenstrahl. Ein solcher in seinen geometrischen Abmessungen geformter Elektronenstrahl wird als Stempel bezeichnet. Die maximale Größe eines Stempels beträgt bei der Anlage ZBA 20 $(6 \times 6)\ \mu m^2$. Ein Reticle enthält jeweils die Figuren einer Ebene eines Chips. Für Lithografieverfahren mit Einzelchipbelichtung (Waferstepper) werden die Reticle direkt eingesetzt. Um das bei 10 bis 20 mm Kantenlänge liegende Bildfeld der Waferstepper optimal auszulasten, können die einzelnen Ebenen mehrerer gleicher oder auch verschiedener Chips zu Blockreticlen zusammengefaßt werden. Für die Herstellung solcher Blockreticle eignen sich Elektronenstrahlbelichtungsanlagen ebenfalls sehr gut.

Werden im Lithografieprozeß Ganzscheibenbelichtungsverfahren angewendet, so muß mit einem Schablonenrepeater aus dem Retilce durch wiederholtes, schrittweises Kopieren eine Schablone (Originalschablone) erstellt werden, die alle auf einer Scheibe befindlichen Chips enthält.

Die beim Repeatprozeß zwangsläufig entstehenden Lagefehler der einzelnen Chips zueinander lassen sich vermeiden, wenn die 1:1-Maskenoriginale direkt durch Elektronenstrahlbelichtung hergestellt werden. Das Verfahren ist jedoch sehr aufwendig, da jedes Chip auf der Schablone einzeln belichtet werden muß. Für Projektionsbelichtungsverfahren, bei denen die Schablone keinen unmittelbaren Kontakt mit dem Resist hat, wird häufig die Originalschablone selbst verwendet. Bei Kontaktbelichtungsverfahren dagegen ist die Schablonenabnutzung so groß, daß es zweckmäßig ist, von der Originalschablone kopierte Arbeitsschablonen einzusetzen.

Die Einzelbildoriginale, Original- und Arbeitsschablonen weisen, bedingt durch das Herstellungsverfahren eine systematische Abweichung in den realisierten Strukturmaßen gegenüber den Entwurfsmaßen auf. Diese Maßabweichung einschließlich Streuung ist entweder in den Entwurfsregeln (s. Abschn. 3.2) oder durch eine Vorverzerrung der Daten bei der Pattausgabe zu berücksichtigen.

2.2.3. Zyklus-I

Die Herstellung eines integrierten Schaltkreises ist eine Folge von technologischen Teilschritten zur Herstellung von Schichten aus verschiedenen Materialien sowie deren Dotierung und gezielte Abtragung. Die selektive Bearbeitung einzelner Teile des Chips in den einzelnen Teilschritten ist dabei durch Verwendung von Lackmasken, die mittels der Lithografieverfahren auf dem Wafer strukturiert werden, möglich.

2.2.3.1. Schichtherstellungsverfahren

Schichtherstellungsverfahren werden zum Aufbringen von Metall- und Halbleiterschichten sowie Isolator-, Maskierungs- und Passivierungsschichten benötigt. Metallschichten werden in integrierten Schaltkreisen vorzugsweise zur Bauelementverdrahtung verwendet. Da mit dem Übergang zur VLSI-Technik der Anteil der Verdrahtung an der Gesamtchipfläche wächst, kommt der Herstellung von Metallschichten eine besondere Bedeutung zu. Für die Schichtabscheidung selbst kommen im VLSI-Bereich ausschließlich Vakuumbeschichtungsverfahren, wie Elektronenstrahlbedampfung, Hochratezerstäuben (Plasmatronzerstäubung) sowie CVD und Ionenstrahlzerstäubung, in Frage. Da für Leitbahnsysteme der mit einem Material erreichbare elektrische Widerstand bzw. Schichtwiderstand von grundlegender Bedeutung ist, sind in Tab. 2.1 diese Parameter für verschiedene Materialien zusammengestellt.

Schichtherstellungsverfahren werden weiterhin zur Abscheidung einkristalliner, polykristalliner und amorpher Siliziumschichten benötigt. Für die MOS-Technik besitzt insbesondere Polysilizium, das als Gate- und Kapazitätselektrodenmaterial sowie für Verbindungsleitungen Verwendung findet, Bedeutung. Die Schichtabscheidung erfolgt mit CVD-Verfahren (chemical vapor deposition). Aufgrund des hohen Schichtwiderstandes von ca. 25 ... 50 Ohm/□[1] wird seit Mitte der siebziger Jahre die Ablösung des Polysiliziums durch Silizide oder Polyzide, deren Schichtwiderstand ein bis zwei Größenordnungen

[1] Als Schichtwiderstand wird der Widerstand einer Bahn definiert, der sich für $B = L$ ergibt. Dieser Flächenwiderstand wird häufig in $\Omega/\square$ (Ohm pro Quadrat) angegeben.

Tabelle 2.1 Widerstand und Schichtwiderstand verschiedener in der Halbleitertechnologie verwendeter Materialien

Material	Widerstand (μΩ cm)	Schichtwiderstand (Schichtdicke 0,5 μm) (Ω/□)
reines Al (nach Temperung)	3,1—3,3	0,062—0,066
Al-1 % Si (nach Temperung)	3,5—3,6	0,070—0,072
Al-2 % Si (nach Temperung)	3,6—3,9	0,072—0,078
$TiSi_2$	15—20	0,3—0,4
$TaSi_2$, WSi_2	50—100	1—2
$MoSi_2$	100—150	2—3
n^+-Poly ($POCL_2$)	800—1000	15—20
(nach Laserannealing)	500—800	10—15
p^+-Poly (bordotiertes Oxid)	1750—2250	35—45
p^+-Poly (150 keV P, $1{,}6 \times 10^{16}$ cm^{-3}, 15 min 1050 °C)	800—1000	16—20
p^+-Poly (60 keV B, $1{,}6 \times 10^{16}$ cm^{-3}, 15 min 1050 °C)	1250—1500	25—30
n^+-Poly (in situ dotiert, AMT/1200-Reaktor, 90 min, 850 °C)	1000—1500	20—30

niedriger ist, vorgeschlagen. Die Einführung in produktionswirksame Technologien vollzieht sich aber nur sehr zögernd bei wenigen Firmen.

Als Material für Isolator-, Maskierungs- und Passivierungsschichten werden Siliziumdioxid (SiO_2), Siliziumnitrid (Si_3N_4) sowie das organische Polymer Polyimid benutzt. Als technologische Verfahren im VLSI-Bereich kommen neben der klassischen thermischen Oxidation, die sehr dichte und störungsarme Gateisolatoren mit hoher Druchbruchfeldstärke liefert, besonders Niederdruck-CVD-Verfahren (LPCVD) in Frage. LPCVD-Verfahren zeichnen sich durch eine gute Produktivität und Qualität (Homogenität, Dichte) der Schichten aus.

2.2.3.2. Schichtabtragungsverfahren

Schichtabtragungsverfahren werden eingesetzt, um die mittels der Mikrolithografie in den Resist übertragenen Strukturen zu ätzen. Weiterhin werden sie wiederholt im Verlaufe des Technologieprozesses benötigt, um aufgebrachte Schichten ganzflächig, vollständig zu entfernen (z. B. Oxid- oder Nitridmasken) oder Schichten in ihrer Dicke zu vermindern (Überätzschritte). Die Schichtabtragungsverfahren werden nach ihrem Wirkungsmechanismus in naßchemische Ätzverfahren und Trockenätzverfahren unterteilt (Tab. 2.2). Von einem Ätzverfahren, das in einer VLSI-Technologie eingesetzt werden soll, sind folgende Eigenschaften zu fordern:

— anisotropes Ätzprofil zur Erzielung kleiner Kantenverschiebungen,
— Homogenität der Abtragungsrate,
— hohe Selektivität des Ätzers,
— reines, defektfreies Ätzen.

Tabelle 2.2 Einteilungsschema für Abtragungsverfahren in der Halbleitertechnologie

Abtragungsverfahren

- naßchem. Ätzen
- Trockenätzen
  - chem. Abtrag
    plasmachem. Ätzen
  - physikal. Abtrag
    - Ionenätzen
    - Ionenstrahlenätzen
  - chem. + phys. Abtrag
    - reaktives Ionenätzen
    - reaktives Ionenstrahlätzen

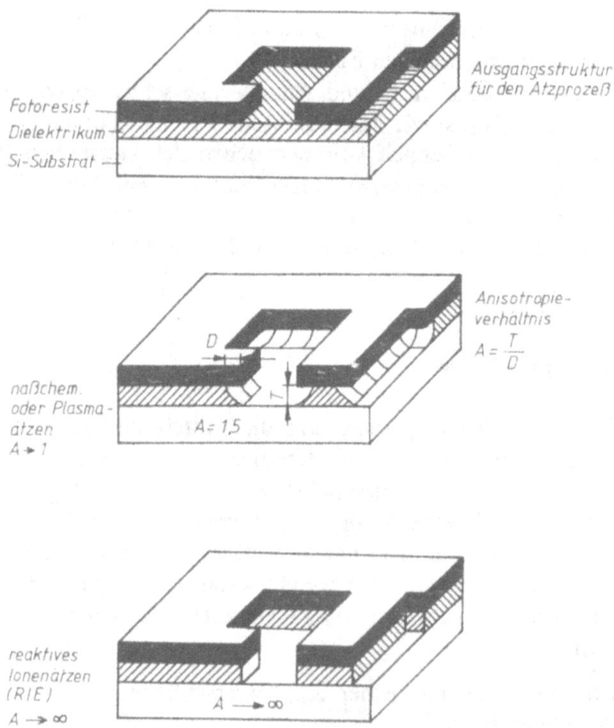

Abb. 2.5 Unterschiedliche Wirkung naßchemischer, plasmachemischer Ätzverfahren und reaktiver Ionenätzverfahren auf das Anisotropieverhältnis (nach [DOUG 81])

In Abb. 2.5 sind die sich beim isotropen und anisotropen Ätzen ergebenden Ätzprofile schematisch dargestellt. Die für VLSI-Schaltkreise notwendige reproduzierbare Herstellung kleiner Strukturen ($d \approx 1$ µm) mit engen Toleranzen ($\Delta d \approx 0{,}1$ d) macht den Einsatz anisotroper Ätzverfahren erforderlich. Die Eigenschaften verschiedener Ätzverfahren sind in Tab. 2.3 gegenübergestellt. Für VLSI-Anwendungen setzt sich zunehmend das reaktive Ionenstrahlätzen durch. Der prinzipielle Aufbau eines solchen Ätzers ist in Abb. 2.6 dargestellt. Mittels des eingesetzten Ätzgases sowie Einstellung der Parameter Druck, HF-Energie, Ätzflußrate lassen sich die Ätzeigenschaften stark variieren. Für die Materialien Si, SiO_2 und Al/Si sind in den Abbildungen 2.7 und 2.8 die Ätzraten sowie die erreichbare Selektivität SiO_2:Si und Al:SiO_2, Al:Resist dargestellt.

Tabelle 2.3 Eigenschaften verschiedener Ätzverfahren

Strukturbreite	Ätzverfahren		Eigenschaften	Literatur
≧ 3 µm	naßchemisches Ätzen		isotroper Ätzangriff	[Paul 79]
	Plasmaätzen	-Rohrreaktor	isotoper Ätzabtrag, schlechte Homogenität, geringe Selektivität, geringe Materialpalette, Al nicht ätzbar	[Bers 78] [Moga 78] [Moga 1 80] [Moga 2 80] [Lehm 80]
		-Planarreaktor	vorwiegend anisotropes Ätzprofil, verbesserte Homogenität und Selektivität, Al ätzbar SiO_2 auf Si selektiv Poly-Si auf SiO_2 ätzbar Ätzen von Schwermetallen möglich	
1 ... 3 µm	Plasmaätzen		siehe oben	
	reaktives Ionenätzen		anisotroper Ätzabtrag, geringe Kantenverschiebung, geringere Selektivität als das plasmachem. Ätzen im Planarreaktor	[Lehm 1 80] [HwNi 79] [Lizu 80]
≦ 1 µm	reaktives Ionenstrahlätzen		ausgeprägt anisotroper Ätzabtrag, sehr geringe Kantenverschiebung, Selektivität für die verschiedenen Ätzmechanismen unterschiedlich	[Mora 81] [BoLM 84]

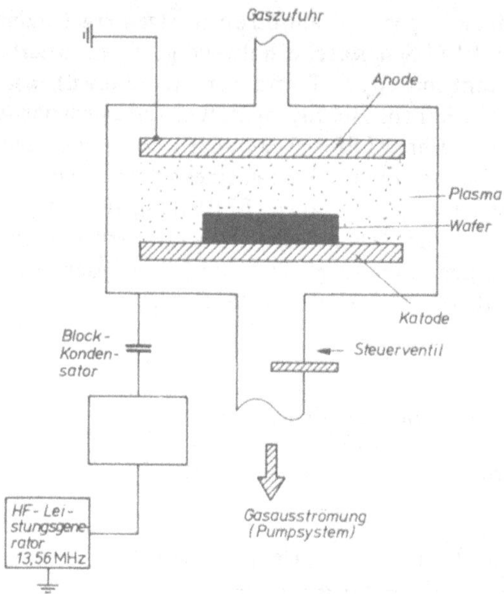

Abb. 2.6 Prinzipaufbau eines reaktiven Ionenätzers (nach [BoLM 84])

Auch für Polysilizium, ein Grundmaterial jeder modernen MOS-Technologie, hat sich das Plasma- oder das reaktive Ionenstrahlätzverfahren im VLSI-Bereich durchgesetzt [Wink 83].

Speziell für die Abscheidung und Strukturierung von Metallschichten sehr kleiner Breite wurde der sogenannte „Lift-off-Prozeß" entwickelt. Bei diesem Verfahren wird auf dem Wafer eine zweilagige Resistschicht abgeschieden und strukturiert.

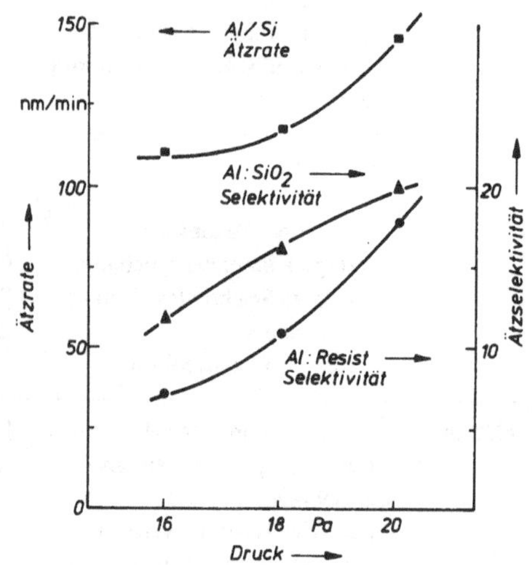

Abb. 2.7 Ätzrate und Ätzselektivität in Abhängigkeit vom Druck für verschiedene Materialien (nach [BoLM 84])

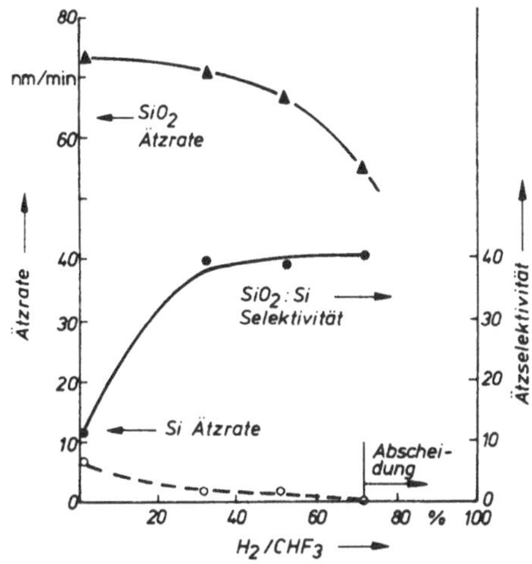

Abb. 2.8 Ätzrate und Ätzselektivität in Abhängigkeit vom Prozentsatz H_2, das dem CHF_3-Ätzgas zugefügt wird. HF-Leistung: 1 kW, Druck: 10 Pa, Elektrodenabstand: 70 mm (nach [BoLM 84])

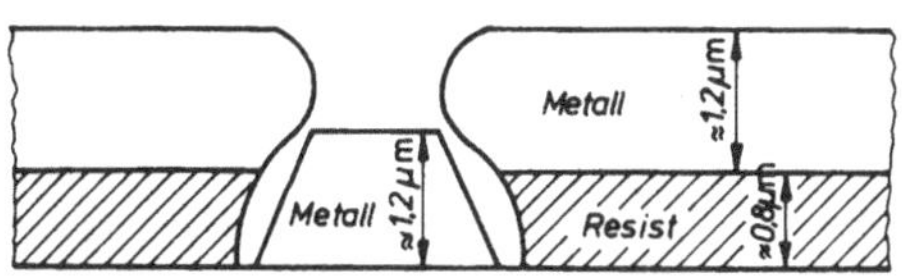

Abb. 2.9 Querschnitt durch den Resist/Metall-Aufbau beim Lift-off-Verfahren

Nach Abscheidung des Metalls wird der Resist durch ein Lösungsmittel entfernt. Dabei wird gleichzeitig das nicht benötigte Metall mit abgelöst. Der Prozeß funktioniert nur, wenn der Resist ein Überhangsprofil besitzt (Abb. 2.9). Das wird dadurch erreicht, daß die obere Schicht des Resistes beim Entwickeln eine andere Kantenverschiebung hat als die untere Schicht. Mit dem Lift-off-Verfahren ist es auch möglich, Metallmasken für das reaktive Ionenätzen herzustellen.

2.2.3.3. Dotierungsverfahren

Dotierungsschritte werden im Laufe des Technologieprozesses zur Herstellung der Source-/Draingebiete, zur Kanaldotierung, zur Herstellung der Wannen bei CMOS-Technologien, zur Realisierung der Kanalstopper und zur Dotierung der Polysiliziumschichten benötigt. Zur Anwendung kommen dabei Diffusionsverfahren in der Form Trägergasdiffusion und Diffusion aus dotierten Schichten sowie die Ionenimplantation. Für die bei VLSI-Technologien notwendigen flachen Dotierungen, die nur geringe Dotierungsschwankungen aufweisen dürfen, sind die Diffusionsverfahren schlecht geeignet.

Die Ionenimplantation ist das Dotierungsverfahren für die VLSI-Technik im Mikrometer- und Submikrometerbereich [Ryss 78]. Das Verfahren ermöglicht Dotierungskonzentrationen im Bereich $10^{15} \dots 10^{22}\ cm^{-3}$. Die minimal möglichen lateralen Abmessungen der Strukturen betragen ungefähr 0,1 µm. Bei Strukturgrößen unterhalb dieses Wertes wird der Einsatz der Ionenimplantation durch Straggling [GiJM 75] begrenzt. Die Werte für laterales Straggling betragen 0,02 ... 0,15 µm und für vertikales Straggling 0,004 ... 0,1 µm. Bei Strukturabmessungen kleiner als 0,2 µm ist die statistische Verteilung der Dotanten zu berücksichtigen. Die bei der Ionenimplantation auftretenden Strahlenschäden werden ausgeheilt durch Tempern, Elektronen- oder Laserstrahlausheilung. Das letztgenannte Verfahren in der nichtaufschmelzenden Variante ist für die Submikrometertechnik am aussichtsreichsten, da die implantierten Profile während der Ausheilung nicht verändert werden.

2.2.3.4. Lithografieverfahren

Das Layout mikroelektronischer Schaltkreise wird mittels Lithografieverfahren auf den Wafer übertragen. Ein auf den Wafer aufgetragener Resist wird dabei durch selektive Belichtung strukturiert. Als Resist kommen Chemikalien (meist organische Polymere) zur Anwendung, die bei Belichtung mit einer Strahlung in einem bestimmten Wellenlängenbereich ihre Löslichkeit für bestimmte Lösungsmittel ändern.

Je nachdem, in welchem Wellenlängenbereich der Resist die maximale Strahlungsempfindlichkeit hat, wird zwischen Fotolacken (Wellenlänge: 330 ... 450 nm, 200 ... 320 nm — tiefer UV-Bereich), Elektronenlacken (Energie: 10 ... 30 keV) und Röntgenlacken (Wellenlänge: um 1 nm) unterschieden. Bei der Ausgabe der Layoutdaten ist zu beachten, ob der verwendete Resist ein Positiv- oder Negativbild auf dem Schablonensubstrat bzw. dem Wafer abbildet (Abb. 2.10). Bei Positivlacken sind die belichteten Resistbereiche im Entwickler löslich, so daß ein Positivbild abgebildet wird. Bei Negativlacken dagegen entsteht ein Negativbild, da die unbelichteten Teile des Resistes beim Entwickeln entfernt werden (Abb. 2.11). Wegen des höheren Auflösungsvermögens kommen im LSI/VLSI-Bereich zunehmend Positivlacke zum Einsatz.

Die Güte der Lackschichtstrukturierung wird wesentlich durch die Teilschritte Justierung und Belichtung bestimmt. Beim Justierungsschritt werden die auf dem Wafer bereits vorhandenen Strukturen zur Schablone bzw. zu entsprechenden Koordinaten bei Direktbelichtungsverfahren ausgerichtet. Die dabei erreichbare Überdeckungsgenauigkeit geht wesentlich in die Berechnung der Entwurfsregeln ein und bestimmt somit unmittelbar die minimal erreichbaren Strukturgrößen.

a) b) c)

Abb. 2.10 Patternzerlegung
a) Layoutfigur,
b) Zerlegung der Layoutfigur in Pattfiguren für Positivlack,
c) Zerlegung der Layoutfigur in Pattfiguren für Negativlack

Für die Belichtung kommen verschiedene Belichtungsverfahren zur Anwendung. Die Verfahren können dabei in Schablonenverfahren und Direktbelichtungsverfahren (ohne Schablone) eingeteilt werden.

2.2.3.4.1. Schablonenverfahren

Die Kontaktbelichtung, bei der die Schablone direkt auf dem Resist aufliegt, ist das älteste in der Mikroelektronik eingesetzte Belichtungsverfahren. Bei diesem Verfahren werden

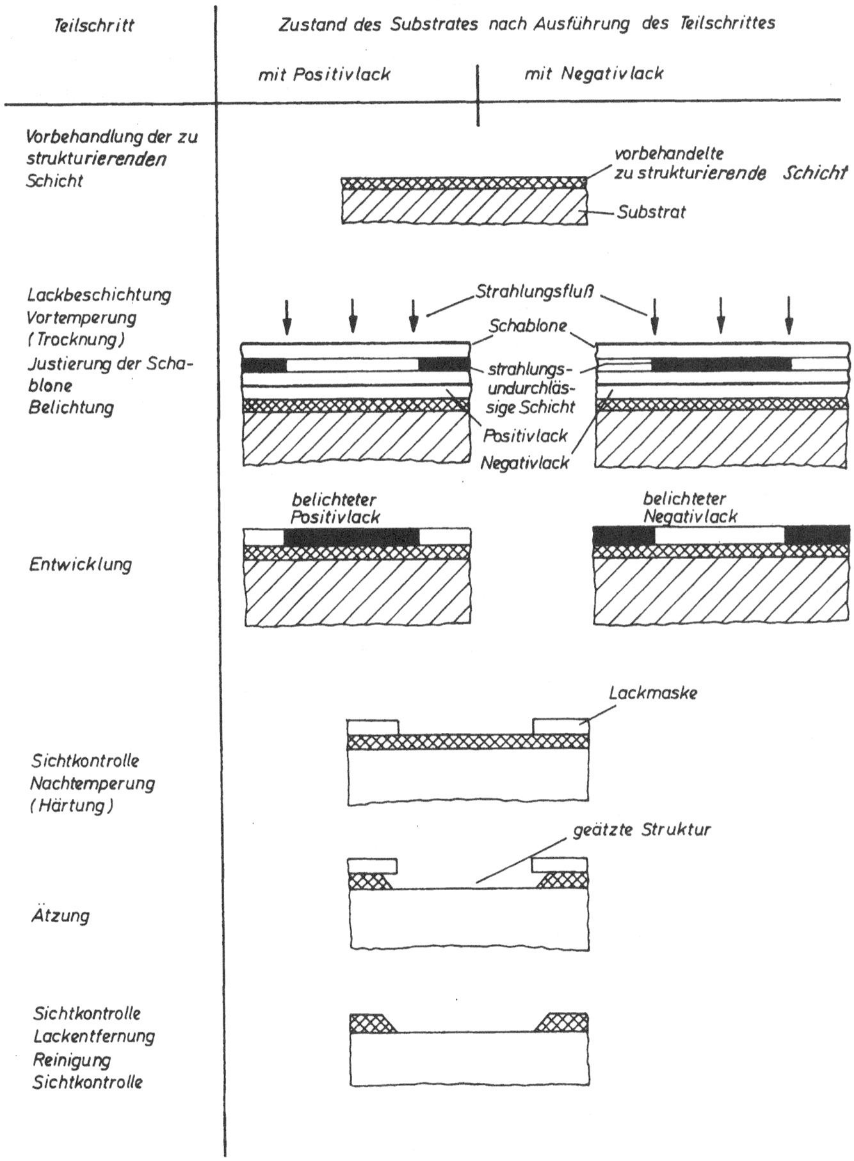

Abb. 2.11 Notwendige Teilschritte zum Ätzen einer Struktur mit Positivlack und Negativlack (nach [Scha 78])

alle Chips auf dem Wafer in einem Schritt belichtet (Ganzscheibenbelichtung). Obwohl Produktivität und Auflösungsgenauigkeit gut sind, besitzt die Kontaktbelichtung für VLSI-Technologien keine Bedeutung mehr. Der Kontakt Schablone/Resist führt sehr schnell zu mechanischen Beschädigungen der Schablone. Die für höchstintegrierte Schaltkreise notwendige extreme Defektarmut der Schablonen ist damit nicht erreichbar. Die Abstandsbelichtung, bei der zwischen Schablone und Resist ein kleiner Spalt (10 ... 30 µm) vorhanden ist, weist ähnliche Eigenschaften wie die Kontaktbelichtung auf und kommt somit für den VLSI-Bereich ebenfalls nicht in Frage.

Der entscheidende Durchbruch auf dem Wege zur Herstellung völlig defektfreier Resistschichten wurde mit der Projektionslithografie erreicht. Bei diesem Verfahren tritt nur ein sehr geringer Schablonenverschleiß auf, so daß der Einsatz teurer, nahezu fehlerfreier Originalschablonen, die mittels Elektronenstrahlbelichtung hergestellt werden, möglich ist.

Die (1:1)-Ganzscheibenprojektionsbelichtung mit brechendem Linsensystem ist dabei fast völlig von der Scanning(1:1)-Projektion mit reflektierendem optischen System verdrängt worden. Bei diesem Verfahren wird über ein Prismensystem ein Teil der Schablone (Kreisring) auf dem Wafer abgebildet. Durch synchrone Bewegung von Schablone und Wafer wird der Lichtstrahl über den ganzen Wafer geführt.

Der Nachteil aller Ganzscheibenbelichtungsverfahren besteht darin, daß durch nichtlineare Verzerrungen des Wafers während der technologischen Bearbeitung bei großen Waferdurchmessern und kleinen Strukturabmessungen nicht mehr vernachlässigbare Überdeckungsfehler entstehen, die die Ausbeute stark vermindern. Eine Lösung dieses Problems wird durch Einzelchipbelichtung mittels „Step-and-repeat-Verfahren" (Wafer-Stepper) erreicht. Bei diesem Verfahren werden die Bilder der Reticle oder Blockreticle durch (X:1)-Projektion (X = 1 ... 10) auf ein quadratisches Feld des Wafers von 10 ... 20 mm Kantenlänge projiziert. Das Bild auf dem Reticle ist um den Faktor X größer als die auf dem Wafer herzustellende Struktur. Durch schrittweise Bewegung des Tisches, auf dem sich das Substrat befindet, und nachfolgendes Belichten (step and repeat) wird nacheinander der ganze Wafer belichtet. In zunehmendem Maße werden die weitverbreiteten 10X-Wafer-Stepper durch 5X-Anlagen verdrängt, die bei gleichem Belichtungsfeld auf den Wafer wesentlich kleinere Substrate für die Reticleherstellung erfordern [Burg 84].

Die genannten Verfahren arbeiten für Strukturgrößen von 2 ... 3 µm mit Licht im Wellenlängenbereich von 330 ... 450 nm. Für Strukturgrößen um 1 µm wird kurzwelliges Licht im tiefen UV-Bereich (200 ... 320 nm) verwendet.

Für die Submikrometertechnologie bietet sich die Röntgenstrahllithografie an. Eine hohe Produktivität des Verfahrens, bedingt durch die Ganzscheibenbelichtung, ist verbunden mit einer Auflösung von ca. 0,5 µm [Scha 78] bei Mehrmaskenprozessen. Die Wellenlänge der Röntgenstrahlung liegt im Bereich von 0,1 µm ... 10 µm. Das Verfahren befindet sich noch in der Phase der Laborerprobung.

2.2.3.4.2. Direktbelichtungsverfahren

Die Verfahren der Scheibendirektbelichtung basieren auf der elektronenoptischen Belichtung des Wafers nach dem Step-and-Repeat-Verfahren. Die Herstellung von Schablonen ist nicht erforderlich. Damit verkürzt sich die Zeit zwischen Fertigstellung des Layoutentwurfs und Lieferung erster Schaltkreismuster. Weiterhin entfallen die bei der Schablonenherstellung auftretenden Maßabweichungen und Toleranzen in der Maßkette zwischen

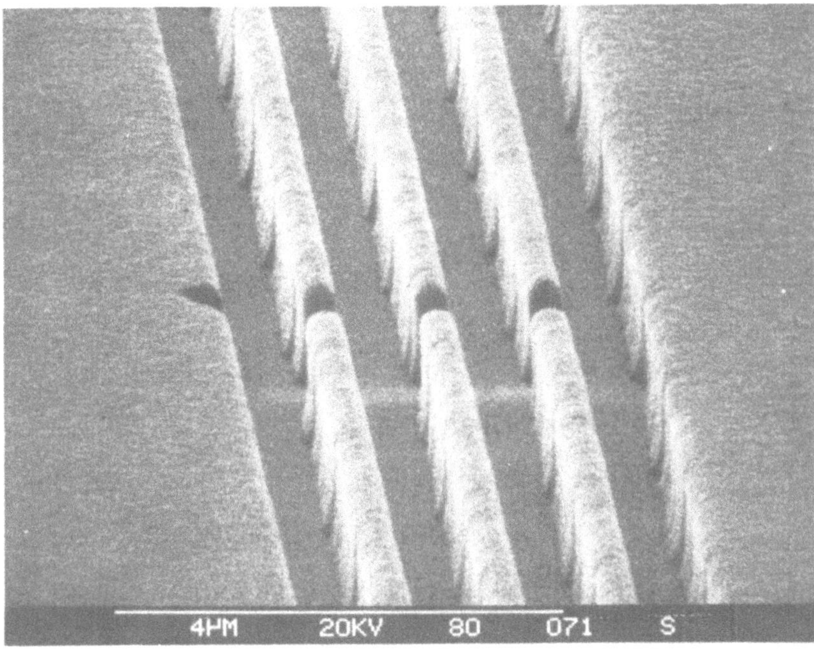

Abb. 2.12 Mit der Elektronenstrahlbelichtungsanlage ZBA-10 strukturierte 0,5 µm Aluminiumbahnen

Entwurfsmaß und Scheibenmaß. Bei der Scheibendirektbelichtung werden die Layoutdaten nach entsprechender rechentechnischer Aufbereitung direkt zur Steuerung des Elektronenstrahls verwendet. Der erreichbaren hohen Auflösung, die die Herstellung von Submikrometerstrukturen gestattet, und der guten Positioniergenauigkeit von besser als 0,1 µm steht die hohe Bearbeitungszeit einer Ebene eines Wafers (ca. 1 Stunde pro 4-Zoll-Scheibe) gegenüber. Die Abb. 2.12 zeigt mit der Elektronenstrahlbelichtungsanlage ZBA-10 strukturierte 0,5 µm Aluminiumbahnen.

Bei Elektronenstrahlbelichtungsanlagen wird der Elektronenstrahl über den Wafer geführt und an allen Stellen, die nicht belichtet werden sollen, dunkel getastet. Je nach Art der Führung des Elektronenstrahles wird zwischen Raster- und Vektorverfahren unterschieden (Abb. 2.13). Das Rasterverfahren ist langsamer in der Bearbeitungsgeschwin-

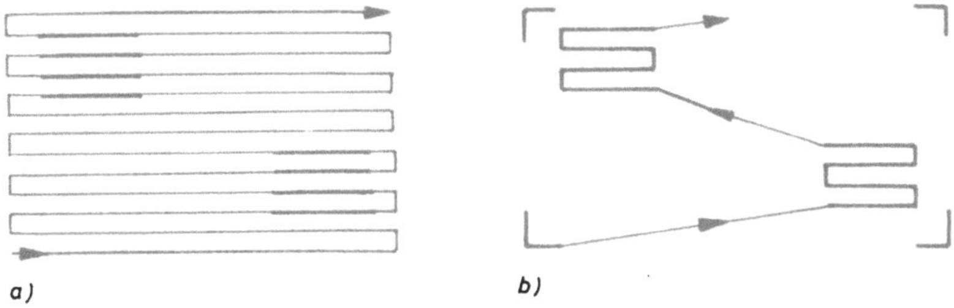

Abb. 2.13 Bewegung des Elektronenstrahls beim
a) Rasterverfahren,
b) Vektorverfahren

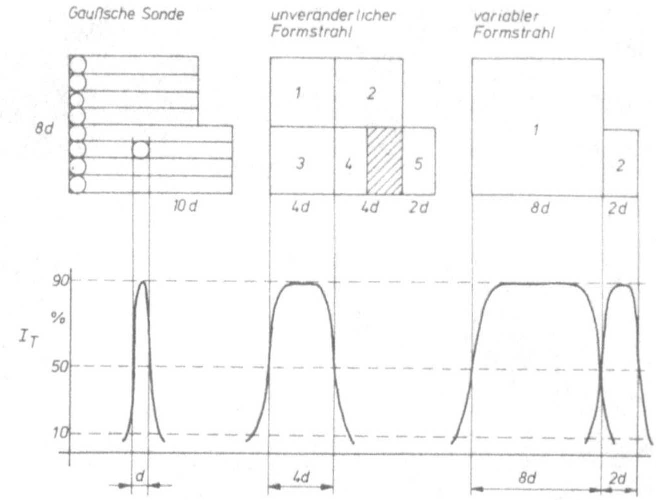

Abb. 2.14 Die verschiedenen Strahlformen bei Elektronenstrahldirektbelichtungsanlagen

digkeit, erfordert aber einen wesentlich geringeren Aufwand zur Steuerung des Strahls. Die Strahlform bestimmt wesentlich die Produktivität einer Anlage. Die älteren Elektronenstrahlgeräte verwendeten kreisförmige Strahlungsquerschnitte („Gaußsche Sonde") zur Belichtung. Wesentlich produktiver ist die Verwendung von Formstrahlen mit unveränderlicher (fixed-shape beam) oder variabler (variable-shape beam) Strahlform (Abb. 2.14).

2.2.4. Ausgewählte Probleme der VLSI-Technologie

Das VLSI-Niveau stellt an die eingesetzten Geräte und Materialien bei allen technologischen Teilschritten höchste Anforderungen. Das immer bessere, auf computergestützten Simulationsverfahren basierende Verständnis der physikalischen und chemischen Grundlagen jedes Technologieschrittes ist für die Herstellung von Strukturen im Mikrometer- und Submikrometerbereich unbedingt erforderlich. In diesem Kapitel wird anhand einiger ausgewählter Probleme die enge Wechselwirkung zwischen Technologie und Schaltungsentwurf aufgezeigt. Insbesondere muß darauf hingewiesen werden, daß im VLSI-Bereich der MOS-Transistor mit all seinen Problemen der Dimensionierung und Skalierung nur eine Seite der Gesamtentwurfsproblematik darstellt. Fragen der Bauelementeverdrahtung und Kontaktierung rücken zunehmend in den Blickpunkt des Interesses.

2.2.4.1. Das Kontaktsystem

Kontakte sind notwendig, um die integrierten Bauelemente über Verbindungsleitungen (diffundierte Bahnen, Polysilizium, Metalleitbahnen) miteinander zu einer Gesamtschaltung zu verbinden. Die für die Kontakte eines MOS-Transistors notwendige Layoutfläche liegt in der gleichen Größenordnung wie die für den inneren Transistor (Kanalgebiet) notwendige Fläche. Für den Layoutentwerfer stehen daher die Probleme der notwendigen Chipfläche, der elektrischen Eigenschaften und der Zuverlässigkeit eines Kontaktes im Mittelpunkt des Interesses.

Aluminium und seine Legierungen sind auch in der VLSI-Technologie das Leitbahnmaterial der Wahl. Die großen, von keinem anderen Metall erreichten Vorteile des Aluminiums sind leichte Abscheidbarkeit, gute Strukturierbarkeit und Bondbarkeit, hohe Leitfähigkeit, allgemeine Verfügbarkeit sowie niedrige Kosten. Die Eigenschaften der Kontakte Aluminium/Silizium und Aluminium/Polysilizium sind daher von großer theoretischer und praktischer Bedeutung.

Al-Si-Kontakt

An der Grenzfläche Aluminium/Silizium löst sich Silizium im Aluminium. Aus dem Phasendiagramm Al-Si ergibt sich eine Löslichkeit von 0,25 Gewichtsprozenten bei 400 °C und von sogar 0,8 Gewichtsprozenten bei 500 °C.

Die durch Ausdiffusion des Siliziums freiwerdenden Räume füllen sich mit Aluminium. Es treten sogenannte Spikes auf, die zu Kurzschlüssen mit dem Substrat führen können. Abb. 2.15 zeigt solche Spikes. Nach Entfernung des Aluminiums sind die Diffusionskanäle des Siliziums als Löcher sichtbar (Abb. 2.16). Pramanik [PrSa 83] hat anhand einer einfachen Abschätzung (Abb. 2.17) die Gefährlichkeit der Spikebildung für die VLSI-Technik nachgewiesen. Bei einer Temperaturbelastung von $T = 500$ °C für $t_a = 30$ min., einer Leitbahnbreite $B = 5$ µm, einer Leitbahndicke $d = 1$ µm, einer Löslichkeit $S = 0{,}8$ Gewichtsprozent, einem Diffusionskoeffizienten $D = 1{,}68 \cdot 10^{-8}$ cm^2 s^{-1} und einem Dichteverhältnis $\varrho_{AT}/\varrho_{Si} = 1{,}134$ wird bei einer Kontaktfläche $A = 16$ µm^2 Silizium bis in eine Substrattiefe von $z = 0{,}3$ µm verbraucht. Somit ergeben sich für flache diffundierte Gebiete mit einer Tiefe von $y_j = 0{,}3$ µm Kurzschlüsse durch Spikes. Für die Unterdrückung

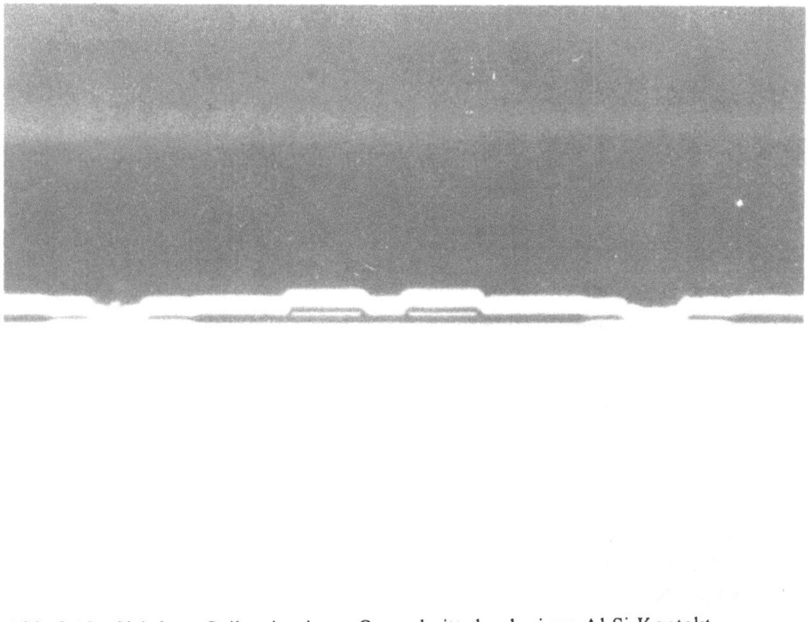

Abb. 2.15 Sichtbare Spikes in einem Querschnitt durch einen Al-Si-Kontakt

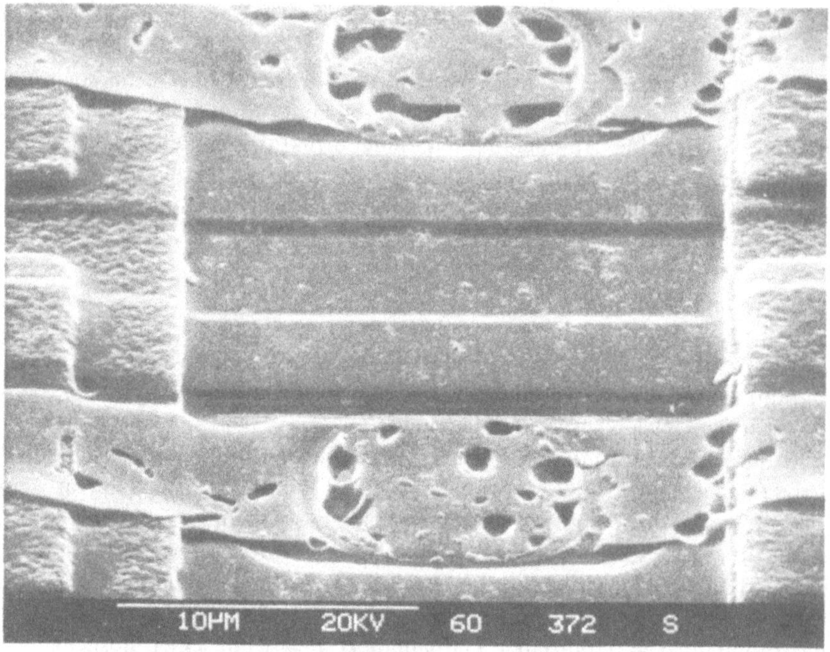

Abb. 2.16 Spikes in einem Al-Si-Kontakt. Die Diffusionskanäle des Siliziums sind nach Entfernung des Aluminiums als Löcher sichtbar

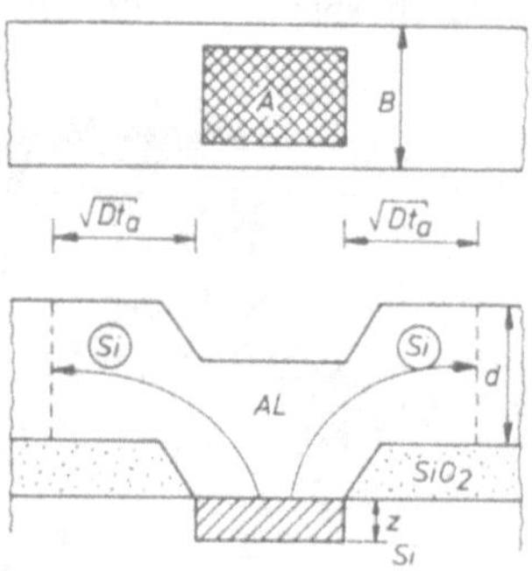

verbrauchtes Si-Volumen

$V = 2\sqrt{Dt_a}\,(Bd)\,S_L \varrho_{Al}/\varrho_{Si})$

t_a — Dauer der Temperaturbelastung

ϱ_{Al}, ϱ_{Si} — Dichte Al bzw. Si

B — Breite der Leitbahn

S_L — Löslichkeit in Gewichtsprozenten von Si in Al bei der angegebenen Temperatur

A Kontaktfläche

$z = 2\sqrt{Dt_a}\,(Bd/A)\,(S_L \varrho_{Al}/\varrho_{Si})$

z — Tiefe, bis zu der Si verbraucht wird

Abb. 2.17 Einfaches Modell zur Berechnung der Tiefe von Spikes in diffundierten Gebieten (nach [PrSa 84])

der Spikes gibt es mehrere Möglichkeiten, die aber alle auch mit Nachteilen verbunden sind.

Weitverbreitet bei VLSI-Technologien ist die Verwendung von Al/Si-Legierungen mit einem Siliziumanteil von 1 bis 4 Gewichtsprozenten. Nachteilig ist die Erhöhung des spezifischen Widerstands des Aluminiums um 0,7 μΩcm pro Gewichtsprozent Silizium sowie die Gefahr einer Erhöhung des Kontaktwiderstandes durch Ausfall des Siliziums aus der Legierung bei Zimmertemperatur im Kontakt. Weiterhin verschlechtert sich durch den Zusatz von Silizium die Bondbarkeit des Aluminiums.

Eine andere Möglichkeit, die Kurzschlußgefahr durch Spikes zu mindern, besteht darin, eine Kontaktfensterdiffusion (Abb. 2.18) durchzuführen.

Die für Kurzkanaltransistoren notwendigen flachen diffundierten Source-/Draingebiete (s. Abschn. 2.5) werden mit einer tiefen Kontaktfensterdiffusion kombiniert. Nachteilig ist der erhöhte Layoutflächenbedarf.

Spikes lassen sich auch unterdrücken, wenn durch Zwischenschichten aus einem Barrieremetall (TiW, PtSi, Pd_2Si) oder aus Polysilizium eine Wechselwirkung zwischen Aluminium und Silizium verhindert wird (Abb. 2.19).

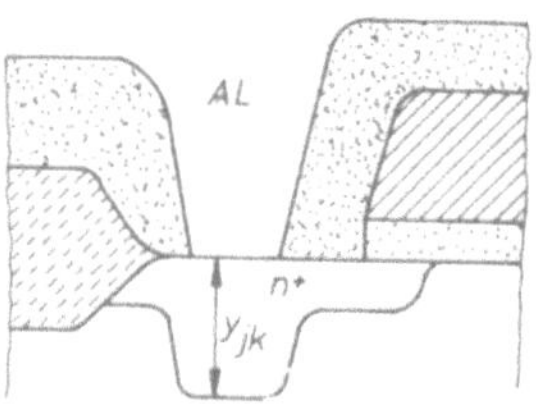

Abb. 2.18 Kontaktfensterdiffusion zur Vermeidung von Spikes

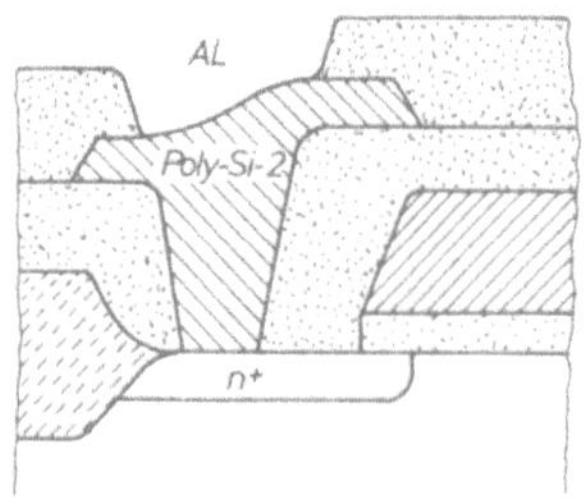

Abb. 2.19 Unterdrückung von Spikes durch Zwischenschichten aus Polysilizium

Al-Polysilizium-Kontakt

Analog zu den Spikes im einkristallinen Silizium löst sich auch bei diesem Kontakt ein Teil des Siliziums im Aluminium. Die entstehenden Spikes lassen sich ebenfalls durch AlSi verhindern.

Kontaktwiderstand

Der Kontaktwiderstand R_K ist der entscheidende elektrische Parameter eines Kontaktes. Für einen Al/Si-Kontakt hängt R_K von der Substratdotierung an der Oberfläche N_0 und dem Leitfähigkeitstyp (n-Si, p-Si) ab (Abb. 2.20). Ohmsche Kontakte ergeben sich bei n-Substrat für Dotierungen $N_0 > 10^{19}\ \text{cm}^{-3}$. Bei p-Substrat lassen sich aufgrund der kleineren Barrierehöhe schon bei niedrigeren Dotierungen Ohmsche Kontakte herstellen. Die Größe des Kontaktwiderstandes läßt sich nach [Berg 72] mittels eines Leitungsmodells abschätzen. Es gilt

$$R_K = K_{1K} \coth (K_{2K} d_1)$$

$$\text{mit } K_{1K} = \sqrt{\varrho_c R_S} / b_1 , \qquad (2.2)$$

$$K_{2K} = \sqrt{R_S / \varrho_c} ,$$

ϱ_c — spezifischer Kontaktwiderstand,
R_S — Halbleiterschichtwiderstand,
b_1 — Kontaktbreite (senkrecht zur Stromflußrichtung),
d_1 — Kontaktlänge (in Stromflußrichtung).

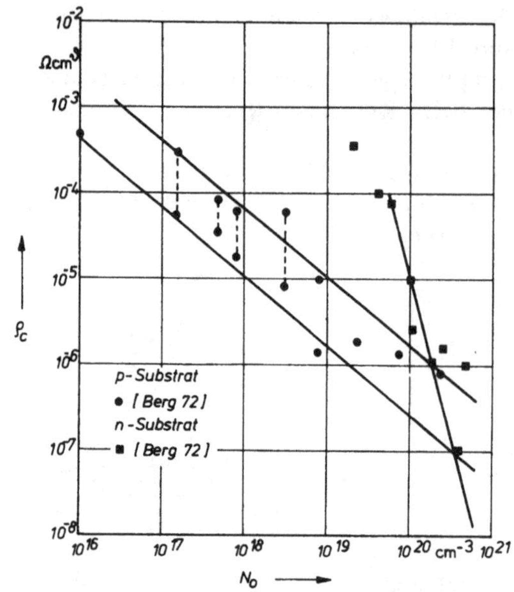

Abb. 2.20 Kontaktwiderstand eines Al/Si-Kontakts in Abhängigkeit nach [PrSa 83] von der Substratdotierung N_0 und dem Leitfähigkeitstyp

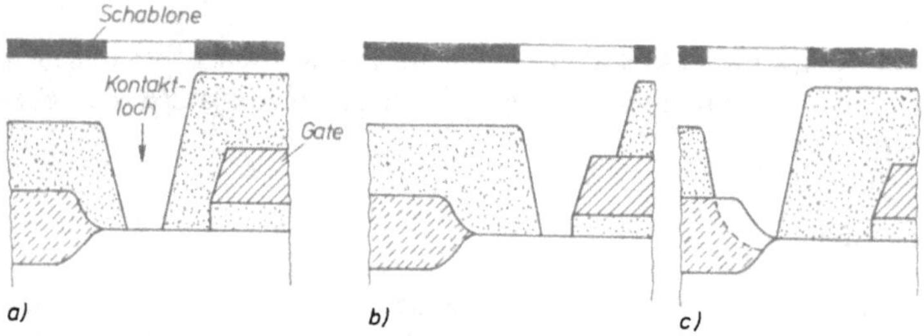

Abb. 2.21 Auswirkungen der Fehlpositionierung eines Kontakts
a) richtig positioniertes Kontaktfenster,
b) Gatekurzschluß durch Fehlpositionierung des Kontaktfensters,
c) Substratkurzschluß durch Fehlpositionierung des Kontaktfensters

Kontaktgröße

Die für einen Kontakt notwendige Chipfläche wird durch die minimal mögliche Größe des Kontaktloches und den Abstand, den dieses Kontaktloch zu anderen Strukturen haben muß, bestimmt. Die Entwurfsregeln für die Kontaktgestaltung werden dabei so berechnet, daß bei zulässiger Fehlpositionierung des Kontaktfensters (Abb. 2.21) keine Gate- oder Substratkurzschlüsse auftreten. Die Verbesserung der Überdeckungsgenauigkeit, die Verkleinerung der minimalen Strukturgröße sowie das Verfahren zur Herstellung selbstpositionierender Kontakte [Ride 76], [Mura 78], [Zald 81] sind die aussichtsreichsten Möglichkeiten zur Verkleinerung der für Kontakte notwendigen Chipfläche.

2.2.4.2. Das Leitbahnsystem

Die integrierten Bauelemente werden durch Leitbahnen, die vorzugsweise aus Aluminium oder aus Aluminiumlegierungen bestehen, miteinander verbunden. Im allgemeinen werden für VLSI-Logik- oder Kundenwunschschaltkreise zwei Metallisierungsebenen verwendet. In zunehmendem Maße [STSH 85] kommen aber auch Systeme mit mehr als zwei Metallisierungsebenen zum Einsatz.

Aus der Sicht des Schaltkreisentwerfers stehen die Probleme elektrischer Parameter (Kapazität, Widerstand), Zuverlässigkeit (Elektromigration) und technologische Realisierung im Blickpunkt des Interesses.

Leitbahnwiderstand/Leitbahnkapazität

Bei gleichmäßiger Skalierung aller Bauelemente- und Leitbahnabmessungen um den Skalierungsfaktor K ($K \geqq 1$) erhöht sich der Widerstand der Verbindungsleitungen R_L um den Faktor K auf R_{Skal} (Abb. 2.22). Dieser unerwünschte Effekt läßt sich mindern, wenn die Leitbahndicke D nicht im gleichen Maße mit skaliert wird. Damit erhöht sich jedoch das Verhältnis zwischen vertikalen und lateralen Abmessungen. Die Folgen sind erhöhte Anforderungen an die Lithografie und die Ätztechnologie. Die wirksame Leitbahnkapazität C_L setzt sich bei einem Mehrebenenmetallisierungssystem aus der Substratkapazität C_{LS} und den Kapazitäten C_{LL}, die zwischen benachbarten Leitbahnen wirksam sind, zusammen.

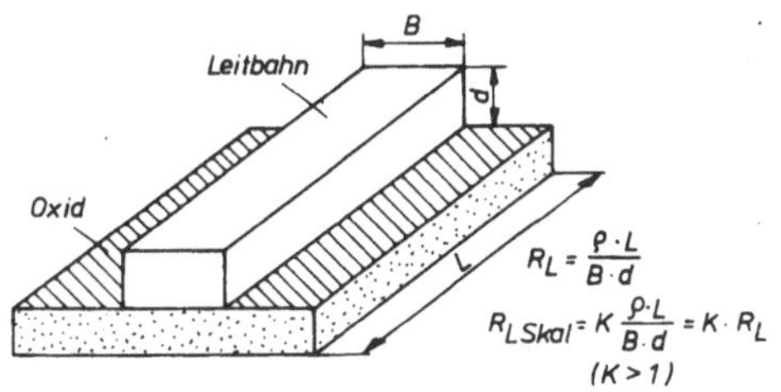

Abb. 2.22 Modell zur Bestimmung des Leitbahnwiderstands einer skalierten und nicht skalierten Leitbahn

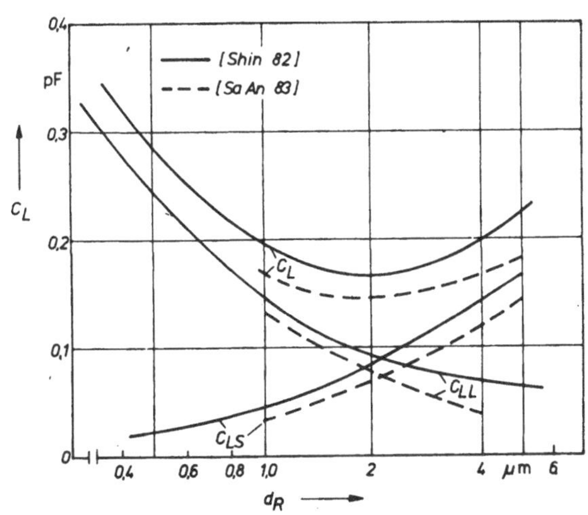

Abb. 2.23 Gesamtkapazität einer Leitbahn als Funktion des Leitbahnrasters d_R

In Abb. 2.23 ist nach [Mast 84], [Shin 82] und [SaAn 83] die Gesamtkapazität als Funktion des Leitbahnrasters dargestellt.

Elektromigration

Unter dem Einfluß eines Gleichspannungsfeldes kommt es in den Metalleitbahnen zum Massetransport. Dieser Effekt wird als Elektromigration bezeichnet. Das Ausmaß der Elektromigration ist direkt von der Größe des durch den Leiter fließenden Stromes abhängig. Die Elektromigration führt durch Kurzschlüsse oder Unterbrechungen der Leitbahnen zum Ausfall des Schaltkreises. Ein Maß für den Einfluß der Elektromigration auf die Zuverlässigkeit ist der MTF-Wert (mean time between failure)

$$\mathrm{MTF} = A_1 \cdot D_L \cdot B \cdot S^{-n} \cdot \exp(E_a/kT)\,, \tag{2.3}$$

A_1 — Materialkonstante,
D_L — Dicke der Leitbahn,
B — Breite der Leitbahn,
S — Stromdichte,
n — Exponent ($1 \leqq n \leqq 3$),
E_a — Aktivitätsenergie ((0,6 ∓ 0,2) eV für Al),
k — Boltzmannkonstante,
T — mittlere Temperatur.

Der MTF-Wert wird wesentlich durch die zulässige Stromdichte S bestimmt. Bei üblichen Leitbahnbreiten von wenigen Mikrometern liegen bei Temperaturen von 85 °C die zulässigen Stromdichten im Bereich 2 ... 5 · 10^5 A/cm² [Ghat 83].

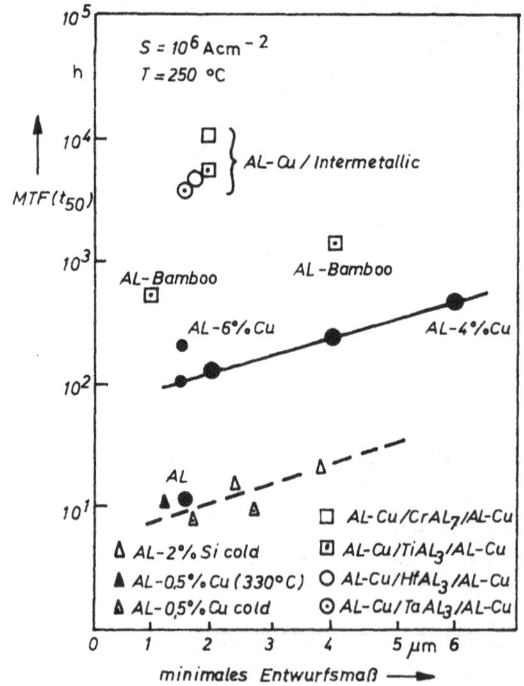

Abb. 2.24 MTF-Wert in Abhängigkeit vom minimalen Entwurfsmaß

Die Elektromigration in reinen Aluminiumschichten kann durch Beimengung von Legierungsmetallen (Cu) verbessert werden [PrSa 2 83]). In Abb. 2.24 ist für verschiedene Legierungen der MTF-Wert in Abhängigkeit vom minimalen Entwurfsmaß dargestellt. Verbreitet sind AlCu-Legierungen mit einem Kupfergehalt von 4%. Nachteilig ist die Erhöhung des spezifischen Schichtwiderstands um 0,3 μΩcm pro Gewichtsanteil Kupfer und die Inkompatibilität der AlCu-Legierung mit Plasmaätzverfahren.

Technologie der Mehrebenenmetallisierung

Für Mehrebenenmetallisierung dominieren als Materialien Aluminium und Aluminiumlegierungen. In Tab. 2.4 sind verbreitete Materialkombinationen [PrSa 83] zusammengestellt. Als Dielektrikum zwischen den beiden Metallschichten ist phosphordotiertes CVD-SiO_2 üblich. In zunehmendem Maße setzt sich Polyimid als Dielektrikum durch. Polyimid bewirkt einen sich auf die Ausbeute sehr günstig auswirkenden Planarisierungseffekt. Für die Strukturierung von Leitbahnen mit Entwurfsrastern von 1 ··· 3 μm werden Lift-off-Verfahren oder das reaktive Ionenätzen eingesetzt.

Für die Öffnung der zwischen den Metallisierungsebenen notwendigen Kontaktfenster hat sich das reaktive Ionenätzen bewährt. Bei einem spezifischen Kontaktwiderstand von $1 \cdot 10^{-7}$ Ωcm^2 sind für 2×2 μm^2-Kontakte Kontaktwiderstände von 4 Ω erreichbar.

Tabelle 2.4 Ausgewählte Materialkombinationen für Mehrebenenmetallsysteme

1. Metall	2. Metall
PtSi-TiW-Al	Al
PtSi-TiW-AlCu	Al/AlCu
AlSiCu	AlSi/AlSiCu

Leitbahnabrisse

In der Silicon-Gate-Technologie haben die unteren technologischen Ebenen (Polysilizium, aktive Gebiete und Kontaktlöcher) Kantensteilheiten von fast 90°. Bei der Metallisierung werden diese sehr steilen Kanten nur schlecht von Metall bedeckt. Die an den Kanten bevorzugt auftretenden Leitbahnabrisse stellen einen ernsten, die Ausbeute mindernden Faktor dar (Abb. 2.25). Die Herstellung einer Kantenverrundung durch Aufschmelzen von Phosphorsilikatglas („Flow-glass-Technik“) ist eine verbreitete und wirksame Gegenmaßnahme.

2.2.4.3. Parasitäre Source-/Drainwiderstände

Eine Folge der Bauelementeskalierung ist die Erhöhung der Widerstände der Source-/Draingebiete der Transistoren. Die zur Verhinderung des Schwellspannungszusammenbruchs und Punch-through-Durchbruchs (Abschn. 2.5) notwendige Verringerung der Eindringtiefe der diffundierten Gebiete ist dafür ursächlich verantwortlich. Die über diesen parasitären Widerständen auftretenden Spannungsabfälle reduzieren den Drainstrom der Kurzkanaltransistoren bis zu 50% [YMPE 85].

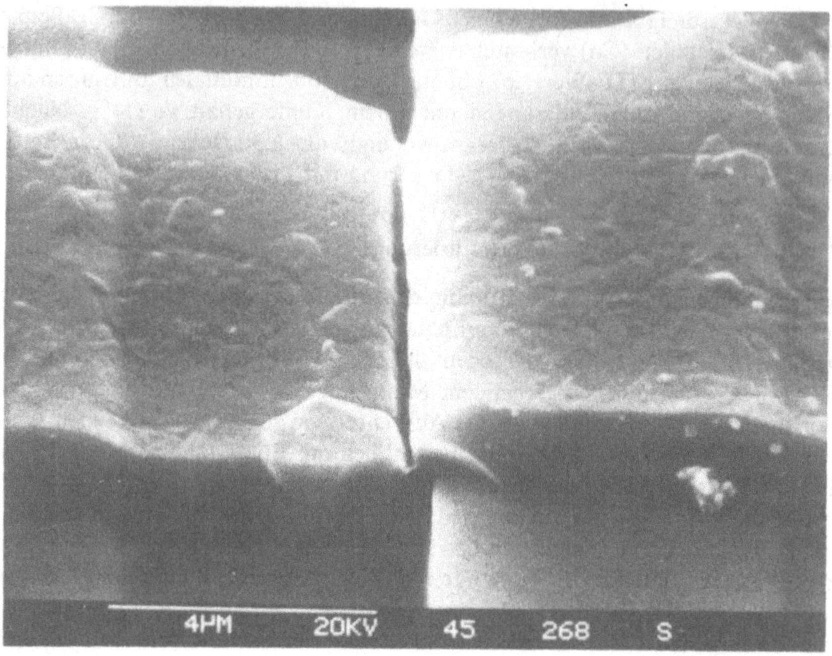

Abb. 2.25 Gefahr von Leitbahnabrissen durch schlechte Aluminiumkantenbedeckung an Stufen

Eine wirksame technologische Gegenmaßnahme ist die Abscheidung einer selbstpositionierenden TiSi-Schicht in den Source-/Draingebieten [THDT 85]. Der Schichtwiderstand dieser Gebiete wird dadurch auf 3 bis 4 Ω/□ reduziert. Die wichtigsten technologischen Schritte für diesen Komplex sind

— Abscheidung von reinem Ti,
— Silizidbildung,
— Entfernung des restlichen Ti vom Oxid durch selektive Ätzung,
— Temperung zur Einstellung des Schichtwiderstandes der n^+- und p^+-Gebiete.

2.2.4.4. Bird's Beak

Der Vorteil der Isoplanartechnik gegenüber der Planartechnik besteht in erster Linie darin, daß die Hälfte der Feldoxiddicke im Substrat versenkt wird. Bei gleicher Stufenhöhe an den Kanten ist damit eine doppelte Feldoxiddicke und damit verbunden eine im Vergleich zur Planartechnik doppelt so hohe Feldschwellspannung erreichbar. Nachteilig ist die an der Nitridkante auftretende Unteroxidation (Bird's Beak, Vogelschnabel), die in Abb. 2.26 gut sichtbar ist. Die Breite des Bird's Beak von ca. 1 µm muß in den Entwurfsregeln berücksichtigt werden und stellt mit zunehmender Bauelementeskalierung einen immer stärker wirksam werdenden, die Packungsdichte begrenzenden Faktor dar. Technologievarianten zur Vermeidung des Bird's Beak gewinnen damit zunehmend an praktischer Bedeutung.

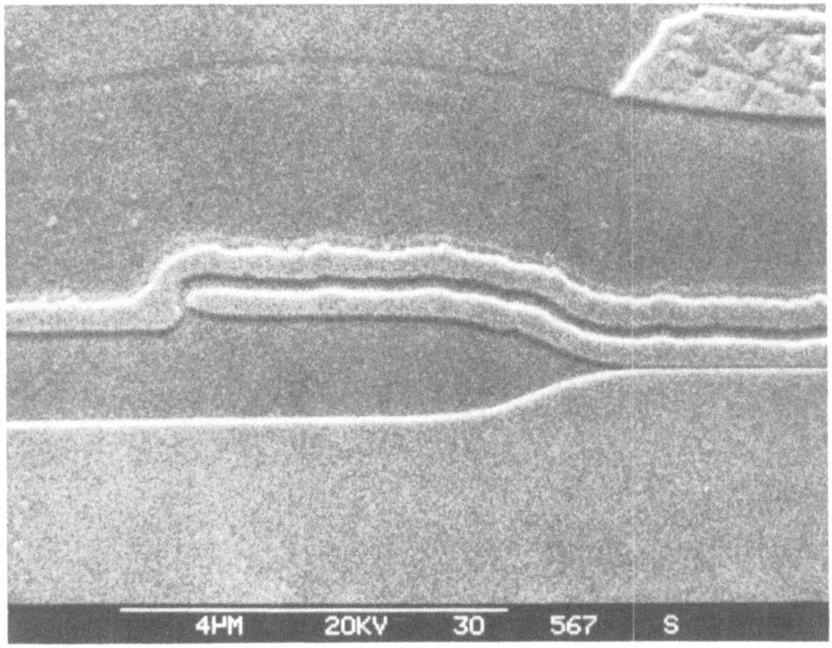

Abb. 2.26 Darstellung eines Bird's Beak in einem Querschnitt

2.2.4.5. Vertikale Bauelementeanordnung

Neben der Bauelementskalierung stellt die vertikale Anordnung der Bauelemente einen Weg dar, die Packungsdichte zu vergrößern. Steckt die Herstellung von „Static-induction-Transistoren“ noch in den Anfangsgründen, so ist die Integration der hochohmigen Polysiliziumlastwiderstände statischer Speicherzellen oberhalb der Schalt- und Auswahltransistoren seit mehreren Jahren produktionswirksam. Die vertikale Bauelementeanordnung reduziert den notwendigen Layoutflächenbedarf einer Speicherzelle um ca. 30%. In Abb. 2.27c) ist eine Mikrofotografie einer solchen Speicherzelle dargestellt.

2.2.4.6. Bauelementeisolation

Die Gewährleistung einer ausreichend guten Bauelementeisolation ist ein schwierig zu lösendes Problem moderner CMOS-Technologien. Die sich daraus ergebenden Entwurfsregeln zur Einhaltung notwendiger Minimalabstände der p- und n-Kanaltransistoren vom Wannenrand bestimmen einerseits die erreichbare Packungsdichte und beeinflussen andererseits wesentlich die Latch-up-Empfindlichkeit des Entwurfes. Die Anwendung in Sperrrichtung vorgespannter pn-Übergänge (Wanne/Substrat) zur Isolation führt insbesondere bei den in der n-Wannentechnologie notwendigen tiefen Wannen zu großen Bauelementeabständen und damit zu niedrigen Packungsdichten. Wesentlich höhere Packungsdichten

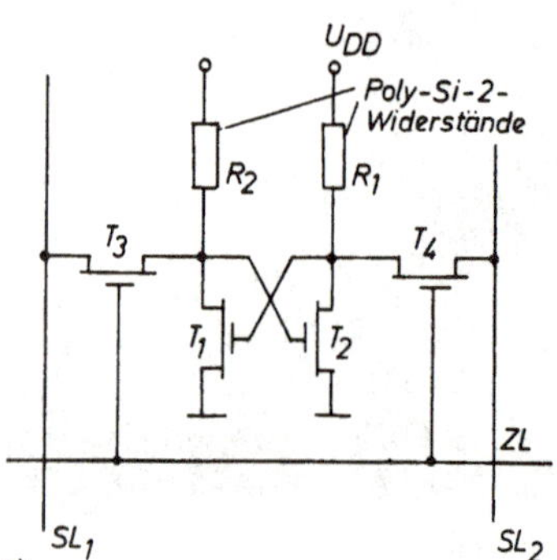
UDD
Poly-Si-2-Widerstände
R2
R1
T3
T4
T1
T2
ZL
SL1
SL2

a)

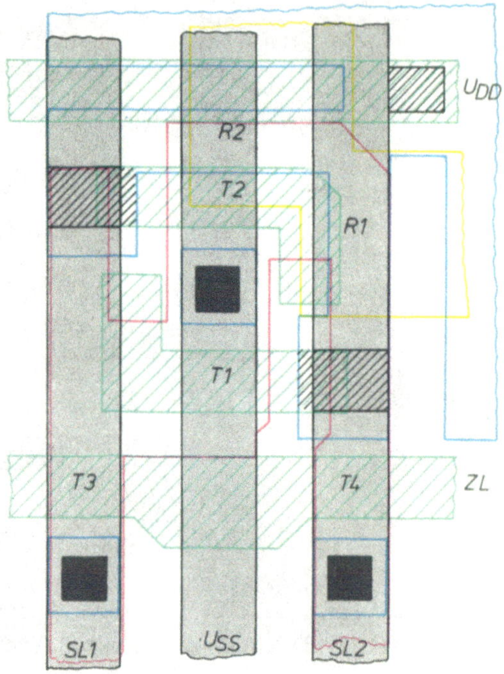
UDD
R2
T2
R1
T1
T3
T4
ZL
SL1
USS
SL2

b)

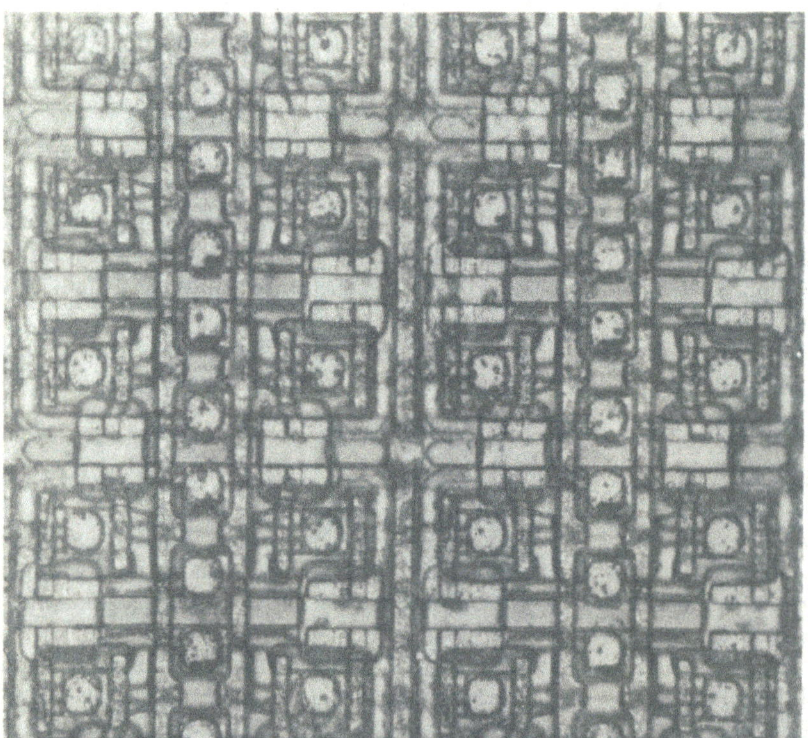

c)

Abb. 2.27 (S. 28) Dreidimensionale (vertikale) Bauelementeanordnung in einem SRAM-Speicher
a) Schaltbild einer statischen Speicherzelle mit Polysilizium-Lastwiderständen,
b) Layoutausschnitt von einer Speicherzelle,
c) Realisierte Speichermatrix eines VLSI-SRAM

lassen sich erreichen, wenn zur Isolation mit Polysilizium ausgefüllte Gräben (Deep-trench-Isolation) [YMPE 85] benutzt werden. Typische Abmessungen eines solchen mittels reaktiven Ionenätzen hergestellten Grabens (Abb. 2.28) liegen bei 2 µm Breite und 3 µm ... 6 µm Tiefe.

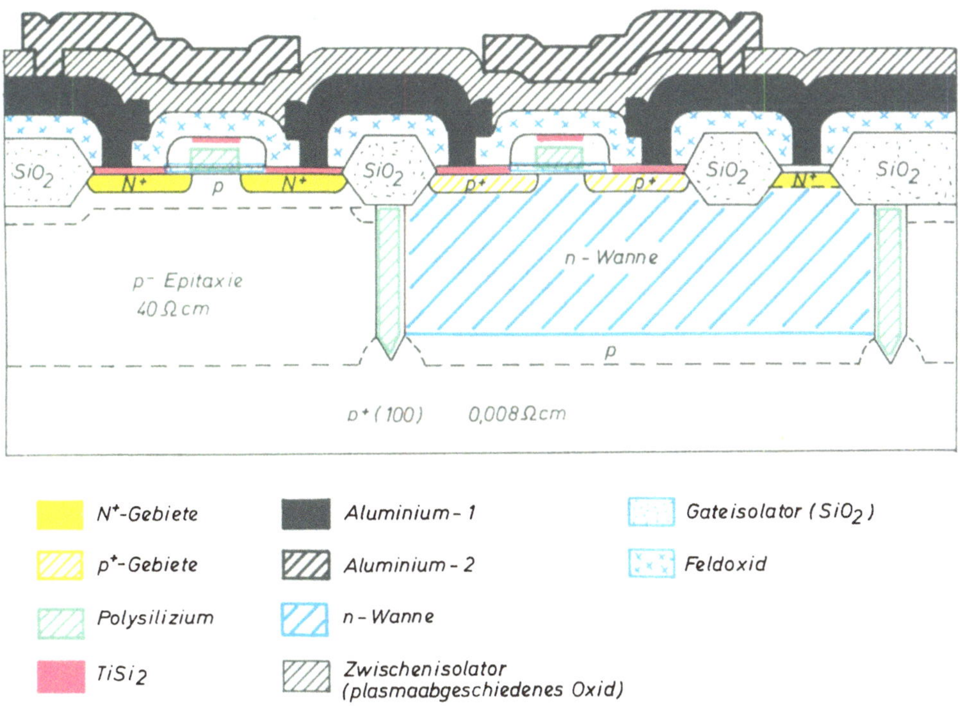

Abb. 2.28 Querschnitt durch eine CMOS-Struktur mit Deep-trench-Isolation

2.2.5. Technologieabläufe

2.2.5.1. Statische n-Kanal-MOS-Technik

Das Hauptanwendungsgebiet dieser Technologie sind statische Speicher (z. B. 16 Kbit- und 64 Kbit SRAMs [LiuS 79], [Ohzo 80], [Ishi 79], [Wong 81]) und Mikroprozessorschaltkreise. Die Speicher stellen dabei bezüglich Packungsdichte und Komplexität die höchsten

Tabelle 2.5 Anforderungen von statischen Speichern und Logikschaltkreisen an eine statische n-Kanal-MOS-Technik

Hauptmerkmale	Anwendung für statische Speicher	Anwendung für Mikroprozessorschaltkreise
Zahl der Poly-Si-Ebenen	2	1
Implantationsmasken (Kanal-II)	2	1
Transistorarten	4 (ET, ZT, DT, DTK)	2 (ET, DT)
hochohmige Poly-Si-Widerstände	ja	nein
Kontaktarten	Poly-Si-2/n^+ Al/Poly-Si-2 Poly-Si-2/Poly-Si-1	Al/n^+ Poly-Si-1/n^+ Al/Poly-Si-1

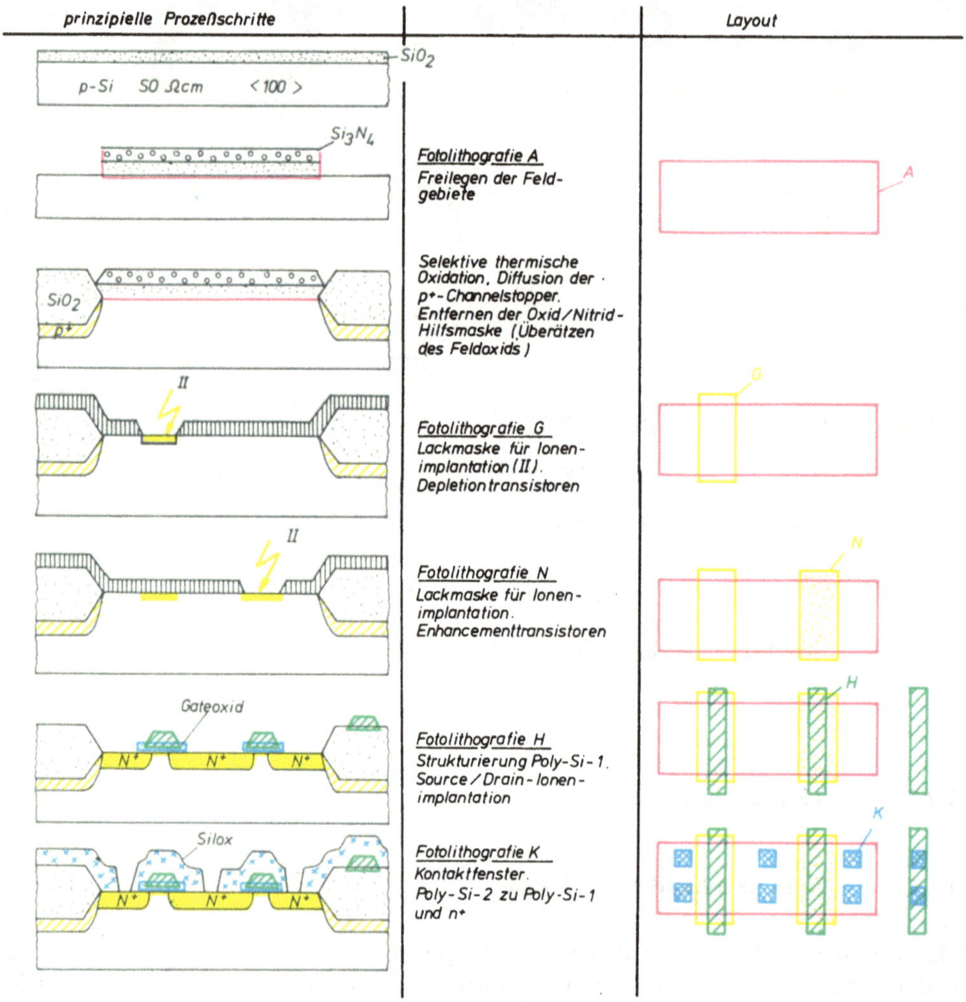

Abb. 2.29 Wesentliche Teilschritte einer statischen n-Kanal MOS-Technologie

Abb. 2.29 (Fortsetzung)

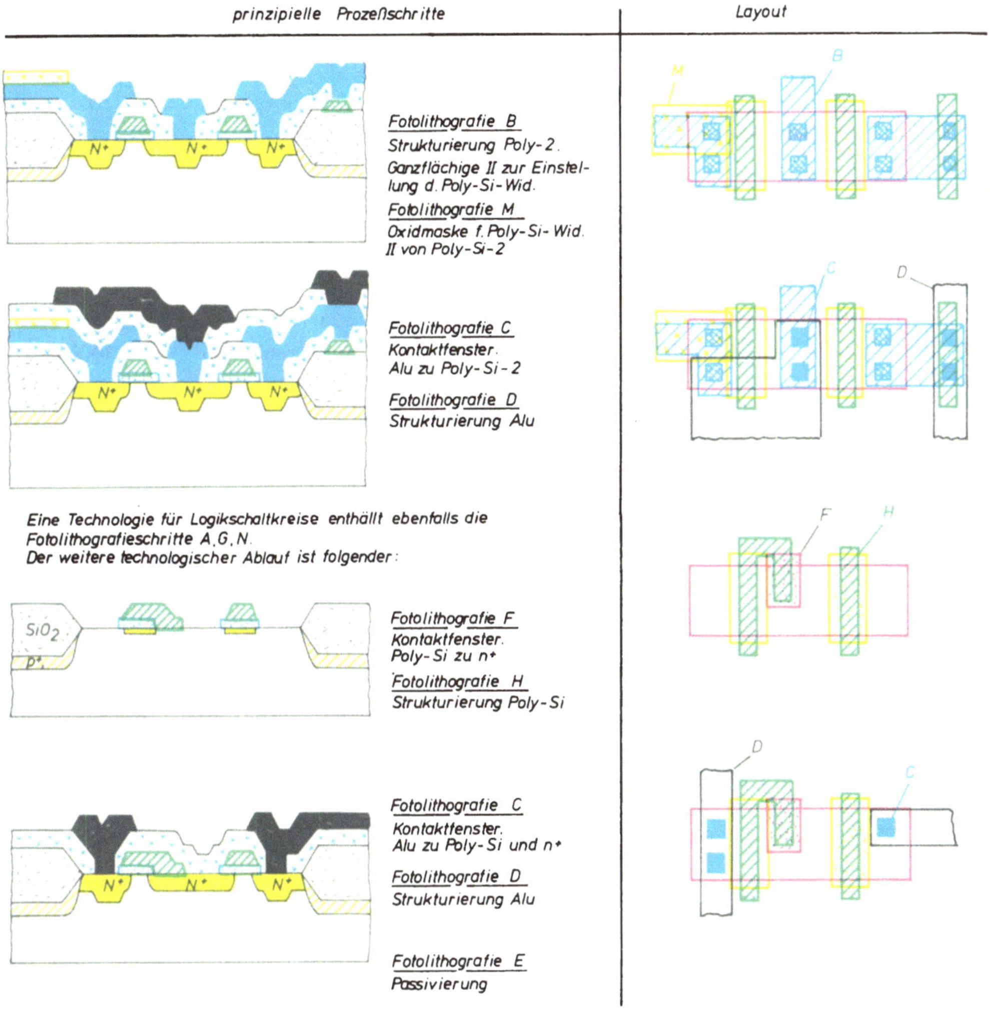

Anforderungen an die Technologie (Tab. 2.5). In Abb. 2.29 ist ein möglicher technologischer Ablauf für eine SRAM-Technologie gezeigt [Bosi 80]. Die vorgestellte Technologie hat 10 Fotolithografie-Ebenen. Bei Einsatz eines Elektronenstrahl-step-and-repeat-Verfahrens kommt eine weitere Schablone für die Strukturierung der Justiermarken auf der Scheibe [Grob 79] hinzu.

Die ersten vier Schritte in Abb. 2.29 zeigen die Strukturierung der aktiven Gebiete (Transistorgebiete), die voneinander durch Oxidinseln, die ins Halbleitermaterial hineinreichen, getrennt sind. Dafür hat sich das Verfahren der lokalen Oxidation mit Nitridhilfsmaske bewährt. Die Verwendung von 2 Implantationsmasken (G, N) erlaubt durch Kombination die Herstellung von vier verschiedenen Transistorarten mit unterschiedlicher Schwellspannung.

Für den Kontaktprozeß wurde die Variante der Abdeckung der Kontaktfenster zum

n^+-Gebiet mittels Poly-Si-2-Deckeln gewählt. Die hochohmigen Poly-Si-Widerstände werden durch Maskierung der Widerstandsgebiete in der zweiten Polysiliziumebene mittels Oxidmaske (M-Schablone) erzeugt.

2.2.5.2. Dynamische MOS-Technik

Dynamische Speicher sind bezüglich der integrierten Bauelementezahl die derzeit größten VLSI-Schaltkreise [KeFH 84], [MKWH 84], [SuNT 84], [TAHN 84], wenn von den Magnetblasenspeichern einmal abgesehen wird.

Die DRAM-Technologie ist, im Gegensatz zur statischen Variante, speziell für die layoutflächenoptimale Lösung des Komplexes Speicherkapazität-Auswahltransistor ausgelegt. Für einen DRAM-Schaltkreis mit 1-Transistorzelle zeigt Abb. 2.30 einen möglichen

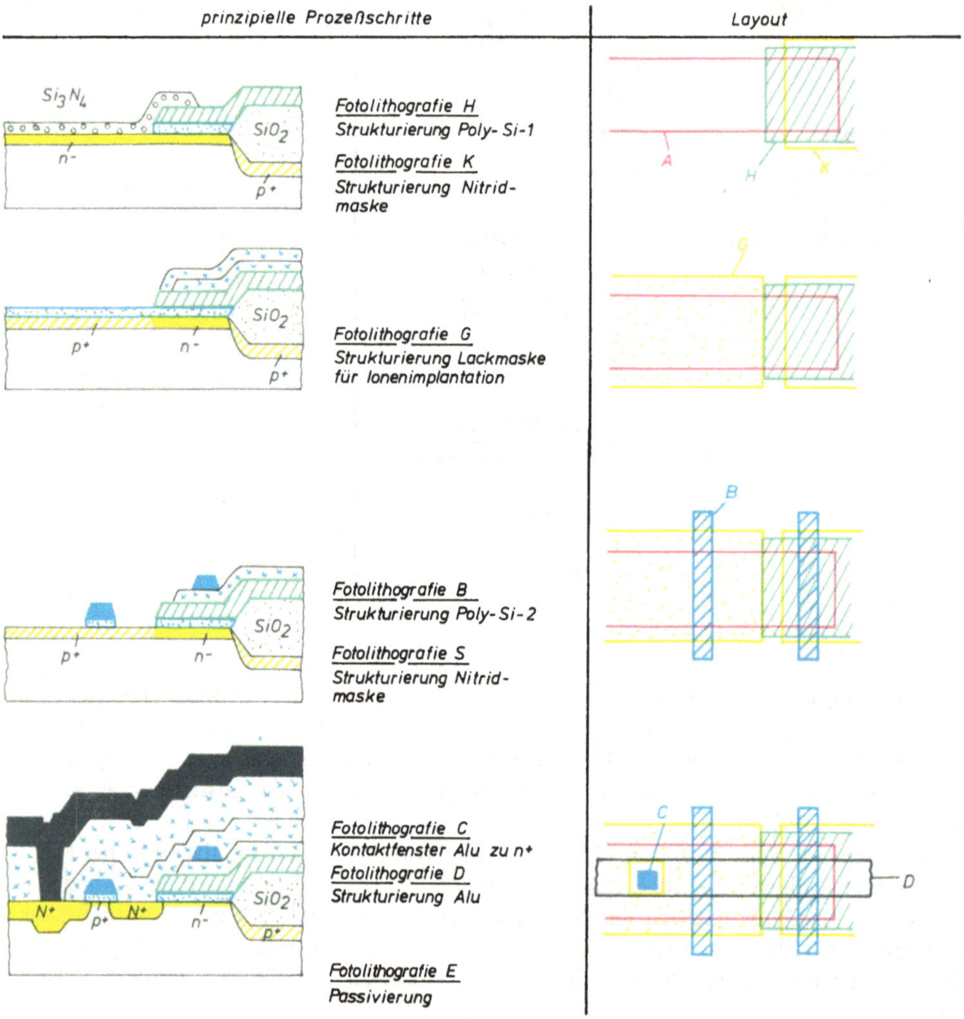

Abb. 2.30 Wichtigste Teilschritte einer DRAM-NMOS-Technologie

Technologieablauf. Die technologischen Teilschritte bis zur Strukturierung der aktiven Gebiete sind die gleichen wie bei der statischen Variante. In der ersten Polysiliziumebene (H) werden im Unterschied zur statischen Technologie nur 2 Transistortypen (ZT, DTK) und die Speicherkapazität realisiert. Zwei weitere Transistortypen (ET, DT) sind in der zweiten Polysiliziumebene möglich. Für den kritischen Kontaktprozeß wird die Doppeldiffusionsvariante verwendet. Dabei ist eine Source/Draindiffusion, die zur Vermeidung von Kurzkanaleffekten eine geringe Eindringtiefe hat, mit einer tiefen Diffusion im Kontaktlochbereich kombiniert.

2.2.5.3. CMOS-Technologie

In der Literatur [THDT 85], [MSSM 85], [YMPE 85] sind eine Vielzahl von Vorschlägen für VLSI-taugliche CMOS-Technologien veröffentlicht worden. Vermutlich gibt es auch gar nicht die optimale CMOS-Technologie. Es zeichnet sich deutlich die Tendenz ab, daß

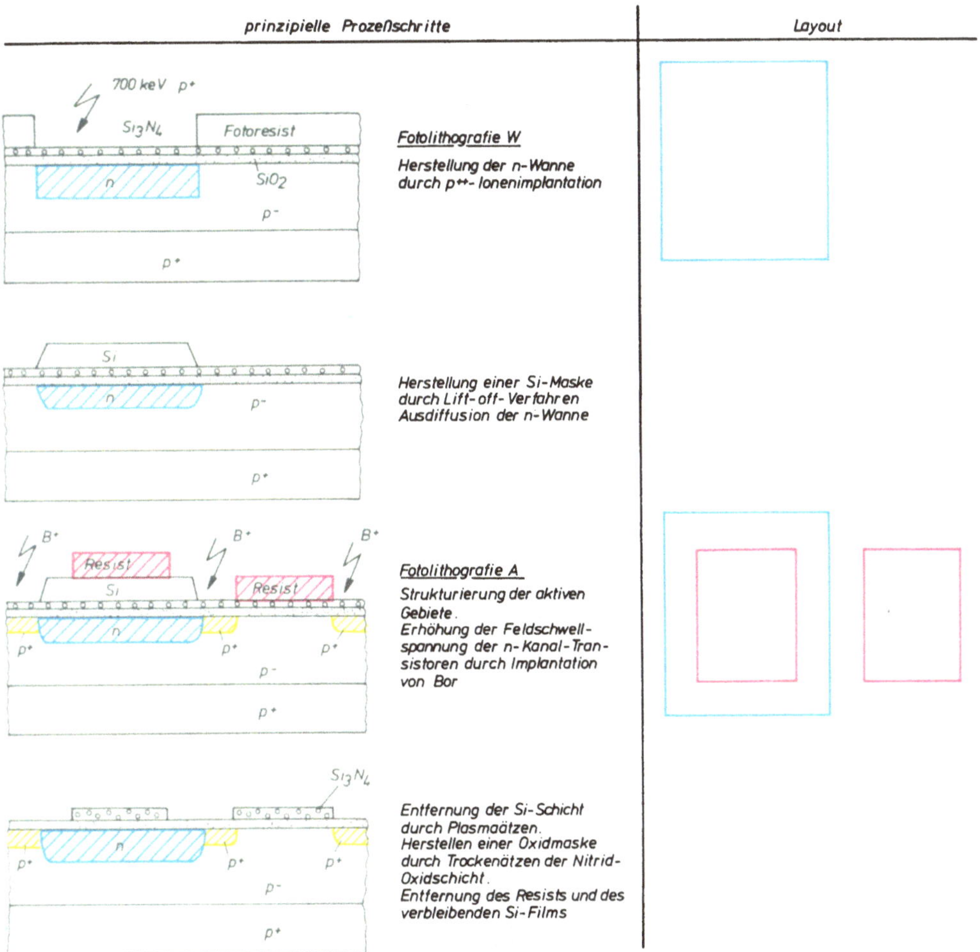

Abb. 2.31 Vereinfachter Ablauf einer CMOS-Technologie

Abb. 2.31 (Fortsetzung)

prinzipielle Prozeßschritte	Layout

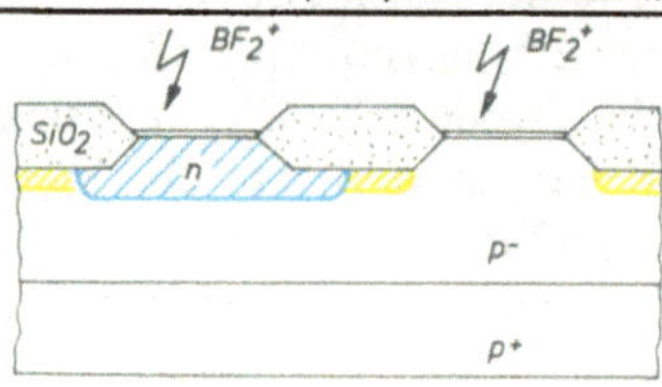

Aufwachsen der Feldoxidinseln. Entfernung der Oxidationsmaske, Gateoxidation, Kanalimplantation mit Bor zur Einstellung der n- und p-Kanalschwellspannung.

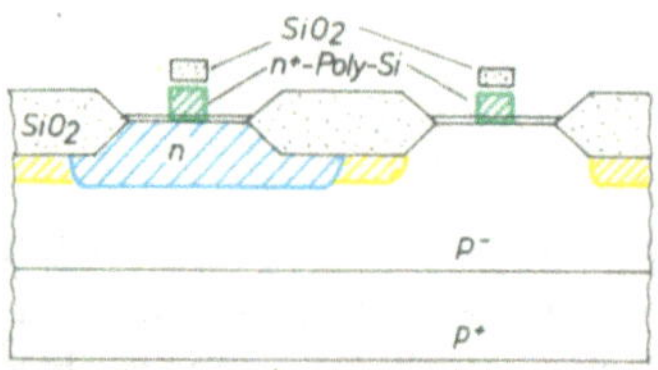

Fotolithografie H

Abscheidung von n⁺-Polysilizium und CVD-Oxid. Reaktives Ionenätzen dieser Schichten mittels der H-Maske. Das CVD-Oxid verhindert die Bildung von $TiSi_2$ auf dem Polysilizium.

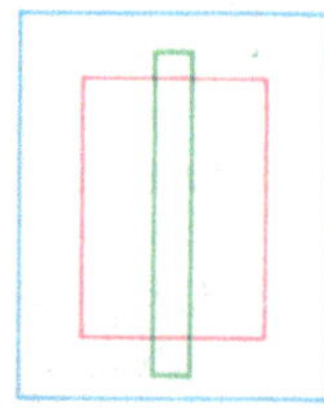

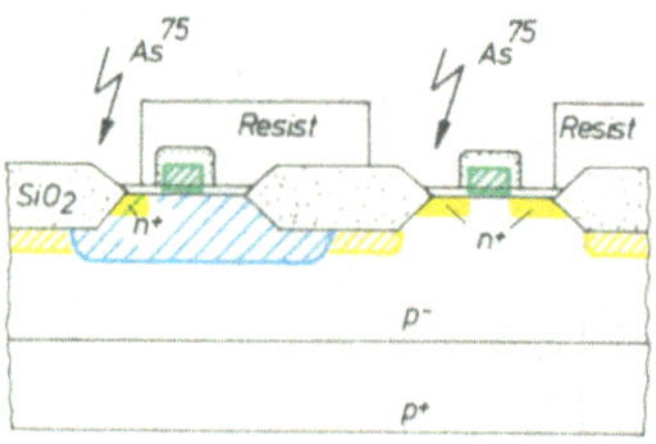

Fotolithografie S

Implantation der n⁺-Source-/Draingebiete in den mit der S-Resistmaske festgelegten Gebieten

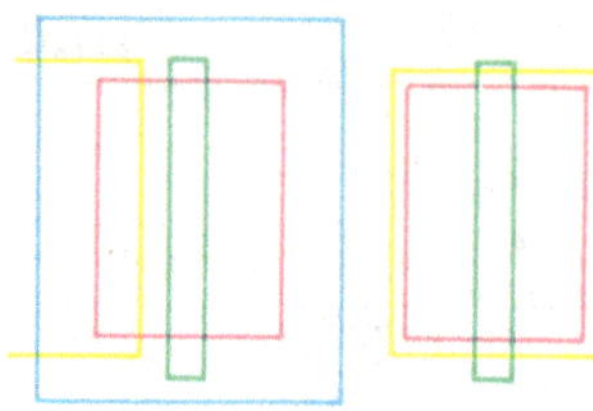

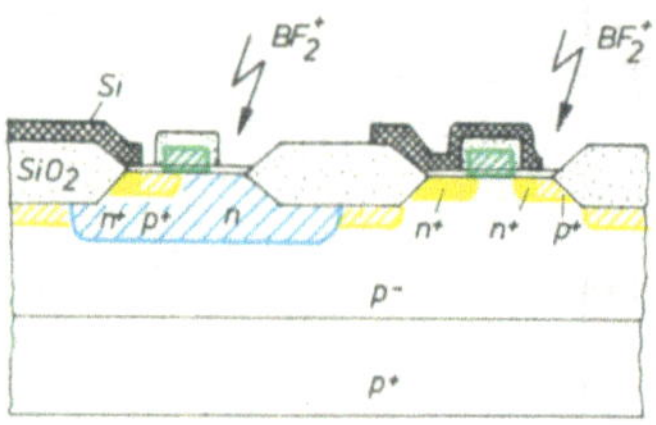

Abscheidung einer Si-Schicht und Strukturierung mit der S-Maske. Implantation der p⁺-Source-/Draingebiete der p-Kanaltransistoren

prinzipielle Prozeßschritte	Layout

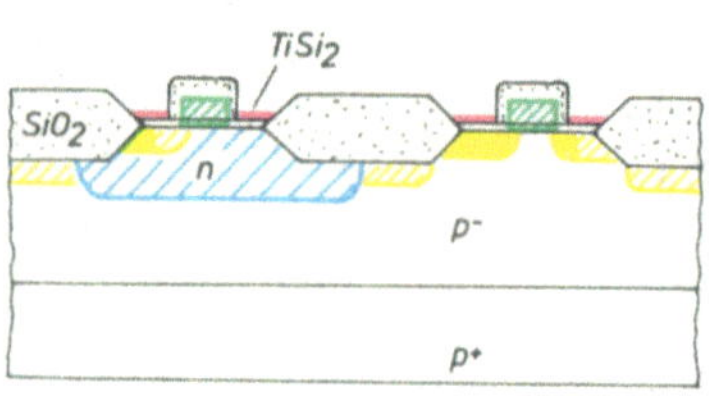

Herstellung einer selbstpositionierenden $TiSi_2$-Schicht in den Source-/Draingebieten (s. Abschn. 2.2.4.3.)

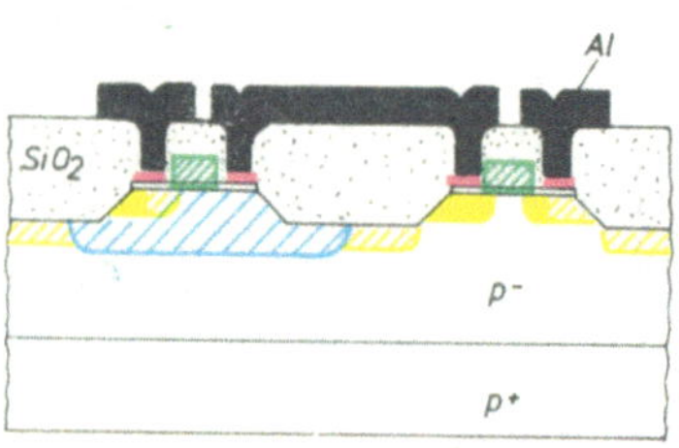

Fotolithografie C, D

Abscheidung von CVD-Oxid. Ätzung der Kontaktfenster mit der C-Maske. Herstellung der Al-Metallisierung durch Lift-off-Technologie mit der D-Maske.

für die einzelnen Anwendungsfälle wie Speichertechnik, Analogtechnik, Prozessortechnik jeweils optimierte Technologievarianten zum Einsatz kommen. Ein Hauptunterschied ist dabei die angewandte Wannentechnologie. Sowohl n- und p-Wannen als auch Wannen für beide Transistoren sind üblich. Der n-Wannenprozeß, der von einem p-Substrat ausgeht, hat den Vorteil, daß er weitgehend kompatibel mit den erprobten n-Kanaltechnologien (z. B. HMOS) ist. Weitere Unterscheidungsmerkmale gibt es bei den angewandten Bauelementeisolationsverfahren, bei der möglichen Nutzung von Bipolartransistoren für Analog- und Endstufen sowie bei den für die verschiedenen Teilschritte eingesetzten technologischen Einzelverfahren.

Ein Beispiel für eine CMOS-VLSI-Technologie ist in Abb. 2.31 gezeigt. Dieser entwickelte n-Wannenprozeß (THDT 85] ermöglicht die Herstellung von Transistoren mit einer minimalen Kanallänge von 1 µm. Für die Bauelementeisolation wird das Deeptrench-Verfahren verwendet. Die Silizidabscheidung ($TiSi_2$) in den diffundierten Gebieten reduziert einerseits den Widerstand und verbindet andererseits niederohmig die benachbarten n^+/p^+-Kontakte (butted source contacts [YMPE 85]), ohne daß dafür Metallbrücken im Oberbau benötigt werden. Eine Erweiterung der Technologie auf zwei bis drei Metallisierungsebenen ist durch technologische Zusatzkomplexe möglich.

2.3. Zyklus-II

Im Ergebnis der Prozesse des Zyklus-I entstehen auf jedem Chip elektronische Schaltungen, deren Funktionsfähigkeit noch im Scheibenverband getestet wird (Zwischenprüfung). Bevor die dabei gefundenen Gutchips als Bauelemente eingesetzt werden können, bedarf es der Weiterverarbeitung im Zyklus-II.

Nach dem Zersägen der Scheibe werden die Chips mittels Löten, Anglasen oder Kleben im Keramikgehäuse bzw. auf dem metallischen Trägerstreifen des Plastbauelementes befestigt (Chipbonden). Mittels Drahtbonden werden die elektrischen Verbindungen zwischen den Bondinseln und den Kontaktzinken des Gehäuses hergestellt. Das Chip wird schließlich durch Aufbringen eines Deckels bzw. durch Umhüllen mit Plastmasse vor mechanischer Beschädigung und klimatischen Einflüssen geschützt. Alle diese Schritte sind vollautomatisiert und miteinander verkettet, so daß eine hohe Produktivität erreicht wird.

In den siebziger Jahren hat sich weltweit das sogenannte DIL-Gehäuse (dual in line — zwei Reihen Anschlüsse) durchgesetzt. Die Vielzahl der existierenden DIL-Varianten unterscheidet sich nach Anschlußzahl, Abstand der Anschlußreihen und Gehäusematerial. Mehrschicht-Keramik-Gehäuse sind hermetisch dicht und ermöglichen die Herstellung sehr zuverlässiger Bauelemente mit hoher Chipverlustleistung. Nachteilig ist jedoch ihr hoher Preis. Für normale Anforderungen werden die kostengünstigeren Plast-Bauelemente eingesetzt. Bei der Anwendung von DIL-Gehäusen ergeben sich folgende Probleme:

- Der Platzbedarf auf der Leiterplatte ist besonders bei hochpoligen Gehäusen erheblich. Anschlußzahlen von mehr als 48 Pins sind im allgemeinen nicht verfügbar.
- Durch die konstruktiven Eigenschaften sind der weiteren Erhöhung der Signalgeschwindigkeit und Verlustleistung Grenzen gesetzt.

Das DIL-Gehäuse genügt den Anforderungen, die die VLSI-Technik stellt, nicht mehr. Es wird in zunehmendem Maße durch andere Gehäusetypen (Abb. 2.32) abgelöst.

Eine Alternativlösung sind die Stiftgehäuse (pin grid), die auf ihrer Unterseite bis zu mehreren Hundert Kontaktstifte enthalten. Ein Mehrebenenmetallisierungssystem im Gehäuse wird eingesetzt, um kurze Verdrahtungslängen zwischen Bondinsel und Pin zu erreichen. Außerdem können bei hochpoligen Gehäusen die Verdrahtungsstifte in mehreren Ringen angeordnet werden.

Gehäuse	max. Pinzahl	Abbildung
DIL Dual In Line	48	
CC Chip Carrier (leadless)	200	
CC (leaded)	200	
PGA Pin Grid Array	200	

Abb. 2.32 Ausgewählte Gehäuseformen für LSI-/VLSI-Schaltkreise

Eine entscheidende Weiterentwicklung in der Gehäusetechnik stellen die aufsetzbaren Bauelemente (SMD — surface mounted devices) dar. Außer Schaltkreisen werden in zunehmendem Maße auch Widerstände und Kondensatoren als SMD angeboten. Typischer Vertreter für ein SMD-Schaltkreisgehäuse ist der Chip-Carrier (Abb. 2.32), der in den Ausführungsformen Plast und Keramik zur Verfügung steht. Unter Beibehaltung der Chip- und Drahtbondtechnik werden durch die neue Konstruktion im Vergleich zur DIL-Form wesentlich höhere maximale Pinzahlen und kürzere Verdrahtungslängen bis zum Pin erreicht. Allerdings ist für die Montage der SMDs auf der Leiterplatte eine neue Montagetechnologie erforderlich.

Für die VLSI-Technik taugliche Gehäuse müssen folgenden Anforderungen genügen:

- hohe Pinzahl (64 ... 300 Pins),
- Einsetzbarkeit bei hohen Frequenzen (bis 100 MHz),
- große Chipverlustleistung (2 W und größer).

Pinzahl

Die Integration immer komplexerer Systeme auf einem Chip ist nur möglich, wenn die angegebenen hohen Pinzahlen zur Verfügung stehen. Bei hohen Pinzahlen wird die minimal mögliche Chipfläche immer stärker durch das Bondinselraster bestimmt. Dieses Raster beträgt beim Drahtbonden 160 µm ... 200 µm. Die Trägerfilmtechnik ermöglicht halbe Rasterabstände.

Schaltgeschwindigkeit

Aus der im VLSI-Bereich anzustrebenden hohen Schaltgeschwindigkeit leiten sich Forderungen nach Gehäusematerialien mit geringer Dielektrizitätskonstante (kleine Kapazitäten), kurzen Verdrahtungslängen im Gehäuse und kleinen Induktivitätswerten der Anschlüsse ab. Ein Vergleich wichtiger elektrischer und thermischer Parameter für Pins in Drahtbond- und Trägerfilmtechnik ist in Tab. 2.6 enthalten.

Tabelle 2.6 Elektrische und thermische Parameter für Pins in Drahtbond- und Trägerfilmtechnik

Parameter	Drahtboden		Trägerfilmtechnik
	Aluminium	Gold	Kupfer
elektrische Eigenschaften			
Bahnwiderstand in Ω	0,142	0,122	0,017
Bein/Bein-Kapazität in pF bei 0,2 mm Abstand	0,025	0,025	0,006
Induktivität in nH	2,621	2,621	2,10
thermische Eigenschaften			
Beinleitfähigkeit in °C/mW	79,6	51,6	8,3
Beinkonvektion (frei) in °C/mW	336,5	336,5	149,5

Chipverlustleistung

VLSI-Schaltkreise haben eine typische Verlustleistung bis zu 2 Watt. Diese Verlustleistung muß durch das Gehäuse so abgeführt werden, daß sich die Chiptemperatur nicht unzulässig erhöht. Der thermische Widerstand R_{th} des Gehäuses bestimmt dabei wesentlich die vom Chip abführbare Verlustleistung P_V.

$$P_V = \frac{T_{\text{Chip max}} - T_{\text{Ext max}}}{R_{th}}$$

$T_{\text{Chip max}}$ — maximal zulässige Chiptemperatur,
$T_{\text{Ext max}}$ — Umgebungstemperatur.

Für die Berechnung von P_V können als Richtwerte die in Tab. 2.7 angegebenen Werte verwendet werden. $T_{\text{Chip max}}$ ist stark vom Schaltkreistyp abhängig und beträgt für DRAMs z. B. $\approx$ 100 °C.

Tabelle 2.7 Thermische Widerstände für verschiedene Gehäusearten

Gehäusetyp	R_{th} in K/W
Keramikschalengehäuse	
Chip angeglast	120
Chip anlegiert	80
Mehrschichtkeramikgehäuse	
Al_2O_3-Keramik	40
BeO-Keramik	10
Plastgehäuse	
ohne zusätzlichen Wärmeverteiler	200
mit zusätzlichem Wärmeverteiler	15

2.4. Technologiesimulation

H. Viergutz, TU Dresden

VLSI-Technologien führen zu geringen lateralen und vertikalen Strukturabmessungen und erfordern deshalb ein tieferes physikalisches Verständnis und eine genauere mathematische Modellierung der einzelnen Prozeßschritte. Prozeßsimulatoren [HPHD 83], [SmSt 82], [Ryss 80], [PaBe 84], [ScVi 84], [Penu 83] sind eine notwendige Voraussetzung für eine effektive Technologieentwicklung und finden Einsatz bei der Prozeßführung und Prozeßsteuerung (Abb. 2.33).

Nachfolgend soll eine Übersicht zur Modellierung wesentlicher Prozeßschritte bei der Herstellung von MOS- und Bipolarstrukturen gegeben werden (Abb. 2.34).

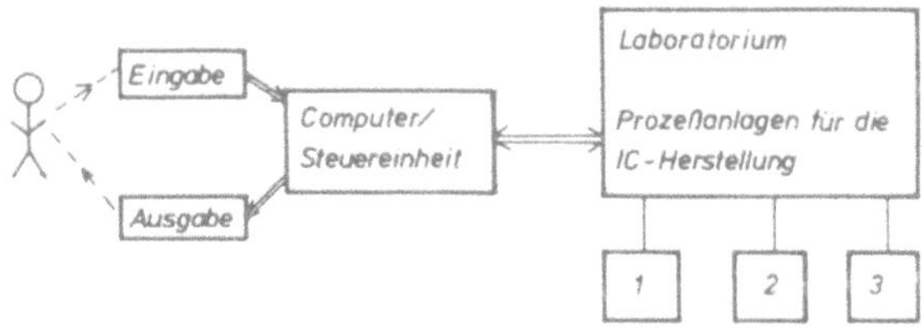

Abb. 2.33 Prinzip der Prozeßsteuerung

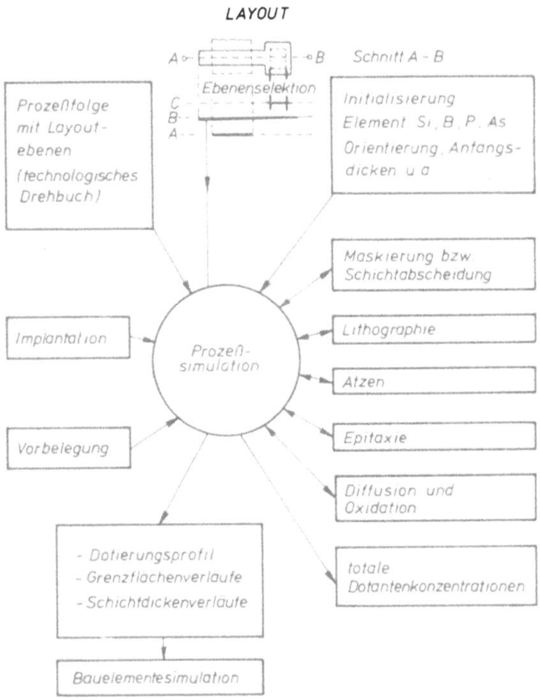

Abb. 2.34 Komponenten eines Prozeßsimulators

2.4.1. Modellierung ausgewählter Prozeßschritte

2.4.1.1. Ionenimplantation

Die Ionenimplantation ist heute die häufigste angewandte Dotierungstechnik. Die Berechnung der Dotantenverteilung ist durch Monte-Carlo-Simulation oder die Lösung der Boltzmann-Transport-Gleichung möglich. Für praktische Anwendungen reicht oft die Beschreibung mittels Verteilungsfunktionen aus, die jedoch keine Rückschlüsse auf die physikalischen Hintergründe zulassen. Typische Verteilungsfunktionen sind die Gaußverteilung, die schiefe Halbgaußverteilung und die Pearson-IV-Verteilung [Seib 84], aus denen sich die reale Dotantenverteilung (z. B. in vertikaler Richtung) nach Gl. (2.5) bestimmen läßt.

$$C(y) = D''f(y)\,, \qquad (2.5)$$

D'' — flächenbezogene Implantationsdosis.

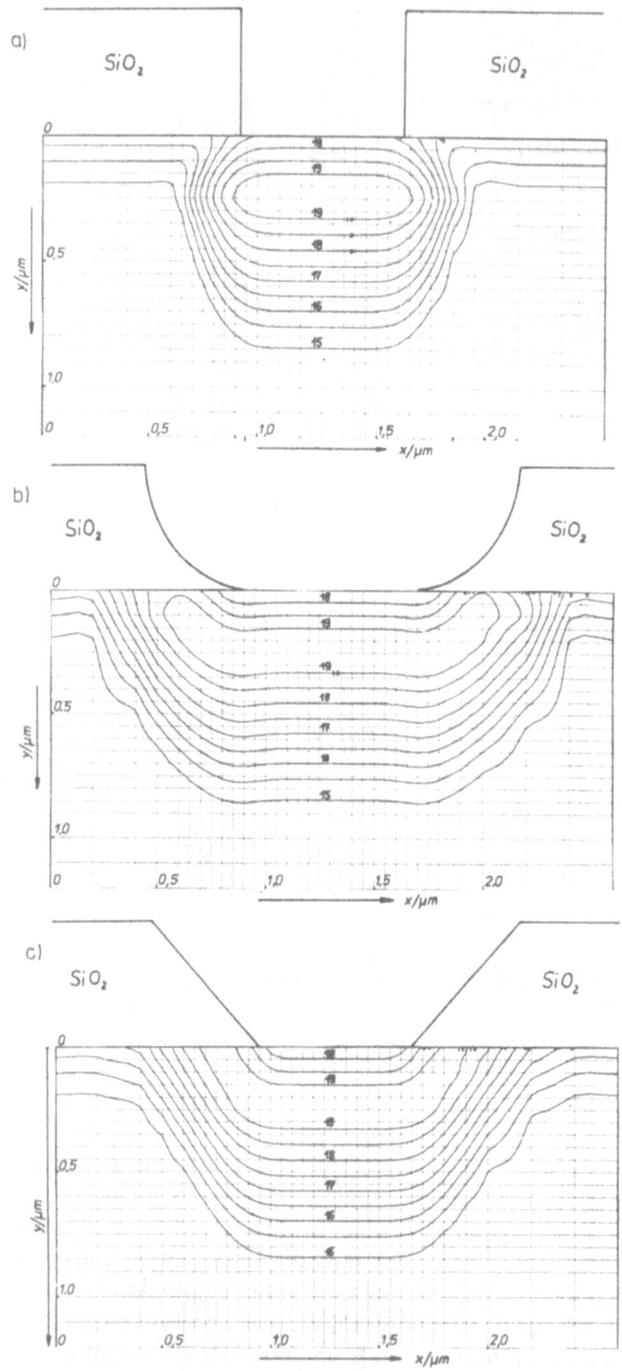

Abb. 2.35 Implantationsprofil nach einer Bor-Implantation (Energie = 70 keV, Dosis = $5 \cdot 10^{14}$ cm^{-2}) für unterschiedliche Maskenformen nach [ScVi 84]

a) idealer Verlauf ($\alpha = 90°$, $d_i = 500$ nm), b) naßchemisches Ätzen (kreisförmige Kante, $d_i = 500$ nm), c) Ionenätzen ($\alpha = 45°$, $d_i = 500$ nm)

Momente von praktischer Bedeutung für solche Verteilungsfunktionen sind die projektierte Reichweite R_p, die mittlere Standardabweichung ΔR_p, die Schiefe γ_1 und die Wölbung β_2, die als Funktionen von Implantaten (B, P, As), dem Substratmaterial, der Implantationsdosis und Implantationsenergie in Tabellen abgespeichert werden. Eine Anpassung an experimentelle Ergebnisse ist einfach möglich. Größere Eindringtiefen bei leichteren Ionen wie Bor aufgrund des Channeling-Effektes werden durch exponentielle Ausläufer folgender Form [HPHD 83] modelliert

$$f(y) = f(y) + F \exp\left(-\frac{(y - y_0)^{nx}}{\lambda}\right). \tag{2.6}$$

F, y_0, λ, nx sind Parameter, die durch Fitting des Wertes der ersten und zweiten Ableitung an einen ausgewählten Punkt bestimmt werden.

Bei der Implantation durch Schichten werden die Verteilungsparameter so bestimmt, daß die Normierungsbedingung Gl. (2.7) erfüllt ist, wobei davon ausgegangen wird, daß es nur zu einer Verschiebung der Reichweite kommt, die Form des Profils jedoch erhalten bleibt [ScVi 84]:

$$\sum_{i=1}^{m} \int_{y_i}^{y_i+d_i} F_i(y, R'_{Pi})\, \mathrm{d}y = 1 \quad \text{für} \quad m = 1 \ldots (N+1), \tag{2.7}$$

N — Anzahl der Deckschichten,
y_i — Anfangskoordinaten,
d_i — Dicke der Deckschicht,
F_i — normierte Verteilungsfunktion der i-ten Schicht,
R_{Pi} — Reichweite unter Berücksichtigung darüberliegender Schichten.

Diese Vorgehensweise ist für beliebige Mehrschichtsysteme anwendbar. Bei einer örtlich zweidimensionalen Simulation der Ionenimplantation wird zusätzlich noch die laterale Streuung ΔR_L berücksichtigt. Als laterale Verteilungsfunktion werden eine Gaußverteilung [Rung 77] bzw. eine komplementäre Fehlerfunktion [FuMI 72] angenommen.

Für den Fall einer Gaußverteilung gilt

$$C(x, y) = \frac{D''_I}{\Delta R_L \sqrt{2\pi}} \int_{-\infty}^{\infty} f(y, d(x')) \exp\left(-\frac{(x - x')^2}{2\,\Delta R_L^2}\right) \mathrm{d}x'. \tag{2.8}$$

Mit Gl. (2.8) ist man in der Lage beliebige Maskenformen zu berücksichtigen. Diesen Sachverhalt veranschaulichen die Äquidensiten einer Borimplantation für verschiedene Maskenformen in Abb. 2.35.

2.4.1.2. **Diffusion in inerter und oxidierender Atmosphäre**

Die thermische Dotantendiffusion im Halbleiter ist einer der Schlüsselprozeßschritte in der Halbleitertechnologie. Hierbei kann die Verteilung der Störstellen im allgemeinen durch die Kontinuitätsgleichung Gl. (2.9) beschrieben werden. Unter Berücksichtigung eines konzentrationsabhängigen Diffusionskoeffizienten, des inneren elektrischen Feldes und der elektrischen Aktivität der Dotanten ergibt sich folgendes Gleichungssystem, das für die einzelnen Dotanten bei gleichzeitig auftretender Oxidation gelöst werden muß

$$\frac{\partial C_i}{\partial t} = \operatorname{div}\left[D_i\left(\operatorname{grad} CN_i - Z_i \frac{e}{kT} N_i \operatorname{grad} \varphi\right)\right], \tag{2.9}$$

D_i — Diffusionskoeffizient,
C_i — totale Konzentration,
N_i — elektrisch aktive Konzentration,
CN_i — $\begin{cases} C_i \text{ für } V_{C-N} \approx V_{C,N}, \\ N_i \text{ für } V_{C-N} \ll V_{C,N}, \end{cases}$
Z_i — $\begin{cases} +1 \text{ für Akzeptoren,} \\ -1 \text{ für Donatoren,} \end{cases}$
φ — elektrostatisches Potential

Unter der Annahme quaineutraler Reumladungen und der Boltzmannstatistik kann φ explizit bestimmt werden

$$\varphi = \frac{kT}{e} \ln\left(\frac{N_G + \sqrt{N_G^2 + 4n_i^2}}{2n_i}\right) \approx \frac{kT}{e} \ln\left(\frac{n}{n_i}\right), \tag{2.10}$$

wobei $N_G = -\sum_{i=1}^{N_1} Z_i N_i$, N_1 die Zahl der Dotanten und n_i die Intrinsicelektronenkonzentration sind.

Der Zusammenhang zwischen elektrisch aktiver und nichtaktiver Konzentration kann durch eine Gleichung beschrieben werden [HPHD 83]

$$C_i = N_i + K(T) N_i^l . \tag{2.11}$$

Hierbei werden im allgemeinen quasistationäre Voraussetzungen gemacht, um die Lösung zu vereinfachen. Durch Gl. (2.11) kann auch die Clusterbildung von Arsen [ScPI 68] modelliert werden. $K(T)$ und l hängen von der Dotantenart und von der Dotierungsquelle ab.

Die Konzentrationsabhängigkeit der Diffusionskoeffizienten beruht auf der Modellvorstellung der Diffusion über Punktdefekte des Kristallgitters, d. h. bei inerter Diffusion, im wesentlichen über Leerstellen (vacancies) und bei gleichzeitiger Oxidation zusätzlich über Zwischengitterplätze (interstities). SHAW [Shaw 75] modifiziert den Diffusionskoeffizient wie folgt:

$$D = D^x + D^{r-} V^r + D^{r+} V^r \tag{2.12}$$

mit r — Ionisationsgrad der Vakanzen,
V^r — Vakanzenkonzentration des r-ten Ladungszustands,
$D^{r\pm}$ — Intrinsicdiffusionskoeffizienten der Dotanten über Vakanzen mit entsprechenden Ladungszuständen,
D^x — Intrinsicdiffusionskoeffizient.

Für Boltzmann-Statistik lassen sich die Vakanzenkonzentrationen als Funktion der Elektronenkonzentration n und der Intrinsicelektronenkonzentration n_i bestimmen:

$$V^r = \left(\frac{n}{n_i}\right)^r \quad \text{für } r\text{-fach negativ geladene Vakanzen,} \tag{2.13}$$

$$V^r = \left(\frac{n_i}{n}\right)^r \quad \text{für } r\text{-fach positiv geladene Vakanzen.} \tag{2.14}$$

Für jede Dotantenart sind nur bestimmte Ladungszustände dominant, so daß sich nach Ho u. a. [HPHD 83] eine einfache Näherung für die Diffusionsmodelle ergibt:

Bor:

$$D_B = D^x + \left(\frac{p}{n_i}\right) D^+, \tag{2.15}$$

Phosphor:

$$D_P = D^x + D^- \left(\frac{n}{n_i}\right) + D^= \left(\frac{n}{n_i}\right), \tag{2.16}$$

Arsen:

$$D_{As} = D^x + D^- \left(\frac{n}{n_i}\right). \tag{2.17}$$

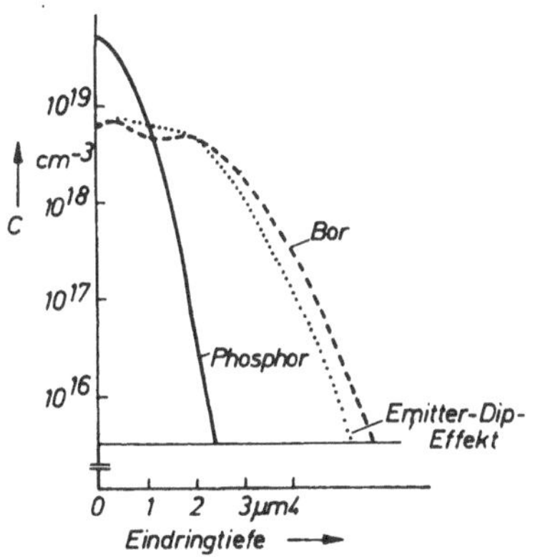

Abb. 2.36 Einfluß von Phosphor auf die Diffusion von Bor nach [ScVi 84] in einer Bipolarstruktur

Für Phosphor wurde durch FAIR/TSAI [FaTs 78] das Modell Gl. (2.16) modifiziert, indem sie das Diffusionsgebiet in drei Bereiche unterteilten, denen unterschiedlich diffundierende Dotanten-Vakanzen-Komplexe entsprechen. Durch dieses Modell ist es auch möglich, den Emitter-dip-Effekt (push-out) zu berücksichtigen, der auf einer tiefer wirkenden Verteilung der Vakanzen unterhalb des Phosphor-Emitters beruht. Die resultierende Verschiebung des Basis-Kollektorübergangs in das Substrat wird an einer Bipolarstruktur in Abb. 2.36 demonstriert.

Eine oxidationsbeschleunigende Diffusion (OED), die vermutlich durch eine Generation von Zwischengitterplätzen an der Oberfläche während der Oxidation hervorgerufen wird, kann im Diffusionskoeffizientenmodell Berücksichtigung finden [RyPH 83]:

$$D^x_\sigma = D + \Delta D_{\sigma x}, \tag{2.18}$$

wobei $\Delta D_{\sigma x}$ eine Funktion der Oxidationsgeschwindigkeit, der Entfernung von der Oberfläche, der Orientierung, der Dotantenart und der Oxidationsbedingungen sein kann.

2.4.1.3. Schichtherstellungsverfahren

Wesentliche Herstellungsverfahren von Schichten in Halbleitertechnologien sind aus der Klasse der Aufwachsverfahren die thermische Oxidation und aus der Klasse der Abscheideverfahren die chemische Abscheidung aus der Gasphase.

Ersteres Verfahren dient in der Hauptsache zur Herstellung von hochwertigem SiO_2 (Gateoxid, Feldoxid) und letzteres zur Herstellung von Passivierungsschichten (z. B. Si_3N_4), polykristalliner Schichten (Poly-Silizium) und einkristalliner Schichten (Epitaxie) mit teilweise gleichzeitigem Einbau von Dotanten.

2.4.1.3.1. Thermische Oxidation

Thermisch aufgewachsenes SiO_2 besitzt sehr gute mechanische und elektrische Eigenschaften und spielt deshalb in der VLSI-Technik eine entscheidende Rolle.

In den Fällen, wo eine eindimensionale Modellierung zur Beschreibung des Wachstumsprozesses ausreicht, wird oft auf das Modell von Deal/Grove [DeGr 65] zurückgegriffen. Das hier dargestellte linear-parabolische Wachstumsgesetz Gl. (2.19) entspricht der Lösung der Diffusionsgleichung von Sauerstoff durch das Oxid unter vereinfachten Annahmen.

$$\frac{d_i^2}{B} + \frac{d_i}{B/A} = t + \tau \qquad (2.19)$$

mit d_i — Oxiddicke
B — parabolische } Wachstumsrate
B/A — lineare } Wachstumsrate

$\tau = \dfrac{d_{i0}^2 + A d_{i0}}{B}$ fiktive Zeit, die der Anfangsoxiddicke d_{i0} entspricht.

Generell wirken alle Faktoren, die die Diffusion von O_2 und H_2O durch die SiO_2-Schicht beeinflussen, auf B und alle Faktoren, die die chemische Grenzflächenreaktion beeinflussen, auf B/A. Die Beziehung Gl. (2.19) beschreibt diese Abhängigkeiten nicht und gilt auch nur für dicke Oxide.

Ho u. a. [HPHD 83] nähern den Einfluß der Substratkonzentration, der Orientierung, des HCl-Anteils, der Oxidationsart, des Oxidantenpartialdruckers und des schnellen Anfangswachstums mehr oder weniger empirisch:
lineare Wachstumsrate:

$$B/A = (B/A)_i \left\{ (p)^n [1 + \gamma (C^T - 1)] (\eta) (\varkappa) \left(1 + k \exp - \frac{x}{L}\right) \right\} \qquad (2.20)$$

- $k \exp$ …: dünne Oxide bei trockenem O_2
- $(\varkappa)$: Kristallorientierung
- (η): HCl-Einfluß
- $[1 + \gamma(C^T - 1)]$: Substratdotierungsabhängigkeit
- $(p)^n$: Druckabhängigkeit

parabolische Wachstumsrate:

$$B = B_i\{(p)^m(1 + \delta C_T^q)\,(\varepsilon)\} \tag{2.21}$$

(ε) — HCl-Einfluß
δC_T^q — Substratdotierungsabhängigkeit
$(p)^m$ — Druckabhängigkeit

Diese Modelle können für verschiedene Oxydationsbedingungen angepaßt werden.

In VLSI-Strukturen werden die Eigenschaften zunehmend durch Randeffekte der Übergänge Feldoxid/aktives Gebiet bestimmt. Deshalb nimmt die Modellierung von modernen Niedertemperatur-Hochdruck-Oxydationsverfahren unter lokalen Oxydationsbedingungen (LOCOS) einen wichtigen Platz bei der Prozeßsimulation ein, Ein einfaches Modell zur Berechnung des lateralen Verlaufs der Oxidationsfront in Abhängigkeit von der Anfangsgeometrie, dem Maskenmaterial und der Maskendicke ist eine parametrische Funktion [LeDu 81], mit der es möglich ist, Bird's Beak (siehe Abb. 2.26) zu berechnen.

In zunehmendem Maße werden komplizierte zweidimensionale Modelle für die thermische Oxydation eingesetzt, die von der Beschreibung der Kinetik der SiO_2/Si-Grenzfläche ausgehen. Chin u. a. [ChOD 83], [MaFu 85] gehen dabei von drei Gesichtspunkten aus:

— Die Oxydationsdiffusion läßt sich durch die Laplace-Gleichung

$$D\nabla^2 C = 0 \tag{2.22}$$

beschreiben.

— Das Oxid bewegt sich langsam mit der Geschwindigkeit v und verhält sich wie eine inkompressible Flüssigkeit, deren Bewegung folgender Gleichung genügt:

$$\nabla v = 0\,. \tag{2.23}$$

— Die Geschwindigkeit v und der Druck p hängen über die Navier-Stokessche hydrodynamische Gleichung zusammen (vereinfachte Annahme einer Viskosität μ_v)

$$\mu_v \nabla^2 v = p \tag{2.24}$$

und bestimmen die Randbedingungen des Systems.

Das gesamte Modellsystem ermöglicht die Erfassung wesentlicher physikalischer Erscheinungen bei der Oxydation, bedarf aber noch weiterer experimenteller Untersuchungen.

2.4.1.3.2. Chemische Abscheidung aus der Gasphase

Schichtabscheidungsprozesse lassen sich allgemein durch folgende Gleichung beschreiben [Scha 81]:

$$\mathrm{d}l = A_\mathrm{R}(x, y, t)\,\mathrm{d}t\,. \tag{2.25}$$

Bei amorphen Schichten können wegen der niedrigen Prozeßtemperaturen (400 °C ... 800 °C) die Dotantenumverteilung und die Grenzflächenwanderung vernachlässigt werden. Die Abscheidungsrate A_R ist eine Funktion von der Schichtart, der Anfangsschichtdicke, der Temperatur, der Zeit, des Druckes, der Substratdotierung u. a. Für anisotrope Vorgänge stellt A_R sogar einen Tensor dar, so daß eine genaue Modellierung mathematisch schwierig ist. Ein weiterentwickeltes Modell wird von NEUREUTHER u. a. [NeNa 82] vorgestellt. Prozeßsimulatoren verwenden oft eine einfache Beziehung der Form:

$$l = l_0 + At\,, \tag{2.26}$$

wobei A — Schichtwachstumsrate,
t — Zeit,
l_0 — Anfangsschichtdicke.

Für das Aufwachsen einkristalliner Schichten liegen umfangreichere Modellierungsarbeiten vor [WoRe 85], die den Wachstumsprozeß genauer beschreiben. Wegen der höheren Prozeßtemperatur muß eine Dotantenumverteilung an der Grenzfläche Substrat/Epitaxie berücksichtigt werden. Die Dotierung einer Epitaxieschicht wird stark durch den „Autodoping"-Effekt beeinflußt. Es kommt während der Abscheidung zur Umverteilung der Dotanten in der Schicht und im Substrat sowie zwischen beiden. Hinzu kommt eine Ausdiffusion von Dotanten aus dem Substrat und anderen parasitären Quellen in das Reaktionsgas und der Einbau dieser Dotanten in die aufzuwachsende Schicht.

2.4.1.4. Schichtabtrageprozesse (Ätzen)

Wesentliche Ätzverfahren sind das naßchemische Ätzen, das plasmachemische Ätzen und das Ionenätzen [Scha 81]. Zur Beschreibung des Abtrageprozesses kann Gl. (2.26) ($A < 0$) dienen. Es ist keine geschlossene Theorie bekannt, auf deren Grundlage eine Analyse aller Ätzverfahren möglich ist. Deshalb greift man auch hier auf vereinfachte geometrische Modelle zurück, die den Einfluß der Prozeßparameter des Ätzvorganges auf die in Abb. 2.37 angegebenen Geometrieparameter zur Beschreibung der Maskenkante widerspiegeln [Rung 77]. Beispiele von Maskenverläufen sind in Abb. 2.35 zu sehen.

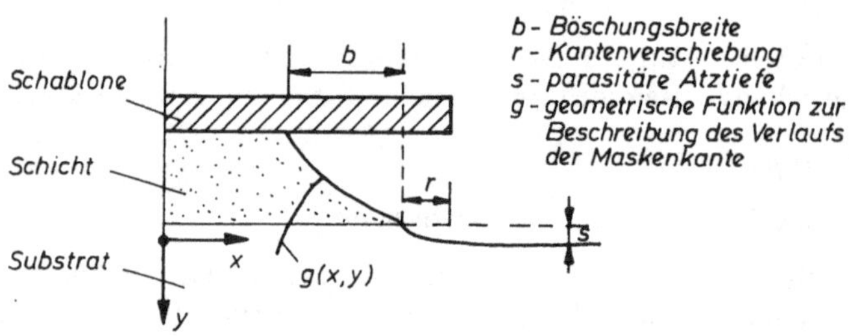

Abb. 2.37 Schematische Darstellung der Geometrieparameter zur Beschreibung einer Maskenkante

2.4.1.5. Lithografischer Prozeß

Mit der Lackmaske werden die lateralen Abmessungen der zu übertragenden Strukturen festgelegt. Aufgrund der kleineren Strukturabmessungen in der VLSI-Technik werden besonders hohe Genauigkeitsanforderungen gestellt. — Ziel der Modellierung der Lithografie [DHHS 75] ist die Berechnung des Abbaus der im Resist (Lack) befindlichen Inhibitoren nach einer Bestrahlung mit Licht bzw. Elektronen. Der Resist wird in Form einer Schicht auf ein vorhandenes Oberflächenrelief aufgebracht. Überhänge werden dabei ausgefüllt. Mathematische Modelle, die die Welleneigenschaften des Lichtes berücksichtigen, die Reflexion an der Substratoberfläche, Interferenzen, stehende Wellen, Absorbtion, Abschattungseffekte u. ä., sind in der rechentechnischen Realisierung sehr aufwendig. Programme, die den fotolithografischen Prozeß in Verbindung mit Schichtherstellungs- und Ätzverfahren betrachten, sind in [NeNa 82] vorgestellt. Die Autoren gehen von einer berechneten Inhibitorenkonzentration aus und bestimmen in Abhängigkeit vom Entwicklungs- und Ätzverfahren sowie dem Substrat die Ablösegeschwindigkeit der Teilchen in lateraler und vertikaler Richtung. Abb. 2.38 stellt ein solches Simulationsergebnis dar. Die gerippte Struktur an der Lackkante ist auf stehende Wellen zurückzuführen, was bei Strukturen < 1,5 µm zu beachten ist.

Eine Vervollkommnung der Modellierung der VLSI-Lithografie für gegebene Schichtdicken und Schichtfolgen zielt auf eine Optimierung des Entwicklers, der Wellenlänge der Strahlung, der Dosis, der Belichtungs- und Entwicklungszeiten sowie entsprechender Vor- und Nachbehandlungsprozesse [Elli 77].

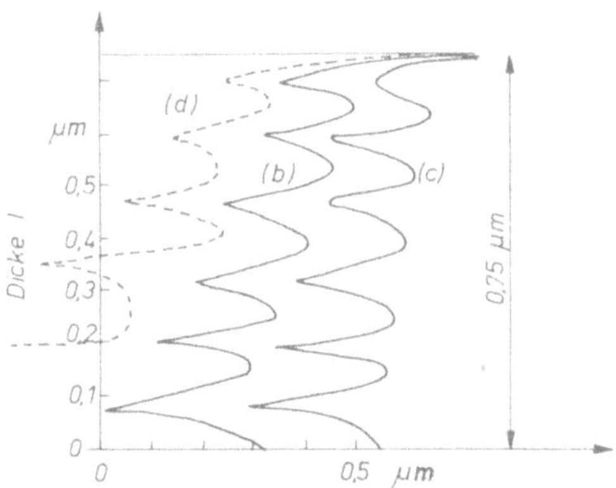

Abb. 2.38 Verlauf der Resistkante nach einer Belichtungsdauer von a) 55 s, b) 75 s, c) 95 s und einer Entwicklungszeit von 20 s (AZ-1350J) nach [MaKT 82]

2.4.2. Prozeßsimulation von NPN-, NMOS- und CMOS-Strukturen

Abb. 2.39 demonstriert die Anwendung eines Prozeßsimulators für einen NPN-Bipolartransistor, einen NMOS-Transistor und eine CMOS-Speicherzelle. Aus Anschauungsgründen wurden hier stark vereinfachte Prozeßfolgen verwendet [ScVi 84].

2.5. Physikalische Eigenschaften von MOS-Transistoren mit kleinen Abmessungen

Der Entwerfer von VLSI-Schaltkreisen wird zunehmend mit den Folgen der Strukturverkleinerung (Skalierung) konfrontiert und muß deren Auswirkungen genau kennen. Tab. 2.8 stellt eine einfache Skalierungstheorie von DENNARD u. a. [DGYR 74) dar. Betrachten wir die Auswirkungen auf den Schaltkreisentwurf näher.

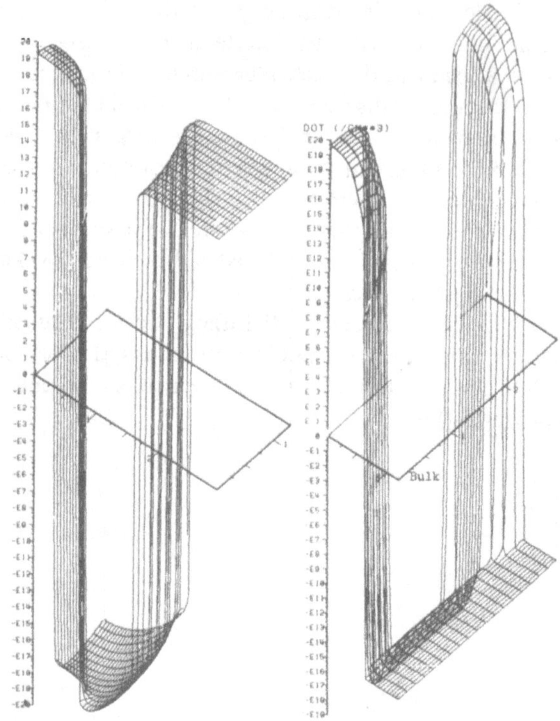

a) b)

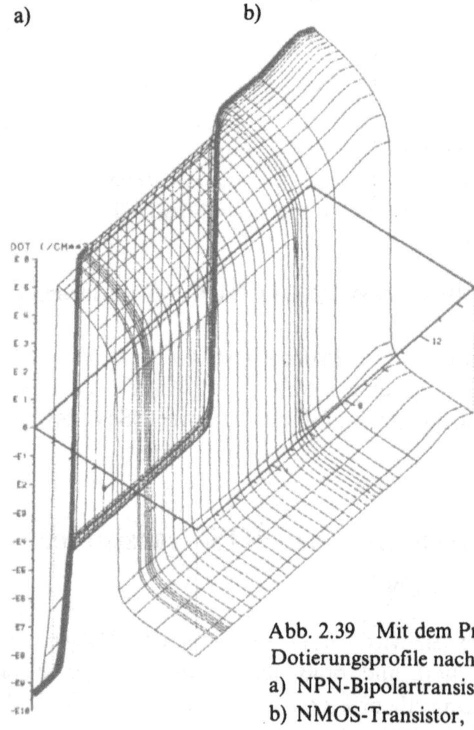

c)

Abb. 2.39 Mit dem Prozeßsimulator PROSIM berechnete Dotierungsprofile nach [ScVi 84]
a) NPN-Bipolartransistor,
b) NMOS-Transistor,
c) CMOS-1T-Speicherzelle, Dotierungsprofil normiert auf 10^{10}

Tabelle 2.8 Triviale Skalierungstheorie nach *Dennard* [DGYR 74]
(K = Skalierungsfaktor > 1)

Skalierungsgröße		Skalierungsfaktor
Bauelementeabmessungen	d_i, L, B, Y_j	$1/K$
Dotierungen	CN	K
Schichtwiderstände	R	K
Spannungen	U	$1/K$
Ströme	I	$1/K$
Leistungsdichte	P/A	1
Kapazität	C	$1/K$
Verzögerungszeiten	UC/I	$1/K$
Verzögerungszeit-Leistungsprodukt	t_dP	$1/K^2$

Masseleitung und Taktleitungen müssen in Aluminium geführt werden. Die Betriebsspannungsleitung darf nur in Ausnahmefällen mittels breiter Bahnen in Poly-Silizium oder diffundierten Gebieten unterführt werden. Source-Drain-Gebiete von breiten Transistoren ($B > 500$ µm) sollten unbedingt mit einer Alu-Leitung gebrückt werden.

Das dünne Gateoxid erhöht die Gefahr der Heißelektroneninjektion in das Gateoxid, die zu Trapumladungen und somit zu irreversiblen Schwellspannungsverschiebungen führt. Dieser Effekt reduziert die Zuverlässigkeit und kann den Ausfall des Schaltkreises bewirken [THHM 83].

Die hohen Feldstärken in den höher dotierten Substraten rufen Avalanchevervielfachung hervor, die als steiler Anstieg des Drain- bzw. Substratstromes im Kennlinienfeld sichtbar wird. In n-Kanal-MOSFETs ist der Substratstrom wegen der hohen Stoßionisationsrate der Elektronen um den Faktor 10^4 größer als in PMOS-Transistoren.

Der bei vielen statischen NSGT-Schaltkreisen vorhandene chipinterne Substratspannungsgenerator muß in der Lage sein, den Substratstrom für alle Transistoren (mehrere Tausend!) zu liefern, da sonst die Substratspannung zusammenbricht und eine Verschlechterung der Punchthroughfestigkeit, des Sperrverhaltens und der dynamischen Eigenschaften (höhere Sperrschichtkapazitäten) auftritt.

Die in das Substrat fließenden Löcher hoher Energie können Elektronen generieren, die wegen ihrer hohen Lebensdauer eine Reduktion der Speicherzeit in dynamischen Schaltungen (z. B. DRAMs [Kudo 78]) verursachen. Bei dynamischen bzw. hochohmigen statischen Schaltungen sollte die Speicherladung auf Knotenkapazitäten größer 200 fC dimensioniert werden, da sonst α-Teilchen aus der Umgebung Elektronen generieren können, die den Speicherinhalt des Knotens verfälschen. Diese während des Betriebes der Schaltung auftretenden „soft Errors" [SaHa 83] sind unbedingt zu vermeiden.

Analysieren wir das Verhalten eines Kurzkanaltransistors (short channel MOSFET, KMOS-Transistor), dessen Dotierungsprofil Abb. 2.39b zeigt, genauer. Die Untersuchungsstrategie geht auf Troutman [Trou 74] zurück, der den Stromfluß als Ladungsträgerinjektion über eine zwischen Source und Drain liegende Barriere auffaßt und die Änderung der Barrierenhöhe als Funktion der Geometrie, Technologie (Dotierungsprofil) und Klemmenspannungen analysiert.

2.5.1. Schwellspannung

Abb. 2.40 stellt das Kanalpotential eines NMOS-Transistors entlang der Grenzfläche Si-SiO_2 als Funktion der Kanallänge L, der Drain-Source-Spannung U_{DS} und der Substratvorspannung U_{SB} dar.

Eine Verkleinerung der Kanallänge bzw. eine Erhöhung der Spannung U_{DS} verringert die Barrierenhöhe und senkt damit die Schwellspannung U_p.

Eine vergrößerte Substratdotierung, eine oberflächennahe Bor-Implantation oder eine vergrößerte Substratvorspannung U_{SB} erhöht die Barriere und führt auf eine vergrößerte Schwellspannung. Den Einfluß verschiedener Geometrie-, Technologie- und Arbeitspunkteinflüsse veranschaulichen Abb. 2.40—2.41. Der VLSI-Entwerfer muß vor allem den Schwellspannungszusammenbruch für kurze Kanäle und die Schwellspannungszunahme für schmale Kanäle beachten. Der Schmalkanaleffekt wird durch die seitlich über die Kanalgrenzen reichende Raumladungszone, deren Ladung von der Gateladung kompensiert werden muß, verursacht. Da der relative Anteil der Ladungen außerhalb des Kanales mit abnehmender Transistorbreite zunimmt, steigt die Schwellspannung an. Dieser Effekt tritt vorzugsweise an hochohmigen Lasttransistoren auf. Der Entwerfer muß stets solche Entwurfsregeln anwenden, für die weder der Kurzkanal- noch der Schmalkanaleffekt eine signifikante Rolle spielen.

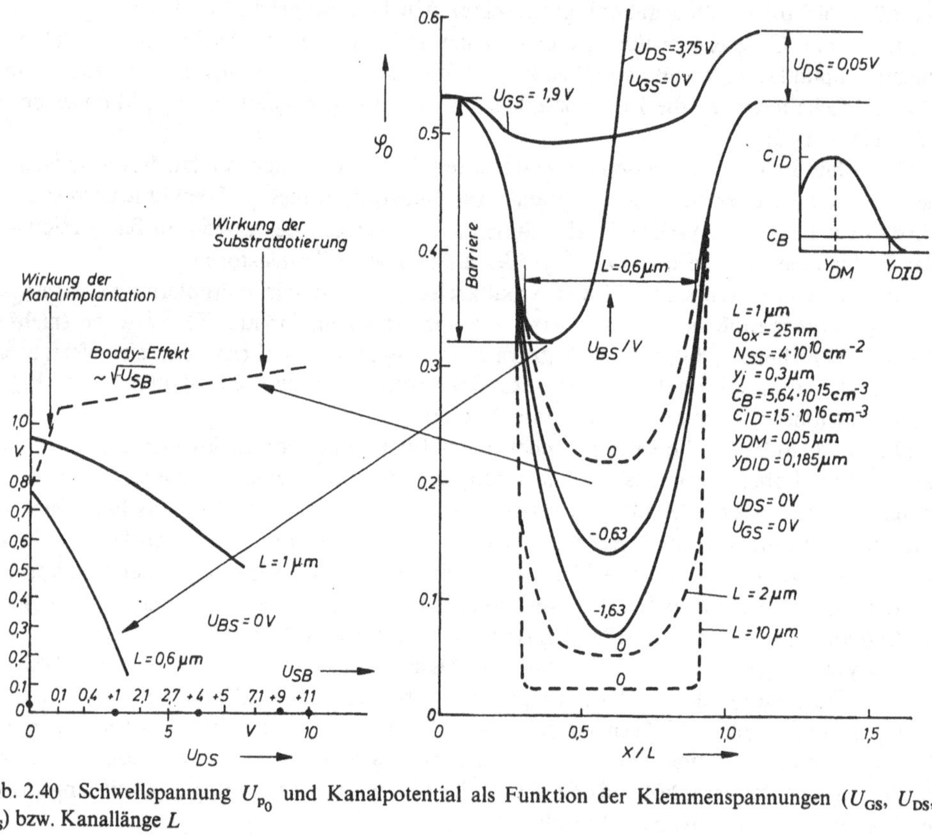

Abb. 2.40 Schwellspannung U_{P_0} und Kanalpotential als Funktion der Klemmenspannungen (U_{GS}, U_{DS}, U_{BS}) bzw. Kanallänge L

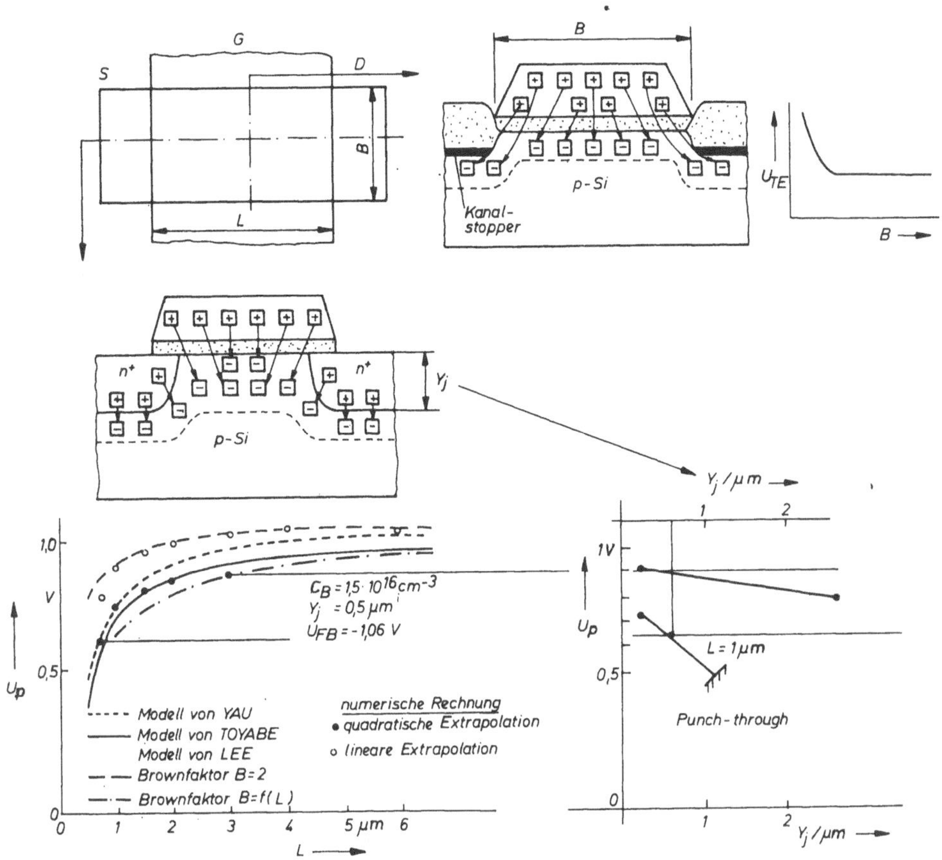

Abb. 2.41 Einfluß ausgewählter Geometriefaktoren (B, L, Y_j) auf die Schwellspannung U_p

Flächenminimal entworfene Schalt- bzw. Transfertransistoren sind sowohl bezüglich Kurzkanal- als auch Schmalkanaleffekt gefährdet. Eine Kompensation beider gegenläufiger Tendenzen ist aus Toleranzgründen nicht möglich.

Die Analyse solcher Strukturen mittels 3D-Computersimulation [Butu 80] weist darauf hin, daß sich beide Effekte nichtlinear überlagern.

2.5.2. Punch-through- und Avalancheeffekt

Aus dem Potentialverlauf (Abb. 2.42) in einer KMOS-Struktur lassen sich einige wichtige Schlußfolgerungen ziehen. Der steilste Potentialanstieg (höchste Feldstärke) tritt in der Nähe des Drain-Gebietes auf (Avalancheeffekt, Heißelektroneneffekte). Die Potentialverhältnisse in Sourcenähe sind für die Injektion von Elektronen in das Substrat bzw. Kanalgebiet (Punch-through) verantwortlich.

Eine niedrige Drain-Soure-Spannung U_{DS} führt zu einem oberflächennahen Barrierenminimum, welches den Stromfluß im Kanalgebiet steuert. Für große U_{DS} tritt ein Sattelpunkt im Potentialgebirge auf. Das zusätzliche Barrierenminimum im Volumen verursacht

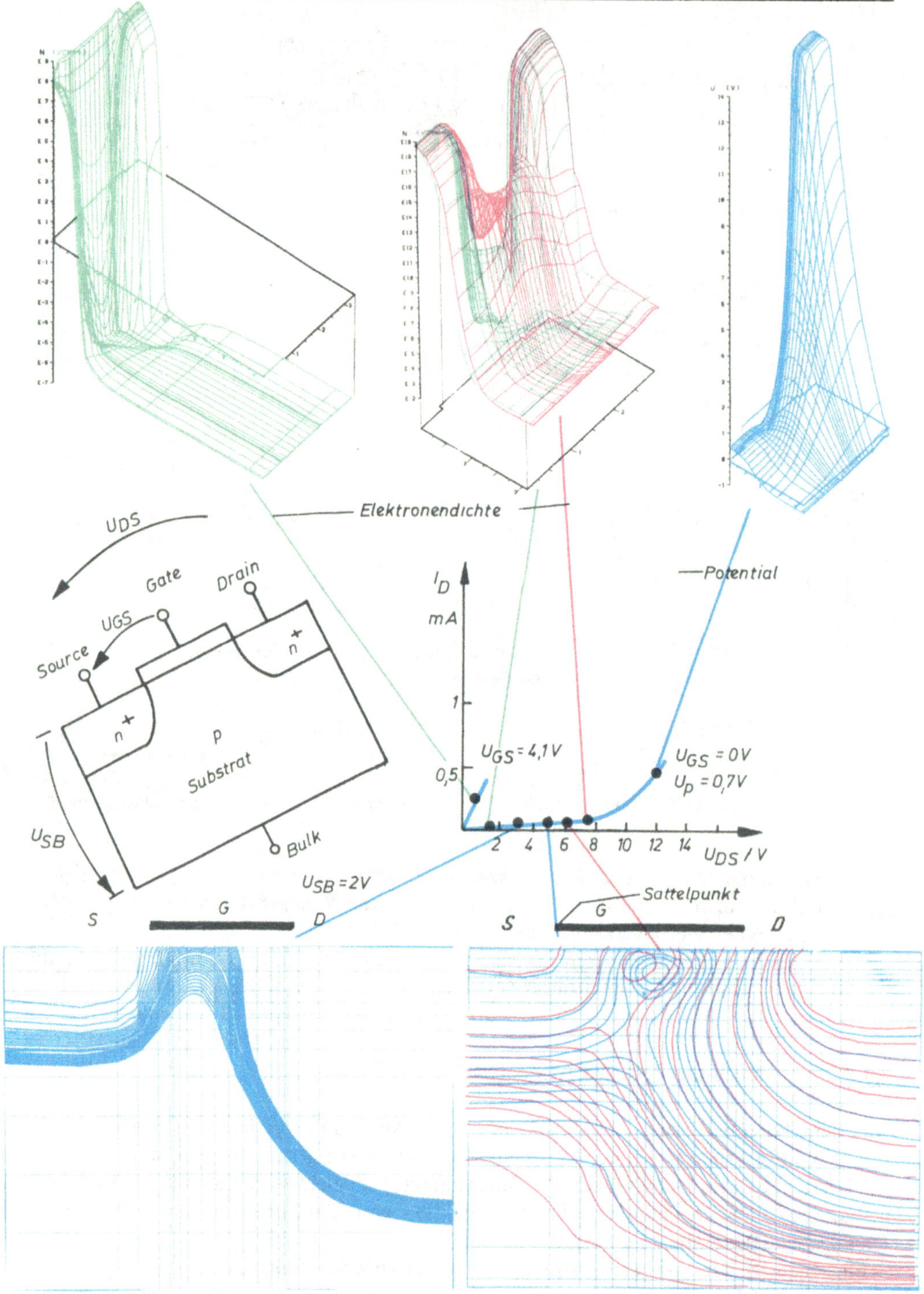

Abb. 2.42 Potential- bzw. Elektronenverteilung in einer KMOS-Struktur an verschiedenen Arbeitspunkten

einen Punch-through-Strom im Substrat, der nur in geringem Maße mit dem Gate steuerbar ist. Mit zunehmendem U_{DS} wird die Barriere im Volumen kleiner und wandert in Richtung des Source-Gebietes. Höhere Substratdotierung (oder eine tiefe Implantation) verringern den Punch-through-Strom im Volumen, fördern allerdings Avalancheströme.

Besonders für VLSI-EPROM-Speicher (hohe Schreibspannung) und CMOS-Schaltkreise mit erweitertem Betriebsspannungsbereich (U_{DD} = 3 V ... 15 V) ist eine Maximierung der Durchbruchspannung wichtig.

2.5.3. Kennlinien

Die KMOS-Effekte verändern die Kennlinie (Abb. 2.43) der Transistoren gegenüber dem klassischen Verhalten. Nachteilig sind das schlechtere Sperrverhalten (Subthresholdströme), die reduzierte Leitfähigkeit im aktiven Bereich, der erhöhte Ausgangsleitwert, die reduzierte Spannungsfestigkeit und der vergrößerte Substratstrom. Die niedrigere Beweglichkeit, bedingt durch die höhere Feldstärke im Bauelement, führt zu höheren Low-Pegeln und längeren Schaltzeiten in statischer Logik. Der Entwerfer von dynamischer Logik muß vor allem die Subthresholdströme berücksichtigen, da sie ungewollt Speicherknoten (die in der VLSI-Technik nur kleine Kapazitäten aufweisen) schneller auf- bzw. entladen. Die kürzeren Speicherzeiten zwingen zu kürzeren Verarbeitungs- bzw. Refreshzyklen.

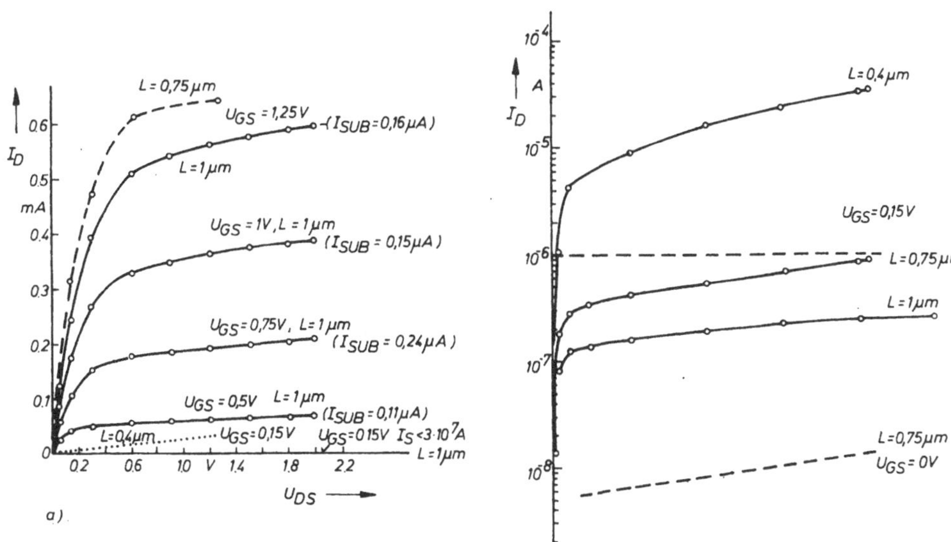

Abb. 2.43 Kennlinienfeld einer optimierten KMOS-Struktur
a) Ausgangskennlinienfeld,
b) Subthresholdverhalten der Struktur
d_i = 25 nm, Y_j = 0,3 μm, N_B = 5,64 · 10^{15} cm^{-3}, B = 28 μm, U_p = 0,21 V (mit Kanalimplantation)

Der Subthresholdstrom, der durch die Geometrie des Transistors, die Dotierung und die Temperatur beeinflußt wird, hängt näherungsweise exponentiell von der Gatespannung ab (Abb. 2.44). Dünne Gateoxide, schwache Substratdotierungen, flache Source-Drain-Gebiete und niedrige Temperaturen [DGYR 74], [Förs 84] führen zu steilen Kennlinien. Anderenfalls flacht die Kennlinie durch starke parasitäre Ströme ab. Aufgrund der Forderung nach einem um mehrere Größenordnungen (3 ... 6) höheren Leitwert eines leitenden Transistors gegenüber einem gesperrten Bauelement sind der Reduktion der Betriebsspannung und des Signalhubs Grenzen gesetzt.

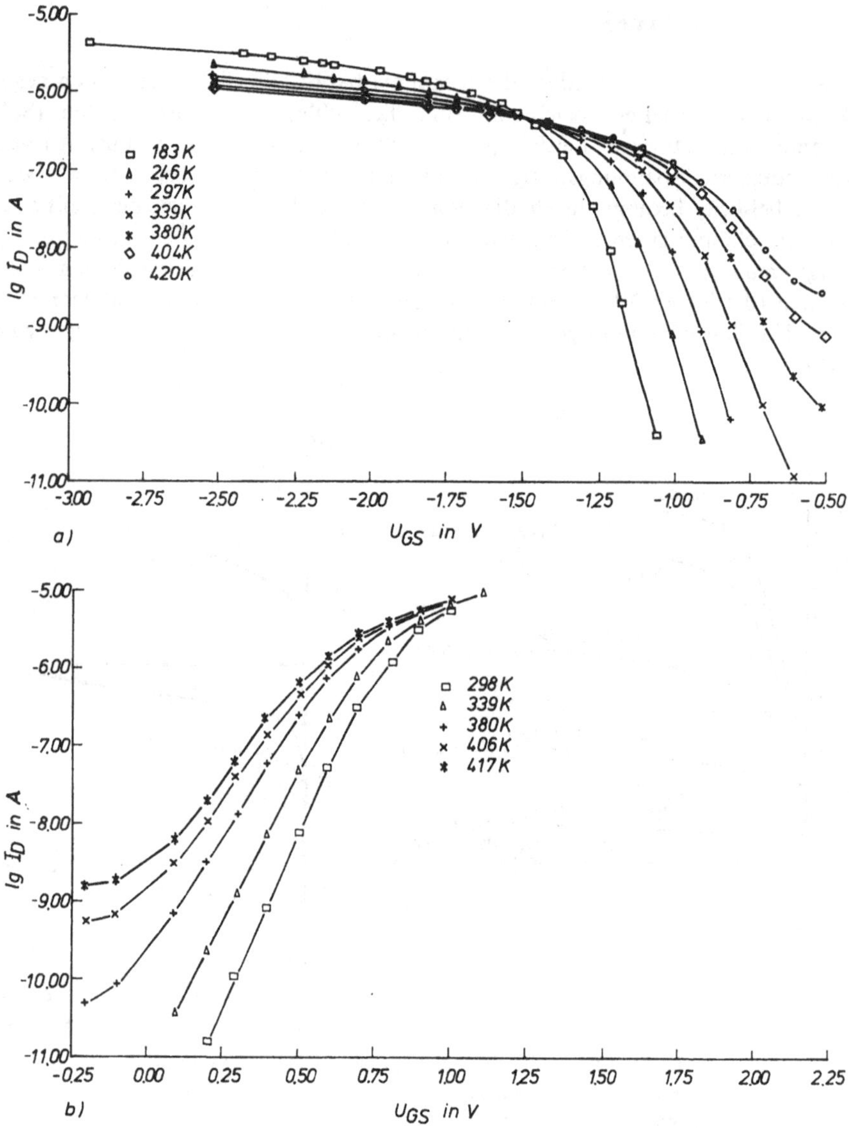

Abb. 2.44 Subthresholdstrom in NMOS- und PMOS-Transistoren für verschiedene Temperaturen nach [Förs 84]

2.5.4. Parasitäre Bipolareffekte in MOS-VLSI-Strukturen

Moderne VLSI-Technologien sind durch kleinste laterale und vertikale Strukturabmessungen und häufigen Dotierungswechsel auf kleinstem Raum gekennzeichnet. Als Folge davon treten parasitäre Bipolartransistoren hoher Verstärkung auf. In n-Kanal-MOSFETs ruft der bei der Avalanchegeneration auftretende und zum Substratkontakt fließende Löcherstrom einen Spannungsabfall über dem Substratwiderstand (R_B) (Abb. 2.45a) hervor, der die Source-Substrat-Diode öffnen kann. Der um die Stromverstärkung des parasitären npn-(Source-Bulk-Drain)-Transistors vergrößerte Substratstrom (Abb. 2.45b) kann einen steilen Drainstromanstieg bewirken, der selbst bei Reduktion der Drain-Source-Spannung noch wirkt. Dieser als „Snap-back" [Toya 78] bezeichnete Effekt führt in Inverterstufen auf rückläufige Kennlinien, auf Hystereseeffekte und eine Reduktion der Spannungsfestigkeit (Abb. 2.45c). Speziell MOSFETs mit Kanallängen unter 1 µm verlagen eine ausgewo-

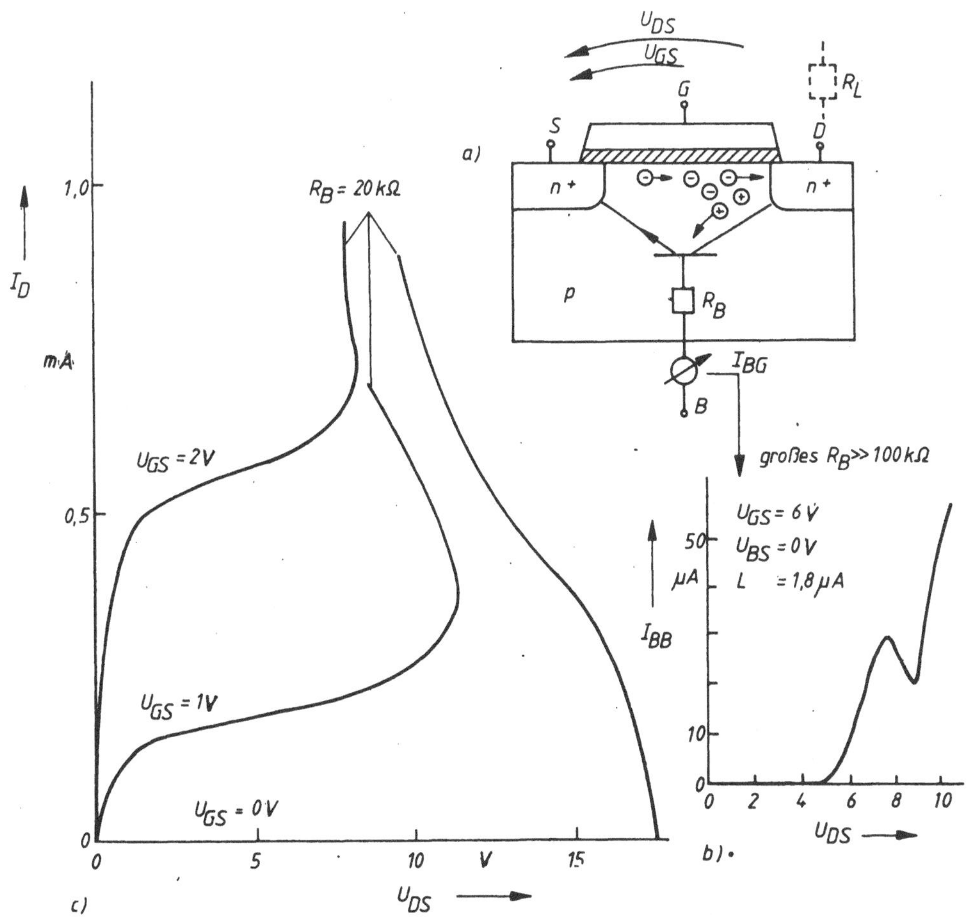

Abb. 2.45 Snap-back-Effekt in KMOS-Strukturen
a) Querschnitt, b) Substratstrom, c) rückläufige Kennlinie, d) (S. 56) Löchergeneration bei Snap-back (blau), e) Minoritätsträgerkonzentration (Elektronendichte) im Substrat ohne (grün) und mit (rot) Snap-back

Abb. 2.45 (Fortsetzung)

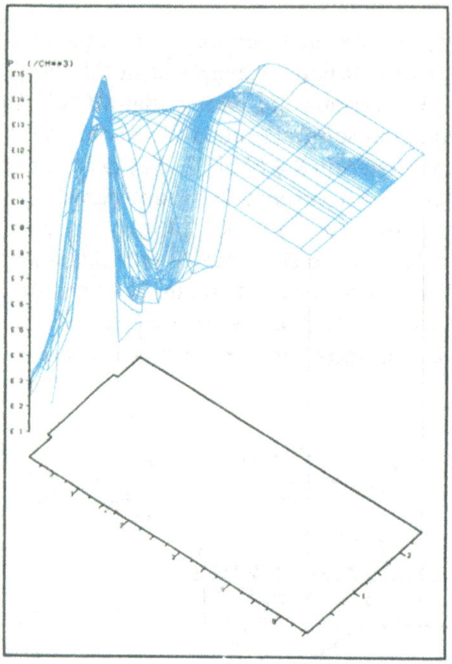

d)

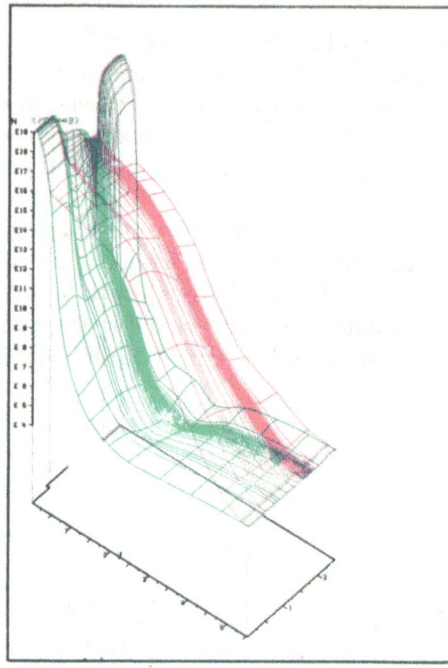

e)

gene Technologie- und Entwurfsregeloptimierung. In CMOS-Strukturen treten durch häufigen Dotierungswechsel (npnp- bzw. pnpn-) Thyristorstrukturen auf; die bei Verwendung niedrohmiger Spannungsversorgungsquellen zu hohen parasitären Strömen (Abb. 2.46d) führen können. Im Extremfall tritt einer Zerstörung von Bauelementen auf.

Betrachten wir die Randzone einer n-Wanne (Abb. 2.46b, 2.46c n^+-Wannenkontakt rechts oben) im p-Substrat etwas genauer. Der laterale npn-(Source/Drain des NMOS-Bulk-Wanne)- und der vertikale pnp-(Source/Drain des PMOS-Wanne-Bulk)-Transistor sind gekoppelt (Abb. 2.46b) und bilden eine Thyristorstruktur. Ist der Basis-Emitter-pn-Übergang eines Bipolartransistors geöffnet, so fließt ein Strom gemäß der Stromverstärkung in den Kollektor, der in dieser Anordnung die Basis des zweiten Bipolartransistors darstellt. Im simulierten Fall in Abb. 2.47Ad fließt ein vertikaler Strom vom Source/Drain des PMOS in das Substrat. Der pnp-Transistor ist durchgesteuert. Die Löcherkonzentration in der Wanne (Minoritäten) ist stark angehoben.

Bedingt durch die Struktur (Dotierung, Geometrie) und die angelegten Spannungen ist dieser Strom jedoch noch nicht in der Lage, das Substratpotential in der Nähe des zweiten Basis-Emitter-pn-Überganges so zu erhöhen, daß auch dieser Übergang geöffnet wird. Es findet nur eine schwache Elektroneninjektion in das Substrat statt, und die Minoritätsträgerkonzentration im lateralen Transistor (Abb. 2.47Aa) ist niedrig.

Nach einer weiteren geringen Anhebung der Durchlaßspannung am p^+n-Übergang zur Wanne (Abb. 2.47Ba) tritt eine drastische Minoritätsträgeranhebung auf. Sie ist mit einem wachsenden lateralen Strom in der Wanne verbunden und bewirkt eine zunehmende Leitfähigkeit der vertikalen Struktur. Bei eingetretenem „Latch-up" schwingt sich dieser

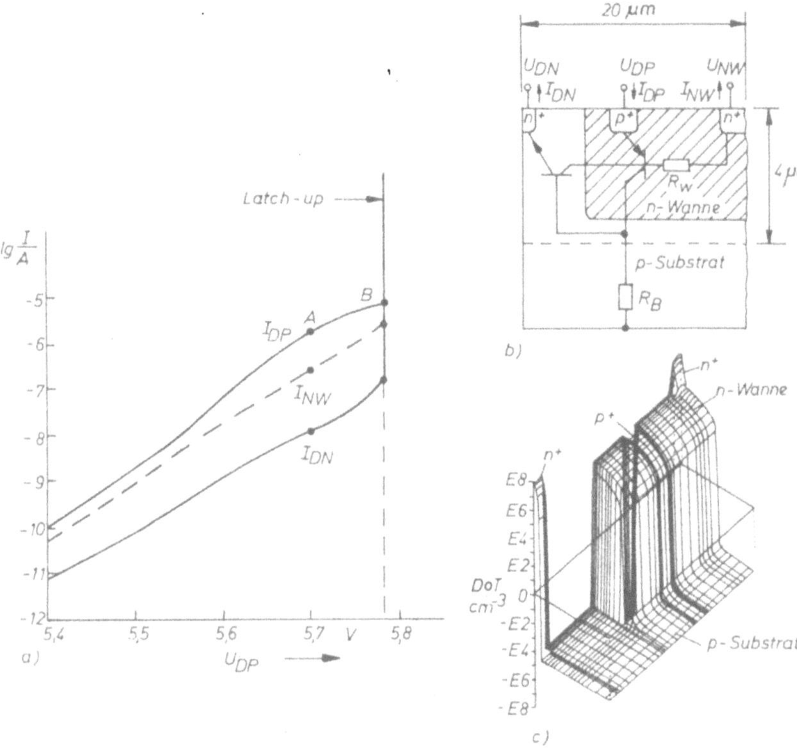

Abb. 2.46 Latch-up in einer n-Wannen CMOS-Struktur nach [NSSM 84]
a) Kennlinie (parasitäre Ströme),
b) Schnittbild einer n-Wannen-Randzone mit Ersatzschaltung,
c) Dotierungsprofil der Randzone von b) (log. Maßstab, max. 10^{20} cm^{-3})

Vorgang weiter auf, bis sich ein extrem niederohmiger Zustand im gesamten betrachteten Halbleitergebiet eingestellt hat. Der Latch-up ist durch Überschwemmung des Halbleitergebietes mit Minoritätsträgern sowie große horizontale und vertikale Ströme (Stromdichten $> 10^6$ A/cm^2) gekennzeichnet. Die vorher scharfen Potentialübergänge sind verschliffen, das Wannenpotential ist stark abgesenkt, und das Substratpotential wird spürbar angehoben (Abb. 2,47Bc). Die Latch-up-Auslösung führt unter der Anfangsvoraussetzung, daß der laterale Bipolartransistor leitet, zu ähnlichen Ergebnissen. Besitzt die Thyristorstruktur eine niedrige Haltespannung, so bleibt dieser Zustand auch nach Wegfall der den Latch-up auslösenden Ursache (z. B. Störimpuls) erhalten.

Moderne CMOS-VLSI-Technologien versuchen durch Verwendung von Epitaxie-Substrat, einer p-Dotierung, eines zusätzlichen Source-Kontaktes, einer begrabenen Schicht oder zusätzlicher Oxidgräben (Trench-Isolation) den Latch-up zu vermeiden oder zumindest die Haltespannung der Thyristorstruktur zu erhöhen [IEDM 82]. Moderne Optimierungsstrategien gestatten die Optimierung von CMOS-Technologien (Technologie, Dotierungsprofil, Entwurfsregeln, Lage der Wannen- und Substratkontakte usw.) bezüglich ihrer Latch-up-Festigkeit.

Spezielle CMOS-Techniken nutzen parasitäre Bipolartransistoren in ausgewählten Schaltungskomplexen (z. B. Treiberstufen u. ä.) aus.

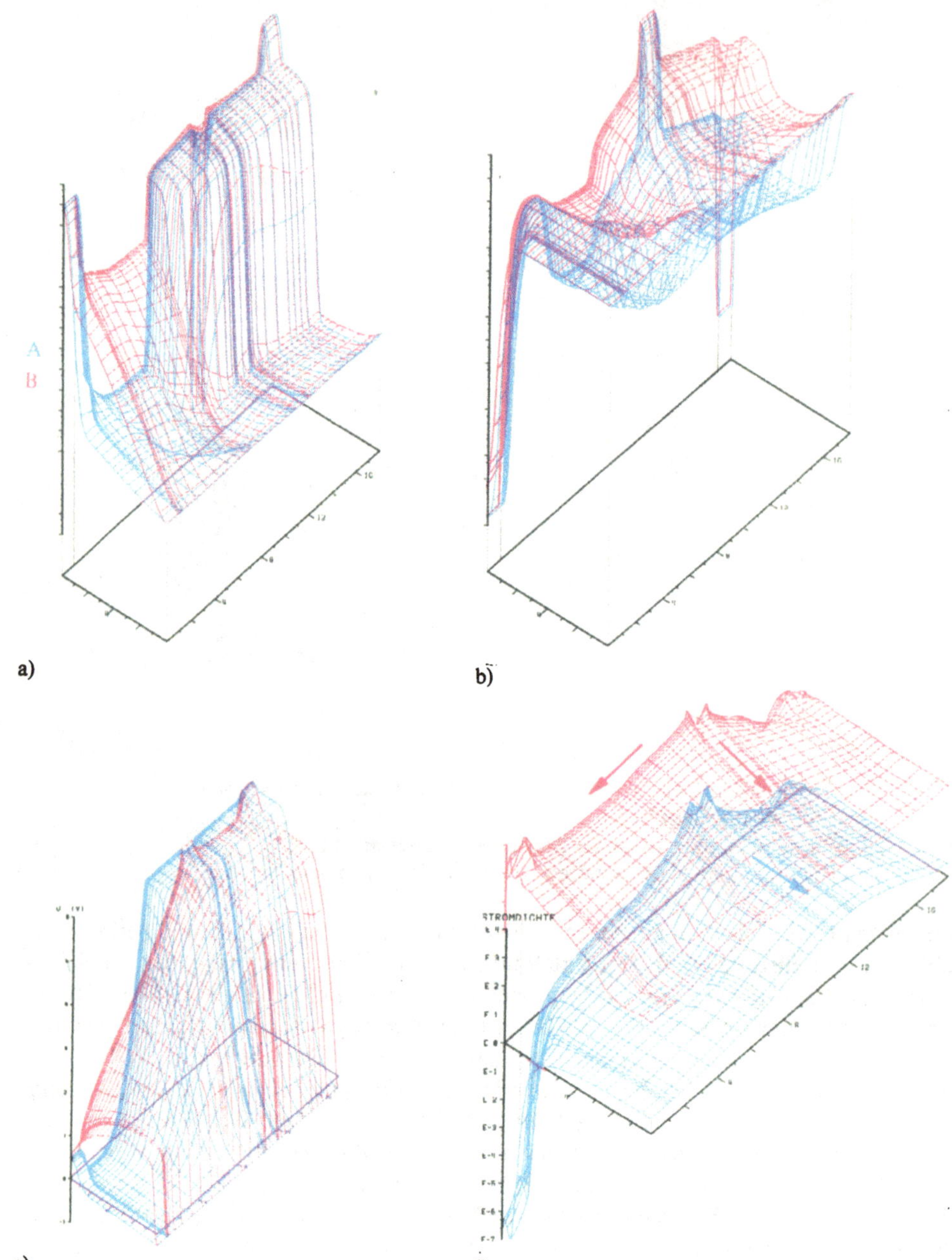

Abb. 2.47 Innerelektronische Verhältnisse nach [NSSM 84] ohne Latch-up (A in blau; $U_{DP} = -5{,}7$ V) und kurz vor Latch-up (B in rot; $U_{DP} = -5{,}78$ V),

a) Elektronendichte (log. Maßstab, max. 10^{20} cm^{-3}),

b) Löcherdichte (log. Maßstab, max. 10^{20} cm^{-3}),

c) Potentialverteilung (lin. Maßstab, 1 V/Strich),

d) Stromdichte (log. Maßstab, max. 10^7 A/cm^2 in B, max. 10^3 A/cm^2 in A)

Eine wesentliche Steigerung der Packungsdichte von CMOS-Schaltkreisen ist durch eine Stapelung (3D-Anordnung) der NMOS- und PMOS-Transistoren zu erwarten [HoLV 84].

2.6. MOS-Transistormodelle

Die VLSI-Technik zwingt zur Netzwerkanalyse (NWA) großer Schaltkreiskomplexe (s. Abschn. 4.5.3.3.). NWA-Transistormodelle müssen das Klemmenverhalten widerspiegeln und sollten numerisch einfach, in den Stromwerten und deren Ableitung nach den Klemmenspannungen stetig, weitestgehend automatisch generierbar bzw. anpaßbar sein und die Geometrieabhängigkeit (*B*, *L*) der Parameter berücksichtigen. Die relativen Fehler im benutzten Kennlinienbereich sind kleiner als 30 % zu halten. Die Abb. 2.48 stellt einige Modellvarianten gegenüber.

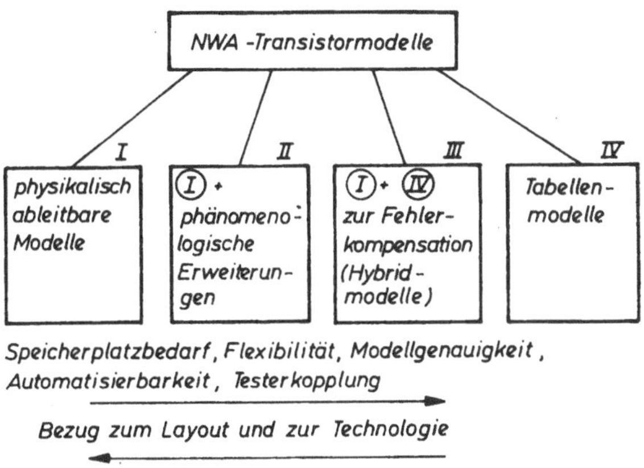

Abb. 2.48 Einteilung der stationären Transistormodelle

2.6.1. Stationäres Strom-Spannungsmodell

2.6.1.1. Analytische Strommodelle

Modelle dieser Klasse stellen einen Kompromiß zwischen Rechenaufwand, Speicherplatz und Modellgenauigkeit dar. Die Modellgrenzen werden durch systematische nichtbeseitigbare Form- und Lagefehler in den Modellkennlinien sichtbar.

Die typischen KMOS-Effekte (Tab. 2.9) führen zu erheblichen Abweichungen gegenüber dem einfachen Modell Gl. (2.1). Die Modelle [Krau 77], [Posd 84], [Scha 84] gelten für alle MOS-Transistoren (N/P-MOS, Enhancement- und Depletion-Typ) und verringern die Fehler durch Einführung von empirischen Ausdrücken.

Tab. 2.9 gibt Standardwerte für die Optimierung, die Parameterkonfiguration verschieden komplizierter Modelle und das nachgebildete physikalische Phänomen an. Die Sterne markieren die zu optimierenden Modellparameter. Die automatische Bestimmung der Modellparameter wird für komplexe Modelle durch die Vielzahl lokaler Minima der

Gütefunktion (einer Mischung aus absolutem und relativem Fehler) erschwert. Spezielle Strategien erleichtern das Auffinden des globalen Optimums der Gütefunktion [Förs 84]. Die interaktive graphische Kontrolle und gezielte Beeinflussung (Wichtung von Punkten bzw. Kurvenbereichen) der Abweichungen zwischen Modell und realem Meßverhalten sind ein unerläßliches Hilfsmittel.

Tabelle 2.9 Vergleich verschiedener Transistormodelle bezüglich der Startwerte, der Standardwerte und der Optimierungsparameter (*).

Parameter	Startwert	3-Par.	6-Par.	7-Par.	10-Par.-Modell	Phänomen
U_{p0}	—	*	*	*	*	Schwellspannung
K_1	—	*	*	*	*	Stromanstieg im aktiven Bereich
K_2	—	*	*	*	*	Body-Effekt
K_3	$\approx 0{,}1$	0	*	*	*	Beweglichkeitsreduktion, R_S, R_D
K_4	$\approx 0{,}01$	0	*	0	*	Drainstromanstieg im Pinch-off-Bereich
K_5	$\approx 0{,}85$	1	* < 1	* < 1	* < 1	Übergang aktiver/Pinch-off-Bereich bei kleineren U_{DS}
K_6	$\approx 0{,}1$	∞	∞	*	*	Einfluß von U_{SB} auf Subthresholdstrom
K_7	—	∞	∞	0	*	Subthresholdkonstante
K_8	$\approx 0{,}01$	0	0	*	*	Schwellspannungszusammenbruch durch Drainfelddurchgriff
K_9	$\approx 0{,}0001$	0 Gl. (2.1)	0 [Krau 77]	0 [Posd 84]	* [Scha 84]	Einfluß von U_{DS} auf Subthresholdstrom

Meßtechnische Abschätzung der Startwerte U_{p_0}, K_1, K_2 und K_7:

1. $U_{P_0} \rightarrow$ siehe Abb. 2.2.b mit $U_{DS} \approx 100$ mV, $U_{SB} = 0{,}0$ V
2. $K_1 \approx \frac{(1 + K3 \cdot U_{GSE})}{2 \cdot U_{DS}} \max \left| \frac{\partial I_D}{\partial U_{GS}} \right|$ (s. Abb. 2.2b)
3. $K_2 \rightarrow$ mittlerer Anstieg der Boddy-Effekt-Kurve $U_p = f(\sqrt{U_{SB}})$ (--- Kurve in Abb. 2.40)
4. $K_7 \approx \frac{1}{\alpha/(U_T \ln 10)}$ (mit α = log. inverser Stromanstieg in Abb. 2.2c bzw. 2.44)

Abb. 2.49 stellt die Ergebnisse einer solchen Anpassung für einen 2-µm-KMOS-Transistor dar. Die Parameteroptimierung liefert nur brauchbare Ergebnisse, falls für alle durch die Parameter beeinflußten Kennlinienbereiche ausreichend viele Meß- bzw. Simulationswerte vorliegen. Betrachten wir jetzt zwei ausgewählte KMOS-Transistormodelle genauer.

Modell nach Schaarschmidt [Scha 84] (10-Parameter):

$$\Delta U_p = K_8 U_{DS} (1 + K_9 \sqrt{U_{SB}}) \tag{2.27}$$

$$U_p = U_{p0} + K_2 (\sqrt{U_{SB} + 2V_F} - \sqrt{2V_F}) - \Delta U_p \tag{2.28}$$

$$U_{GSE} = V_{SAT} = K_5 \cdot (U_{GS} - U_p) \tag{2.29}$$

$$\beta = \frac{K_1}{1 + K_3 U_{GSE}} \tag{2.30}$$

$$I_{W_0} = 2\beta U_T^2 N \quad \text{mit} \quad N = \frac{1}{K_6 \sqrt{U_{SB}} + K_7} \tag{2.31}$$

$$H_K = (K_4 - 2K_8)\, U_{GSE} \tag{2.32}$$

$$I_D = \begin{cases} I_{W_0}\, e^{U_{GSE}(1+N)/U_T}\left(1 - e^{-\frac{U_{DS}}{U_T}}\right), & \Delta U_p < U_{GSE} < U_{DS} \quad (2.33) \\ \beta(2U_{GSE} + H_K - U_{DS})\, U_{DS}, & U_{GSE} > U_{DS} > \Delta U_p \quad (2.34) \\ \beta(U_{GSE}^2 + H_K U_{DS}), & U_{GSE} < \Delta U_p \quad (2.35) \end{cases}$$

Modell nach Podzich [Posd 84] (7-Parameter): $V_{SATD} = V_{SAT} - U_{DS}$;

Bereich	N_S	N_D
Subthreshold-Bereich	$K_6 \exp(V_{SAT}/K_6)$	$K_6 \exp(V_{SATD}/K_6)$
Pinch-off-Bereich	$V_{SAT} + \dfrac{V_{SAT} + K_6}{\exp(V_{SAT}/K_6)}$	$K_6 \exp(V_{SATD}/K_6)$
aktiver Bereich	$V_{SAT} + \dfrac{V_{SAT} + K_6}{\exp(V_{SAT}/K_6)}$	$V_{SATD} + \dfrac{V_{SATD} + K_6}{\exp(V_{SATD}/K_6)}$

$$I_D = \frac{\beta}{K_5 (1 + K_4)} (N_S^2 - N_D^2) \tag{2.36}$$

$$\text{mit } \beta = \frac{K_1}{1 + K_3 N_S / K_5}. \tag{2.37}$$

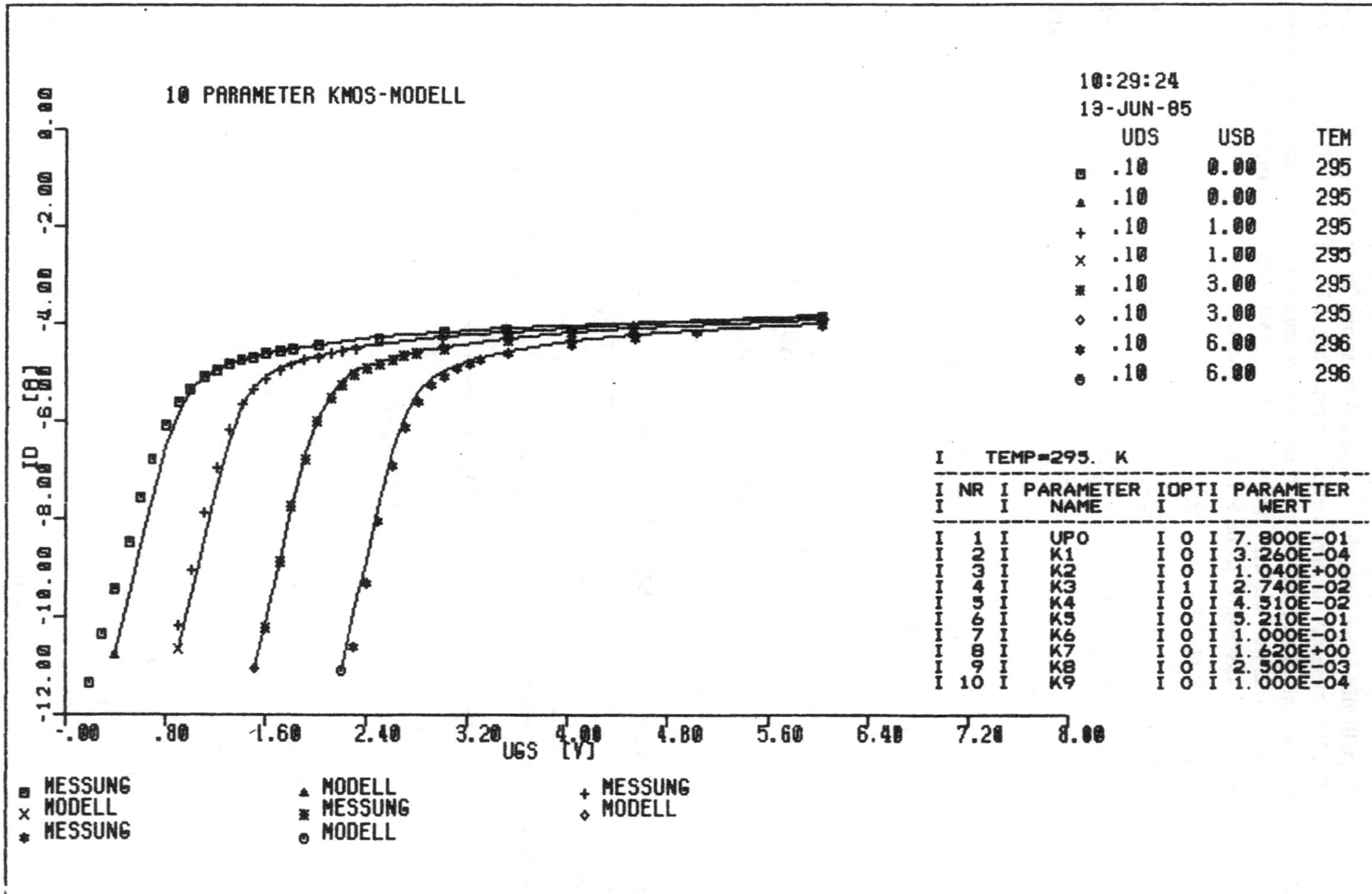

Abb. 2.49 Anpassungsergebnis für das 10-Parametermodell (2-µm-KMOS-Struktur) nach [Förs 85]

2.6.1.2. Tabellenmodelle

Tabellenmodelle verwenden einen Satz diskreter Wertepaare (MOS-Transistoren: U_{GS}, U_{DS}, U_{SB}, I_{DS}, (I_{BB})), zwischen denen mittels einfacher Näherungen (Geradenstücken, Splinefunktionen) interpoliert wird. Äquidistante Meßpunktabstände führen auf schnelle Interpolationsverfahren. Häufig werden nichtäquidistante, an die Meßkurven angepaßte Meßabstände verwendet. Das Ziel ist, mit geringem Speicherplatzbedarf eine möglichst hohe Modellgenauigkeit zu erreichen. Für die Spannungen U_{DS}, U_{GS} wird etwa die gleiche Auflösung (Anzahl von Stützstellen) verwendet, während für die Substratvorspannung U_{SB} nur etwa 1/9 Meßpunkte ausgewählt werden. Typisch sind für die Modellierung eines MOS-Transistors mit Subthresholdbereich etwa 2000 ... 3000 Meßpunkte bei einem durchschnittlichen relativen Fehler von 1,6% im gesamten Bereich. Diese Genauigkeiten sind mit analytischen Modellen für KMOS-Transistoren kaum erreichbar.

2.6.2. Dynamische Transistormodelle

Für die dynamische (zeitliche) Netzwerkanalyse wird die Ersatzschaltung noch durch zusätzliche spannungsabhängige Kapazitäten ergänzt (Abb. 2.50). Die erhöhte Elektronen-

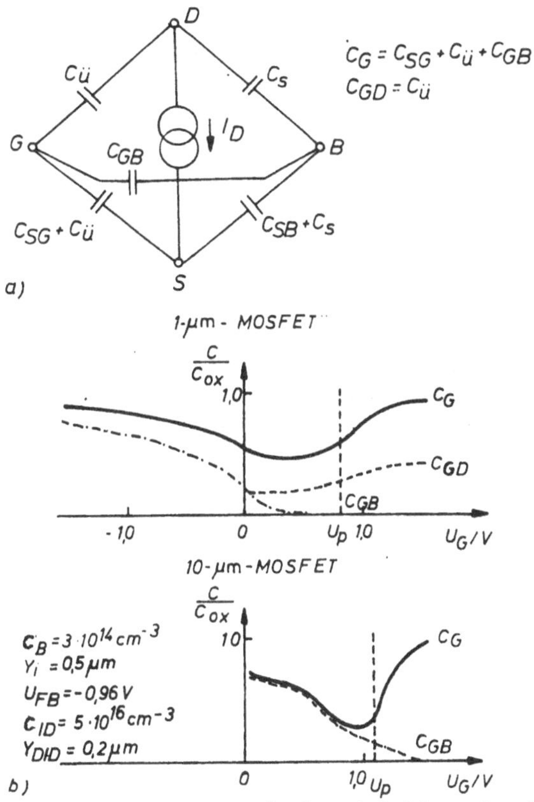

Abb. 2.50 Ersatzschaltung für dynamische Netzwerkanalyse

a) Struktur

b) spannungsabhängige Kapazitäten

konzentration im Substrat im Subthresholdbereich bewirkt eine Abschirmung und reduziert die Substratkapazität. Für extrem kleine Transistoren werden in zunehmendem Maß die Streu- und Überlappungskapazitäten wichtig (Abb. 2.51).

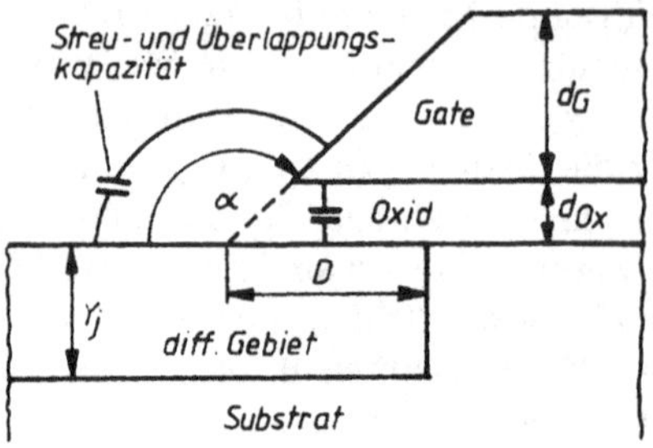

Abb. 2.51 Vereinfachte Darstellung der Überlappungskapazitäten

2.7. Skalierungsstrategie für VLSI-Grundstrukturen

Die VLSI-Technik benötigt flächenminimale, gegenüber Geometrie- und Technologieschwankungen relativ unempfindliche und mit hoher Ausbeute herstellbare Grundstrukturen, dren elektrische Kennwerte für den jeweiligen Zweck ausreichen. Aus solchen optimierten Grunstrukturen wird dann ein VLSI-Schaltkreis aufgebaut.

Ziel einer Skalierungsstrategie ist es, mit praktikablem Aufwand von einer Vielzahl gleichzeitig auftretender physikalischer Phänomene die signifikanten funktionseinschränkenden herauszufinden und deren Einfluß zu minimieren. Als besonders kritisch haben sich zu niedrige Potentialbarrieren (Punch-through oder unerwünschter Zu- bzw. Abfluß von Ladungsträgern in Speichergebieten) und die Informationsverfälschung durch Generierung oder Rekombination von Ladungsträgern (u. a. durch Avalancheeffekt, Heißelektroneneffekt, α-Teilchen) erwiesen. Die Skalierungsstrategie (Abb. 2.52) benutzt stark vereinfachte Prozeßabläufe und große Entwurfsmaße zur Voroptimierung der Technologie (Schichtwiderstände, Schwellspannung usw.) und des Entwurfes (analytische Näherungen, grobe Diskretisierung, teilweise nur örtlich eindimensionale Simulation), die nach Toleranzanalysen durch konkretere, feinere technologische Drehbücher und Layoutvorstellungen ersetzt werden. Systematische Verkleinerung der Strukturabmessungen (Skalierung) und die Beurteilung des Klemmen- und innerelektronischen Verhaltens zeigen die kritischen Stellen des Entwurfes bzw. der Technologie auf, die dann zwei- und dreidimensionale Simulationen dieses kritischen Abschnittes erfordern.

Abb. 2.52 gibt eine Übersicht zu dem verwendeten Softwaresystem. Aus der Vielfalt bisheriger Anwendungen (NMOS-, CMOS-, Bipolar-, GaAs-Technologien bzw. NMOS-, PMOS-, JFET-, EPROM-, DMOS-, I^2L-, CCD-Bauelemente) sollen hier einige Beispiele herausgegriffen werden.

2.7.1. KMOS-Transistoren

Die Skalierung von Einzeltransistoren ist die Grundvoraussetzung für die Optimierung kompletter VLSI-Grundstrukturen. Die in Abb. 2.52 schematisierte Verfahrensweise führt

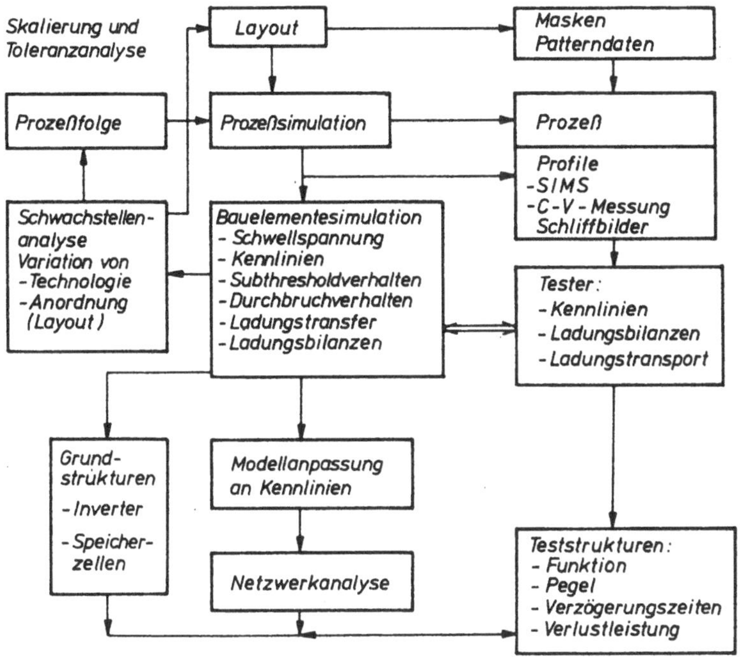

Abb. 2.52 Software und Skalierungsstrategie für die Optimierung von VLSI-Grundstrukturen

stets auf eine Lösung, da die Skalierung nur weitergeführt wird, solange keine die Funktion beeinträchtigenden Nebenwirkungen auftreten. Werden in der Kennlinie, der Ladungs-Spannungsbeziehung bzw. beim Ladungstransfer Störeffekte sichtbar, sind diese durch genaue innerelektronische Analyse aufzudecken und durch technologische und Entwurfsmaßnahmen zu mildern (Abb. 2.43). Obwohl die Herstellung von KMOS-Transistoren mit Kanallängen von 0,15 µm im Labor möglich ist [FWFJ 82], liegt sie unter Produktionsbedingungen gegenwärtig im Bereich von 1 µm ... 4 µm.

2.7.2. NMOS- und CMOS-Inverter

Abb. 2.53 vergleicht analysierte E/D-, E/E- und CMOS-Inverter. Die Toleranzempfindlichkeit gegenüber Geometrieschwankungen, die Kurzkanal- und Schmalkanaleffekte, der Punch-through- und Avalanchestrom nehmen für Kanallängen kleiner als 1 µm stark zu. Der High-Pegel und die Verstärkung der Inverterstufe sinken bei Skalierung. Die Spannungsabfälle erhöhen den Low-Pegel im durchgesteuerten Fall. Dieser Effekt ist für die berechneten VLSI-Inverter (Abb. 2.53aE) bereits erkennbar. Der Lasttransistor muß so breit entworfen werden, daß Schmalkanaleffekte noch tolerierbar sind, da sich sonst die dynamischen Verhältnisse verschlechtern und/oder der High-Pegel reduziert wird.

2D-Computersimulationen zeigen, wie mit abnehmendem $\gamma = (B_S/L_S)/(B_L/L_L)$ der Kippunkt des Inverters (Schnittpunkt der 45°-Gerade mit der Kennlinie) nach höheren Spannungen wandert und die Verstärkung abnimmt. Für den Streifeninverter ($\gamma = 2$)

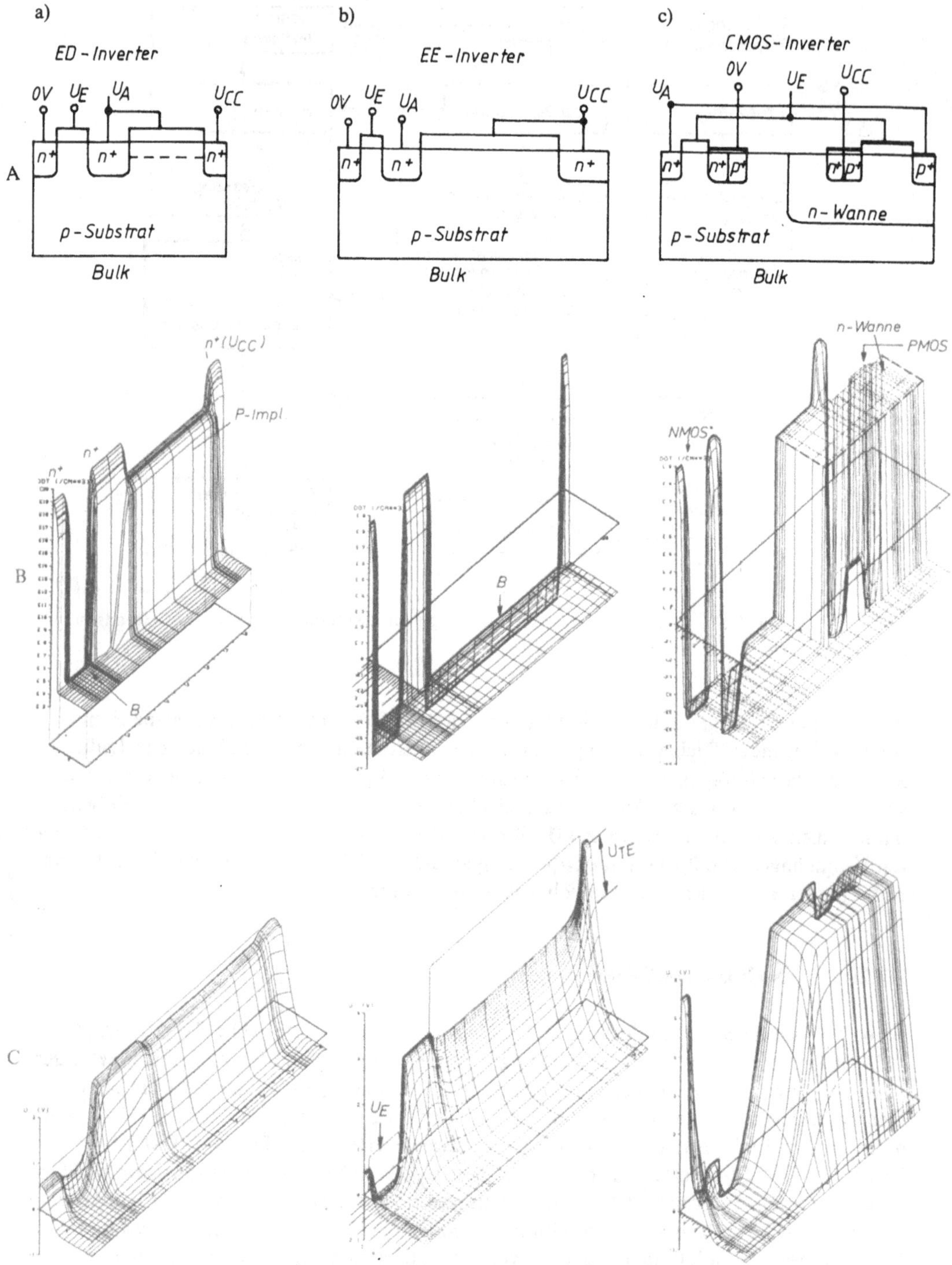

Abb. 2.53 Querschnitt (A), Dotierungsprofil (B), Potential im gesperrtem Inverter (C), Potential im durchgesteuertem Inverter (D) und Übertragungskennlinie (E) für einen E/D- (a), E/E- (b) und CMOS-Inverter (c)

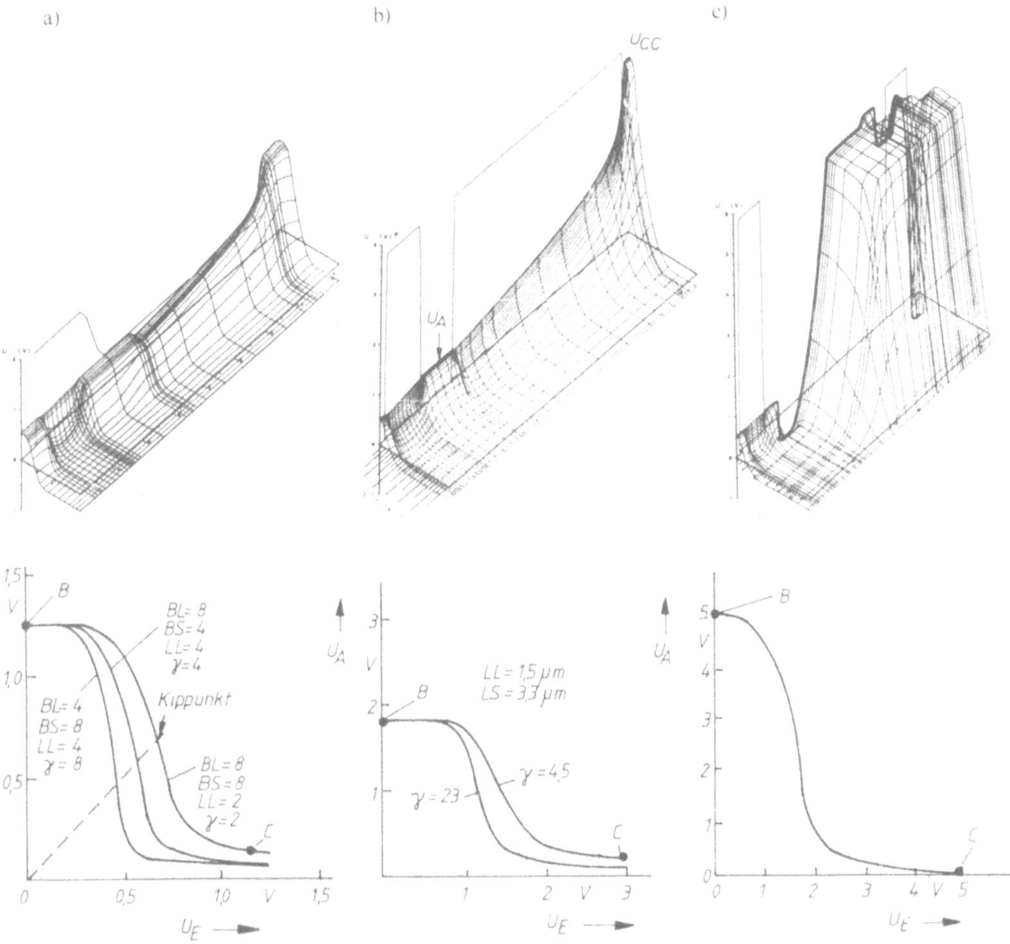

ist er schon in der Nähe der halben Betriebsspannung, was seine Anwendung bereits einschränkt. Die Abb. 2,53a stellt den Querschnitt (A), das Dotierungsprofil (B) und das Potential im Arbeitspunkt *B* bzw. *C* dar. Das Dotierungsprofil zeigt unten den Schalttransistor, das n^+-Gebiet des Ausgangs in der Mitte und die Phosphor-Implantation des langen Depletion-Lasttransistors oben. Je nachdem, ob der Inverter gesperrt oder durchgesteuert ist, fällt die Spannung in der Nähe des Drain-Gebietes des Last- bzw. Schalttransistors ab.

Grundsätzlich ähnliche Probleme treten bei der Optimierung von NMOS-E/E-Invertern auf. Das Dotierungsprofil zeigt deutlich die Bor-Implantation zur Schwellspannungseinstellung. Die Optimierung ist kritischer, da im gesperrten Fall ein Spannungsabfall von einer Schwellspannung über dem Lasttransistor auftritt. Die CMOS-Inverter-Optimierung mittels Skalierungsstrategie beachtet die Latch-up-Empfindlichkeit der Struktur. Als Untersuchungsobjekt diente ein CMOS-Inverter mit dem in Abb. 2.53c abgebildeten Dotierungsprofil. Vorn befindet sich der NMOS-Transistor und dahinter der PMOS-Transistor in der n-Wanne. Masse und Betriebsspannung liegen innen, während die Ausgangsspannung U_A außen liegt.

Durch 2D-Prozeß- und Bauelementesimulation können konkrete Richtlinien für eine Technologie (Prozeßfolgen, Dotierungen, Eindringtiefen der Wanne usw.) und den Entwurf (Entwurfsregeln, wie Abstände zur Wanne, Anordnung der Wannen- und Substratkontakte usw.) erarbeitet werden.

Dynamische 2D-Bauelementesimulationen der Inverterstruktur weisen darauf hin, daß die Auslösung des Latch-up wesentlich von der Impulsform des den Latch-up hervorrufenden Störsignals abhängt. Kurze Impulse mit steilen Flanken müssen trotz ausreichender Störspannung nicht zwingend zum Latch-up führen.

2.7.3. Dynamische Speicherzellen

Die gegenwärtig wichtigste dynamische Speicherzelle ist die 1T-Speicherzelle, deren Optimierung im Kapitel 6 ausführlich behandelt wird. Besonders schwierig bezüglich der Optimierung ist eine SCM-(stratified charge memory)Speicherzelle, deren Layout, Querschnitt und Meßergebnisse Abb. 2.54 zeigt. Der Grundgedanke der Zelle besteht darin, die Leitfähigkeit des Speichertransistors durch die auf einem p^+-Gebiet gespeicherten (bzw. nicht gespeicherten) Löcher zu beeinflussen. Die mit zunehmender Integration kleiner werdende Speicherladung wird nicht direkt ausgewertet, sondern steuert nur den Stromfluß durch die Zelle. Die Ladung zur Umladung der Bitleitung wird der Betriebsspannungsquelle entnommen, was zu einem wesentlich größeren Spannungshub führt. Es wird mit drei Spannungsniveaus auf der Wortleitung (Steuergate) gearbeitet.

Im „Schreibniveau" ist der Steuertransistor gesperrt, und die p^+-Schicht wird je nach Spannung am Speichergate mit Löchern gefüllt oder nicht gefüllt. Für einen mittleren Spannungspegel am Steuergate („Speicherniveau") bildet sich im Steuerbereich eine Verarmungszone aus, welche die p^+-Schicht isoliert. Der Zustand „O", bei dem keine Löcher in der p^+-Schicht gespeichert sind, stellt einen Nichtgleichgewichtszustand dar, der durch Generation mit der Zeit zerstört wird und einen zyklischen Refresh („Auffrischung") erfordert.

Eine hohe Spannung am Steuergate („Leseniveau") bewirkt die Ausbildung eines n-Kanals, der das n-Gebiet des Speichertransistors mit dem Source des Steuertransistors (Bitleitung) verbindet. Je nach gespeicherter Löcherladung wird dann die Bitleitung aufgeladen oder nicht. Spezielle Probleme der 3-Niveau-Schaltungstechnik sind in [KöSW 84] behandelt. Das mit einem Prozeßsimulator entlang dem Schnitt A—B (Abb. 2.54a) berechnete Dotierungsprofil (Abb. 2.55a) läßt vorn den NMOS-Steuertransistor mit der Bor-Implantation zur Schwellspannungseinstellung und dahinter den Speicherbereich mit begrabenem n-Kanal und flacher p^+-Speicherschicht erkennen. Das Dotierungsprofil (Abb. 2.55b) quer zur Stromrichtung (Schnitt C—D, in Abb. 2.54a) veranschaulicht neben dem n-Kanal und der p^+-Implantation der Speicherschicht vor allem oben und unten die Übergänge zum dicken Feldoxid (Taperregion) mit p^+-Kanalstopper.

Ziel der Dimensionierung ist eine Prozeß- und Geometriegestaltung, die die richtige Schwellspannungen, Kennlinienparameter und eine möglichst große Änderung der gespeicherten Löcherladung beim Einschreiben verschiedener Informationen in die Zelle garantiert. Die Optimierung konzentriert sich auf das Dotierungsprofil im Speicher- und Steuerbereich der Zelle. Als kritisch gilt der Bereich zwischen Steuer- und Speicherbereich, bei dem während des Lesens keine Barriere auftreten darf, die das Füllen bzw. Leeren des p^+-Gebietes wesentlich behindert. Abb. 2.56 illustriert den mit dem Prozeß- und Bau-

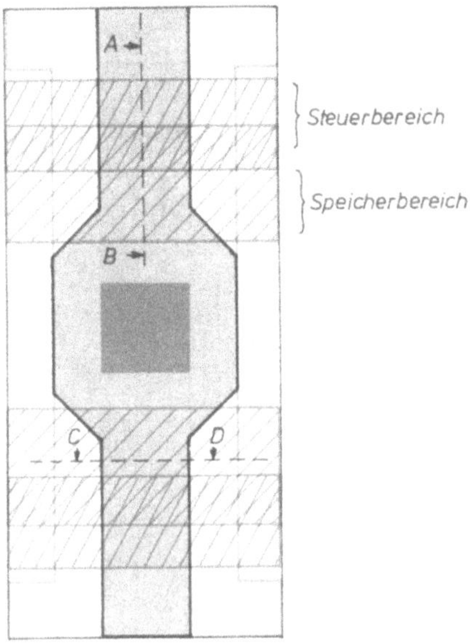

a)

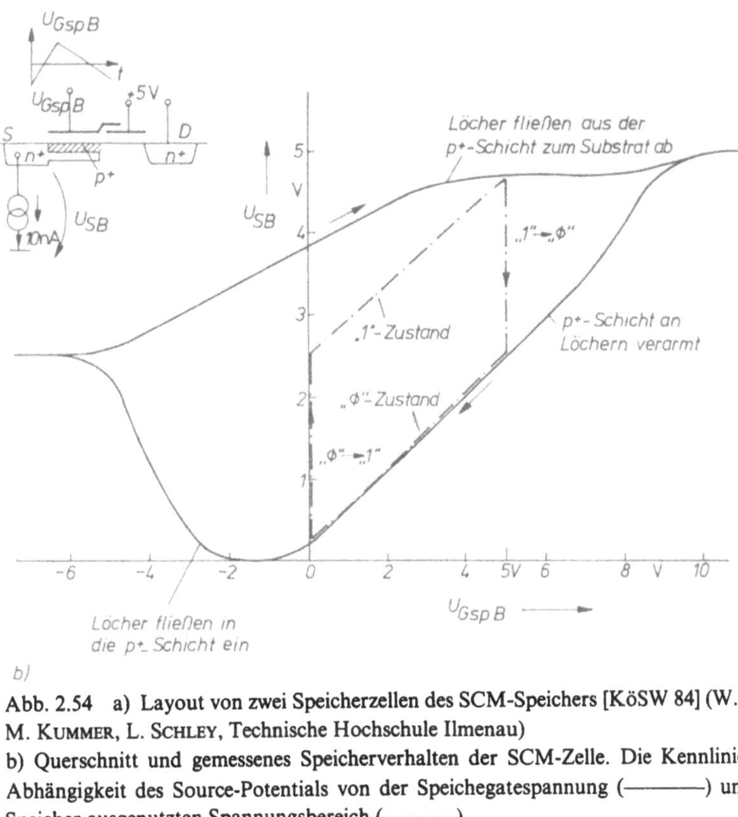

b)

Abb. 2.54 a) Layout von zwei Speicherzellen des SCM-Speichers [KöSW 84] (W. WINKLER, M. KUMMER, L. SCHLEY, Technische Hochschule Ilmenau)

b) Querschnitt und gemessenes Speicherverhalten der SCM-Zelle. Die Kennlinie zeigt die Abhängigkeit des Source-Potentials von der Speichegatespannung (————) und dem im Speicher ausgenutzten Spannungsbereich (—·—·—).

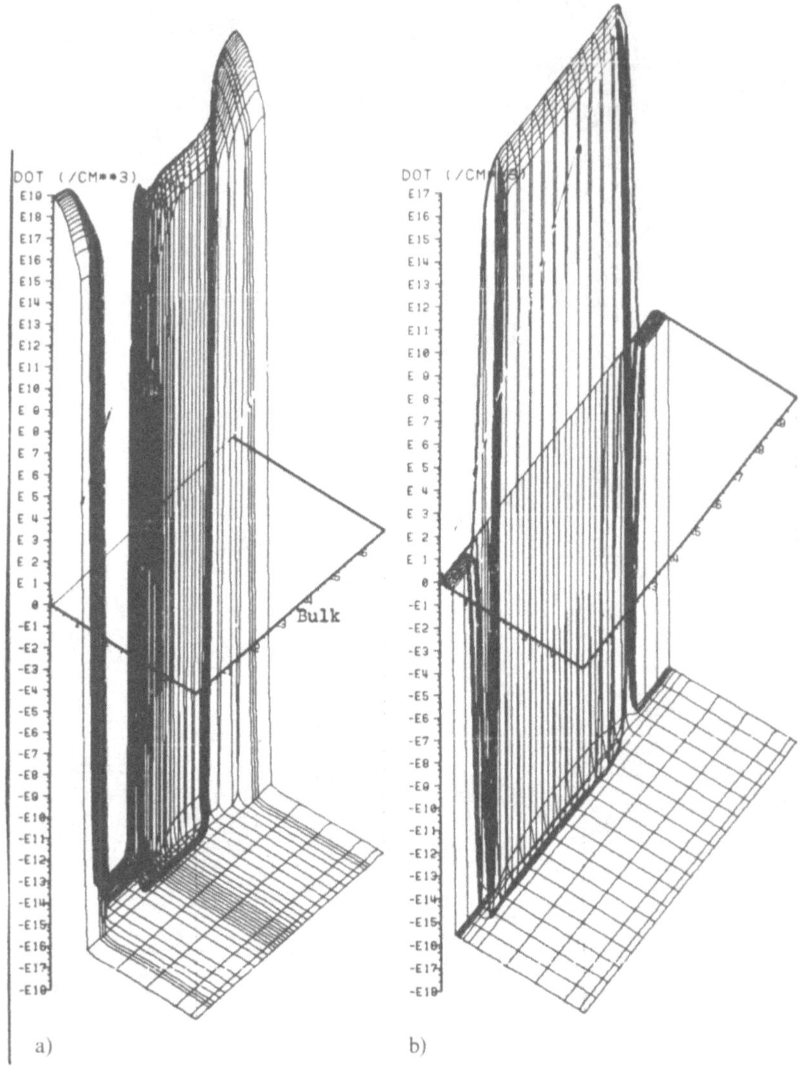

Abb. 2.55 Mit dem Prozeßsimulator berechnetes Dotierungsprofil längs (a) und quer (b) zur Stromrichtung in der SCM-Speicherzelle

elementesimulator berechneten Taperbereich. Dieses Gebiet ist die Schwachstelle der SCM-Speicherzelle bezüglich der Isolation des p^+-Gebiets. Durch systematische Simulationen lassen sich Technologievarianten finden, die eine in allen Betriebsfällen ausreichend hohe Barriere gewährleisten. Abb. 2.57 zeigt ein SCM-Testelement einer Speichermatrix.

2.7.4. CCD-VLSI-Grundstrukturen

Die Ladungstransfertechnik (charge-coupled device; CCD) [ReMö 82] stellt eine spezielle MOS-Technik für die Sensor-, Signalprozessor- und Speichertechnik dar. Der Grundgedanke besteht darin, an der Halbleiteroberfläche (SCCD) oder durch zusätzliche Implantation im tieferen Volumen (BCCD) eine Potentialmulde zu erzeugen, in der sich durch eine Eingabeschaltung injizierte (Speicher) oder durch Licht generierte (Sensor) Elektronen befinden können (Abb. 2.58). Durch eine Implantation im Transferbereich bzw. eine Stufung des Oxides entsteht eine unsymmetrische Potentialmulde, die mit nur zwei nichtüberlappenden Takten den Transport der Ladung in einer Richtung ermöglicht. Als Test-

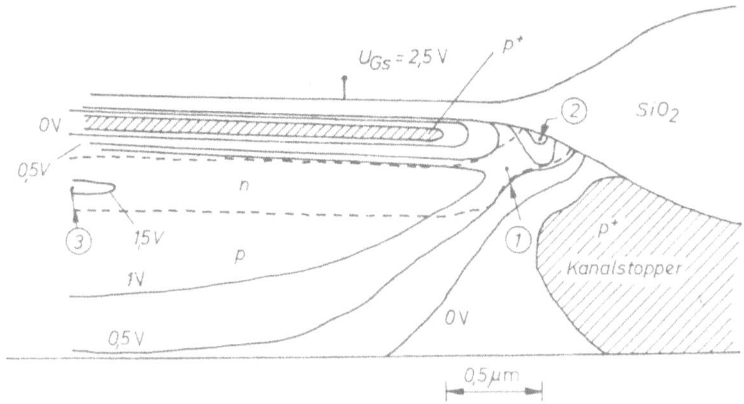

Abb. 2.56 Prozeß- und Bauelementesimulation des SCM-Taperbereiches

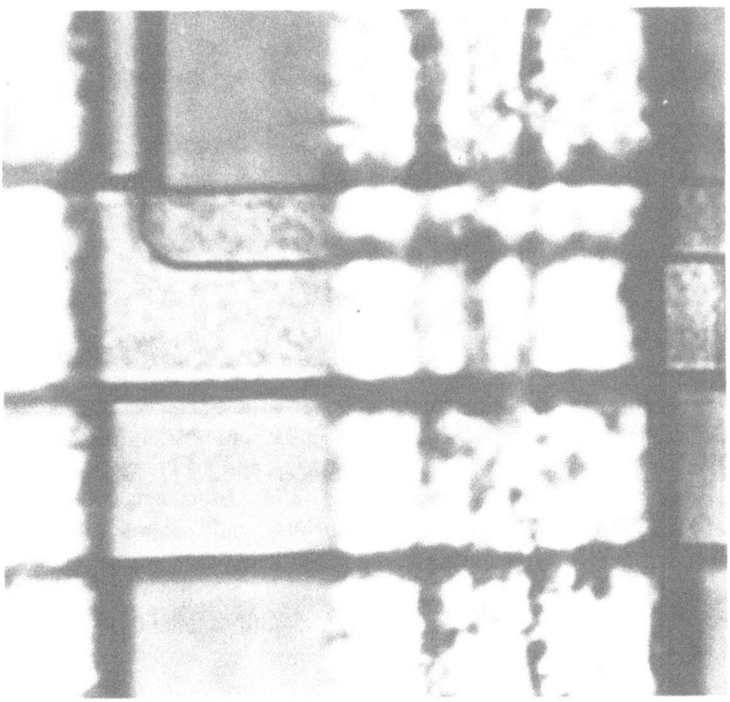

Abb. 2.57 Präpariertes SCM-Testelement (W. Winkler, M. Kummer, P. Schley — Technische Hochschule Ilmenau;
Foto: F. Richter, W. Burgwardt)

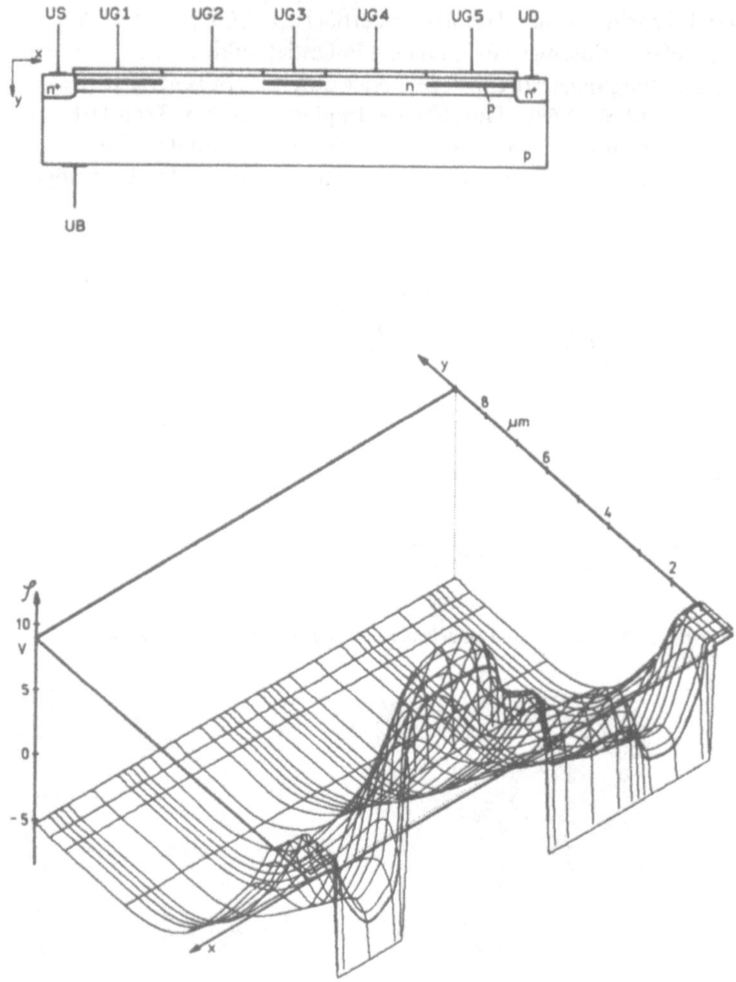

Abb. 2.58 Potential in einer CCD-Struktur

objekt diente eine 4-Kbit-CCD-Speicherblock einer 64-K-Speichers, der nach dem verdichteten Seriell-Parallel-Prinzip (CSPS) mit 8-Phasen-Ripple-Betrieb [ReMö 82] im Parallelregister organisiert wurde (Abb. 2.59). Von CCD-Ketten wird eine extrem niedrige Ladungsverlustrate (kleiner $10^{-3} \ldots 10^{-5}$) gefordert, um am Ende ein auswertbares Signal vorzufinden. Die Skalierungsstrategie ermöglicht eine Dotierungsprofilgestaltung in Transportrichtung, die durch das auftretende elektrische Feld den Transport der Elektronen (besonders in der langen „Endphase") beschleunigt und so auf hohe obere Grenzfrequenzen führt (Abb. 2.60). Die untere Grenzfrequenz wird durch Generationsströme, welche den Informationsinhalt der Mulden zerstören, bestimmt.

Der zweite Problemkomplex betrifft die Potentialinhomogenität zwischen benachbarten Gates (Abb. 2.61 a). Für die nach Abscheidung und Strukturierung der ersten Gateebene (Poly-Si-1) notwendige Implantation des Transferbereiches wirkt das Poly-Si-1 bzw. das darüber liegende Hilfs-SiO_2 als Maske. Je nach Layoutgeometrie und auftretenden

Toleranzen (Maskenversatz u. ä.) kann die Transferimplantation nicht, teilweise oder vollständig (Abb. 2.61 b) unter die Oxidstufe dringen. Die Computersimulation zeigt die Probleme, falls die Implantation unter das dünne Oxid des Speichergates dringt. In ungünstigen Fällen verhindert der entstehende Potentialwall einen vollständigen Ladungstransfer. Die geforderte niedrige Ladungsverlustrate kann nicht realisiert werden.

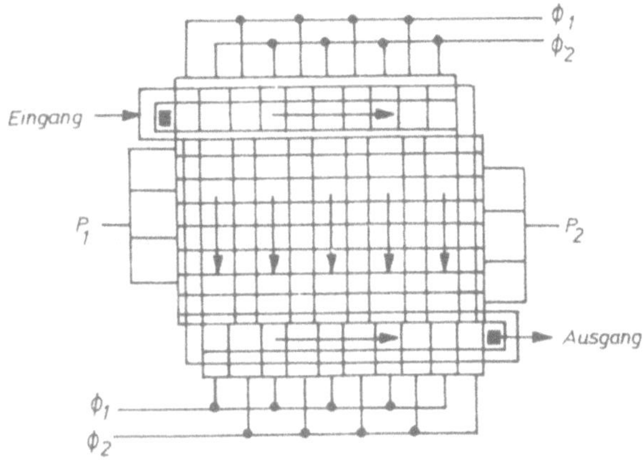

Abb. 2.59 Prinzip eines CCD-VLSI-Speichers

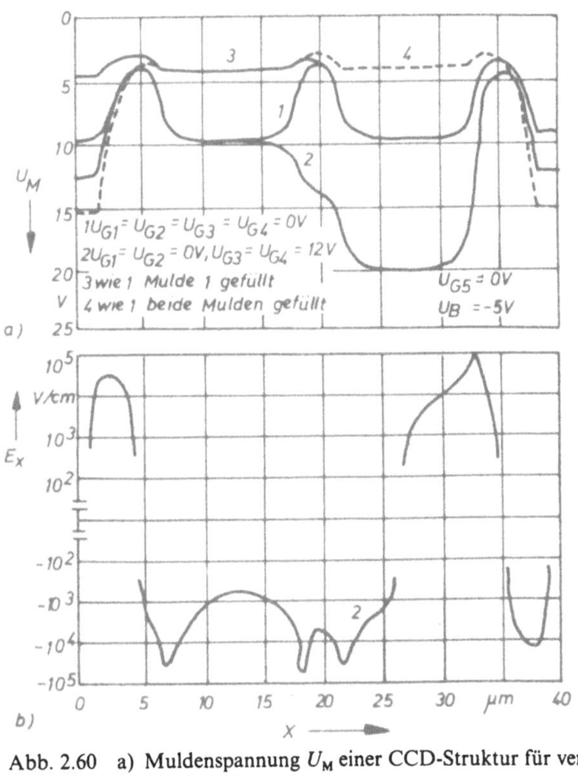

Abb. 2.60 a) Muldenspannung U_M einer CCD-Struktur für verschiedene Betriebsfälle, b) Feldstärkeverlauf $E_x(x)$

Die kritischste Stelle an solchen CCD-VLSI-Systemen sind die Seriell-parallel- (Abb. 2.62) bzw. Parallel-seriell-Übergänge. Die Wirkung des Kanalstoppers (Schmalkanaleffekt) ist sowohl bei Speichern als auch in CCD-Sensorsystemen zu beachten. Im Extremfall wird das Schreiben in den seriellen Speicherteil bzw. das Auslesen der Information durch die in Transportrichtung vorhandenen Potentialwälle verhindert. Abb. 2.63 stellt den Potentialverlauf im Auslesebereich zwischen Sensorspeicher und Schieberegister der CCD-Sensorzeile (1024-Element) L 133 C [Nürn 85] dar.

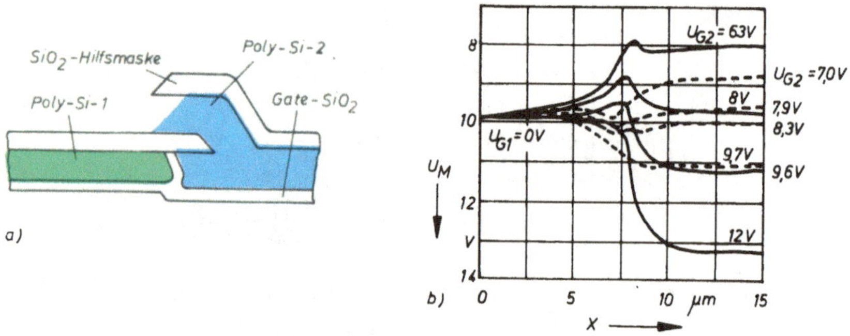

Abb. 2.61 Benachbarte CCD-Speicherzellen

a) Übergangsbereich zwischen zwei benachbarten Gates

b) Potentialverlauf an der Stoßstelle benachbarter Gates nach [ReMö 82]

——— Transferimplantation dringt nicht unter die Oxidstufe (unter Oxidstufe gleiche Implantation wie unter Poly-Si-1),

– – – – Transferimplantation dringt unter die Oxidstufe (unter Oxidstufe gleiche Implantation wie unter Poly-Si-2)

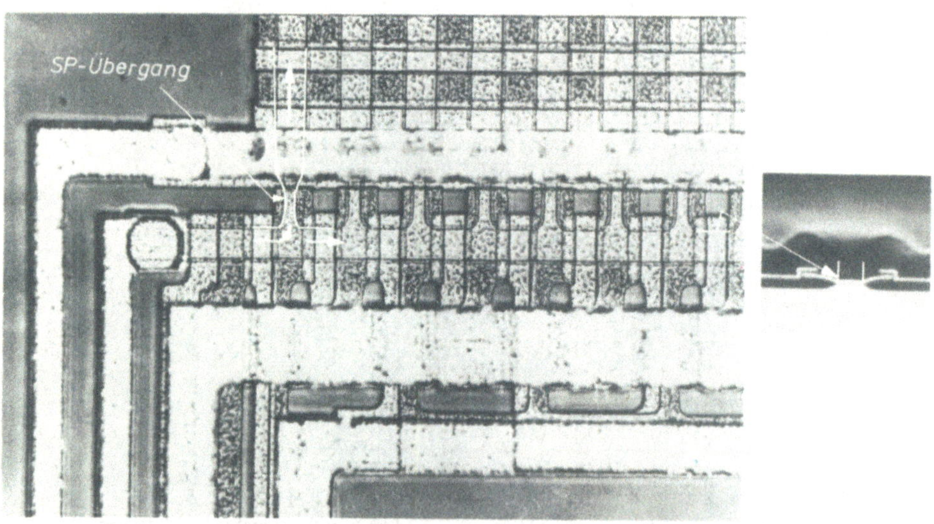

Abb. 2.62 SP-Übergang an einem 4-K-Block eines 64-Kbit-CCD-Speicherblocks

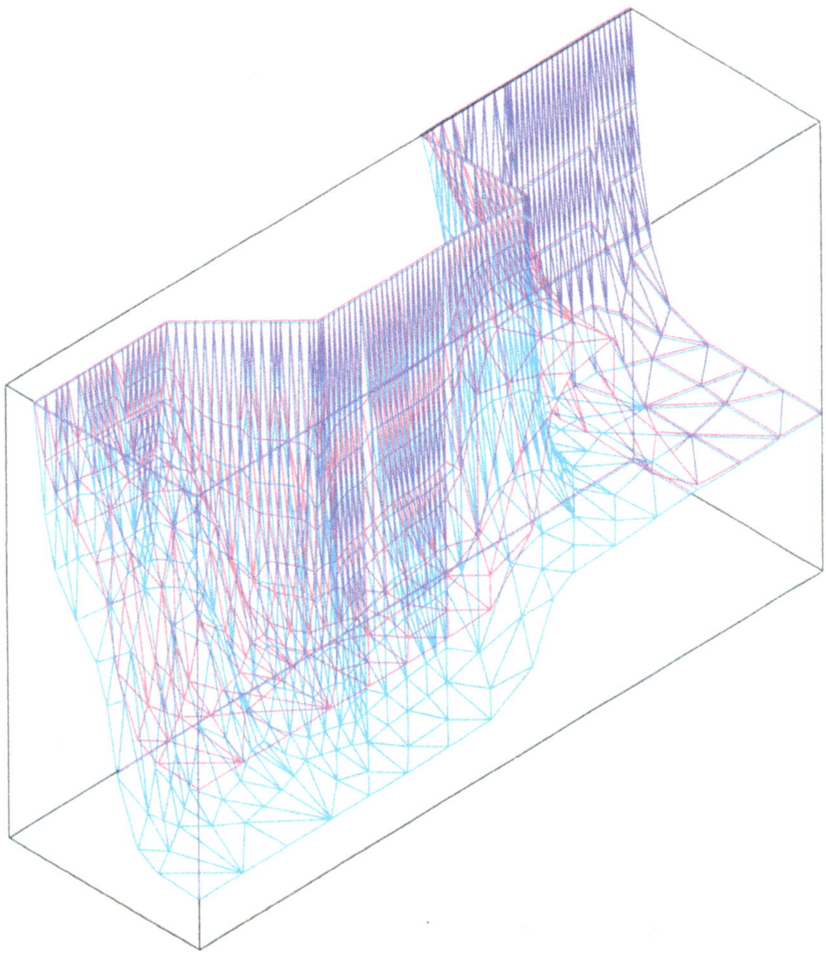

Abb. 2.63 Einfluß des Kanalstoppers auf den Potentialverlauf im Auslesebereich zwischen Sensorspeicher und Schieberegister der Sensorzeile L 133 C bei auf Low (blau) und auf High (rot) getakteter Transferelektrode (Länge: 33 µm, Breite: 10 µm, Höhe: 20 V, Raster: 13 µm) [Nürn 85]

2.7.5. Grenzen der Prozeß- und Bauelementesimulation

Bereits in den 70er Jahren trat verstärkt die Frage nach der Gültigkeit folgender makroskopischer Grundgleichungen auf:

1. Poissonsche Gleichungen:

$$\nabla^2 \varphi = \frac{e}{\varepsilon_H} (p - n - N_A^- + N_D^+) . \tag{2.38}$$

2. Löcher-Kontinuitätsgleichung:

$$- \operatorname{div} \vec{S}_p = + eR_p + e\dot{p} \tag{2.39}$$

mit

$$\vec{S}_p = e\mu_p p \cdot f(\nabla\varphi) - e \cdot D_p \cdot \nabla p \,. \tag{2.40}$$

3. Elektronen-Kontinuitätsgleichung:

$$\operatorname{div} \vec{S}_n = eR_n + e\dot{n} \tag{2.41}$$

mit

$$\vec{S}_n = +e\mu_n n \cdot f(\nabla\varphi) + D_n \nabla_n \,, \tag{2.42}$$

wobei n, p die Ladungsträgerdichten,
$\vec{S}_n$, $\vec{S}_p$ die Stromdichten,
D_n, D_p die Diffusionskoeffizienten,
μ_n, μ_p die Beweglichkeiten und
R_n, R_p die Nettorekombinationen für Elektronen bzw. Löcher sind.

Die Elementarladung e ($1{,}6 \cdot 10^{-19}$ As) und die Dielektrizitätskonstante ε_H sind gegebene Größen, so daß ein gekoppeltes nichtlineares partielles Differentialgleichungssystem in Raum und Zeit unter vorgegebenen Randbedingungen (Kontaktspannungen oder ähnliches) gelöst werden muß.

Auf besondere Probleme der Modellierung der einzelnen Faktoren der Gln. (2.38)—(2.42) soll hier nicht näher eingegangen werden.

Programme zur Bauelemente- und Prozeßsimulation (FEM Finite Elemente-, FDM Finite Differenzen-, FBM Finite Box-Methode) stehen heute kommerziell zur Verfügung. Kernproblem sind Fragen der Modellgenauigkeit. Die schnelle Entwicklung der modernen Halbleitertechnologien, d. h., die Verwendung neuer technologischer Verfahren, neuer Materialien und Dotanten erfordert eine ständige Weiterentwicklung der Prozeßmodelle. Der begrenzte Gültigkeitsbereich der verschiedenen Modelle zwingt zu genaueren physikalischen und experimentellen Untersuchungen. Genaue Modelle gestatten erhebliche Kosteneinsparungen bei der Entwicklung von Basistechnologien.

Nach dem heutigen Erkenntnisstand steht aber fest, daß die Gültigkeit der makroskopischen Halbleitergleichungen für Si-MOSFETs mit Kanallängen bis minimal 0,5 µm als gesichert angesehen werden kann. Erst unterhalb dieser Kanallänge treten nicht mehr genügend häufige Wechselwirkungen mit dem Kristallgitter auf, und es muß die Boltzmannsche Stoßgleichung herangezogen werden.

Die Elektronen bewegen sich, bedingt durch das elektrische Feld zwischen Source und Drain, wie Teilchen unter Wirkung der Schwerkraft. In Analogie dazu werden diese Phänomene als „ballistischer Teilchentransport“ bezeichnet. Eine Folge dieser Erscheinungen sind erhebliche Veränderungen in den Kennliniengleichungen und entsprechende Erweiterungen in den Netzwerkanalysemodellen (s. Abschn. 2.6.).

GaAs-MOSFETs werden bereits seit langem mit diesen neuen Modellen analysiert, da die große mittlere freie Weglänge in GaAs bereits heute bei kleinen Strukturen zu beobachtbaren ballistischen Transportphänomenen führt und neue Simulationsmethoden notwendig sind.

Für verfeinerte Analysen werden mikroskopische Teilchensimulationen durchgeführt. Hierbei wird das Schicksal (Teilchenbewegung, Kollision) jedes einzelnen Teilchens verfolgt. Hockneys [HoWa 74] 2D-Algorithmus arbeitet mit einem mikroskopischen Partikel-Streumodell, welches die Elektronenbewegung durch Eigen- und äußere elektrische Felder einbezieht und die Streuung mittels Monte-Carlo-Programm nachbildet. Ähnliche Programme existieren für einzelne Prozeßschritte (Ionenimplantation u. ä.). Der extrem hohe Rechenaufwand von 3D-Verfahren und mikroskopischen Simulationen ist nur in Einzelfällen für Detailuntersuchungen gerechtfertigt (Abb. 2.64).

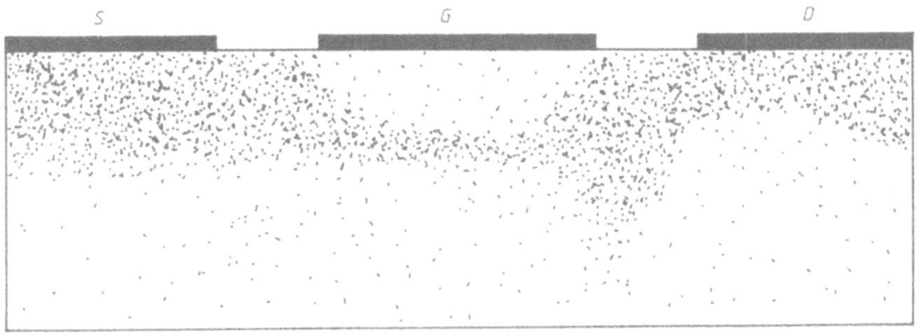

Abb. 2.64 Prinzipdarstellung der Lösung einer mikroskopischen Simulation. Ergebnis ist die Elektronenverteilung in einem GaAs-MOSFET nach [HoWa 74]

3. Entwurfsgrundlagen

3.1. VLSI-Schaltungstechnik

Die Umsetzung des Logikplanes in eine Transistorschaltung ist ein wesentlicher Schritt im Entwurfsprozeß. Ist der Logikplan noch weitgehend technologieinvariant, so werden Möglichkeiten und Eigenschaften der Schaltungstechnik wesentlich durch die ausgewählte Halbleitertechnologie bestimmt. Der Übergang von der LSI- zur VLSI-Technik führt zu signifikanten Veränderungen in der Frage der anzuwendenden Schaltungsprinzipien. VLSI-Schaltungen zeichnen sich auf schaltungstechnischem Gebiet im Vergleich zu LSI-Schaltkreisen durch zwei wesentliche Merkmale aus. Die Anzahl der integrierten Bauelemente liegt im Bereich zwischen 10^4 (Logikschaltkreise) und 10^6 (Speicher) und ist damit um ein bis drei Zehnerpotenzen höher als im LSI-Bereich. Die pro Gatter maximal zur Verfügung stehende Verlustleistung hat sich nahezu um den gleichen Faktor verringert, da sich die mögliche Schaltkreisgesamtverlustleistung nur wenig vergrößert hat.

Daraus ergeben sich für die VLSI-Schaltungstechnik zwei wichtige Schlußfolgerungen. Schaltungsprinzipien, die eine statische Verlustleistung zur Folge haben, sind für die VLSI-Technik ungeeignet. Die hohe Zahl der zu integrierenden Bauelemente schließt eine individuelle Schaltungsdimensionierung und Schaltungsanalyse aus. VLSI-Schaltungen basieren auf wenigen, sehr einfachen Grundschaltungsprinzipien. Die Schaltungen werden dabei so sicher dimensioniert, daß der Funktionsnachweis auf Logikebene mittels dynamischer Logikanalyse ausreichend ist. Das Ziel, Verifikationen auf den unteren Entwurfsebenen (Transistor- und Layoutebene) auf Grund des hohen Rechenzeitaufwandes zu minimieren, wird durch den Verzicht der Anwendung asynchroner Schaltungsprinzipien und die konsequente Verwendung synchroner Logik erreicht.

Im folgenden werden einige für die VLSI-Technik typischen Schaltungsprinzipien vorgestellt. Spezialschaltungen, die für spezielle Funktionsblöcke, wie Speicher oder Analogschaltungsteile, bedeutsam sind, werden in den Abschnitten 6 und 7 behandelt. Auf den Schaltungsentwurf von Funktionsblöcken (z. B. ALU, Register) mittels der vorgestellten Schaltungsprinzipien wird nicht näher eingegangen, da das den Rahmen dieses Buches sprengen würde. Der Leser sei hier auf [TiSc 83] verwiesen.

3.1.1. Statische Schaltungstechnik

Die statische n-Kanal-Schaltungstechnik (Abb. 3.1) ist typisch für viele LSI-Logikschaltkreise und stellt damit eine Art Vergleichsnormal für alle anderen Schaltungsprinzipien dar.

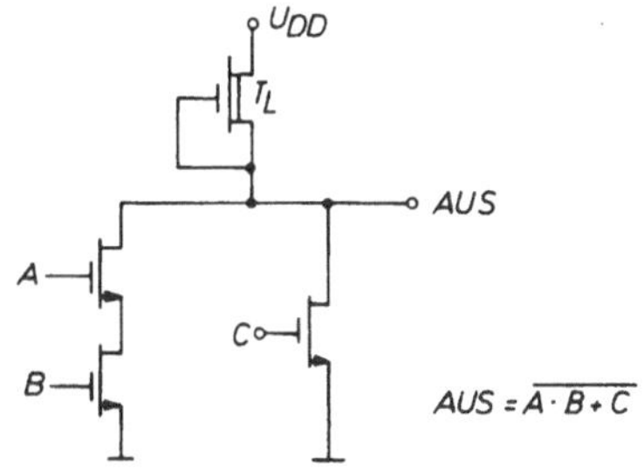

Abb. 3.1 Logikgatter in statischer n-Kanal-Schaltungstechnik mit Depletionlasttransistor

Ein Logikgatter mit k Schalttransistoren benötigt in dieser Technik $(k + 1)$ Transistoren. Die Schaltungen verbrauchen eine statische Verlustleistung, da im Falle niedrigen Ausgangspotentials (Low) ein stationärer Querstrom fließt. Zur Einhaltung der Pegel, die den logischen Zuständen Low und High zugeordnet sind, muß ein bestimmtes Widerstandsverhältnis zwischen den Last- und Schalttransistoren eingehalten werden (ratio-logic). Diesem Widerstandsverhältnis entspricht ein Verhältnis γ der Kanalbreiten und -längen dieser Transistoren

$$\gamma = (B/L)_S/(B/L)_L > 8\,. \tag{3.1}$$

Die notwendige Einhaltung des γ-Werts führt insbesondere bei Schaltungen mit gestockten Transistoren (z. B. Baumschaltungen) auf große Schalttransistoren, die viel Chipfläche benötigen.

Wesentlich günstigere Verhältnisse ergeben sich bei Anwendung der statischen CMOS-Schaltungstechnik (Abb. 3.2). Ein stationärer Stromfluß findet nicht statt. Nur im Umschaltmoment fließen Querströme.

Schalt- und Lasttransistoren können mit gleichem B/L-Verhältnis dimensioniert werden (ratioless circuits). Nachteilig ist, daß für ein einfaches Gatter mit k Eingängen $2k$ Transistoren benötigt werden.

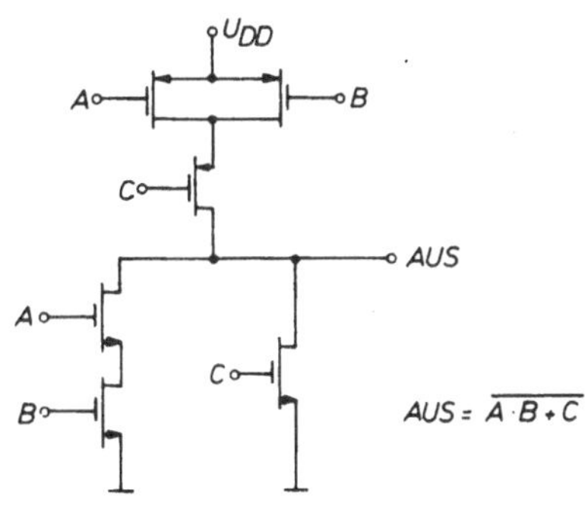

Abb. 3.2 Logikgatter in statischer CMOS-Schaltungstechnik

3.1.2. Dynamische Schaltungstechnik

Dynamische Schaltungen arbeiten stets getaktet. Eine logische Funktion wird in mindestens zwei Takten ausgeführt. Im ersten Takt (precharge) werden alle Ausgangsknoten zwangs-

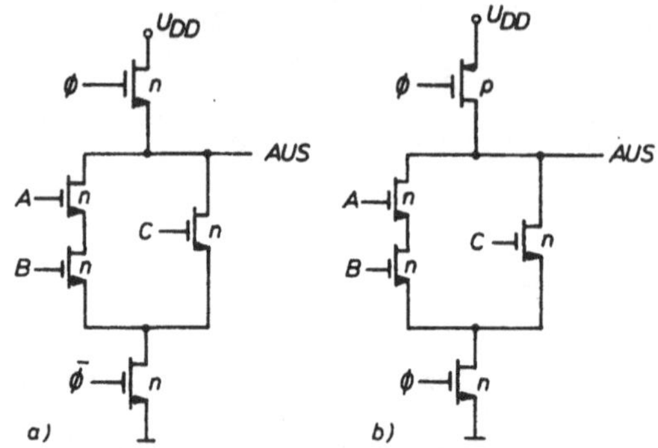

Abb. 3.3 Logikgatter in MOS-Technik
a) Logikgatter in dynamischer NMOS-Technik,
b) Logikgatter in dynamischer CMOS-Technik

weise vorgeladen. In Abhängigkeit der anliegenden Eingangssignale werden diese Knoten im zweiten Takt entladen oder nicht. Ein stationärer Querstrom fließt nicht. Die Gesamtverlustleistung wird in guter Näherung durch den frequenzabhängigen dynamischen Verlustleistungsanteil

$$P_V = P_{VDyn} = \frac{1}{2} \cdot C \cdot U_{DD}^2 \cdot f \tag{3.2}$$

bestimmt. Für ein Logikgatter mit k Eingängen sind $(k + 2)$ Transistoren notwendig. Im Vergleich zur statischen NMOS-Technik ist die erreichbare Packungsdichte wesentlich höher, da alle Transistoren gleiches B/L-Verhältnis haben. In Abb. 3.3 ist ein einfaches Logikgatter in dynamischer NMOS- und CMOS-Technik gezeigt.

Die vorgestellten dynamischen Schaltungsprinzipien besitzen folgende prinzipielle Nachteile: Pro Schaltung werden zwei nichtüberlappende Takte Φ_1 und Φ_2 benötigt. Bei großen Schaltkreisen besteht die Gefahr, daß durch unterschiedliche kapazitive Belastung der einzelnen Taktleitungen ein unzulässig hoher Taktversatz (skew) entsteht. Als Folge der auftretenden Taktüberlappungen kommt es zu logischen Fehlern, die oftmals nur an den Grenzwerten der Betriebsspannung oder an den Ecktemperaturen auftreten.

Eine Möglichkeit, den Skew der Takte in zulässigen Grenzen zu halten, besteht darin, die notwendigen Takte lokal aus einem zentralen Takt zu erzeugen [KGDF 85].

Eine direkte Kopplung dynamischer Schaltungen gemäß Abb. 3.3 ist nicht möglich. Die einzelnen Teilschaltungen müssen durch NMOS-Transfertransistoren bzw. Transfergates entkoppelt werden (Abb. 3.4).

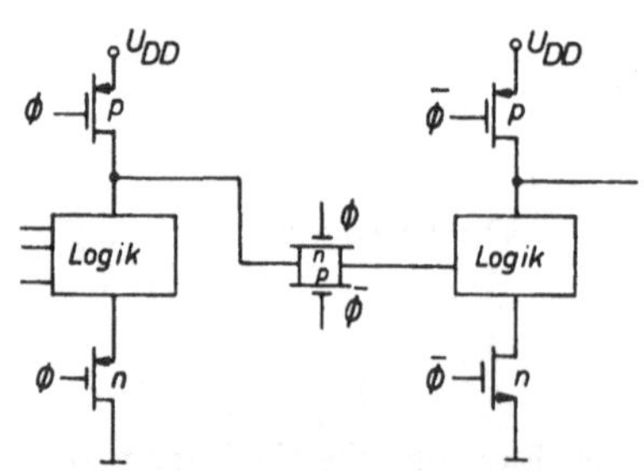

Abb. 3.4 Kopplung von Logikgattern in dynamischer MOS-Technik durch Transfergatter

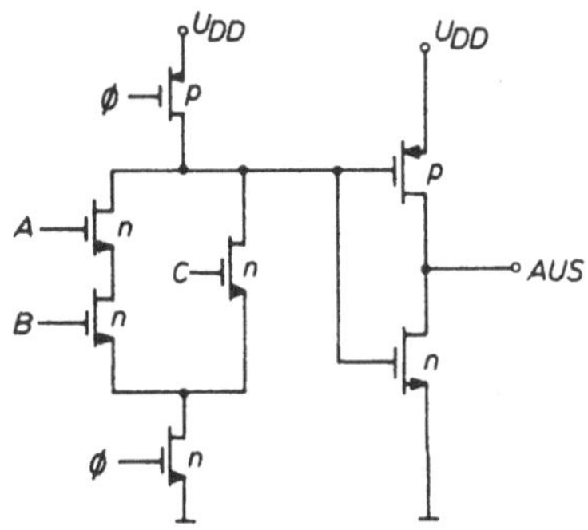

Abb. 3.5 Logikgatter in CMOS-DOMINO-Schaltungstechnik

Alle dynamischen Schaltungen haben eine untere Grenzfrequenz. Ein statischer Betrieb (z. B. Handtakt) ist wegen der Ladungsverluste durch Leckströme bzw. Subthresholdströme nicht möglich. Eine für VLSI-Anwendungen interessante Variante der dynamischen Schaltungstechnik ist die DOMINO-Technik [PPDR 80]. Jedem dynamischen Gatter wird dabei ein statischer CMOS-Inverter nachgeschaltet (Abb. 3.5). Alle einzelnen Gatter können direkt (wie Dominosteine) aneinandergesetzt werden, da während des Precharge-Takts die Ausgänge A aller statischen Negatoren immer Low sind. Ein Ausgang wird erst dann High und damit für die Eingänge nachfolgender Logikgatter wirksam, wenn die Entladevorgänge im dynamischen Schaltungsteil abgeschlossen sind. Eine Schaltung in DOMINO-Technik kommt daher mit einem Takt Φ aus. Von [KGDF 85] würde ein VLSI-Schaltkreis eines Floatingpointprozessors in DOMINO-Schaltungstechnik vorgestellt.

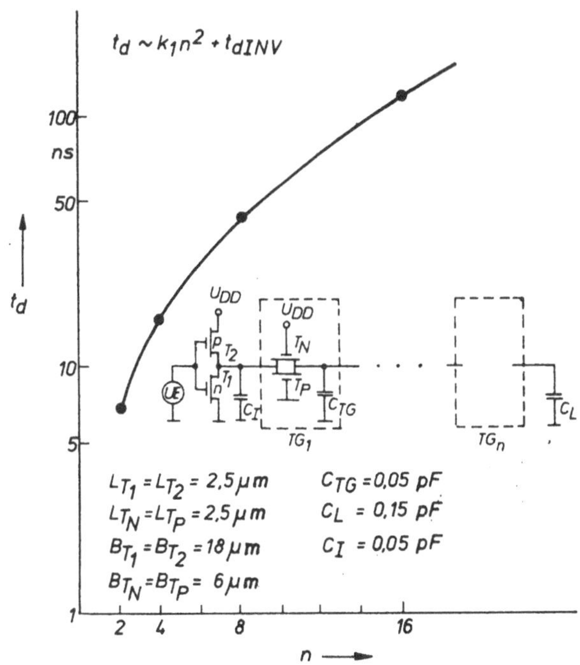

Abb. 3.6 Schaltzeit t_d einer Kette von Transfergattern in Abhängigkeit von der Gatterzahl n

3.1.3. Transfergate-Schaltungstechnik

Eine besondere Form der dynamischen Schaltungstechnik ist die Schalterlogik, die im wesentlichen nur aus Transfertransistoren bzw. Transfergates besteht. Da die Schaltzeit einer solchen Schaltungsstruktur annähernd quadratisch mit der Zahl der Glieder ansteigt [MeCo 80], müssen in Abständen statische Schaltungen (Negatoren) eingefügt werden (Abb. 3.6).

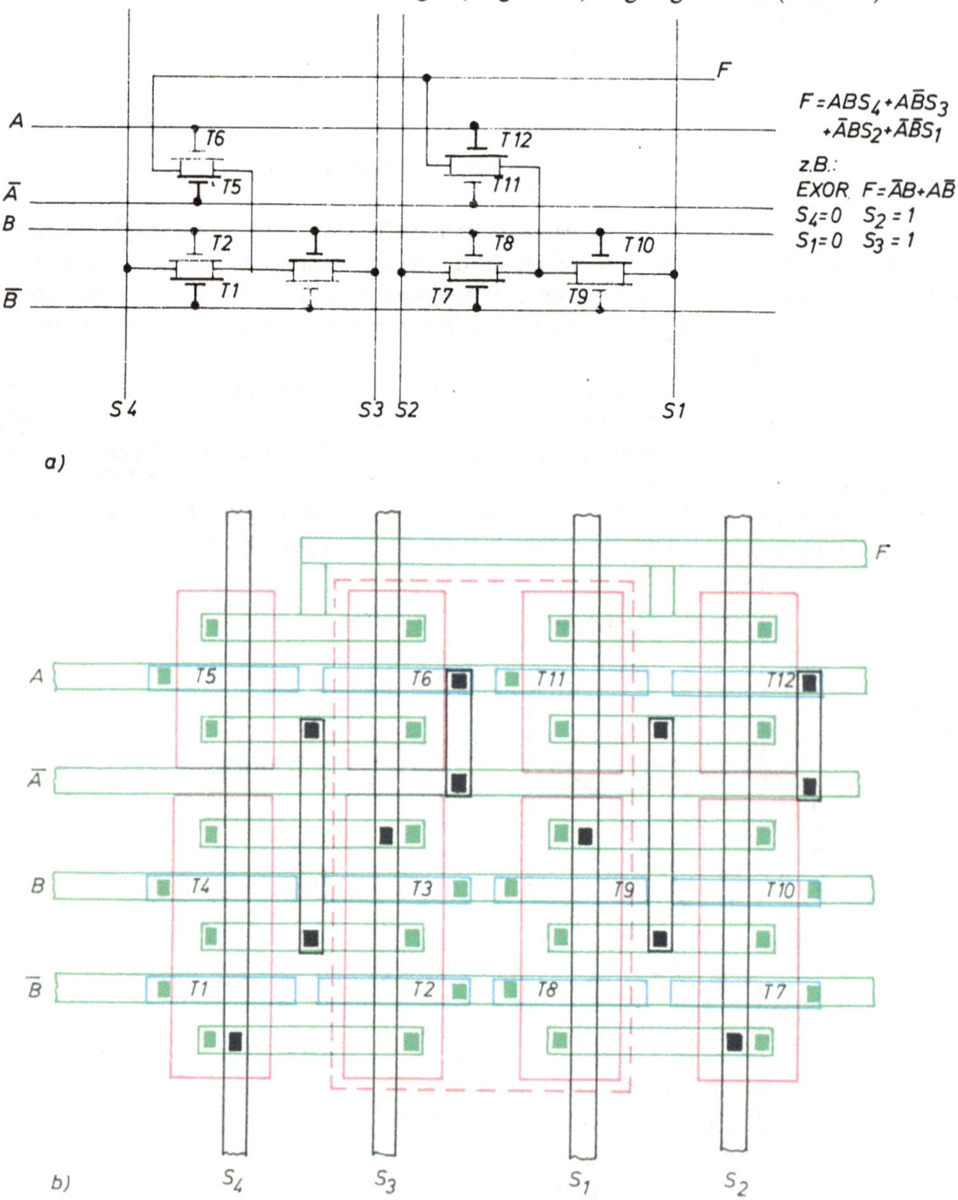

Abb. 3.7 Universelles Logikgatter

a) Schaltung eines universellen Logikgatters für zwei Eingangsvariable A, B in Schalterlogik

b) Prinziplayout des universellen Logikgatters

Die Schalterlogik ist sehr gut geeignet zum Aufbau sehr regelmäßiger Funktionsblöcke (z. B. Barrelshifter, universelles Logikgatter), die in einem VLSI-Schaltkreis mit großem Wiederholungsgrad benutzt werden. In diesem Fall ist dann für die Layouterstellung die Programmierung parametergesteuerter Layoutgeneratoren sinnvoll.

In Abb. 3.7 ist als Beispiel für die Schalterlogik ein universelles Logikgatter für zwei Eingangsvariable (A, B) dargestellt. Durch entsprechende Belegung der Steuersignale ($S_1, \ldots, S_4$) lassen sich alle mit zwei Variablen möglichen logischen Verknüpfungen verwirklichen. Aus dem gezeigten Prinziplayout ist erkennbar, daß bei zwei vorhandenen Metallisierungsebenen eine sehr übersichtliche, für eine maschinelle Erzeugung geeignete Layoutgestaltung möglich ist. Die Daten- und Steuerleitungen sind dabei konsequent orthogonal zueinander angeordnet. Für die Zusammenschaltung solcher aus Schalterlogik aufgebauten Funktionsblöcke gibt es mehrere Möglichkeiten. Entweder können die Funktionsblöcke mittels taktgesteuerter Transfergates miteinander oder mit einem Bus verbunden werden. Zur Vermeidung großer Kettenlängen von in Reihe geschalteten Transfergates ist auch eine Verbindung der Funktionsblöcke über statische bzw. dynamische Logikgatter möglich.

3.1.4. Speicherelemente

Speicherelemente werden für den Aufbau von Registern, Zählern und Teilern benötigt. Speicherblöcke (RAMs) werden aus speziellen Speicherzellen aufgebaut (s. Abschn. 6). Die oben genannten Funktionsblöcke haben als Grundelemente die verschiedenen Flipflop-Typen (D-FF, T-FF, JK-master-slave-FF).

Die Transfergate-Schaltungstechnik führt dabei auf sehr einfache, integrationsfreundliche Lösungen. Ein Transfergate führt z. B. die Funktion eines D-Flipflops aus (Abb. 3.8).

Aufgrund der dynamischen Arbeitsweise ist damit allerdings nur eine kurzzeitige Informationsspeicherung möglich. Die Einführung eines Rückkopplungszweiges führt auf ein statisches D-Flipflop, wie es z. B. für Registerzellen (Abb. 3.9) verwendet wird.

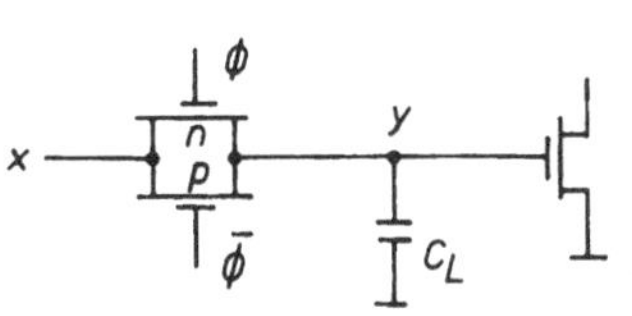

D-Flipflop

y^{n-1}	y^n	x
0	0	0
0	1	1
1	1	1
1	0	0

Abb. 3.8 D-Flipflop in dynamischer Schaltungstechnik

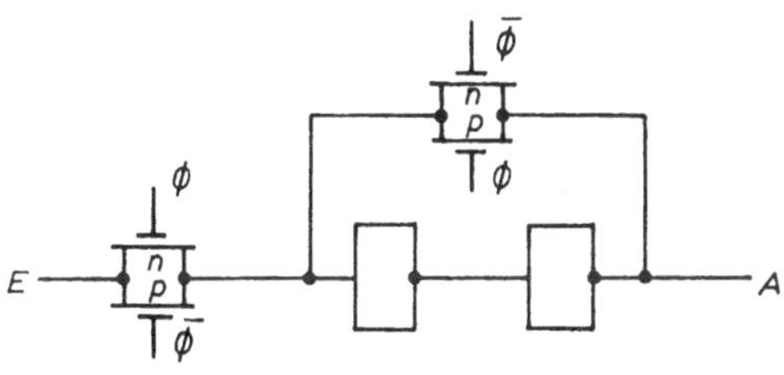

Abb. 3.9 D-Flipflop in statischer Schaltungstechnik

3.1.5. Programmierbare logische Anordnungen (PLA)

von K. FESKE, A. FRENZKE, TU Dresden

Eine Programmierbare logische Anordnung (kurz PLA) ist ein integrierter Funktionsblock, der sich durch

— topologische Regularität,
— Programmierbarkeit seiner logischen Funktion und durch
— strukturelle und topologische Optimierungsmöglichkeiten (Boolesche Umformungen, Partitionierung, PLA-Faltung)

auszeichnet.

Eine PLA realisierte ein Bündel $F(x_1, \ldots, x_n)$ Boolescher Funktionen durch ein zweistufiges Schaltnetzwerk mit matrixartiger Anordnung der Logikgatter der ersten Stufe (Eingangsmatrix) und der zweiten Stufe (Ausgangsmatrix). Im Unterschied zum ROM-Funktionsblock ist nun die Auswahl von Signalleitungen zur Realisierung der Gatterfunktionen in *beiden* Matrizen programmierbar (Abb. 3.10).

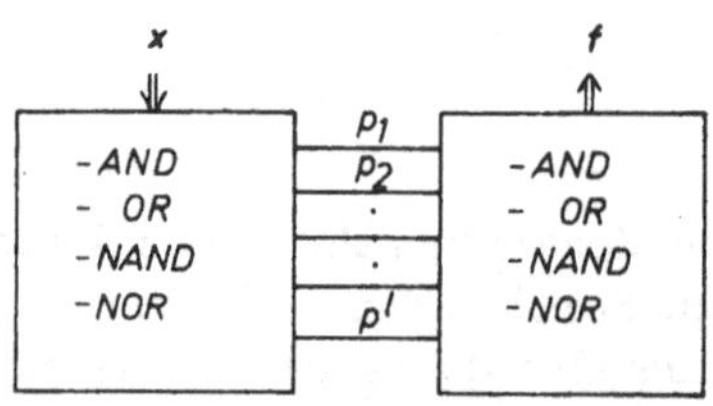

Abb. 3.10 Prinzipaufbau einer PLA

Durch Programmierung der Eingangsmatrix können Blöcke von Elementartermen durch einzelne Fundamentalterme realisiert werden, die bei geeigneter Programmierung der Ausgangsmatrix für die Realisierung mehrerer Funktionen des Funktionsbündels nützbar sind. Der Chip-Flächenbedarf von PLAs läßt sich durch Boolesche und topologische Umformungen weiter reduzieren (Abschn. 4.7.8.).

Ein anschauliches und kompaktes Mittel zur Strukturbeschreibung von PLAs ist das Verbindungsfeld V:

$$V = \left\{\begin{matrix} (v_1^1 \ldots v_j^1 \ldots v_n^1)_E \circ (v_1^1 \ldots v_k^1 \ldots v_m^1)_A \\ \vdots \qquad\qquad \vdots \\ (v_1^i \ldots v_j^i \ldots v_n^i)_E \circ (v_1^i \ldots v_k^i \ldots v_m^i)_A \\ \vdots \qquad\qquad \vdots \\ (v_1^l \ldots v_j^l \ldots v_n^l)_E \circ (v_1^l \ldots v_k^l \ldots v_m^l)_A \end{matrix}\right\},$$

wobei jede Zeile v^i aus dem Eingangsteil v_E^i, dem Ausgangsteil v_A^i und dem Verkettungssymbol $\circ$ besteht und für die Elemente von V gilt

$$v_{jE}^i = \begin{cases} 0\colon \text{Programmierpunkt für } \bar{x}_j \text{ impliziert Gatterfunktion } p^i, \\ 1\colon \text{Programmierpunkt für } x_j \text{ impliziert } p^i, \\ X\colon \text{kein Programmierpunkt}, \\ U\colon \text{zwei Programmierpunkte mit } \bar{x}_j \text{ impliziert } p^i \textit{ und} \\ \qquad\qquad\qquad\qquad x_j \text{ impliziert } p^i \end{cases}$$

und

$$v^i_{kA} = \begin{cases} 1: \text{ Programmierpunkt für } p^i \text{ impliziert Gatterfunktion } f_k, \\ X: \text{ kein Programmierpunkt.} \end{cases}$$

Tab. 3.1 zeigt die Ableitung einiger Schaltungsparameter von PLAs aus dem Verbindungsfeld, wobei ANZ$\gamma(v)$ die Anzahl der mit dem Wert γ belegten Koordinaten eines Vektors v (Zeilenvektoren v^i_E bzw. v^i_A, Spaltenvektoren v_{kE} bzw. v_{kA}) sei.

Tabelle 3.1 Schaltungsparameter von PLAs

Parameter	Eingangsmatrix	Ausgangsmatrix
Spaltenanzahl	$2n$	m
PLA-Format	$2n \cdot l$	$m \cdot l$
Logikdichte	$1 - \dfrac{\sum_{i=1}^{l} \text{ANZ}X(v^i_E)}{n \cdot l}$	$\dfrac{\sum_{k=1}^{m} \text{ANZ}1(v_{kA})}{m \cdot l}$
fan-in	n-ANZX (v^i_E)	ANZI (v_{kA})
fan-out	ANZ1 (v_{jE}), ANZ1 (v^i_A)	

Zur Funktionsbeschreibung ordnen wir den Elementen v^i_{jE} und v^i_{kA} des Verbindungsfeldes binäre Programmiervariablen mit folgender Kodierung zu:

$$(v1^i_{jE}, v0^i_{jE}) = \begin{cases} 00 \\ 10 \\ 01 \\ 11 \end{cases}, \quad \text{wenn} \quad v^i_{jE} = \begin{cases} X, \\ 1, \\ 0, \\ U \end{cases}$$

und

$$v1^i_{kA} = \begin{cases} 1, & \text{wenn} \quad v^i_{kA} = 1\,, \\ 0 & \text{sonst.} \end{cases}$$

Jede Belegung der Programmiervariablen definiert dann bei Beschränkung auf disjunktive Formen eine PLA mit folgender Funktion:

$$f_k = \bigwedge_{i=1}^{l} v1^i_{kA} \cdot p^i, \qquad f_k(1 \leqq k \leqq m) \text{ Schaltfunktionen,}$$

mit

$$p^i = \bigwedge_{j=1}^{n} [\overline{v0}^i_{jE} \cdot x_j \vee \overline{v1}^i_{jE} \cdot \bar{x}_j], \qquad x_j(1 \leqq j \leqq n) \text{ Eingangsvariablen.}$$

In Tab. 3.2 sind die Transformationsregeln für alle acht entsprechend der Normalformtheorie möglichen Zuordnungskombinationen der Gatterfunktionen AND, OR, NAND, NOR zu den zwei PLA-Matrizen systematisiert und nach gegebenen disjunktiven und konjunktiven Normalformen der zu realisierenden Funktionsbündel untergliedert.

Tabelle 3.2 Transformationsregeln bei gegebener Realisierungsbasis der PLA

Realisierungsbasis der PLA		Transformationsregeln bei gegebener	
Eingangsmatrix	Ausgangsmatrix	DNF	KNF
		Negation der	Negation der
AND	OR	—	Ein- und Ausgänge
OR	NAND	Eingänge	Ausgänge
NAND	NAND	—	Ein- und Ausgänge
NOR	OR	Eingänge	Ausgänge
AND	NOR	Ausgänge	Eingänge
OR	AND	Ein- und Ausgänge	—
NAND	AND	Ausgänge	Eingänge
NOR	NOR	Ein- und Ausgänge	—

PLAs sind sowohl in statischer als auch in dynamischer Schaltungstechnik realisierbar. Für große PLAs, die für die VLSI-Technik typisch sind, kommt wegen der Verlustleistungsproblematik nur die dynamische Schaltungstechnik in Frage. Bei getakteter Arbeitsweise bietet sich die NAND- bzw. NOR-Schaltungstechnik an. Ein Beispiel für die PLA in dynamischer CMOS-Technik zeigt Abb. 3.11.

In Prozessorschaltkreisen ist das PLA-Prinzip zur Realisierung von Steuerwerken weit verbreitet. Die gegenüber einer Lösung in „wilder Logik" (random logic) geringere Schaltgeschwindigkeit wird durch den wesentlich geringeren Aufwand bei der Layouterstellung (Abschn. 4.7.8, PLA-Generatoren), die Übersichtlichkeit der Lösung sowie Änderungsfreundlichkeit bei Logikänderung ausgeglichen.

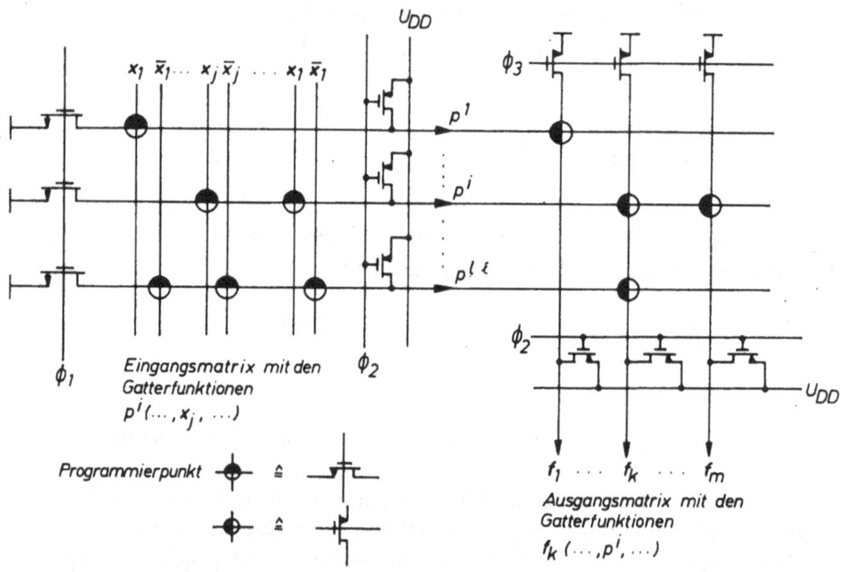

Abb. 3.11 PLA in dynamischer CMOS-Technik

3.1.6. Interfacestufen

Die Interfacestufen (auch als I/O- bzw. E/A-Stufen bezeichnet), die die Verbindung zwischen der Schaltung im Schaltkreisinneren und der auf der Leiterplatte herstellen, weisen in der VLSI-Technik im Vergleich zur LSI-Technik keine Besonderheiten auf. Die Eingangssignale werden über Schutzschaltungen (Abb. 3.12) an die Gates der chipinternen Transistoren geführt, um diese vor Zerstörung durch Überspannungen (statische Aufladungen) zu schützen. Aufgrund des sehr großen Unterschiedes zwischen den chipextern wirksam werdenden Lasten und den chipinternen Kapazitäten werden die Ausgangsverstärker zweckmäßigerweise mehrstufig ausgeführt [Lewi 84].

Zur Unterstützung der bei VLSI-Schaltkreisen sehr aufwendigen Testung wird in zunehmendem Maße zusätzliche Prüflogik mit integriert, die eine getrennte Testung aller Ausgangsstufen auf ihre statische Funktionsfähigkeit (Low, High, Tri-state) in einem Testmodus ermöglicht.

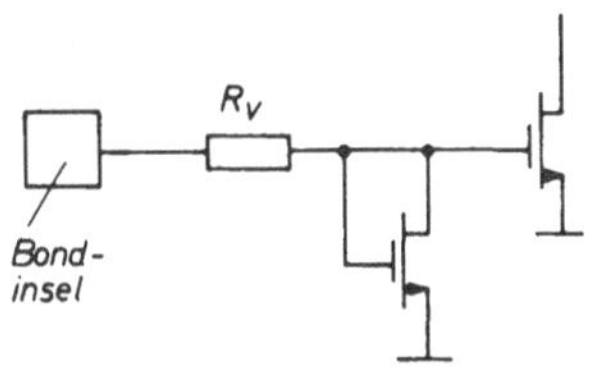

Abb. 3.12 Schutzschaltung für MOS-Schaltkreise

3.2. Entwurfsregeln

Moderne Halbleitertechnologie benötigen zwischen 7 bis 20 Schablonen für die Umsetzung einer Schaltung ins Silizium. Alle diese Schablonenebenen müssen entweder durch Handentwurf oder teil- bzw. vollautomatisch mit Hilfe eines CAD-Systems entworfen werden. Für jede Technologie existiert dabei ein Satz einzuhaltender Maße, die sogenannten Entwurfsregeln (design rules). Entwurfsregeln sind minimale Entwurfsmaße, deren Einhaltung ein Optimum zwischen Flächenverbrauch und Sicherheit der Funktion des Bauelementes garantiert. Die Ableitung der für eine Technologie geltenden Entwurfsregeln ist eine Optimierungsaufgabe bezüglich der Ausbeute der Einzelstruktur und der des gesamten Schaltkreises [Rung 81]. Die minimale Größe der Entwurfsregeln wird durch den erreichten Stand der Technologie und Lithografie bestimmt. Weiterhin begrenzen innerelektronische Effekte, wie der Subthreshold- und Punch-through-Strom, die minimalen Bauelementeabmessungen. Sowohl bei der Schablonenherstellung als auch bei der Übertragung des Schablonenmaßes während des technologischen Prozesses ins Silizium treten gegenüber dem Zeichnungsmaß im Layout Maßabweichungen, sogenannte Kantenverschiebungen (KV), auf. Diese Kantenverschiebungen sind bei der Ableitung der Entwurfsregeln und bei Simulationsrechnungen zu berücksichtigen.

Entwurfsregeln werden als Stegbreiten und Abstände innerhalb einer Ebene und als Überlappung, Abstand und Innenabstand (Tab. 3.3) für zwei Ebenen definiert. Entwurfsregeln zwischen mehr als zwei Ebenen werden aus Gründen der Überschaubarkeit stets auf Regeln zwischen zwei Ebenen zurückgeführt.

Tabelle 3.3 Definition verschiedener Typen von Entwurfsregeln

eine Ebene	Stegbreite	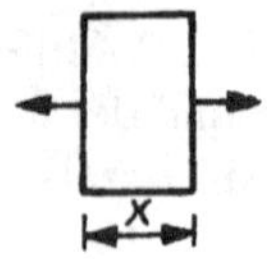	X = x − 2KV + a x . . . minimales Scheibenmaß KV . . . Kantenverschiebung a . . . erlaubte Abweichung eines Scheibenmaßes vom Mittelwert
	Abstand	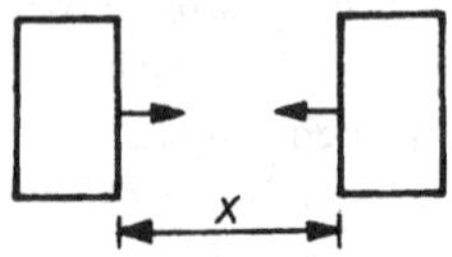	X = x + 2KV + a
	Überlappung	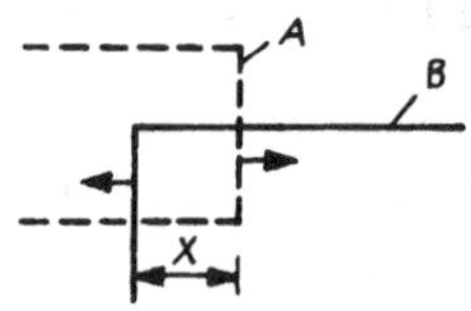	X = x − KVA − KVB + a KVA . . . Kantenverschiebung Ebene A KVB . . . Kantenverschiebung Ebene B
zwei Ebenen	Abstand	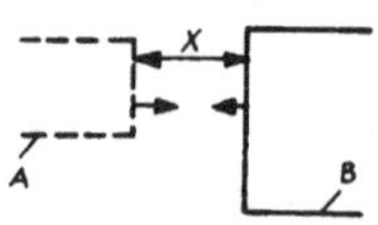	X = x + KVA + KVB + a
	Innenabstand	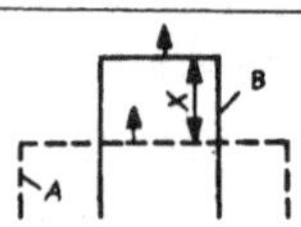	X = x + KVA − KVB + a

Die Einhaltung von teilweise 25 bis 40 verschiedenen Entwurfsregeln durch den Entwerfer ist eine schwierige Aufgabe, die fehlerfrei nur mit Hilfe leistungsfähiger Verifikationsprogramme zur Entwurfsregelprüfung gelöst werden kann. Es fehlt nicht an Versuchen, den Entwerfer bereits während des Entwurfs wirksam bezüglich der Einhaltung der Entwurfsregeln, zu unterstützen. Die Anwendung vereinfachter Entwurfsregeln, sogenannter λ-Regeln [MeCo 80], die nur auf einem Grundwert λ bzw. dessen Vielfachen beruhen, ist dabei ein Weg. Leider führt dieses Verfahren in den meisten Fällen auf wesentlich größere Layouts. Verfahren wie STICK-Layout oder Symbollayout, bei denen der Entwurf in seiner ersten Phase entwurfsregelunabhängig erfolgt, sind eine andere Möglichkeit. Die Entwurfsregeln sind in diesem Fall Bestandteil der Software und werden im Layoutsyntheseschritt beachtet. Auch bei Layoutgeneratoren und Siliconcompilern wird die Einhaltung der Entwurfsregeln durch die Programme selbst gewährleistet.

Für Submikrometertechnologien ist zumindest für Layoutgruppen mit großem Wiederholgrad (z. B. Speicherzellen) die Nutzung von Entwurfsregeln im 0,5-µm- bzw. 0,1 µm Raster sinnvoll. Der Layoutentwurf solcher Gruppen, sofern es sich um einen Handentwurf handelt, erfolgt zweckmäßigerweise mit „Pseudoentwurfsregeln", die in einem großen Raster (z. B. 1 µm) liegen. Die Transformation in ein Layout, das den wirklichen Entwurfsregeln genügt, erfolgt ebenfalls durch die Entwurfssoftware.

Die in Tab. 3.4 angegebenen ausgewählten Entwurfsregeln für eine VLSI-Technologie mit zwei Metallisierungsebenen sind in Abb. 3.13 anhand eines Layoutbeispiels erläutert.

Tabelle 3.4 Ausgewählte Entwurfsregeln für eine MOS-Technologie mit zwei Metallisierungsebenen

Bezeichnung	Bedeutung	Wert in µm
A1	Breite n^+-Bahn	2,0
A2	Abstand n^+-Gebiete	2,0
B1	Breite Poly-Si-Bahn	1,5
B2	Abstand Poly-Si-Bahnen	1,5
C1	Breite Kontaktfenster 1	1,0
K1	Breite Kontaktfenster 2	1,0
D1	Breite Alu-Bahn 1	2,0
D2	Breite Alu-Bahn 2	3,0
D3	Abstand Alu-1 Bahnen	1,0
D4	Abstand Alu-2 Bahnen	2,0
AB1	Gateüberlappung	1,0
CD1	Innenabstand C zur D1-Kante	0,5
CD2	Innenabstand K zur D2-Kante	0,5

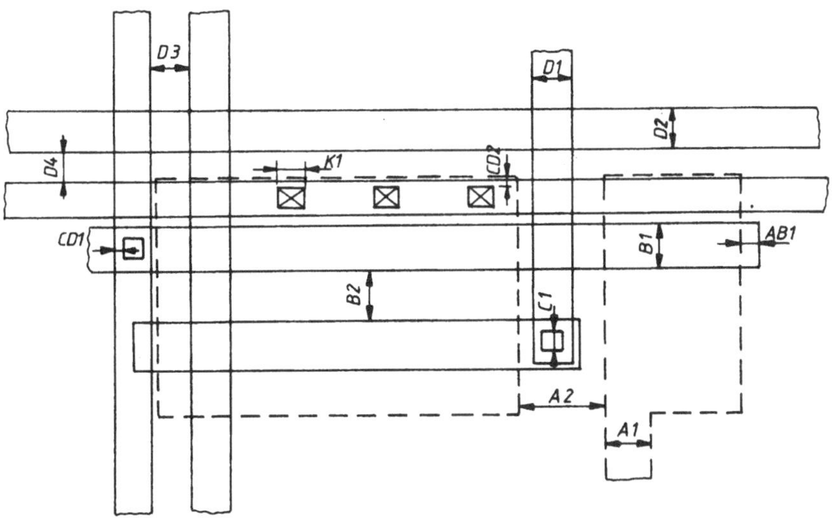

Abb. 3.13 Bedeutung ausgewählter Entwurfsregeln

4. Entwurfshilfen

von G. Fleischmann, ZFT Mikroelektronik Karl Marx Erfurt

Bei der Entwicklung von VLSI-Schaltkreisen hat sich international die Methode des Strukturierten Entwurfs durchgesetzt. Die wichtigsten Etappen dieses auch als Top-down-Entwurfsmethode bezeichneten Weges zeigt Abb. 4.1.

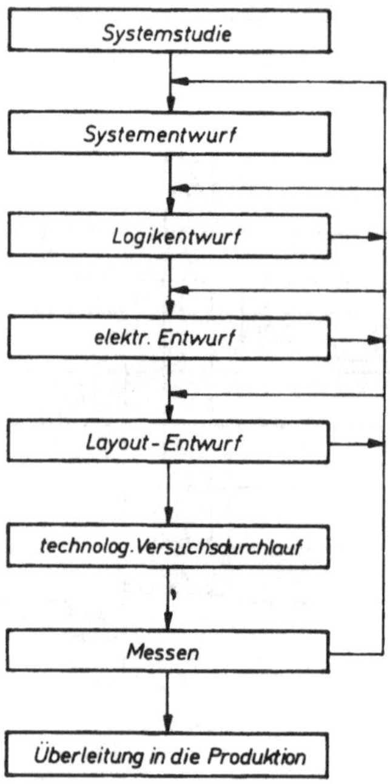

Abb. 4.1 Entwurfsablauf

Das in einer Systemstudie formulierte Entwurfsproblem wird sukzessiv in detaillierte Teilprobleme zerlegt. Diese Arbeitsweise ist notwendig, um das zu entwickelnde VLSI-System implementierbar und verifizierbar zu gestalten. Kleinere Teilprobleme sind leichter überschaubar, softwaremäßig effektiver bearbeitbar und bieten die Möglichkeit der parallelen Bearbeitung durch mehrere Spezialisten eines Entwurfskollektivs.

Man ist bestrebt, innerhalb jeder Entwurfsetappe möglichst viele Erfahrungen und Arbeitsergebnisse aus den „untergeordneten" Entwurfsebenen zu nutzen, um die Anzahl von

Iterationsschleifen zu minimieren und die Entwicklungszeit zu verkürzen. Aus diesem Grund enthält jeder Top-down-VLSI-Entwurf auch sogenannte „Bottom-up"-Elemente. Zu Beginn der Entwicklung überwiegen zunächst die funktionellen, später die strukturellen Aspekte des Entwurfs, wobei diese in jeder Entwurfsetappe stets im Zusammenhang zu betrachten sind. [DaMe 84], [Rein 83], [PoEl 84].

Im folgenden Kapitel soll besonders die Methodik und die softwaremäßige Unterstützung (CAD) im Entwurfsprozeß integrierter Schaltungen dargestellt werden.

4.1. Systementwurf

Während der Etappe des Systementwurfs werden die wesentlichen Funktions- und Strukturmerkmale eines Schaltkreises, die Chip-Architektur, entwickelt.

4.1.1. Beschreibungsniveaus

Die Beschreibung digitaler Systeme dient folgenden Zwecken:
— Dokumentation und Statistik,
— Analyse und Simulation,
— Testsatzgenerierung und -manipulation,
— Synthese,
— Leistungsbewertung [EcGa 85].

Ausgehend von den in einer Systemstudie begründeten und überwiegend verbal abgefaßten Anwenderforderungen kann der VLSI-Systementwurf auf vier Beschreibungsniveaus durchgeführt werden [SuSY 79]. Die Wahl der Beschreibungsniveaus ist abhängig von den zur Verfügung stehenden und noch auszuarbeitenden Informationen, richtet sich aber auch nach dem Charakter des zu entwerfenden VLSI-Systems (verbindungsprogrammierte VLSI-Kundenwunsch-Schaltung, speicherprogrammierbares Prozessorsystem, intelligenter Speicher usw.).

Der VLSI-Systementwurf vollzieht sich in vielen Fällen auf zwei oder mehreren Beschreibungsniveaus gleichzeitig, um den Entwurfsprozeß effektiv zu gestalten. Der Übergang von einem höheren zu einem niedrigeren Beschreibungsniveau erfolgt stets fließend und iterativ.

Sind die vorläufige Chip-Struktur und ihr Umfeld einschließlich aller benötigten Schnittstellen zu anderen Systemen definiert, ist es üblich, einen ersten Durchführbarkeitsbericht zu erstellen [DaMe 84]. Dieser Bericht enthält Aussagen bezüglich:
— der technologischen Realisierbarkeit der Entwurfsaufgabe,
— der Notwendigkeit der Modifizierung bzw. Präzisierung der Anwenderforderungen,
— terminlicher Vorstellungen,
— der auszuwählenden Technologie-Varianten,
— einer Chipflächenabschätzung,
— einer Verlustleistungsbetrachtung,
— der Prüfstrategie und der zu planenden Testerkapazitäten,
— des Gehäuses,
— der Kosten.

Während des Entwurfsprozesses werden diese Angaben ständig ergänzt und aktualisiert.

4.1.1.1. Algorithmisches Niveau

Das höchste Systembeschreibungsniveau, das algorithmische Niveau, wird gewählt, um ein Entwurfsproblem ohne direkten Bezug auf seine physikalische Realisierung funktionell in Form von Algorithmen zu formulieren. Auf dieser Ebene wird der Nachweis der Geschlossenheit und Vollständigkeit des zu entwickelnden VLSI-Systems erbracht, d. h., die Entwurfsaufgabe entspricht dem geforderten Anwendungsgebiet und ist durch die notierten Algorithmen funktionell vollständig und widerspruchsfrei lösbar [Rein 83]. Gelingt dieser Nachweis nicht in einfacher, leicht überschaubarer Form, ist eine Simulation auf algorithmischem Niveau erforderlich.

4.1.1.2. PMS (processor memory switch)-Niveau

Die Beschreibung eines VLSI-Systems auf PMS-Niveau dient dazu, die ausgearbeiteten Algorithmen durch ein System von Prozessoren, Speichern, logischen Netzwerken, Eingabe-Ausgabebaugruppen usw. funktionell und strukturell zu untersetzen.

Zum Nachweis der globalen Konsistenz komplizierter Systeme bietet sich eine Simulation auf PMS-Niveau an. Das Konsistenz-Prinzip verlangt, daß alle Architekturfestlegungen global und lokal folgerichtig und frei von widersprüchlichen Auswirkungen sind [Rein 83].

Ist der Systementwurf auf PMS-Niveau erforderlich, beginnt man zunächst mit einer Auflistung und dem Variantenvergleich von Subsystemen, mit denen die Algorithmen abarbeitbar erscheinen. Die anschließende Ausarbeitung des globalen Datenflusses entsprechend den vorgegebenen Algorithmen, den Geschwindigkeitsanforderungen und den gewählten Datenweg- und Subsystemvarianten liefert erste Informationen für den im Abschnitt 4.1.1. erwähnten Durchführbarkeitsbericht sowie für den globalen Steuerfluß.

4.1.1.3. Befehlssatz-Niveau

Besitzt das zu entwickelnde VLSI-System bzw. Subsystem Prozessoreigenschaften, wird der Systementwurf auf Befehlssatz-Niveau durchgeführt, um in Abhängigkeit der geforderten Funktionen einen möglichst optimalen Befehlssatz zu erarbeiten und Schnittstellen zu definieren. In den meisten Fällen muß dabei ein Kompromiß zwischen der Erhöhung des Problemdurchsatzes und den Möglichkeiten der technologischen Realisierung gefunden werden.

Es werden zunächst die Befehlsarten ausgewählt, die nach dem Notwendigkeitsprinzip nicht ohne unzulässige Beeinträchtigung des Anwendungsgebietes weggelassen werden können [Rein 83]. Die weitere Auswahl und Modifizierung der Befehle erfolgt entsprechend den anwendungstechnischen Vorgaben und richtet sich z. B. nach den statischen (Häufigkeit der Notierung einer Instruktion) und den dynamischen (Häufigkeit der Ausführung einer Instruktion) Charakteristiken der Anwendungsprogramme, nach der gewählten architektonischen Grundstruktur (Havard-, von Neumann-Struktur), nach der Wahl des Programmspeichers (extern, intern) usw. [Bech 82].

Vorteilhaft für die spätere Programmierfreundlichkeit ist auch die Beachtung des Symmetrie-Prinzips. So sollte bei der Einführung eines Incrementier-Befehls z. B. auch ein

Decrementier-Befehl zur Verfügung stehen [Rein 83], [Bech 82]. Des weiteren können Prüfbarkeitsüberlegungen zur Implementierung eines „Fremd"-Befehls führen.

Die Ausarbeitung von

— Anzahl und Art der Befehle,
— Befehls- und Datenwortbreite,
— Adreßbereichen,
— Adressierungsarten,
— Eingabe-Ausgabe-Prinzipien und Befehlen,
— Erweiterungsprinzipien, Schnittstellen

liefert wichtige Informationen zur inneren Struktur des Systems. Durch Anwenderforderungen, vorläufige Festlegungen bzw. durch eine Simulation von Anwenderproblemen auf Befehlssatz-Niveau ergeben sich fixierte oder modifizierbare Vorgaben für die maximale Abarbeitungsdauer eines jeden Befehls. Diese Vorgaben können ebenfalls einen entscheidenden Einfluß auf die innere Struktur des Systems haben, (z. B. Einführung einer Befehlspipeline, Aufteilung des internen Bussystems usw.) [Bech 82].

Aufgrund der sich ergebenden engen Wechselwirkungen ist daher der Systementwurf auf Befehlssatz-Niveau praktisch nicht vom Systementwurf auf Register-Transfer-Niveau zu trennen. Eine exakte Beschreibung des Systems ausschließlich auf Befehlssatz-Niveau ist jedoch zur Verständigung mit dem Anwender erforderlich.

4.1.1.4. Register-Transfer-Niveau

Stehen die Informationen über die äußeren Anschlüsse und das Black-box-Verhalten eines VLSI-Subsystems bzw. LSI-Systems zur Verfügung, wird der Systementwurf auf Register-Transfer-Niveau (auch als Mikroinstruktionsniveau bezeichnet) durchgeführt. Der Gegenstand des Systementwurfs auf diesem Niveau ist die Ausarbeitung

— eines detaillierten Datenstrukturmodells,
— des dazugehörigen funktionell und strukturell optimierten Datenflusses,
— des auf Register-Transfer-Niveau minimierten Steuerflusses.

Durch eine Simulation auf Register-Transfer-Niveau wird die globale und lokale Konsistenz des Systementwurfs nachgewiesen (s. Abschn. 4.1.1.2.). Gefordert wird auch die Bestätigung der Transparenz bestimmter Funktionen, d. h., spezielle interne Realisierungsvarianten dürfen anwenderseitig nicht spürbar sein [Rein 83].

Es ist zweckmäßig, den Systementwurf auf Register-Transfer-Niveau mit der Ausarbeitung eines Datenstrukturmodells zu beginnen. Die Auswahl der Teilschaltungen und die Festlegung der Datenwege wird in Abhängigkeit des Black-box-Verhaltens des Systems und unter Berücksichtigung zur Verfügung stehender, in der gewählten Technologie schon fertig entworfener, Funktionsblock- oder Standardzellenvarianten vorgenommen.

Aufbauend auf dem Datenstrukturmodell wird nun ein Datenfluß ausgearbeitet und verifiziert, der einerseits den funktionellen Anforderungen gerecht wird, andererseits auch die Prüfbarkeit der Teilschaltungen garantiert. Wichtig hierbei ist die Kenntnis der integrierbaren schaltungstechnischen Realisierungsmöglichkeiten der verwendeten Funktionsblöcke oder zumindest ähnlicher Lösungen, um die einzelnen, oft zeitlich parallel ablaufenden Aktivitäten folgerichtig in das vorgegebene Zeitraster einordnen zu können.

Die Informationen über den Datenfluß und den strukturellen Aufbau des Systems gestatten nun die Ausarbeitung eines entsprechenden Steuerflusses. Dazu werden den einzelnen lokalen Datenflußaktivitäten die notwendigen Steuersignale zugeordnet und Steuersignalfolgen ausgearbeitet, die zur Realisierung des erarbeiteten Datenflusses notwendig sind. Die sich anschließende Optimierung des Datenflusses besitzt iterativen Charakter, denn sie bedingt die gleichzeitige Optimierung und Verfeinerung des Datenstrukturmodells sowie die Minimierung des Steuerflusses auf Register-Transfer-Niveau. Weiterhin ist es möglich, daß während des logischen Detailentwurfs bzw. während des elektrischen Schaltungsentwurfs eine nochmalige Präzisierung des Entwurfs auf Register-Transfer-Niveau erforderlich wird.

4.1.2. Beschreibungsmittel

Aufgrund der zu beherrschenden Informationsmenge kann der LSI- bzw. VLSI-Systementwurf nur mit rechentechnischer Unterstützung durchgeführt werden. Dazu wurde in den letzten Jahren eine Vielzahl von System- und Hardwarebeschreibungssprachen entwickelt, wobei Erfahrungen aus der Computerentwicklung genutzt wurden [SuSY 79], [PoEl 84].

International sind folgende Möglichkeiten zur Entwicklung sprachlicher Hilfsmittel für den Systementwurf bekannt geworden [EoGe 85]:

- Unmittelbare Nutzung einer Hochsprache (z. B. ADA und MODULA-2),
- Erweiterung bestehender Hochsprachen (z. B. PASCAL und C),
- Konsequenter Aufbau einer Sprachfamilie (z. B. CONLAN),
- Erweiterung bzw. Kombination bestehender Spezialsprachen (z. B. ISP → MODLINK, Vereinigung von SDL und ADLIB).

Bei der direkten Nutzung von Hochsprachen besitzt man den Vorteil, bestehende Compiler zur syntaktischen Analyse von Quelltexten nutzen zu können. Außerdem ist kein großer zusätzlicher Aufwand für Simulationsprogramme auf diesem Niveau erforderlich. Durch die Entwicklung von Sprachfamilien mit gemeinsamer syntaktischer und semantischer Struktur versucht man, den Nachteil der schweren Erlernbarkeit und komplizierten fehlerfreien Anwendung der Hochsprachen zu vermeiden.

Zur Zeit hat sich allgemein noch keine der existierenden Sprachen zur Beschreibung komplexer digitaler Systeme durchgesetzt. Die Anwendung einer Sprache hängt sehr von der Güte und der Verfügbarkeit der sie implementierenden Programme und deren Einbindung in einen durchgängigen Entwurf ab. Bei der Entwicklung zukünftiger Beschreibungsmittel für komplexere Systeme werden sich wahrscheinlich ausdrucksfähige, leicht erlernbare Sprachen zur hierarchischen Beschreibung und zur Unterstützung regulärer Strukturen durchsetzen. Bei den zukünftigen, die sprachlichen Hilfsmittel implementierenden Programmen werden die Möglichkeiten der Mixed-level-Beschreibung und der automatischen Generierung von Layoutdaten (Siliconcompiler) im Mittelpunkt stehen, wobei die effektive Nutzung bewährter graphentheoretischer (Petri-Netze, Steuergraphen), tabellarischer (Automatentabellen, Datenflußtabellen) und algebraischer (Boolesche Gleichungen) Darstellungsmittel Voraussetzung ist [Isse 85], [EcGa 85], [Zand 82].

4.2. Logikentwurf

von W. WIEDERHOLD, Mikroelektronik Karl Marx Erfurt

Die Etappe des Logikentwurfes beinhaltet die Entwicklung der logischen Schaltung eines Schaltkreises. Ausgangspunkt ist ein Entwurf auf Funktionsblockniveau, d. h., es liegen eine Beschreibung von Blöcken auf funktionellem Niveau vor und eine Verschaltung dieser Blöcke. Jeder dieser Blöcke kann unter Berücksichtigung der Zusammenschaltbedingungen relativ eigenständig bearbeitet werden. Die Aufgabenstellung für einen Logikentwerfer besteht darin, aus vorgegebenen funktionellen Beschreibungen unter Berücksichtigung von MOS-spezifischen Optimierungskriterien strukturelle Beschreibungen zu erzeugen, d. h. günstig integrierbare Logikschaltungen zu synthetisieren. Nach der Synthese erfolgt die Verifikation der gefundenen Lösung. Zunächst wird möglichst jeder Funktionsblock einzeln verifiziert. Danach werden die Blöcke verschaltet und die Gesamtschaltung untersucht. Praktische Erfahrungen haben gezeigt, daß diese Vorgehensweise nicht für alle Schaltungsklassen effektiv anwendbar ist. Ein Beispiel dafür sind Funktionsblöcke mit einer sehr großen Anzahl von Steuersignalen. Eine Testung ist oft nur mit großem Aufwand möglich. In solchen Fällen hat es sich als vorteilhaft erwiesen, den zu untersuchenden Funktionsblock gemeinsam mit dem Funktionsblock zu betrachten, der die Steuersignale erzeugt.

4.2.1. Synthese von Logikschaltungen

Die klassischen Syntheseverfahren unterteilen sich in zwei Gruppen, in die zur Erzeugung von kombinatorischen und die zur Erzeugung von sequentiellen Schaltungen. Die Verfahren haben ihre Grenze hinsichtlich der Zahl der Eingangsvariablen und der Zahl der Zustände. Diese Grenzen verhindern jedoch nicht die Anwendung beim Entwurf von VLSI-Schaltungen. Der Grund ist darin zu suchen, daß VLSI-Schaltungen als hierarchisch strukturierte Systeme entworfen werden. Dies bedeutet, daß die zu implementierenden Probleme soweit strukturiert werden, daß einmal die Beschreibung auf dem jeweiligen Entwurfsniveau exakt möglich ist, und daß zum anderen geeignete Syntheseverfahren angewendet werden können.

4.2.1.1. Synthese von kombinatorischen Schaltungen

Es kommen die verschiedensten Verfahren zur Bündelminimierung und Umformung zur Anwendung. Die Optimierungskriterien werden weitestgehend durch die Art der Implementierung bestimmt:

- Reguläre Strukturen (z. B. PLA).
  Die Größe wird durch die Anzahl der Terme und die Anzahl der Eingangsvariablen bestimmt. Als Nebenbedingung gehen Möglichkeiten zur Zerlegung in Teilstrukturen ein.
- Freie Logik (random logic).
  Der Flächenbedarf ist von verschiedenen Parametern wie Technologie (z. B. NSGT, CMOS), Schaltungstechnik (statisch, dynamisch) und Anteil von Fläche für Signalleitungen abhängig.

Daraus ergibt sich, daß Synthesemodule zur Anwendung kommen, die unterschiedliche Optimierungskriterien berücksichtigen können [BrYo 76], [Chin 73], [Posp 73].

4.2.1.2. Synthese von sequentiellen Schaltungen

Der Entwurf von sequentiellen Schaltungen ist wesentlich schwieriger als der von kombinatorischen Schaltungen. Deshalb werden in der Praxis zur Vermeidung von dynamischen Störeffekten möglichst synchrone Systeme entworfen. Diese sind durch synchrone Automaten beschreibbar, d. h., es existiert ein Systemtakt, der den Übergang von einem Zustand in einen Folgezustand steuert. Asynchrone Schaltungen werden nur dort entworfen, wo sie auf Grund ihrer höheren Geschwindigkeit unbedingt notwendig sind. Der Entwurf läuft in den Schritten:

- Zustandsminimierung, Codierung und
- Berechnung der Ansteuergleichungen ab [Boch 75], [Cald 64].

4.2.2. Verifikation

Synthese und Verifikation bilden in ihrem harmonischen Zusammenwirken die Bedingung für einen effektiven Entwurf. Bei der Verifikation wird die Frage gestellt, ob die entwickelte Schaltung die vorgegebenen Eigenschaften aufweist. Das Vergleichsnormal zur Beantwortung dieser Frage ist das Pflichtenheft. In der Praxis hat es sich gezeigt, daß in diesem Schritt neben Entwurfsfehlern auch Pflichtenheftfehler erkannt werden.

4.2.2.1. Analyse

Aufgabe der Analyse ist es, allgemeine Aussagen über Eigenschaften einer entworfenen Schaltung zu gewinnen. Nachfolgend wird eine Einteilung in zwei Richtungen vorgenommen:

1. Analyse des Verhaltens einer Schaltung und
2. Analyse der Struktur einer Schaltung.

Bei der ersten Analyserichtung wird von einer gegebenen Schaltungsstruktur durch Abstraktion die Funktion oder ein Teil davon rückgewonnen. Es handelt sich also um den gegenläufigen Prozeß zur Synthese. So können z. B. für ein Schaltnetzwerk ein Boolesches Gleichungssystem, eine Ternärvektorliste, ein Automatengraph oder andere Funktionsbeschreibungen rückgewonnen werden. Damit kann die Frage beantwortet werden, ob die in der Aufgabenstellung formulierte Funktion durch die entwickelte Schaltung realisiert wird. Hierbei handelt es sich zunächst um die Untersuchung des statischen Verhaltens. Bei der technischen Realisierung eines Schaltnetzwerks ist jedes Funktionselement mit Laufzeiten behaftet, d. h., ein Ereignis am Eingang eines Elements E ruft am Ausgang von E erst nach der Laufzeit t_1 eine Reaktion hervor. In verschiedenen Schaltungen ist t_1 flankenabhängig, so daß in t_{101} und t_{110} unterschieden werden muß. t_{101} sei die Laufzeit bei einer 01-Flanke am Ausgang, t_{110} sei die Laufzeit bei einer 10-Flanke am Ausgang. Die Aufgabe einer Dynamikanalyse beinhaltet die Untersuchung der Eigenschaften einer Schaltung unter Berücksichtigung des Echtzeitverhaltens. Schaltungsteile, die zum Fehlverhalten eines Schaltsystems führen können, müssen ermittelt werden. Innerhalb einer asynchronen Schaltung sind das z. B. solche Zweige, in denen Hazards entstehen können. Treffen diese Störimpulse auf Speicherkreise, so können sie Fehlzustände hervorrufen. Für die Entstehung von Hazards lassen sich zwei Bedingungen angeben:

- Struktur mit mehreren unabhängigen Signalpfaden,
- Einhaltung bestimmter Laufzeitverhältnisse zwischen den Pfaden

Die strukturelle Voraussetzung besteht darin, daß ein hazardempfindliches Element von einer Signalquelle über mindestens zwei unterschiedliche Signalpfade erreicht wird, wobei die Anzahl der Negationen in einem Pfad *n*, im anderen *m* sei und *n-m* ungeradzahlig ist.

Konkrete Laufzeitangaben sind stark technologie- und temperaturabhängig. Dies bedeutet, daß aussagekräftige Ergebnisse nur unter Berücksichtigung der in der Praxis auftretenden Toleranzen ermittelt werden können. Auf die Möglichkeit der Entstehung von Wettrennen sei nur am Rande hingewiesen. In asynchronen Schaltungen muß darauf geachtet werden, daß beim Auftreten von Übergangszuständen immer eindeutige Endzustände erreicht werden, unabhängig vom Durchlaufen möglicher Übergangszustände.

Ein weiteres Problem ist die Einbettung von asynchronen Schaltungsteilen in synchrone Systeme. Für eine Dynamikanalyse steht hier die Aufgabe, abzusichern, daß sich die asynchrone Schaltung widerspruchsfrei in das Taktschema des synchronen Systems einfügt. Dies bedeutet, daß die längste Gesamtlaufzeit der Teilschaltung ermittelt wird, und diese mit dem Systemtakt verglichen wird.

Nach den Erläuterungen zur Verhaltensanalyse soll nachfolgend die Aufgabe und Vorgehensweise der Strukturanalyse dargestellt werden. Als Ergebnis der einzelnen Entwurfsschritte liegt ein Layout als geometrische Beschreibung vor. Eine weitere Möglichkeit für die Verifikation eines Entwurfes ist der strukturelle Vergleich auf Funktionsblock- bzw. Logikniveau. Es wird in folgender Weise vorgegangen:

- für alle Blöcke sind die beim Top-down-Entwurf entwickelten Schaltungen in einer Entwurfsbibliothek abgelegt,
- aus dem Layout wird die elektrische Schaltung rückgewonnen,
- aus der elektrischen Schaltung wird die Logikschaltung erzeugt,
- durch Strukturerkennungsalgorithmen werden die in der Entwurfsbibliothek enthaltenen Blöcke nachgewiesen. Es wird schrittweise unter Berücksichtigung der hierarchischen Strukturierung das Funktionsblockmodell rekonstruiert.
- das im Top-down-Schritt entwickelte Funktionsblockmodell wird mit dem rekonstruierten Modell verglichen. Dazu kann der gleiche Algorithmus eingesetzt werden, der zur Rekonstruktion des Funktionsblockmodells verwendet wurde.

4.2.2.2. Simulation

Die Methode der Simulation besteht darin, an den Signaleingängen eines Modells Testfolgen anzulegen und das Verhalten des Modells zu beobachten. Daraus ergibt sich, daß die Simulationsergebnisse von der Qualität der Modelle und Testfolgen abhängig sind. Allgemeingültige Aussagen über Modelle, wie sie Analysen liefern, sind damit durch Simulation nur bedingt möglich. Simulationsprogramme stellen jedoch wegen ihrer Praktikabilität z. Z. das wesentlichste Hilfsmittel bei der Schaltungsverifikation dar.

Zunächst sei ein Überblick zu gebräuchlichen Logiksimulationsmethoden gegeben

Simulationsart	Fehlererkennung
statische Simulation	statische Logikfehler,
dynamische Simulation	statische Logikfehler, dynamische Fehler für konstante Laufzeit,
dynamische Simulation mit Toleranzanalyse	statische Logikfehler, dynamische Fehler für einen vorgegebenen Toleranzbereich.

Statische Simulationsverfahren haben den Vorteil eines geringen Rechenzeitbedarfs. In der Praxis liegt jedoch ein wesentlicher Schwerpunkt auf der Erkennung von dynamischen Schwachstellen. Dynamische Simulationsverfahren bilden das Echtzeitverhalten eines Schaltsystems ab. Dies ist mit einem erhöhten Rechenzeitbedarf verbunden. Nachteilig ist, daß die Wirkung von Laufzeitveränderungen im Modell schlecht bzw. gar nicht untersucht werden kann. Für die Optimierung von Schaltungen bzw. die Ermittlung von Schwachstellen ist die Berücksichtigung von Laufzeitänderungen notwendig. Eine dynamische Logiksimulation mit Toleranzanalyse bietet diese Möglichkeit. Der damit verbundene Zuwachs an Rechenzeit läßt diese Methode für VLSI-Schaltungen ausscheiden. Schaltungen dieser Größe sind effektiv zu untersuchen, indem statisches und dynamisches Verhalten getrennt betrachtet werden. Eine Möglichkeit besteht darin, bei einer statischen Logiksimulation dynamisch kritische Fälle zu generieren und diese potentiellen Schwachstellen dann einer gezielten Dynamikanalyse zuzuführen. Eine Simulation dieser Art läuft in folgender Weise ab:

— Anschalten der Testbelegungen an die Signaleingänge,
— Signalwechsel bewegen sich trägheitslos durch das Modell.
— An jedem Schaltelement des Modells werden die Verknüpfungen in der Weise gebildet, daß der dynamisch kritische Fall erzeugt wird. Dies ist dadurch möglich, daß die zunächst gleichzeitig eintreffenden Signalwechsel so lange gegeneinander verschoben werden, bis an den Elementeausgängen eine Maximalzahl von Signalflanken entsteht oder bei Speicherelementen die kritische Relation zwischen Daten- und Steuersignalen ermittelt ist.
— Das Ermitteln der dynamisch kritischen Relationen entspricht der notwendigen Bedingung für die Hazardbildung.
— Dynamisch kritische Ereignisse können entweder direkt bei ihrer Entstehung oder aufgrund ihrer Wirkung überwacht werden. Die zweite Methode unterdrückt technisch nicht relevante Fälle. Die Wirkung der relevanten Ereignisse äußert sich in Fehlzuständen und Oszillationen.

4.3. Elektrischer Entwurf

von W. Hecker, ZFT Mikroelektronik Karl Marx Erfurt

Der elektrische Entwurf beinhaltet die Umsetzung des Logikentwurfs in eine konkrete Transistorschaltung in Struktur und Dimensionierung. Struktur- und Dimensionierungsentwurf stehen in enger Wechselwirkung zueinander.

4.3.1. Strukturentwurf

Die erste Phase des elektrischen Entwurfs befaßt sich vorrangig mit der Struktur der Transistorschaltung. Von besonderer Bedeutung ist hierbei die Spezifik Schaltungstechnik integrierter Schaltungsanordnungen. Durch die Nutzung technologieabhängiger optimaler Transistorschaltungen ergeben sich in der Phase des elektrischen Entwurfs Rückwirkungen auf das Logikkonzept.

Als Ursachen für diese Rückwirkungen seien genannt:
- Einschränkungen in der Gatterkomplexität (gestockte Transistoranordnungen),
- Schaltzeitverhalten (zusätzliche schnelle Schaltstufen),
- Ausgangslastverhalten (Treiberstufen),
- geometrisch günstig realisierbare Strukturen (regelmäßige Anordnungen, Matrizen),
- Logikkonzeptänderungen auf Grund von Verdrahtungsproblemen,
- Nutzung von Strukturbibliotheken.

Zur Realisierung des elektrischen Strukturentwurfs gibt es verschiedene Möglichkeiten der Rechnerunterstützung. Die Realisierung von Matrizenbelegungen (ROM, PLA-Strukturen) erfolgt generell rechnergestützt zur Minimierung von Fehlern. Ausgegangen wird dabei im allgemeinen von für den jeweiligen Schaltkreisentwurf spezifizierten Generatorprogrammen. Sie benutzen als Eingangsinformationen Transistorbelegungslisten, die mit Logiksimulationsprogrammen bestätigt worden sind. Als Ergebnis dieser Programme entstehen dann die Layout-Realisierungen der Transistormatrizen. Damit ist ein Höchstmaß an Entwurfssicherheit gegeben. Zur Unterstützung kundenspezifischer Varianten eines Entwurfs (z. B. Bitmusterbelegungen) findet diese Methode ebenfalls Anwendung.

Zur Realisierung kombinatorischer Logikgatter existieren Programme zur Logikminimierung und anschließenden Umsetzung der Transistorschaltung in das Layout einer gewählten Technologie (s. Abschn. 4.2., Logikentwurf).

Wird das Layout auf der Basis von Strukturbibliotheken erstellt, so entsteht eine rechnergestützte Umsetzung des Logikentwurfs direkt in das Layout. Die Nutzung von Strukturbibliotheken ist ökonomisch an eine Mindestanzahl von Entwürfen in einer vorliegenden Technologie gebunden, da die Bibliothekspflege einen zusätzlichen Aufwand darstellt.

Zur Entwicklung kundenspezifischer Schaltungen haben sich international die Methoden der Gate-array-Technik und der Standardzellenentwurf durchgesetzt. Für beide Methoden werden umfangreiche Softwarepakete benutzt. Die Softwaresysteme enthalten Programme zur Dateneingabe (Verbindungslisten der Schaltungen), zur Layoutgenerierung sowie Komponenten zur Simulation und Bestätigung des Layouts. Teilweise ist auch eine Softwareunterstützung zur Testpatterngenerierung vorhanden. Die Softwarepakete sind im allgemeinen in sich geschlossen und laufen auf Konstrukteursarbeitsplätzen. Umfangreiche Bibliotheken von schaltungstechnischen Standardelementen (Blöcken) werden für den Standardzellenentwurf bereitgestellt.

4.3.2. Dimensionierungsentwurf

Nach einer ersten Festlegung der Transistorschaltung kann eine Prüfung der Funktion und vor allem der Dimensionierung durch Programme erfolgen, die das Spannungs- Zeitverhalten berechnen. Die Benutzung ist aufgrund des erheblichen Rechenzeitaufwandes auf die Analyse von Teilschaltungen beschränkt. Es werden hauptsächlich folgende Aufgabenstellungen bearbeitet:

- Überprüfung des Verhaltens analoger Schaltungsanordnungen,
- Optimierung des dynamischen Verhaltens,
- Analyse von Schwachstellen des Entwurfs.

Die Berechnungen erfolgen als iterativer Prozeß, indem durch Variantenrechnungen der Dimensionierungen die optimalen konstruktiven Parameter gefunden werden. Durch Variation der Transistorparameter werden die Schwankungen im technologischen Herstellungsprozß simuliert.

Ausgangspunkt für die Berechnung des Spannungs-Zeit-Verhaltens ist das Problem der Modellierung der einzelnen Netzwerkelemente. Für alle im zu berechnenden Netzwerk vorhandenen Netzwerkelemente sind geeignete Modelle, die das Verhalten der Elemente ausreichend beschreiben, zu erstellen. Die Modelle werden allgemeingültig erstellt und in der Simulation der jeweiligen Schaltung mit konkreten Parametern der Schaltung (z. B. den Transistorabmessungen) berücksichtigt. Die Abspeicherung der Modelle ist auf verschiedene Weise möglich, z. B. als analytischer Ausdruck im Netzwerkanalyseprogramm, als vom Nutzer zu definierende Routine oder in Form von Kennlinienfeldbeschreibungslisten. Die für das Netzwerkmodell notwendigen Technologieparameter können durch Prozeßsimulation bzw. Messung ermittelt werden.

Die Qualität der in der Analyse benutzten Modelle bestimmt wesentlich die Genauigkeit der Spannungs-Zeit-Analyse. Zur Modellierung von Bipolartransistoren eignen sich das Ebers-Moll-Modell sowie das Gummel-Poon-Modell [MöJo 79]. Eine genaue Modellierung von MOS-Transistoren ist mit dem Krauß-Modell möglich [Krau 77].

Für die exakte Berechnung des elektrischen Verhaltens werden Netzwerkanalyseprogramme benutzt. Sie benötigen die Eingabe der Netzwerkstruktur sowie der Netzwerkdimensionierung. Nach der Eingabephase kann die Transformation der Listenbeschreibung des Netzwerks in ein Gleichungssystem erfolgen. Die Lösung dieses Systems als Funktion der Zeit stellt die Analyse des Spannungs-Zeit-Verhaltens dar. Zur Berechnung von Differentialgleichungssystemen wird eine Reihe spezieller mathematischer Verfahren benutzt (implizite Integrationsverfahren, Newton-Algorithmus, Gear-Algorithmus), die sich besonders für eine numerische Lösung eignen [EIMR 79].

Zur Netzwerkanalyse größerer Netzwerke sind moderne Verfahren wie die Relaxationsmethode, diakoptische Methoden und Dekompositionsverfahren entwickelt worden [Nehr 84], [Grun 83].

Sind größere Schaltungsanordnungen zu berechnen, so finden Timingsimulatoren Anwendung. Solche Timingsimulatoren arbeiten mit vereinfachten Transistormodellen sowie einem stark vereinfachten Integrationsalgorithmus [ChGK 75], [Heck 83]. Sie ermöglichen die Analyse größerer Netzwerke (mehrere Tausend Transistoren) zu Lasten der Genauigkeit der Berechnung.

4.4. Layoutentwurf

von H. Jamer, ZFT Mikroelektronik Karl-Marx Erfurt (4.4.1, 4.4.2, 4.4.4.)

Das Layout ist die Umsetzung einer elektrischen Schaltung in die Technologieebenen. Umsetzung und Bearbeitung dieser technologischen Ebenen nennt man Layoutentwurf. Der Layoutenwurf beinhaltet Probleme, die sich aus der Arbeit mit topologischen Strukturen ergeben. Im VLSI-Niveau müssen diese Strukturen hierarchisch aufgebaut werden, um die auftretenden großen Datenmengen so zu begrenzen, daß eine rechentechnische Bearbeitung möglich ist.

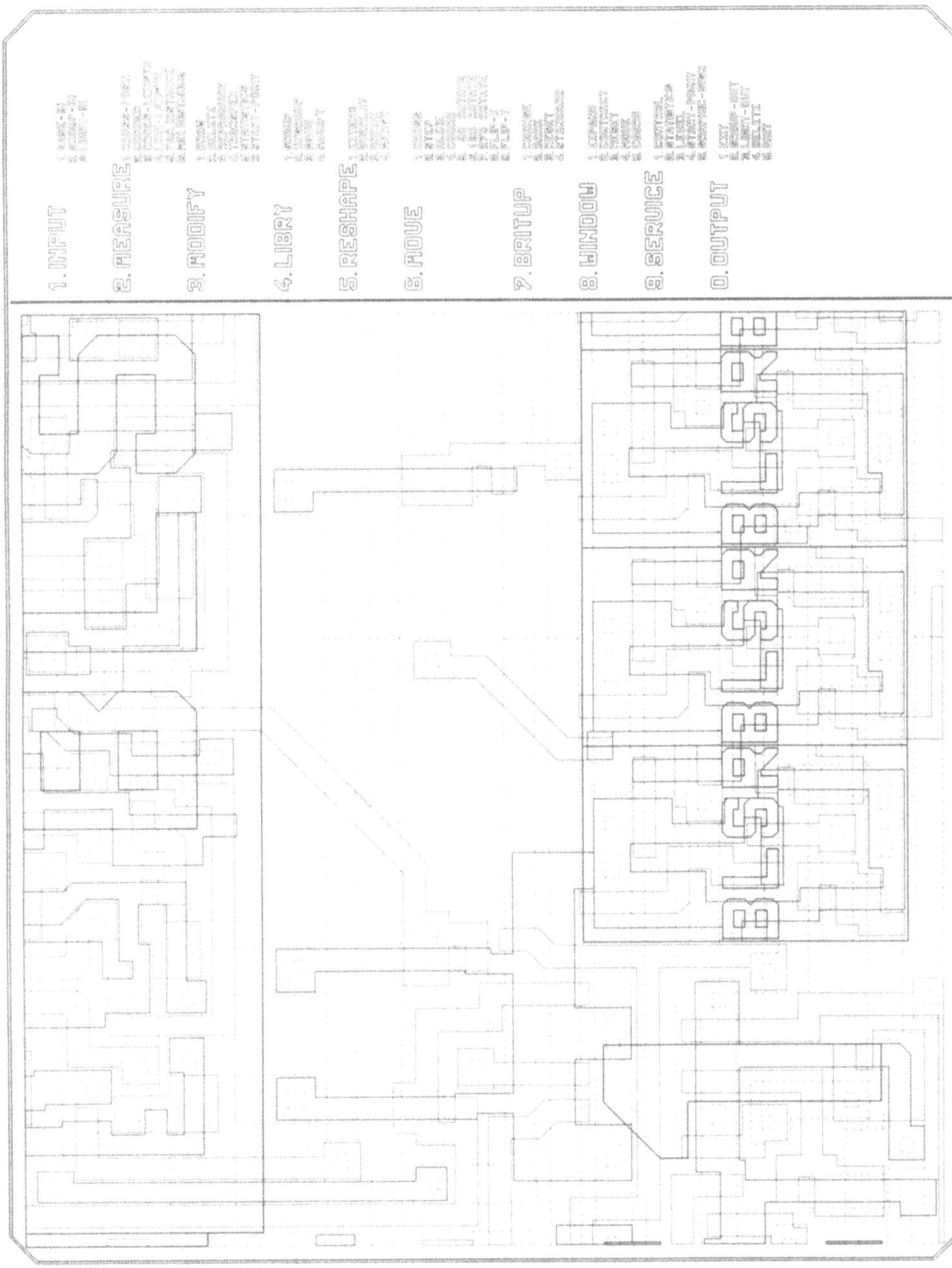

Abb. 4.2 Blockdarstellung im Layout mittels eines Layouteditors

Hierarchische Strukturen müssen zum Beispiel verwendet werden, wenn Layoutteile mehrfach genutzt werden sollen. Abb. 4.2 zeigt den Teil eines Layouts, in dem der Block BLSR mehrfach eingebaut ist.

4.4.1. Grundlagen der Layouterstellung

Das klassische Arbeitsweise beim Layoutentwurf ist das Zeichnen der einzelnen technologischen Ebenen auf Millimeterpapier. Dieses Verfahren wird auch heute noch für kleinere Strukturen angewendet, verliert aber, bezogen auf die Menge der realisierten Bauelemente auf einem Chip, an Bedeutung.

Moderne Verfahren der Layouterstellung gehen von Bibliotheken aus, in denen mehr oder weniger strukturell abgeschlossene Blöcke abgelegt sind. Diese Blöcke werden dann rechnergestützt durch ein interaktives grafisches System vervielfältigt oder durch Translation, Drehung und Spiegelung im Layout platiert und verdrahtet. Das Plazieren und Verdrahten kann auch maschinell durchgeführt werden. Viele Strukturen brauchen nicht voll ausgezeichnet zu werden. Leitbahnen, Standardbauelemente und Kontaktlöcher sind durch Symbole so beschreibbar, daß ein maschineller Prozeß das Symbollayout in ein Feinlayout überführen kann, indem die symbolischen Elemente in die topologischen Ebenen in Polygonform umgesetzt werden.

Es gibt weiterhin verschiedene Verfahren, die es gestatten, bestimmte Netzwerkstrukturen in Layouts zu übertragen. Wenn eine hinreichend vollkommene automatisierte Umsetzung von höheren Beschreibungsebenen in das Layout erfolgt, sprechen wir von einem Siliconcompiler.

Alle genannten Verfahren führen zu Layoutstrukturen, die interaktiv bearbeitbar sein müssen. Als Hilfsmittel steht einem Layoutentwerfer ein dialogfähiges Rechnersystem zur Verfügung, auf dem die Entwurfssoftware implementiert sein muß. Als wesentliche Hardware werden Digitalisiergeräte, grafische Displays, die mit einem Tablett eine interaktive Arbeit gestatten, sowie Plotter benötigt.

4.4.2. Symbolischer Layoutentwurf

Beim manuellen Layoutentwurf hat der Entwerfer einen großen Teil von Routinearbeiten zu leisten. Er muß die Bauelemente (Transistoren, Dioden, Kontakte usw.) und elektrischen Verbindungen als geometrische Figuren in verschiedenen technologischen Ebenen konstruieren. Dabei ist eine Reihe von Entwurfsregeln einzuhalten. Dieser Prozeß kann wesentlich vereinfacht werden, wenn jedes Bauelement als einfaches Symbol und jede elektrische Verbindung zwischen den Bauelementen als ihre Mittellinie dargestellt werden. Ein Rechnerprogramm überführt dieses symbolische Layout in ein Feinlayout. Dabei können Mindestbreiten von Leitbahnen und Mindestgrößen von Bauelementen kontrolliert und evtl. korrigiert werden. Die Einhaltung der Entwurfsregeln innerhalb eines Bauelements wird durch eine exakte Symboldefinition garantiert. Ein Problem ist die Einhaltung der Mindestabstände zwischen den symbolischen Layoutelementen, da aus der vereinfachten Darstellung Entwurfsregelverletzungen nicht unmittelbar ersichtlich sind. Einige Verfahren arbeiten daher mit einem festen Raster, das die Einhaltung aller Entwurfsregeln garantiert [GiNa 76].

Ein so entworfenes Layout beansprucht meist eine zu große Fläche. Deshalb konnten sich Verfahren mit festem Raster nur für Spezialfälle (ROM, PLA) durchsetzen.

4.4.2.1. STICK-Diagramme

Das STICK-Diagramm ist eine Darstellung des symbolischen Layouts, bei der die Abstände zwischen den Elementen beliebig groß sein können. Wichtig ist nur die relative Anordnung der Elemente zueinander. Die genaue Lage wird durch einen Kompressionsalgorithmus so berechnet, daß alle Entwurfsregeln bei möglichst kleiner Fläche eingehalten werden.

STICK-Diagramme befreien den Entwerfer von exakten geometrischen Regeln. Er kann sich auf die Anordnung der Bauelemente im Layout konzentrieren und seine Entwurfsidee in Form einer einfachen Skizze darlegen. Änderungen und Korrekturen sind leicht möglich, mehrere Varianten für ein Layout können in kurzer Zeit getestet und verglichen werden [WILL 78]. Eines der bekanntesten STICK-Entwurfssysteme ist CABBAGE [Hsue 79]. Dieses System besitzt einen speziellen Grafik-Editor für STICK-Diagramme, Bauelemente und Leitbahnen werden durch bestimmte Befehle erzeugt und verändert. Jedes Bauelement wird als geometrisches Symbol dargestellt (z. B. Kreuz für Kontakte, zwei sich kreuzende Rechtecke für Transistor).

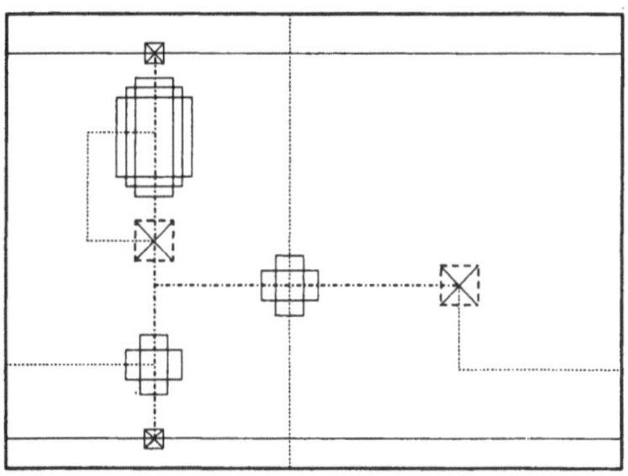

Abb. 4.3 STICK-Diagramm (CABBAGE)

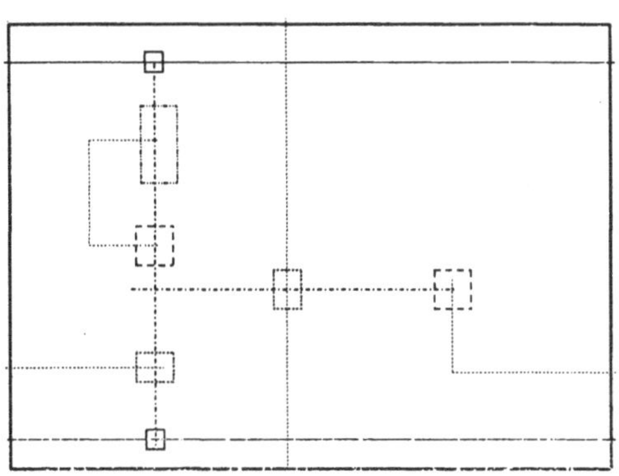

Abb. 4.4 STICK-Diagramm (REST)

Dagegen wird bei REST [Most 81] erst eine einfache Skizze erstellt, in der jedes Bauelement als Rechteck in einer bestimmten technologischen Ebene (Farbe, Linienart) dargestellt wird (Abb. 4.4). Ein Symbolinterpreter ermittelt aus der Ebene des Rechtecks und den Ebenen der Anschlußleitbahnen den Symboltyp sowie aus der Lage der Anschlußleitungen die geometrische Transformation (Drehung, Spiegelung) des Bauelements. Hier wird kein besonderer Grafik-Editor benötigt. Ein weiterer Vorteil ist, daß die Symbolinterpretation tabellengesteuert erfolgen kann und damit technologieunabhängig wird.

4.4.2.2. Layoutkompression

Die Leistungsfähigkeit eines STICK-Entwurfssystems ist wesentlich vom benutzten Kompressionsalgorithmus abhängig. Dehalb soll auf die Arbeitsweise eines solchen Programms näher eingegangen werden. Das Problem besteht darin, das Layout so zu verdichten, daß an keiner Stelle der Abstand zwischen den symbolischen Layoutelementen den Entwurfsregeln widerspricht. Zur Vereinfachung des Kompressionsalgorithmus sind in den STICK-Diagrammen nur othogonale Strukturen (Layoutelemente mit achsenparallelen Kanten) zugelassen. Die Kompression wie für die X- und Y-Richtung getrennt durchgeführt. Damit wird das zweidimensionale Problem der Flächenminimierung in zwei eindimensionale zerlegt. Die Lösung erfolgt graphentheoretisch mit der Methode des kritischen Weges. Layoutelemente bilden die Knoten eines Graphen, Zweige werden dort erzeugt, wo Mindestabstände zwischen den Layoutelementen gefordert werden. Der längste Weg vom Rand zu einem Knoten bestimmt seine Position.

$$X_i = \max (X_i, X_j + D_{j,i})$$

mit X_i = X-Wert des Knoten i; $D_{j,i}$ = Länge des Zweiges von j nach i.

Während der Kompression dürfen an Symbole angeschlossene Leitbahnen nicht von diesen weggeschoben werden (Abb. 4.5).

In CABBAGE werden deshalb Elemente, die auf gleicher Höhe miteinander verbunden sind, zu einem Knoten zusammengefaßt. Der Anschlußpunkt einer Leitbahn am Symbol ist aber nicht immer auf einen Punkt beschränkt, sondern besitzt einen gewissen Gleitbereich. Wird die Methode des kritischen Weges so modifiziert, daß auch Maximalabstände zwischen den Knoten berücksichtigt werden, kann jede Leitbahn durch je einen Minimal- und einen Maximalabstand am Symbol festgehalten werden [LiWo 83] [KeWa 83].

Die getrennte Behandlung der X- und Y-Richtung vereinfacht die Algorithmen, bringt aber die Bevorteilung einer Kompressionsrichtung mit sich. Das Einführen von dualen Bedingungen nach [KeWa 83] vermeidet diesen Nachteil (Abb. 4.6).

Ein Optimierungsverfahren entscheidet, welcher Zweig eines solchen Paares aktiviert werden muß, damit die Gesamtfläche minimal wird. Eine weitere Erhöhung der Layoutdichte bringt das automatische Einführen von Leitbahnknicken (Jogs) an kritischen Stellen.

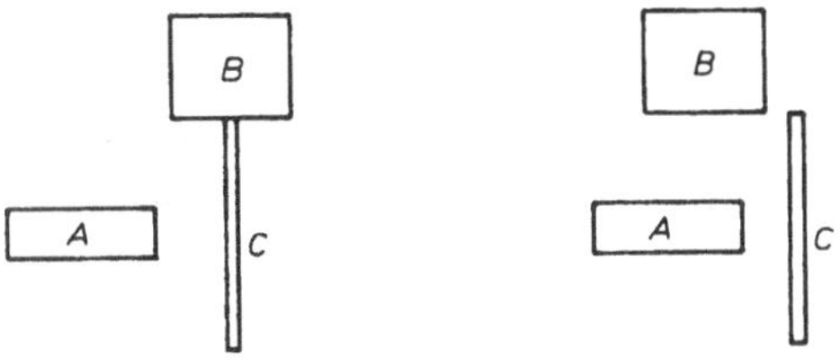

Abb. 4.5 Wird jedes Element individuell verschoben, können bei der Kompression elektrische Verbindungen unterbrochen werden.

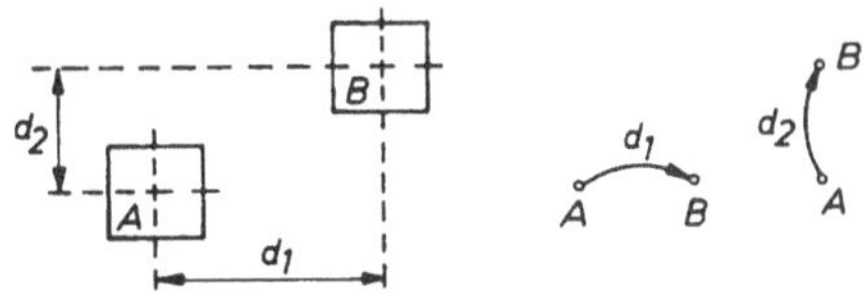

Abb. 4.6 Bei dieser Anordnung wird für jede Kompressionsrichtung ein Zweig erzeugt.

4.4.3. Plazierung und Verdrahtung

Der VLSI-Entwurf wird zur Reduktion der Komplexität in folgende Schritte zerlegt:
- Systempartitionierung (nach funktionellen und topologischen Aspekten — z. B. minimale Blockanschlüsse, Bildung von Clustern durchgeführt),
- Plazierung der Funktionsblöcke (floor plan),
- Vorgabe von (meist) rechteckigen Verdrahtungskanälen (channel), durch die die Signale (Netze) verlegt werden können,
- Festlegung, welches Netz durch welche Kanäle laufen soll (loose routing, globale routing),
- Feintrassierung (final routing) der Kanäle.

Als Gütekriterium (Metrik) und Forderung des Anwenders gelten:
- 100%iges Routing (Verdrahtung vollständig und richtig),
- minimaler Layoutflächenbedarf,
- minimaler Drahtlänge oder minimaler Widerstand und minimale Kapazität bestimmter bzw. aller Netze,
- keine feste Vorgabe der Leitbahnebene zu jeder Verdrahtungsrichtung; minimale Kontaktanzahl.
- Die Verdrahtung muß dialogorientiert sein und an beliebiger Stelle unterbrochen und neu gestartet werden können. Die Umverlegung von einzelnen Netzen (pre-routing) oder Teilen und Vorgabe kritischer Leitungen müssen möglich sein.

Vollautomatische Verfahren erfüllen diese Forderungen im allgemeinen nicht.

Globales Routing

Abb. 4.7 stellt das Problem genauer dar. Für das globale Routing wird häufig der Lee-Algorithmus [LeeO 61] in modifizierter Form eingesetzt. Dieses Verfahren versucht die Verbindung zwischen zwei (oder mehreren Punkten) durch wellenförmiges Ausbreiten von einem Startpunkt unter Beachtung von Hindernissen und bereits verlegten Leitungen in einer minimalen Schrittzahl zu finden. Ist die „Welle" von Punkt A zu A' gelangt, wird der

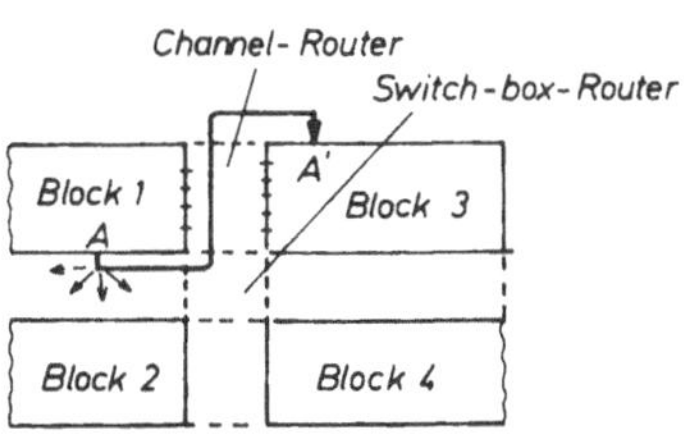

Abb. 4.7 Prinzip des Lee-Routers zur Lösung des globalen Routing-Problems

optimale Weg zurückverfolgt und realisiert. Da bereits realisierte Netze neue blockieren können, ist häufig ein aufwendiges Umverlegen von Leitungen nötig (Pre-Routing).

In Gate-Arrays ist zusätzlich die Zahl der Spuren in den Kanälen beschränkt (durch den Untergrund festgelegt), so daß mehrere Iterationen zur Homogenisierung der Kanaldichte erforderlich sind. Eine Testschaltung (U5200) mit 647 Verbindungen, 2550 logischen Anschlüssen und 6666 Kontakten (92% der Grundgatter benutzt) zeigte zu ersten Iteration noch 260% Überbelegung (rechter Randkanal) und war erst nach der 6. Iteration realisierbar [Lamp 85]. Abb. 4.8 stellt die Kanaldichte vor und nach dem Pre-Routing dar.

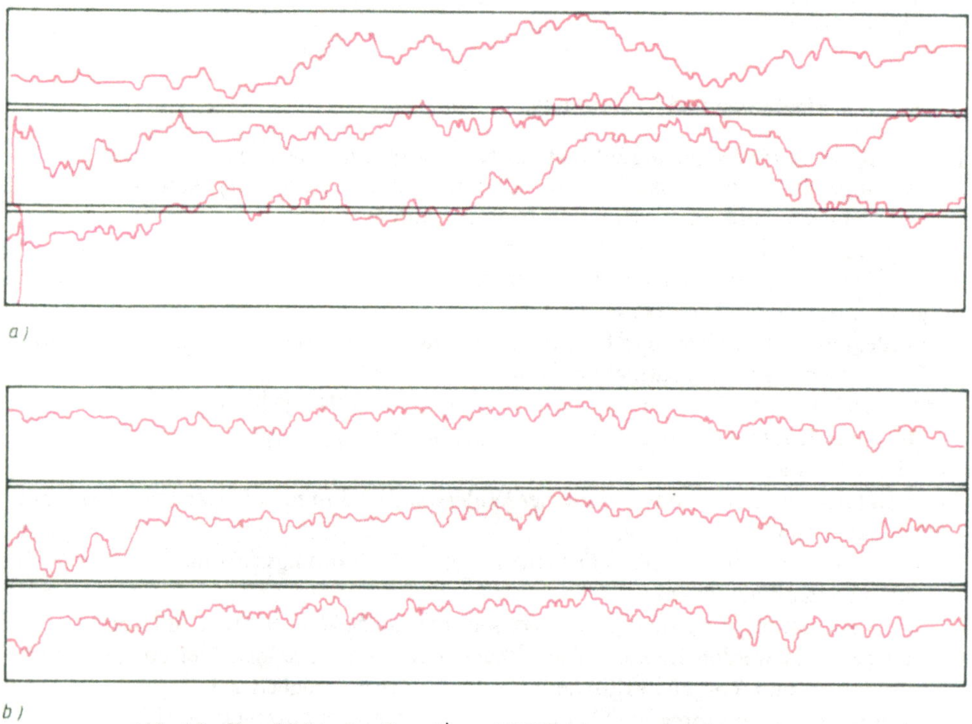

Abb. 4.8 Kanaldichte des Gate-Arrays U5200 (a) vor und (b) nach dem Pre-Routing nach [Lamp 85]

Final Routing

Die Lösung des Final-Routing-Problems reduziert sich auf das Channel-Routing-Problem (oben und unten sind Pins mit gleichen Nummern zu verbinden, 0 = unbenutztes Pin) und das kompliziertere Switch-box-Problem, bei dem an allen vier Rändern Pins vorgegeben sind.

Channel-routing-Problem

Die meisten Channel-[(Lee- LeeC 61], maze- [LeeC 61], dogleg- [Deut 76], [PeDS 77], ein Spezial- [YoKu 82], ein greedy- [RiFi 82], ein Switch-box Router [HaOu 84]) und der hierachische Router von Burnstein und Pelavin [BuPe 83] betrachten nur ein Netz, eine Spalte/Zeile oder einen Punkt zu einem Zeitpunkt und erreichen 100%iges Routing oft nur durch nichtakzeptable Flächenvergrößerung, rechts bzw. links über den Kanal ragende Leitungen oder andere Nachteile. Globale Router [Souk 80] verwenden „gleitende" Netze, sind im allgemeinen aber zu aufwendig.

Hinweise zur Verbesserung von Routing-Ergebnissen:

— Prüfe stets, welche Netze (Teilnetze) realisiert werden müssen, damit keine Widersprüche zu anderen Netzen und zur Lösung des Gesamtproblems (constraint propagation, Abb. 4.9) entstehen.
— Minimiere die Leitungslänge, indem ein Netz oben/unten realisert wird, falls die Mehrzahl der Pins des Netzes oben/unten am Kanalrand liegt (wire length)
— Die horizontalen/vertikalen Leitungen einer Leitbahnebene dürfen sich nicht überlappen. Der vertikale Constraint-Graph (Abb. 4.10) stellt die Bedingungen für die horizontalen Segmente und der horizontale constraint Graph für die vertikalen Segmente dar. Zyklen im Graphen (constraint loop) müssen gesondert behandelt werden (z. B. Netz 9, 10 in Abb. 4.10)

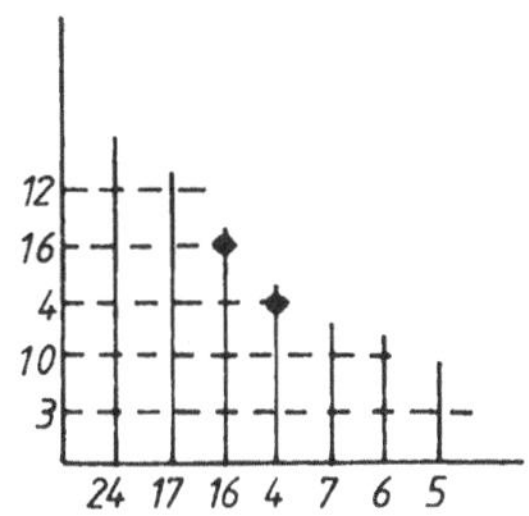

Abb. 4.9 Die Ecke dieses Switch-box-Problems zwingt zu der dargestellten Realisierung nach [JoSi 85].

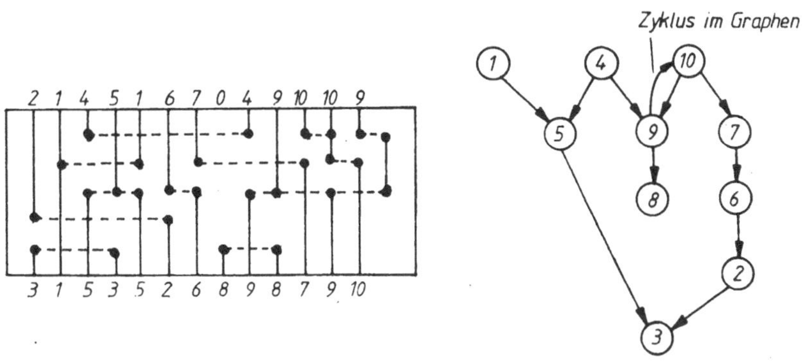

Abb. 4.10 Der Constraint-Graph zwingt dazu, waagerechte Leitungselemente über bzw. neben anderen zu realisieren

Abb. 4.11 Leitungslängeneinsparung durch Merging nach [JoSi 85]

— Versuche Netze am Rand zu verdrahten, dies spart Leitungslänge (merging, Abb. 4.11).
— Treten bei vertikalen bzw. horizontalen Schnitten Netze in Zeilen/Spalten mehrfach auf, so sind diese Netze möglichst zusammenzuführen, (Abb. 4.12, Netz 1) (congestion).
— Nutze konsequent die Möglichkeit, durch die in Abb. 4.13 dargestellten Varianten Platz im Layout zu sparen.

Abb. 4.14 verdeutlicht die Flächeneinsparung zur Lösung eines Channel-routing-Problems. Auch die in [LeeC 61], [PeDS 77], [YoKu 82], [RiFi 82], [HaOu 84] angegebenen Beispiele lassen sich sehr effektiv lösen.

Abb. 4.12 Layoutflächeneinsparung durch Zusammenführen von gleichen Netzen in Spalten oder Zeilen (congestion)

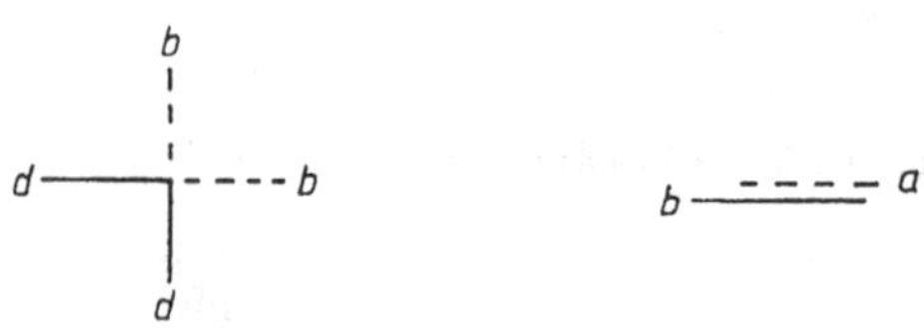

Abb. 4.13 Flächeneinsparung durch variable Nutzung beider Verdrahtungsebenen

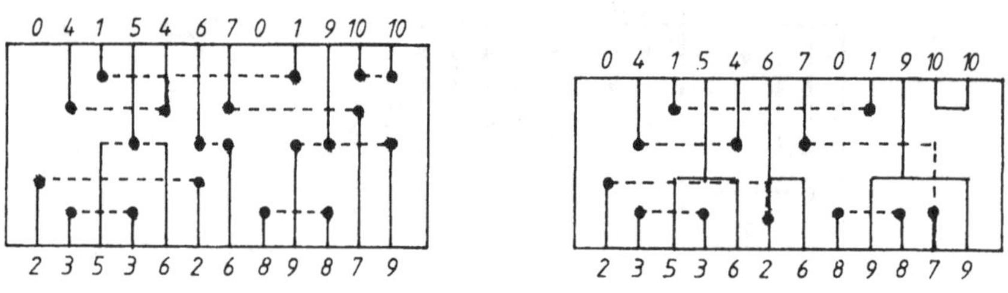

Abb. 4.14 Optimales Routing-Problem

Switch-box-Probleme

Als Vergleich sei der sehr effektive hierarische Burnstein-Pelavin Router [BuPe 83] gewählt, der für das „klassische schwierige Deutsch-Beispiel“ [PeDS 77] nur 19 Spuren benötigt. Dieses Verfahren versagt für das in Abb. 4.15a abgebildete Switch-box-Problem (Netz 24 nicht verdrahtbar). Die Lösungsvariante des Layoutsystems MAGIC [HaOu] (Abb. 4.15b) erfordert die manuelle Umverlegung eines Netzes (Netz 2).

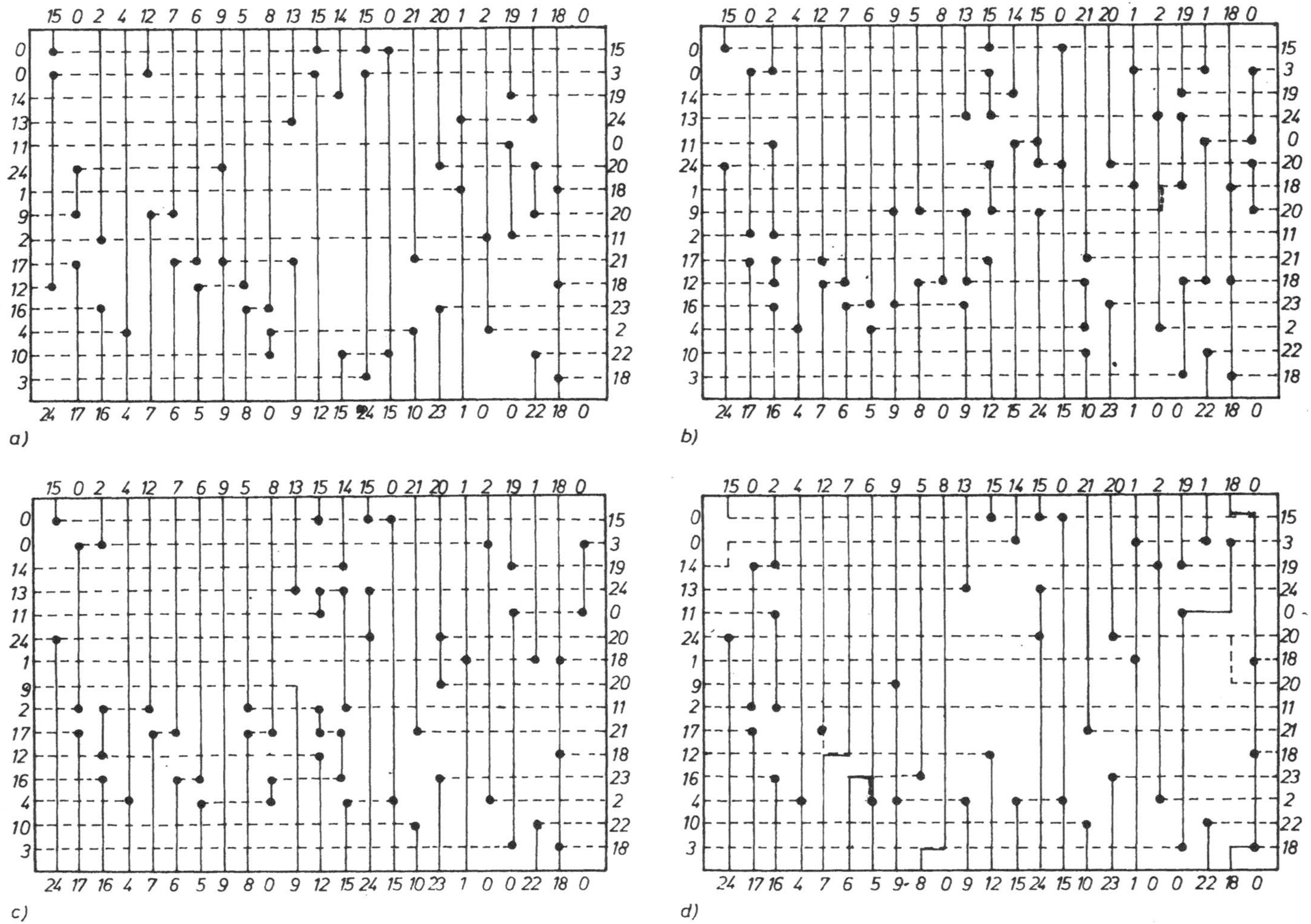

Abb. 4.15 Switch-box-Problem

a) Burnstein-Pelavin-Variante nach [BuPe 83] (keine Lösung — Netz 24 offen) b) MAGIC-Lösung nach [HaOu 84] (Netz 2 manuell umverlegt), c) Vollautomatische Lösung von M. Marek-Sadowska [MaSa 85] d) WEAVER-Expertensystem nach [JoSi 85]

Eine vollautomatische Lösung wurde von M. MAREK-SADOWSKA [MaSa 85] (Abb. 4.15c) vorgestellt, die aber noch eine Reihe ungünstiger „Umwege“ (z. B. Netz 11) aufweist. Erst durch das Expertensystem WEAVER [JoSi 85], welches zu jedem Zeitpunkt eine Beurteilung der Situation nach aufgestellten Grundsätzen (in WEAVER mittels 493-Regeln implementiert) zuläßt, wird eine gute Lösung erzielt (Abb. 4.15d). Auf spezielle Fragen solcher Systeme, wie die Auswahl der Experten (Kriterienwahl) und entsprechende Strategien (common sense, focus of attention), soll hier nicht eingegangen werden.

Das in Abb. 4.16 dargestellte Lösungsbeispiel für ein kleines Switch-box-Problem ist bei fester Zuordnung zwischen Verdrahtungsrichtung und Verdrahtungsebene unlösbar.

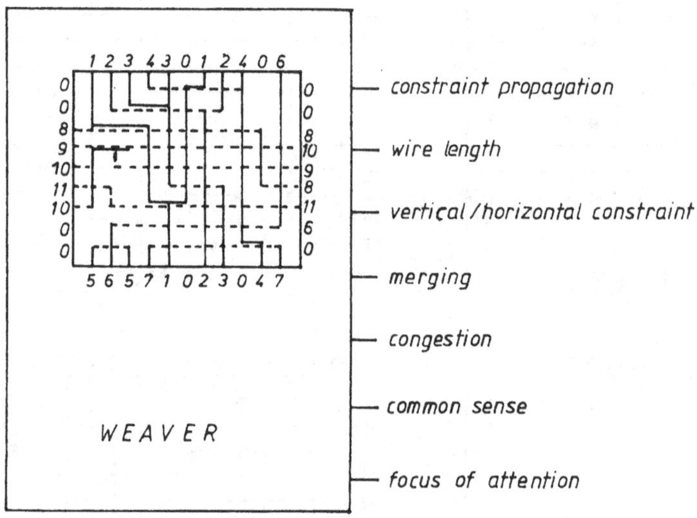

Abb. 4.16 WEAVER-System mit Switch-box-Problem nach [JoSi 85]

4.4.4. Feinlayoutentwurf

Die bisherigen Ausführungen dürften Klarheit darüber geschaffen haben, daß als Ergebnis des Schaltkreisentwurfs letztendlich ein Feinlayout entsteht. Es muß davon ausgegangen werden, daß auch das Feinlayout interaktiv bearbeitbar sein muß.

Die Menge der Programme, die eine Arbeit mit den Layoutdaten gestatten, ist das Layoutsystem.

Da das zur Beschreibung des Feinlayouts aufgebaute Datenmassiv den Umfang der höheren Entwurfsebenen um etwa eine Größenordnung übertrifft, treten Probleme der schnellen Auswahl von möglichst wenig Daten aus einer sehr großen Datenmenge in den Vordergrund. Da es sich bei den Layoutsystemen immer um Dialogsysteme handelt, müssen die gezielten Zugriffe innerhalb von Sekunden oder noch kleineren Zeiteinheiten möglich sein. Um das zu erreichen, werden die Layouts in speziellen Datenstrukturen abgelegt, die mit hierarchischen Zugriffsmechanismen erreichbar sind.

4.4.4.1. Layoutsystem

Alle Softwarenkomponenten eines Layoutsystems gehen immer ein- oder ausgabeseitig von der gleichen Datenstruktur aus, damit alle Einzelkomponenten gleichberechtigt nutzbar sind. Der Umfang der Programme, mit denen Layoutdaten bearbeitet werden können, liegt etwa in der Größenordnung von 30 ... 40 einzeln ausführbaren Programmen, die jeweils einen Umfang von 1000 ... 20000 Quelltextzeilen haben können.

Hier sollen nun kurz einige wichtige Programme genannt werden:

— Mit einem Digitalisierprogramm werden Layoutdaten an einem Digitalisiergerät aufgenommen und in einem Bibliotheksblock übertragen. Während der Datenerzeugung werden einfache syntaktische Tests durchgeführt, die eine Fehlerkorrektur ermöglichen. Das Digitalisierungsprogramm wird verwendet, wenn Layoutdaten auf Millimeterpapier vorliegen und maschinell weiterbearbeitet werden sollen.
Weiterhin steht ein Programm zur Verfügung, daß es gestattet, im alphanumerischen Dialog Layoutdaten zu prüfen oder zu modifizieren. Hierzu gehören solche Funktionen wie Löschen, Verändern oder Erzeugen von Gruppenrufen oder Polygonen, die zu einer technologischen Ebene gehören usw.

— Die Plotterausgabe wird wiederum durch ein dialogfähiges Programm realisiert, das es gestattet, den technologischen Ebenen bestimmte Farben oder Linienmuster zuzuordnen und das Layout in verschiedenen Maßstäben vollständig oder teilweise auszugeben.

— Das Plotterprogramm wird verwendet, um Schaltkreisdaten zu Dokumentationszwecken oder zur Kontrolle zu zeichnen. Kataloge von Bibliotheken werden ebenfalls auf einem Plotter erzeugt.

— Ein Segmentierungsprogramm zerschneidet Layouts in mehrere Stücke gleicher Größe. Es wird zum Beispiel verwendet, wenn ein Block in mehrere Blöcke zerschnitten werden soll, damit eine hierarchische Datenstruktur erzeugt werden kann. Dieser Schritt beschleunigt die Layoutbearbeitung wesentlich, wenn ein Block vorliegt, der eine Länge von mehreren Megabytes hat.

— Ein Differenzprogramm vergleicht zwei angegebene Layouts und erzeugt einen Layoutblock, der die Strukturen enthält, in denen sich beide voneinander unterscheiden.

— Eine Hierarchieliste wird von einem weiteren Programm erzeugt. Die Liste gestattet einen Überblick des hierarchischen Aufbaus eines Layouts. Herzstück eines Layoutsystems ist immer das Programm, das die interaktive Berarbeitung an einem grafischen Bildschirm gestattet. Ein Beispiel eines Layouteditors, wie dieses Programm auch genannt wird, soll im folgenden Gliederungspunkt vorgestellt werden.

4.4.4.2. Layouteditor

Der hier vorgestellte Layouteditor verfügt über 109 Funktionen. Würden alle Funktionen gleichberechtigt nebeneinandergestellt, entstände für den Bearbeiter eine unübersichtliche Vielfalt. Ein simultanes Erfassen aller Funktionen wäre ausgeschlossen. Aus diesen Gründen werden die angebotenen Funktionen hierarchisch strukturiert. Um das gleichzeitige Erfassen der angebotenen Funktionen zu ermöglichen, sollten nicht mehr als sieben auf einer Stufe angeboten werden.

Andererseits sollte die Hierarchie des Menübaumes nicht mehr als unbedingt nötig ausgedehnt werden, weil sonst die Dialogfähigkeit beeinträchtigt wird.

Im vorgestellten Layouteditor wurde die Leveltiefe Vier für einige Funktionen erreicht.

Zusätzlich wird ein Alphabildschirm benötigt, auf dem der Bearbeiter das Arbeitsfenster, den aktuellen Block und weitere Statusinformationen ablesen kann. Eine Reihe von Funktionen wie MEASURE oder SERVICE schreiben alle Informationen auf dem Alphadisplay aus.

Abb. 4.2 stellt den Bildschirm des graphischen Displays dar, wie ihn der Nutzer des Layouteditors sieht. Der rechte Teil zeigt das Menü, aus dem die Funktionen ausgewählt werden können. Die größer geschriebenen sind Hauptmenüfunktionen, die anderen Unterfunktionen. Zu den Unterfunktionen gibt es zum Teil weitere Verzweigungen. Die einzelnen Funktionen gestatten es, sowohl einzelne als auch zu Gruppen zusammengefaßte Layoutelemente zu bearbeiten.

4.5. Layoutverifikation

4.5.1. Geometrische Entwurfsregelprüfung

von K.-H. Wüstenfeld, ZFT Mikroelektronik Karl Marx Erfurt

Das Layout wird bezüglich Einhaltung der Entwurfsregeln und der Exaktheit der Schaltung geprüft. Zur Prüfung der realisierten Schaltung ist eine Schaltungsrückerkennung aus dem Layout notwendig.

Grundlage für den Entwurf des Layouts von MOS-Schaltkreisen sind topologische Entwurfsregeln, welche einerseits der vorgegebenen Fertigungstechnologie entsprechen und andererseits den Randbedingungen des nutzbaren CAD-Systems und der Schablonenfertigung genügen (Abschn. 2. u. 3.).

Die prozeßspezifischen Regeln schreiben alle geometrischen Minimalmaße für Abstände, Breiten und Überlappungen innerhalb einzelner technologischer Ebenen sowie zwischen diesen Ebenen vor. Bei einer mittleren VLSI-Layoutgröße von 10^6 ... 10^8 Punkten bei 8 ... 15 Ebenen müssen pro Layout ca. 10^7 ... 10^9 geometrische Maße überprüft werden. Ein einziges fehlerhaftes Maß kann z. B. zum Kurzschluß oder Bahnabriß und damit zum Ausfall des Schaltkreises führen. Die Einhaltung der Entwurfsregeln hat direkten Einfluß auf die Ausbeute. CAD-spezifische Regeln für den Layoutentwurf schreiben je nach Datenstruktur Bedingungen für die effektive Nutzung der Systemkomponenten vor, wie z. B. Digitizer, Grafik-Editor oder Plotter. Forderungen der Schablonenhersteller müssen dabei eingehalten werden. Ihre Überprüfung erfolgt laufend während des Entwurfsprozesses durch geeignete Systemkomponenten. Die eigentlich Entwurfsregelprüfung (design rule checking) kontrolliert die technologiespezifischen Entwurfsmaße. Moderne CAD-Systeme haben SRC-Komponenten, welche folgenden Anforderungen genügen:

- Verarbeitung großer Datenmengen,
- Gleichzeitige Prüfung aller notwendigen Entwurfsregeln,
- Eindeutige Fehlerdarstellung in nutzerfreundlicher Form,
- Flexibilität bei der Anwendung.

Jede Änderung des Layouts muß durch eine Prüfung aller geometrischen Maße abgesichert sein. Werden im Entwurfsablauf vorwiegend einzelne Blöcke geprüft, muß in der Endphase das gesamte Layout getestet werden, um auch Regelverstöße durch das Zusammenspiel aller Blöcke erfassen zu können.

Für die Regelprüfung unterscheidet man zwei prinzipielle Verfahren. Beim kantenorientierten messenden Verfahren (Abb. 4.17) wird der Abstand zwischen zwei relevanten Kanten von Polygonen exakt berechnet und mit dem Sollmaß laut Regel verglichen. Jedes zu kleine Entwurfsmaß wird als Fehler gemeldet. Dieses Verfahren ist für größere Kantenmengen sehr aufwendig und muß durch geeignete Vorsortierungen begleitet werden.

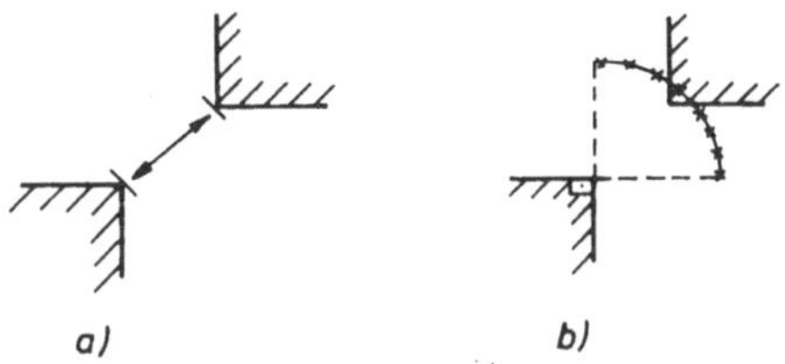

Abb. 4.17 Prüfverfahren

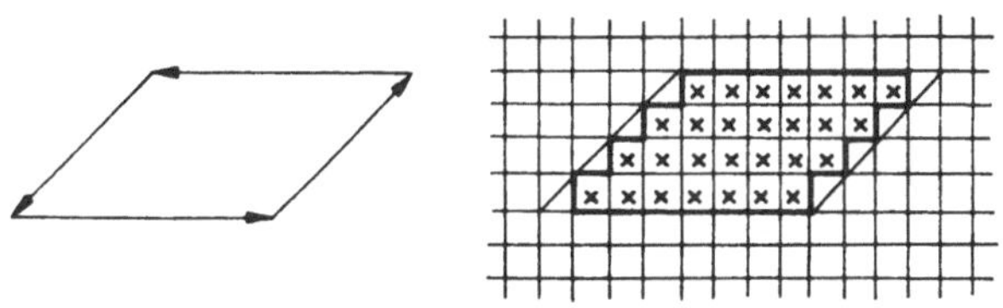

Abb. 4.18 Rasterdarstellung

Moderne VLSI-Technologien erfordern eine große Anzahl an Entwufsregeln, welche sich auf das Zusammenwirken von mehr als zwei Ebenen beziehen, so daß ein Maß zwischen zwei Kanten aus zwei Ebenen nicht mehr eindeutig zuzuordnen ist. Abhilfe schafft hier die Bildung von Hilfsebenen, die ausgewählte logische Kombinationen der Ebenen enthalten. Diese Herangehensweise ist wegen der Vielzahl von Ebenenkombinationen und der damit verbundenen Sonderregeln aufwendig.

Ein anderer Weg wird im rasterorientierten testenden Verfahren (Abb. 4.18) beschritten. Dazu wird das vorgegebene Layout in einheitliche Rasterelemente (Pixel) zerlegt, z. B. in der Größe von $1 \times 1\ \mu m^2$. Jedem Pixel werden alle die Ebenen zugeordnet, welche durch ein Polygon diesen geometrischen Ort überdecken. Bei einer solchen flächenorientierten Rasterdarstellung bereiten die schrägen Kanten Probleme, da sie im achsenparallelen Raster nur durch Treppen approximiert werden können. Diese Uneindeutigkeit muß durch zusätzlichen Interpretationsaufwand mittels Software oder durch erhöhten Speicheraufwand umgangen werden [RöFM 84].

Die Pixel selbst lassen sich als Rechnerwort sehr gut darstellen, indem jedes Bit einer Ebene entspricht. Das Vorhandensein bestimmter Ebenen kann damit durch einfachste logische Operationen getestet werden. Bei serieller Abspeicherung stellen sich die Kanten der Polygone als Sprung in der Bitbelegung zweier benachbarter Pixel dar. Für ein DRC-Verfahren bietet es sich an, von einer Kante aus in der Umgebung alle die Pixel, welche in einer dem Entwurfsmaß entsprechenden Entfernung liegen, auf eine bestimmte Ebenenkombination abzutesten. Es wird einfach die Frage beantwortet, ob in einer bestimmten Richtung und Entfernung in einem Pixel bestimmte Ebenen oder Kombinationen vorliegen oder nicht. Daraus ergibt sich die Fehlermeldung. Ein exakter Abstand wird nicht gemessen, da der Fehler sowieso korrigiert werden muß. Die Vorteile des Verfahrens liegen in der hohen Verarbeitungsgeschwindigkeit und der Möglichkeit, beliebige Ebenenkombinationen einschließlich ihres Auftretens in der engeren Umgebung abtesten zu können. Das Verfahren ist an die Rasterung gebunden. Feineres Raster bedeutet mehr Möglichkeit der Prüfung, z. B. im Sub-µm-Bereich, erfordert jedoch mehr Rechenzeit und Speicherplatz. Moderne Verfahren weiten die Leistungsparameter durch solche Prinzipien, wie temporäre und flexible Rasterung, bei großem Arbeitsspeicher und paralleles Durchlaufen großer Rasterausschnitte bedeutend aus.

4.5.2. Schaltungsrückerkennung

Im Verlauf der Entwicklung von MOS-Schaltkreisen wird ein entworfenes und simuliertes elektrisches Netzwerk in ein geometrisches Layout umgesetzt. Ist das Layout nicht 100%ig automatisch entstanden, muß die vorliegende Geometrie daraufhin überprüft werden ,ob sie in ihrer formalen Struktur und in ihrem Gesamtverhalten das vorgegebene Netzwerk repräsentiert. Da das Layout die Basis für den Präparationszyklus bildet, führt jeder elektrische Fehler im Layout zum Mißerfolg des Entwurfs bzw. zur Senkung der Ausbeute. Für die elektrische Verifikation des Layouts gibt es moderne CAD-System-Komponenten, die es gestatten, aus einem in beliebiger Technologie entworfenen Layout die entsprechende Schaltung einschließlich ihrer Dimensionierung zu abstrahieren. Die Grundprinzipien der Schaltungsrückerkennung sind folgende:

Jedes elektrische Bauelement in einem MOS-Netzwerk, ob passiv oder aktiv, wird im Layout durch unterschiedliche, eindeutig definierte Kombinationen verschiedener technologischer Ebenen realisiert. Der Zusammenhang dieser Bauelemente im Netzwerk entsteht durch eine bestimmte Aufeinanderfolge von Ebenenkombinationen. Indem ein Rechnerprogramm entsprechend einer technologiespezifischen Vorschrift diese Ebenenkombinationen und ihre Folge aus der Geometrie herausfindet, kann es die Schaltung zurückgewinnen. Durch Bestimmung der flächenmäßigen Ausdehnung der Bauelemente kann ihre Dimensionierung als Grundlage für die elektrisch-dynamische Simulation ermittelt werden, wie z. B. B/L-Verhältnisse, Kapazitäten, Widerstände (Abb. 4.19).

Um die Netzwerkelemente als Knoten und Zweige eindeutig zu formulieren, müssen zuerst technologieabhängige Regeln (Ebenenkombinationen) vorgegeben werden. Für die Technologie NSGT wird durch

T AB-F-G B A A; Enhancement-Transistor

ein Enhancementtransistor mit der Kombination von Diffusionsgebieten (A) und Polysilizium (B) ohne Kontaktfenster (F) und ohne Implantationsfenster (G) mit den Anschlüssen GATE nach der Seite mit der Ebene B und DRAIN und SOURCE nach den Seiten mit der Ebene A festgelegt. Der Depletion-Transistor

T AB-FG B A A; Depletion-Transistor

wird durch A, B und G gebildet. Die Knoten des Netzwerkes können sowohl in einzelen Ebenen:

K A; Knoten im Diffusionsgebiet
K B; Knoten im Polysilizium
K D; Knoten im Aluminium

als auch durch sogenannte Verbinder über mehrere Ebenen verlaufen:

V CAD A D; Verbinder für Knoten A, D mit Kontaktloch C
V FAB A B; Verbinder für Knoten A, B mit Kontaktfenster F

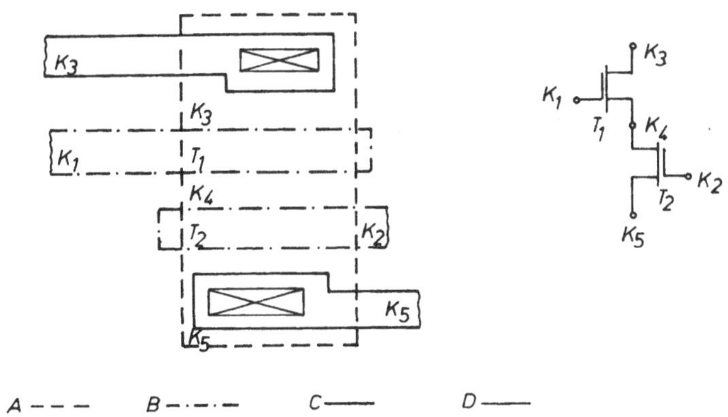

Abb. 4.19 Beispiel für Schaltungsrückerkennung

Die rechentechnische Suche der Knoten und Zweige der Schaltung kann nach unterschiedlichen Methoden erfolgen. So können die Ebenenkombinationen laut Regelwerk als neue Hilfsebenen auf Polygonbasis durch logische Verknüpfungen aus dem Layout neu gebildet werden. Daraus wird anschließend das Netzwerk rückerkannt. Bei der Wahl des Rasterprinzips wird jedem Flächenrasterelement (Pixel) die jeweilige Ebenenüberlagerung zugeordnet (vergl. Abschnitt 4.5.1.). Beim seriellen Durchlaufen der Pixel werden die spezifischen Ebenenkombinationen und damit die Bauelemente und ihre äußeren Anschlüsse erkannt sowie ihre Lage und Aufeinanderfolge im Netzwerk bestimmt. Zweige und Knoten erhalten durch den Rechner eine willkürliche Numerierung entsprechend der Reihenfolge ihres Auftretens im Layout. Der Bearbeiter kann ausgewählte Knoten bzw. Signale zuordnen oder äußere Knoten (Pins, Bondinseln) benennen. So werden auch Betriebsspannung und Masse für das Netzwerk definiert [RöFM 84].

Die eigentliche Verifikation der Schaltung wird im folgenden Abschnitt beschrieben.

4.5.3. Verifikation des Netzwerks

von W. Hecker, Mikroelektronik Karl Marx Erfurt

Die Entwurfsverifikation auf der Basis des fertigen Layouts stellt einen Schwerpunkt im Entwurfsprozeß dar. Neben der Einhaltung aller Entwurfsregeln ist es notwendig, das Layout mit der bereits beschriebenen Methode der Schaltungsrückerkennung auf dem Niveau des elektrischen Netzwerkes daraufhin zu prüfen, ob die vorgesehene Schaltung realisiert wird. Zur Vermeidung von Schnittstellenproblemen ist die Verifikation auf der Grundlage des kompletten Modells anzustreben. Als Prüfungsergebnis wird eine hohe Funktionswahrscheinlichkeit des in der Topologie realisierten Netzwerkes angestrebt. Dieses Verfahren erfolgt weitgehend rechnergestützt. Die Netzwerkverifikation gestattet bereits zum Zeitpunkt der Layoutfertigstellung Aussagen bezüglich der Qualität des Entwurfes. Zur Rückgewinnung des Netzwerkes aus dem Layout haben sich zwei Verfahren, welche sich in ihrer Anwendung ergänzen, durchgesetzt.

Die eine Methode (der Netzwerkvergleich) untersucht die Identität zweier Netzwerke bezüglich der Struktur und auch der Dimensionierung. Sie weist unmittelbar auf Differenzen hin. Das Verfahren des Netzwerkvergleichs setzt die Existenz eines bereits als richtig bestätigten Modells voraus und ist sinnvoll anwendbar, wenn nur geringe Abweichungen zwischen den zu vergleichenden Modellen vorliegen. Umfangreiche Differenzen führen zu nicht mehr interpretierbaren Fehlermeldungen. Das bereits geprüfte Modell wird entweder interaktiv in der Phase des Logikentwurfs zur Bestätigung von dessen Richtigkeit generiert oder aus einem bereits vorhandenen Modell gewonnen. Wurde dieses erstellt, so sind zu Beginn des Vergleichs Referenzen zwischen dem Ursprungs- und dem Neumodell zu spezifizieren. Diese Referenzen betreffen wichtige äußere Netzwerkpotentiale, wie Betriebsspannung, Masse, Eingänge und Ausgänge der Schaltungen. Die Menge der anzugebenden Potentiale (Knotennummern) sinkt mit der steigenden Leistungsfähigkeit des Vergleichsprogramms. Der Rechenzeitaufwand für den Netzwerkvergleich ist wesentlich geringer als für die Verifikation durch Simulation, welche entsprechend der Anforderung an Vollständigkeit eine genügende Menge an Testpattern voraussetzt. Diese Testpattern sollten entsprechend der Meßphilosophie die für spätere Testmessungen vorgesehenen Prüffolgen enthalten. Eine hohe Funktionswahrscheinlichkeit wird erreicht, falls das aus dem Layout gewonnene Modell möglichst ohne interaktive Veränderung und Anpassung an das Simulationsverfahren benutzt werden kann. Aufgrund der umfangreichen Testfolgen und der damit verbundenen langen Rechenzeiten ist eine Logiksimulation anzustreben, deren Anwendung sich ausschließlich auf digitale Netzwerkstrukturen beschränkt. Sind analoge Schaltungsteile vorhanden, so müssen diese mittels Vergleich oder nach einem Herauslösen mit Hilfe der Netzwerkananlyse bestätigt werden.

Die Wahl des Verifikationsverfahrens ist vom konkreten Anwendungsfall abhängig und unter Berücksichtigung folgender Aspekte zu treffen:

- Existenz, Vollständigkeit des Vergleichsnormals,
- Beschreibungsniveau des Vergleichsnormals,
- Umfang der Differenzen zum Vergleichsnormal,
- Simulationsaufwand.

Für Entwurfsüberarbeitungen ist im allgemeinen eine Verifikation durch Vergleich anzustreben.

Für kleinere Netzwerke eignet sich ein interaktiver Schaltbildvergleich, in dem die einzelnen logischen Einheiten des Netzwerkes grafisch dargestellt und mit dem Schaltbild verglichen werden.

Zusätzlich werden formale Prüfungsmethoden auf das rückerkannte Netzwerk angewandt, die Aussagen zu verbotenen Strukturen, Dimensionierungs- und Zeitkonstantenfehlern erlauben. Diese Tests helfen, mit geringem Aufwand grobe Fehler zu vermeiden. Sie ersetzen nicht die vollständige Verifizierung mittels Simulation oder Vergleich.

4.5.3.1. Formale Netzwerkprüfung

Zur formalen Netzwerkprüfung sind Informationen, die während der Transistorrückerkennung anfallen, hinzuzurechnen. Dazu gehören:

- nicht identifizierbare Layoutkonstruktionen,
- mehrdeutige Bauelementeanschlüsse,
- spezielle kapazitive Konstruktionen,
- minimale und maximale Bauelementeparameter.

Nach Bereitstellung des rückerkannten Netzwerkes sind spezielle Struktur- und Dimensionierungstests zur Verifikation zweckmäßig. Die Strukturanalyse soll das Netzwerk unter strukturellen Gesichtspunkten nach möglichen Fehlern untersuchen, wie

- nichtangeschlossene Gate-, Source- und Draingebiete,
- Netzwerkknoten ohne angeschlossene Bauelemente,
- Verbindungstests nach Masse und Betriebsspannung für alle Netzwerkpotentiale,
- fanout für alle Gatter.

Die Dimensionierungstests untersuchen des Netzwerk bezüglich kritischer (minimaler bzw. maximaler) Grenzen in folgenden Tests:

- Zeitkonstantenberechnung,
- Analyse des statischen Schaltverhaltens aller Gatter,
- Verhältnisse Koppel-Knotenkapazitäten.

4.5.3.2. Netzwerkvergleich

Der Netzwerkvergleich hat die Aufgabe, ein bereits bekanntes und als funktionstüchtig bestätigtes Modell mit einem zweiten aus dem Layout gewonnenen Modell auf Identität zu prüfen. Abweichungen der Modelle voneinander werden dabei gekennzeichnet. Das inhaltliche Problem besteht im folgenden:

Zu vergleichen sind zwei rechnerinterne Netzwerkdarstellungen, die auf der Einführung von Knotennummern bzw. Signalnamen für die einzelnen Potentiale der Schaltung beruhen. Die vergebenen Knotennummern bzw. Gatternummern stimmen im allgemeinen für die beiden zu vergleichenden Netzwerke nicht überein, da sie zumindest für das aus dem Layout rückerkannte Netzwerk automatisch generiert worden sind. Bekannt und zuordenbar sind lediglich die Potentiale der äußeren Anschlüsse der Netzwerke. Für die Netzwerke ist es deshalb notwendig, eine Referenz zwischen allen Potentialen zu realisieren.

Für einen vollständigen Vergleich werden bei großen Netzwerken heuristische Verfahren angewendet. Im folgenden soll unterschieden werden zwischen logikorientierten, graphenorientierten und koordinatenorientierten Verfahren, die sich in der praktischen Anwendung gegenseitig ergänzen können.

Logikorientierte Verfahren

Logikorientierte Verfahren gehen von einer Netzwerkdarstellung in der Logikebene aus. Es wird im allgemeinen zum Vergleich ein interaktiv generiertes Logikmodell benutzt. Das aus dem Layout gewonnene Transistormodell wird auf der Basis einer Bibliothek von Logikelementen in die Logikebene transformiert. Besonders die Berücksichtigung der MOS-spezifischen Schaltungstechnik (Transferlogik) erschwert die eindeutige Logikrückgewinnung und den Vergleich mit den Bibliothekselementen.

Wärend des Vergleichs werden, ausgehend von den Signalflußwegen im Netzwerk, entweder beginnend an den Eingängen oder den Ausgängen der Gesamtschaltung die angeschlossenen Gatter in beiden Netzwerken auf Strukturgleichheit geprüft und bei Identität eine Referenz erstellt. Zusätzlich zur Struktur werden die Lastfaktoren (Anzahl der am Ausgang angeschlossenen Gatter) berücksichtigt.

Diese Methode der Verifikation ist vor allem für Netzwerke mit wenigen parallel angeschlossenen Wiederholstrukturen zweckmäßig, da sonst häufig auftretende Mehrdeutigkeiten zusätzliche Stützstellen (interaktive Spezifikationen gleicher Potentiale) in beiden Netzwerken erfordern. Werden im Layout Signalnamen des Logikmodells geführt und in der Rückerkennung mit berücksichtigt, so reduziert sich beim Vergleich der Aufwand.

Graphenorientierte Verfahren

Graphenorientierte Verfahren gehen von einer Umsetzung der Netzwerkstruktur in Graphen aus. Die Knoten der Graphen entsprechen den Potentialen des Netzwerkes, die Kanten den Bauelementen. Ausgehend von bekannten Zuordnungen der äußeren Netzwerkpotentiale werden Relationen der inneren zu den äußeren Potentialen erstellt. Die Menge der bekannten Potentiale wird in jeder Berechnungsschleife um die bereits gefundenen erweitert. Bei der Aufstellung der Relationen, welche die Umgebung eines bekannten Potentials (Bezugsknoten) beschreiben, finden folgende Anteile Beachtung:

— Nachbarschaftsbeziehungen zum Bezugsknoten,
— Steuerung vom Bezugsknoten,
— Rückwirkungen auf den Bezugsknoten,
— Nachbarschaft zu anderen bekannten Knoten (Masse, Betriebsspannung),
— Wirkungen auf weitere Knoten.

Alle Informationen werden als Mengeninformationen geführt und sind somit nicht auf Potentiale der zu vergleichenden Netzwerke bezogen. Das erlaubt eine Klassenbildung der aus diesen Informationen aufzustellenden Vektoren. Eine Sortierung und ein anschließender Vergleich erlaubt die Referenzbildung zwischen den zwei Graphen der Netzwerke, falls die Vektoren eindeutig zuordenbar sind.

Koordinatenorientierte Verfahren

Koordinatenorientierte Verfahren sind für Netzwerke geeignet, welche aus nur geringfügig veränderten Layouts rückgewonnen wurden. Als Hypothese werden im neuen Netzwerk die Potentiale des alten Netzwerks (koordinatenorientiert) übernommen. Dabei wird berücksichtigt, daß sich für jedes Potential im Netzwerk aufgrund seiner geometrischen Lage in der Topologie Koordinaten angeben lassen. Werden nur geringe Änderungen im Layout vorgenommen, so ändert sich nur eine kleine Untermenge aller Potentialkoordinaten. In mehreren Phasen wird versucht, eine Referenz für die Potentiale zu bilden, deren geometrische Lage in beiden zu vergleichenden Topologien sich nicht oder nur geringfügig verändert hat. Potentiale, die sich nicht automatisch zuordnen lassen, sind durch Layoutänderungen beeinflußt worden. Sie sind vor dem Vergleich interaktiv zu spezifizieren.

Der eigentliche Vergleich geht von der Hypothese (Referenzliste) aus. Nacheinander werden für alle Potentiale beider Modelle auf der Basis dieser Liste deren Umgebungen bezüglich Struktur, Bauelementeart und Dimensionierung geprüft.

4.5.3.3. Simulation

Die Verifikation eines Netzwerks durch Simulation stellt eine indirekte Bestätigung dieses Netzwerks dar. Durch Anlegen einer Prüffolge (Testpattern) an das Modell wird durch Begutachtung des Ausgangsverhaltens die Funktionstüchtigkeit nachgewiesen. Voraussetzung für eine erfolgreiche Verifikation ist eine Prüffolge, die möglichst alle Fehler erfaßt und an die Ausgänge führt. Die Prüffolge wird deshalb entsprechend den in Abschnitt 4.8.2. dargestellten Fehlermodellen aufbereitet. In der Praxis ist davon auszugehen, daß aufgrund des VLSI-Problems nur eine Untermenge aller Fehler in einer praktischen Prüffolge erfaßt wird. Es ist deshalb vor allem auf eine funktionsorientierte Prüfung Wert zu legen, welche die wesentlichen Schaltkreisfunktionen beinhaltet. Das Problem der Prüffolgenqualität ist auch bei der Verifikation durch Vergleich von Bedeutung, da das Ursprungsmodell ebenfalls nur durch Simulation auf richtiges Verhalten geprüft werden kann.

Werden die Prüffolgen so aufgebaut, daß sie neben den Informationen zur Eingangsbelegung die zu erwartenden Ausgangsbelegungen mit enthalten, so läßt sich eine rechentechnische Auswertung der Simulationsergebnisse durch Vergleich der Solldaten mit den in der Simulation berechneten Ausgangspegeln (Istdaten) nach jedem Simulationsschritt realisieren. Das Ergebnis der Simulation wird somit eine Gut/schlecht-Aussage zum Modell. Die Fehlersuche beim Auftreten von Abweichungen erfolgt interaktiv durch Untersuchung der Informationsflußwege im Netzwerk, beginnend an den Ausgängen. Es ist dabei für die Bewertung des Verhaltens die genaue Kenntnis der internen Arbeitsweise des Netzwerkes notwendig. Im Gegensatz zum Vergleich, welcher eine Differenz direkt in Form der abweichenden Struktur angibt, ist die Fehlersuche in der Simulation wesentlich aufwendiger. Ursache dafür ist vor allem die Tatsache, daß auftretende Fehler, bedingt durch die sequentielle Gestaltung großer Netzwerke, bereits mehrere Simulationstakte zurückliegen können. Eine mehrfache Wiederholung der Simulation ist notwendig, da nicht alle logischen Pegel (Potentiale) des Netzwerks in allen Simulationsschritten mitgeführt werden. Als besonders aufwendig ist die Untersuchung von Wettlaufproblemen einzuordnen, da diese zwischen zwei verschiedenen äußeren Belegungen auftauchen und die Störungen der logischen Pegel im Netzwerk temporär sind.

Zur Simulation eignen sich Logiksimulationsverfahren. Möglich sind sowohl die dynamische Logiksimulation auf Gatterniveau als auch statische Logiksimulationsverfahren besonders auf Transistorniveau, die unter dem Begriff Switch-level-Simulation bekannt geworden sind. Statische Simulationsverfahren sind besonders für synchron getaktete Schaltungen von Bedeutung, da dort das Auftreten und die Analyse von Hazards von geringer Bedeutung sind. Wird die Verifikation auf dem Gatterniveau betrieben, so ist das aus dem Layout rückerkannte Transistornetzwerk in die Logikebene zu transformieren. Das ist jedoch für die für MOS-Technik übliche Transferlogik problematisch und im allgemeinen nur durch interaktive Eingriffe in das Simulationsmodell ausführbar.

Zu notwendigen Eingriffen in das Simulationsmodell stellt die Switch-level-Simulation eine Alternative dar [Brya 84], [HeRM 84]. Ein weiterer Vorteil dieser Methode besteht in der layoutnahen Simulation auf Transistorniveau. Sie ermöglicht über in der Simulation mitgeführte Koordinaten der Transistoren und Potentiale einen direkten Bezug zum Layout. Die Bestimmung der logischen Pegel erfolgt auf der Grundlage der Untersuchung von leitfähigen Wegen nach Betriebsspannung und Masse sowie äußeren Quellen am Netzwerk. Es ist bedeutsam, daß während der Bestimmung der logischen Pegel Informationen über die Dimensionierung des Netzwerks, wie Transistorverhältnisse und Knotenkapazitäten, mit berücksichtigt werden. Im Unterschied zur Simulation auf Gatterniveau ist die Dimensionierung dadurch in die Verifikation mit einbezogen.

4.6. Blockorientiertes Entwurfssystem für hoch- und höchstintegrierte Schaltkreise

von K.-H. Diener, F. Lenke, ZKI der AdW der DDR, IT Dresden

Die Präparation von VLSI-Schaltkreisen erfordert nach wie vor die Layoutdaten aller Bauelemente (mehr als 10^4) mit z. B. mehr als 10^6 Bildpunkten pro Chip. Die fehlerfreie Beherrschung solcher immensen Datenmengen ist ein typisches Wesensmerkmal des VLSI-Schaltkreisentwurfs und zwingt dazu, den Entwerfer aus dem konkreten Layoutentwurf auszugliedern. Die für das LSI-Niveau typische Verfahrensweise, dem Entwerfer bei Computerunterstützung (Simulationen auf Elektrik- und Logikniveau, Layouteditor) sowohl den System- als auch den manuellen Layoutentwurf zu übertragen, ist vom Entwerfer nicht mehr mit der notwendigen Effektivität beherrschbar. Das Layout ist auf „klassischem Wege" weder herstellbar noch kontrollier- und korrigierbar — das Layout verliert damit seine ursprüngliche dokumentarische Bedeutung. Der Entwerfer wird zum Systemingenieur, der aus erprobten LSI-Entwürfen, die als Baublöcke für den VLSI-Entwurf fungieren, das VLSI-System mit Computerunterstützung komponieren, simulieren und fehlerfrei realisieren muß. Der VLSI-Entwurf ist seinem Wesen nach ein hierarchischer Blockentwurf.

Die Verwendung bekannter und ggf. der Neuentwurf von Baublöcken mit ihren Verbindungen genügt, um VLSI-Chips rechnergestützt topologisch auszulegen. Die Blockauflösung bis zum Layout erfolgt im Regelfall nur bei der Schablonenerstellung. Im Entwurfsprozeß genügt es, Baublöcke auf symbolischem Niveau zu behandeln. Wenn es notwendig ist, eine fehlerverdächtige oder fehlerhafte Stelle des Entwurfs zu diagnostizieren bzw. zu korrigieren, muß die Blockauflösung bis zum Layout herunter in vertretbarer Zeit möglich sein, ohne alle anderen Blöcke mit zu detaillieren. Die Baublockeinheiten müssen dabei folgende Grundforderungen erfüllen:

- Möglichkeit der Anpassung an die aktuelle Systemgestaltung durch elektrische Dimensionierbarkeit der Blöcke sowie ihre Parametrisierbarkeit (Variation der Signalverarbeitungsbreite),
- Anpaßbarkeit an die aktuelle Basistechnologie,
- Möglichkeit zu hierarchischer Multilevelarbeit (Entwurf mit Blöcken in unterschiedlichen Levelbeschreibungen) in den verschiedenen Entwurfsniveaus (Elektrik, Logik, System) durch Nutzung entsprechender Beschreibungsniveaus der Blöcke in der Baublockbibliothek.

Die Baublockbibliothek repräsentiert somit den Erfahrungsschatz aller Entwerfer und aller relevanten Entwurfsmethoden, die sich in einer Sammlung bereits erprobter bzw. sicherer Entwürfe auf unterschiedlichen Entwurfslevels darstellt. Zur konsequenten Nutzung einer solcher Baublockbibliothek ist ein leistungsfähiges, durchgängiges Entwurfssystem erforderlich, das neben der effektiven Verwaltung der Baublöcke mit konsistenten Beschreibungen auf den verschiedenen Entwurfslevels auch die Synthese benötigter — in der Bibliothek noch nicht vorhandener — Baublöcke unterstützt.

4.6.1. Baublöcke

Baublöcke sind funktionelle, logische und/oder topologische Einheiten, die im Idealfall eine zugehörige Modellbeschreibung
— des Systemverhaltens,
— des logischen Verhaltens,
— des elektrischen Verhaltens sowie
topologische und topografische Informationen umfassen. Dadurch wird die für den VLSI-Entwurf notwendige Verkettung aller Entwurfsniveaus sowie der Zugang zu den erforderlichen Simulationsprogrammen (System-, Logik-, Netzwerksimulator) ermöglicht. Ein Block besteht aus Blöcken und dem Verbindungsnetz, wobei ein Block auch ein Elementarblock oder ein leerer Block sein kann.

4.6.1.1. Elementarblöcke

Für Elementarblöcke ist typisch, daß sie entweder mit „fertigem“ Layout in der Baublockbibliothek abgelegt sind oder daß deren Layout — ohne auf andere Blöcke zurückzugreifen — fertig dimensioniert entwurfsregelgerecht berechnet werden kann (generierbare Blöcke). Sie stellen somit die niedrigste Hierarchiestufe in der Blockstruktur dar. Während unter einem Elementarblock mit „fertigem“ Layout z. B. auch eine komplette CPU verstanden werden kann, wird in der Regel nur das Layout der benötigten Einzeltransistoren bzw. -typen berechnet. Neben solchen Transistorlayoutgeneratoren stehen auch Generatoren zur Layouterzeugung für reguläre Strukturen (ROM, RAM, PLA) zur Verfügung, wobei die Einzelzelle als topografisch optimiertes Elementar verwendet wird.

4.6.1.2. Leere Blöcke

Sie sind dadurch gekennzeichnet, daß ihr Verhalten „nach außen“ bekannt ist bzw. in bestimmter Weise „von außen“ gefordert wird. Somit ist klar, wie sich die (z. Z. noch) leeren Blöcke in einem Verband zusammengeschalteter Blöcke verhalten (bzw. verhalten sollen), ohne daß ihr „Innenleben“ schon detailliert werden kann.

4.6.2. Plazierung und Trassierung der Blöcke

Zur optimalen Chipflächenauslastung sind neben der Kreativität des erfahrenen Entwerfers auch der Variantenvergleich mit Rechnerunterstützung sowie leistungsfähige automatische

Plazierungs- und Trassierungsprogramme erforderlich. Gerade dafür sind für viele spezielle Anwendungen anwendungsreife Programmpakete erarbeitet worden — für allgemeinere Anforderungen (Plazierung und Trassierung „freier" Blöcke) gibt es z. Z. noch keine befriedigende Lösung. Deshalb muß für diesen wichtigen Entwurfsschritt mindestens eine ausreichende interaktiv grafisch orientierte Softwareunterstützung bereitstehen. In diesem Sinne entwerferfreundlich ist ein Leitbahnbündelgenerator angelegt, der in dem vom Entwerfer interaktiv grafisch festzulegenden Verdrahtungsraum (Polygon als „Seele" des Leitbahnbündels) unter Beachtung der vorliegenden Verdrahtungsinformationen das entwurfsregelgerechte, optimierte Layout des Verbindungsnetzes generiert. Dabei werden elementare elektrische Entwurfsfehler (z. B. „vergessenes" Kontaktloch, nicht angeschlossene Blockkontakte u. ä.) ausgeschlossen. Die so gewonnene Entwurfseffektivität reicht aus, um Layoutvarianten zu erzeugen, die sich als Folge unterschiedlicher Plazierungsvorgaben für die Blöcke ergeben und zu teiloptimierten Lösungen ausgewählt werden können.

4.6.3. Feinlayouterzeugung

Die Feinlayouterzeugung erfolgt automatisch über die Elementarblöcke (als fertige Feinlayouteinheiten bzw. Feinlayoutgeneratoren), auf die der Entwurf letztlich zurückgeführt wird, in folgenden Schritten:

1. Zuerst werden die STICKs (s. 4.4.2.1.) der Elementarblöcke generiert. Bei Elementarblöcken als Feinlayouteinheit wird die Hülle des elementaren Blocks in eine STICK-Darstellung überführt, bei Elementarblöcken mit generierbarem Layout eine angepaßte STICK-Repräsentation erzeugt.
2. Die so erhaltene STICK-Darstellung der Elementarblöcke wird in die Blockdarstellung der nächsthöheren Hierarchiestufe eingetragen und die STICKs des Verbindungsnetzes unter Nutzung der Möglichkeiten des Leitbahnbündelgenerators erzeugt. Nunmehr liegt das unkompaktierte STICK-Layout der gerade betrachteten Hierarchiestufe vor.
3. Jetzt wird kompaktiert (s. 4.4.2.2.), womit diese Blöcke als Elementarblöcke der nächst höheren Hierarchiestufe zur Verfügung stehen.

4.6.4. Baublocksynthese

Zum Aufbau eines Fundus von Baublöcken für ein leistungsfähiges Entwurfssystem sind grundsätzlich alle bewährten Methoden und Möglichkeiten — einschließlich des Handentwurfs — sinnvoll und durch entsprechende Interface-Behandlung dafür auch einzubeziehen. Zusammenfassend lassen sich folgende blockgenerierenden Methoden angeben:

- Verfahren, die zu absolutem Feinlayout führen (beispielsweise Handentwürfe, Standardzellen, Layoutausschnitte erprobter Entwürfe),
- Verfahren, die Fremdlayouts an Basistechnologieänderungen und Dimensionierungsmodifikationen anzupassen gestatten,
- Syntheseverfahren.

Während die zuerst erwähnten Verfahren im wesentlichen die Summe aller Methoden des LSI-Niveaus repräsentieren, sind für das VLSI-Niveau die flexibleren Methoden und die Syntheseverfahren von besonderem Interesse.

Anpassungen an Basistechnologieentwicklungen sind beispielsweise dadurch möglich, daß ein anzupassendes Fremdlayout mit Computerunterstützung in das aktuelle, den veränderten Entwurfsregeln entsprechende Layout überführt wird, wobei ein mit dem Fremdlayout vergleichbar kompaktes Blocklayout entsteht. Ein anderer Lösungsweg geht von einem Fremdlayout aus, dessen Schaltung zunächst rückerkannt wird (Schaltungsrückerkennung s. Abschn. 4.5.2.).

Aus den damit vorliegenden Netz- und Bauelemente- sowie Lageinformationen kann der zugehörige Baublock auf ein symbolisches Niveau gehoben werden, wobei beispielsweise anstelle der Transistoren des Fremdlayouts unter Berücksichtigung ihrer topologischen Anordnung ein Aufruf des Transistorlayoutgenerators erfolgt (Entwurfsregeln, Transistorlänge und -breite sind Parameter). Bei den Syntheseverfahren muß unterschieden werden zwischen der Möglichkeit des Entwurfssystems zur Blocksynthese aus bereits in der Baublockbibliothek vorrätigen Modulen in Kombination mit Layoutgeneratoren und Verdrahtungsunterstützung und den automatischen bzw. automatisierten Verfahren. Die letztgenannten Verfahren werden heute unter dem Sammelbegriff Siliconcompiler (s. Abschn. 4.7.) geführt.

4.6.5. Entwurfsstrategien zur Blocksynthese

Ein VLSI-fähiges Entwurfssystem sollte neben folgenden prinzipiellen Eigenschaften

— Multilevelunterstützung im Entwurfsprozeß,
— Hierarchiefähigkeit in jedem Level,
— Durchgängigkeit über die Entwurfslevels einschließlich
— Testpatternerzeugung mit Anschluß an
— Multilevelsimulator(en)

auch die Entwurfsstrategien

— Top-down
— Middle-out und
— Bottom-up

zulassen und zur Blocksynthese nutzen.

Die prinzipielle Verfahrensweise soll mittels eines sehr einfachen Beispiels erläutert werden.

4.6.5.1. Top-down-Entwurf

Die Verfahrensweise soll anhand des Entwurfs eines Halbadders, beginnend auf Logikniveau, demonstriert werden. Der Entwurf beginnt mit der Eingabe des Logikplans des Halbadders auf dem Bildschirm durch den Entwerfer (Abb. 4.20). Damit ist die Auflösung des Blocks Halbadder in Gatter einschließlich ihres Verbindungsnetzes durch den Entwerfer vollzogen und die zugehörige Netzbeschreibung (NBS) auf Logikniveau automatisch erzeugbar, womit nach Vorgabe geeigneter Testpattern über Logiksimulation (statisch, dynamisch) dieser formale Logikentwurf über Schaltplansymbole bestätigt werden kann. Im nächsten Schritt erfolgt automatisch der Übergang zu den layout- bzw. chipflächenbedarfsorientierten Gatterblöcken, die entweder in der Baublockbibliothek bereits vorliegen oder noch generiert werden müssen.

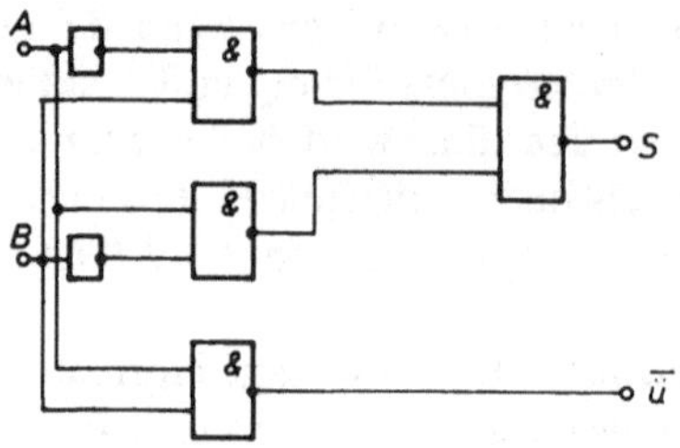

Abb. 4.20 Logikplan des zu entwerfenden Halbadders

Für den Modellfall, daß die benötigten Negatoren und NAND-Gatter nicht vorrätig sind, muß der Entwerfer den Chipflächenbedarf für die genannten Blöcke — einschließlich des zu entwerfenden Blocks, der zunächst ein leerer Block ist — vorgeben (Abb. 4.21), wobei bereits visuell entschieden wird, ob die für den Halbadder verfügbare Chipfläche ausreicht, um die benötigten Gatter aufnehmen zu können. Der Entwerfer hat bei diesem Entwurfsschritt die Möglichkeit, die Gatter interaktiv nach eigenen Vorstellungen zu plazieren (Abb. 4.22). Dabei braucht er sich nicht um die Konsistenz des Netzes zu sorgen, weil dies softwareseitig abgesichert wird. Mit dem Übergang zu den chipflächenorientierten Gatterblöcken hat der Entwerfer lediglich die Möglichkeit, das auf Logikniveau formulierte Netz beim Übergang zum Elektriklevel zu präzisieren, d. h., er muß die benötigte Betriebsspannungs- und Masseverbindungen zu den Gattern herstellen (Abb. 4.23). Damit liegt nunmehr die prinzipielle Interfacegestaltung für die noch herzustellenden Gatter fest, deren Entwurf — wie hier angenommen — auf Transistorniveau erfolgen soll. Ausgehend vom Transistorplan für die Einzelgatter, werden interaktiv grafisch die Transistorblöcke (Elementarblock mit generierbarem Layout) im Gatterblock plaziert und mittels Unterstützung des Leitbahnbündelgenerators verdrahtet (Abb. 4.24). Aus der sich anschließenden STICK-Interpretation des Entwurfs mit nachfolgender Kompression ist im Bottom-up-Stil das Feinlayout des Halbadders automatisch erzeugbar. Mit vorliegender kompakter STICK-

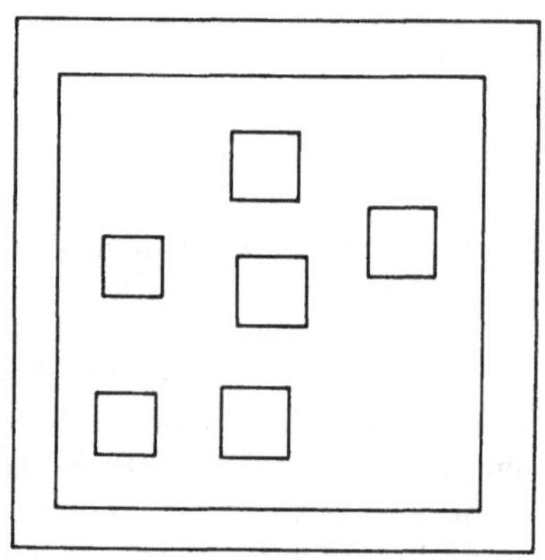

Abb. 4.21 Halbadder als leerer Block

Abb. 4.22 Auflösung des Halbadderblocks in Gatterblöcke

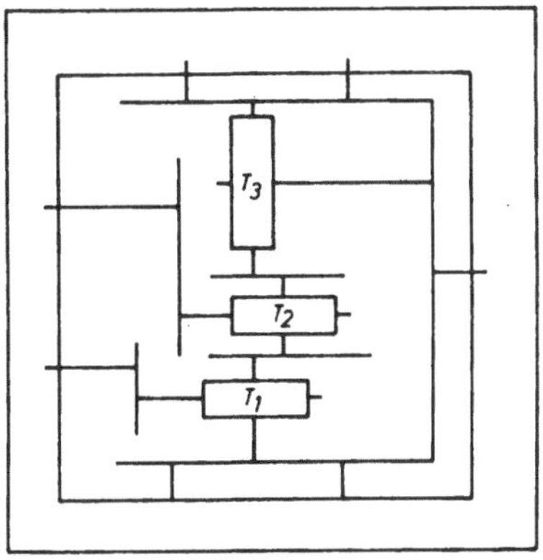

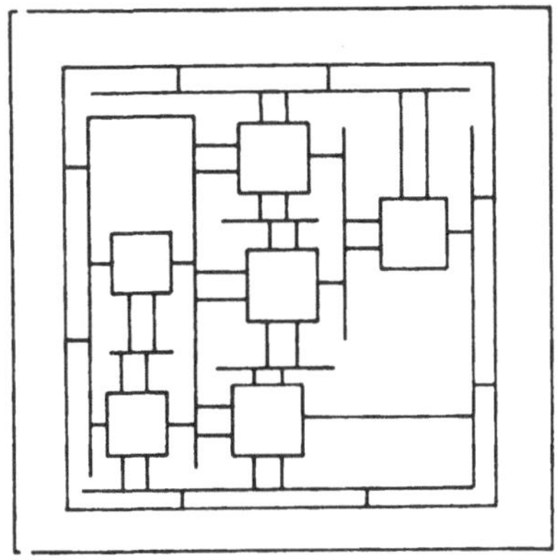

Abb. 4.23 Halbadderentwurf auf symbolischem Niveau

Abb. 4.24 NAND-Gatter auf symbolischem Niveau

Repräsentation sind daraus alle Feinlayoutdaten prinzipiell ableitbar (Abb. 4.25) und mit einem angeschlossenen Programmodul zur Parameterentnahme so aufzubereiten, daß eine Bestätigungssimulation auf Netzwerkanalyseniveau (Netzwerkanalyse bzw. Timinganalyse) durchführbar ist. Während des Top-down-Entwurfs ist beim Entwurf komplexerer Blöcke die Analyse des Zusammenspiels von Unterblöcken zu simulieren, deren Entwurf bis zu unterschiedlichen Niveaus vorangekommen ist. Diese für den Top-down-Entwurf typische Multilevelarbeit muß durch entsprechende Multilevelsimulatoren unterstützt werden.

4.6.5.2. Bottom-up-Entwurfsstil

Ausgehend von verfügbaren Elementarblöcken (in Feinlayoutdarstellung oder als generierbares Layout) wird unter Nutzung des Leitbahnbündelgenerators das kompakte Block-

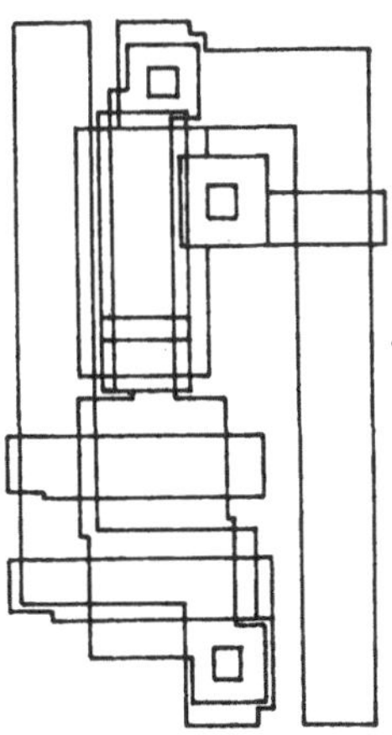

Abb. 4.25 Feinlayoutdarstellung des NAND-Gatters

layout der übergeordneten Hierarchiestufe erzeugt (s. Abschn. 4.6.3.). Abb. 4.25 veranschaulicht dies für das NAND-Gatter.

4.7. Siliconcompiler

4.7.1. Begriffsbestimmung

Der ständig steigende Integrationsgrad und die damit wachsende Komplexität der Schaltkreisentwürfe bzw. der im Schaltkreis realisierten Systemlösungen erfordern eine starke Automatisierung des Schaltkreisentwurfs. Durch den Siliconcompiler soll der Entwerfer von Arbeiten auf den unteren Entwurfslevels (Layout, Elektrik, Logik) weitgehend entlastet werden. Der Schwerpunkt der Entwurfsarbeit liegt dann auf dem Systemniveau. Dadurch ist eine sehr effektive und flexible Entwurfsarbeit möglich, die in relativ kurzer Zeit zum fertigen Entwurf komplizierter, kundenspezifischer Schaltkreise geführt werden kann, wobei durch den hohen Automatisierungsgrad Entwurfsfehler weitgehend vermieden werden (Erhöhung der Entwurfseffektivität und -sicherheit).

In Anlehnung an [VLSI 84] kann der Begriff Siliconcompiler heute folgendermaßen definiert werden: Ein Siliconcompiler ist ein optimierendes Transformationsprogramm, das die Feinlayoutrealisierung eines Entwurfs aus einer Beschreibung oberhalb Logikniveau (beispielsweise Registertransferbeschreibung) weitgehend automatisch erzeugt. Der Begriff Compiler stammt aus der Rechentechnik. Ein Compiler hat u. a. dort die Aufgabe, ein in einer Programmiersprache formuliertes Problem in den zugehörigen Maschinencode zu übersetzen. Der Siliconcompiler überträgt sinngemäß eine Systembeschreibung (Problembeschreibung auf hohem Niveau) in ein technologiespezifisches Feinlayout. Das schließt die Nutzung von Logiksyntheseverfahren ein.

In der modernen Literatur werden zwei Grundformen von Siliconcompilern unterschieden:

— Succesive Decomposition Compiler
  Sie zerlegen die Beschreibung schrittweise bis auf Transistorniveau und erzeugen daraus das Feinlayout
— Incremental Refinement Compiler
  Sie arbeiten mit einer Anzahl parametrisierter Layoutgeneratoren, die jeweils das Layout für eine bestimmte Struktur (z. B. ROM) erzeugen.

4.7.2. Interaktionen und Simulationen

Da Siliconcompiler weitgehend automatisch und damit fehlerfrei arbeiten, sind streng genommen nur die vom Nutzer auszuführenden Schritte zu verifizieren. Der fehleranfälligste Entwurfsschritt bei Siliconcompilereinsatz ist die Problembeschreibung mittels System- bzw. Registertransferbeschreibungssprache. Hierbei sind Simulationsschritte unerläßlich, um vor der Compilierung zu bestätigen, daß die Problembeschreibung mit der Zielvorstellung sicher übereinstimmt.

Der heute bekannte internationale Entwicklungsstand des Siliconcompilers ist nur für wenige Spezialanwendungen soweit ausgereift, daß ohne Interaktionen eine den modernen

Anforderungen an die Chipgestaltung voll befriedigende Layoutgestaltung möglich ist. Hinzu kommt, daß Siliconcompiler vielfach aus Softwarepaketen zusammengestellt werden, die als erprobte Einzelprogrammsysteme Interaktionsmöglichkeiten gestatten, um die Kreativität des Entwerfers voll mitzunutzen. Grundsätzlich sind beim heutigen Stand der Entwurfssoftware u. a. aus folgenden Gründen — auch in automatisierten Entwurfsverfahren — Interaktionen notwendig und üblich:

— Spezifizierungen im Entwurfsprozeß
Da die Probleme des Schaltkreisentwurfes „nach oben offen" sind, sind für Neuentwürfe in der Regel auch neue Blöcke zu definieren und zu dimensionieren, d. h., bei der Beschreibung auf hohem Niveau können solche Blöcke nur als Fragment beschrieben werden, wobei die notwendigen Untersetzungen erst im Verlauf des Entwurfsprozesses interaktiv erfolgen können. Diese Form der Interaktion wird im heutigen Entwicklungsstadium der Siliconcompilertechnik wesentlich stärker ausgeprägt sein als bei den ausgereiften Siliconcompilern.

Oft können auch die aktuellen Parameter bei parametrisierten Modulgeneratoren anfänglich nicht in jedem Fall aus der Systembeschreibung abgeleitet werden, so daß auch hier interaktive Eingaben notwendig sind.

— Auswertung von Simulationsschritten
Mit Interaktionen besteht potentiell immer die Gefahr, daß der Entwerfer fehlerhafte Eingriffe vornimmt. Um die notwendige Entwurfssicherheit weiterhin zu gewährleisten, sind nach solchen Eingriffen Simulationen zur Verifikation angezeigt. Die Ergebnisse solcher Bestätigungssimulationen führen ggf. zu weiteren Interaktionen, die iterativ bis zum gewünschten Ergebnis zu führen sind.

— Optimierung der Plazierung und Trassierung
Die automatischen (globalen) Plazierungs- und Trassierungsverfahren sind z. Z. noch Schwachstellen im automatischen bzw. automatisierten Entwurfsablauf. Das liegt u. a. daran, daß die Chipflächenauslastung, das dynamische Verhalten des Entwurfs und auch die Rechenzeiten zur Lösung in einem zum Teil gegenläufigen Wechselspiel stehen. Aus diesem Grund sind gegenwärtig noch Handoptimierungen üblich.

4.7.3. Beispiel für einen Siliconcompiler

Ein industriell genutzter Siliconcompiler wird in [VLSI 84] und [Chan 85] angegeben. Der dort beschriebenen Compiler „GENSIL" wurde von der Firma SCI entworfen und angewendet.

Charakteristische Merkmale sind (Abb. 4.26):

— Generatoren für: PLA, ROM, RAM, Register, Datapath,
— Technologie:
  NMOS,
  CMOS als Erweiterung,
— manuelle Plazierung (interaktiv),
— automatische Trassierung.

Der Siliconcompiler GENSIL wurde z. B. für den Entwurf eines Mikroprozessors 6502 eingesetzt [Evan 85].

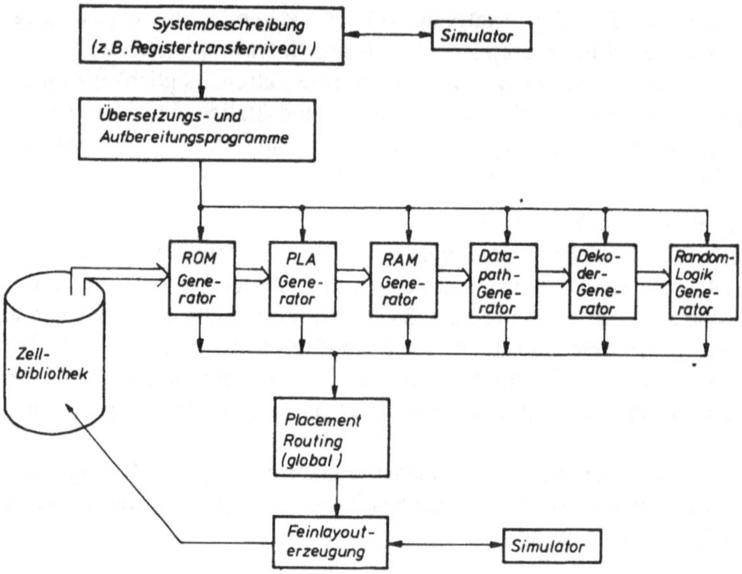

Abb. 4.26 Grobstruktur eines Siliconcompiler-Softwaresystems

4.7.4. Siliconcompiler für spezielle Schaltkreisklassen

Siliconcompiler für Speicherschaltkreise unterstützen bevorzugt Aspekte der räumlichen Kompositionen von regulären, rechteckigen, kaskadierbaren Grundzellen (graphical composition language).

Siliconcompiler für Mikroprozessoren verquicken Struktur- und Verhaltensinformationen verschiedener Beschreibungsebenen, um die Richtigkeit in jeder Entwurfsebene zu sichern und komplexe Funktionen in handhabbare teilen zu können, ohne die Optimierung einzuschränken. Tab. 4.1 gibt die Abstraktionsebenen, die wichtigsten Kompositionsregeln und die durch den Compiler zu vermeidenden Fehler an. In den oberen Ebenen sind vor allem Fragen der zeitlichen Strukturierung parallerer Informationsflüsse von Bedeutung. Die Semantik, Syntax und Grammatik prüft ein PARSER [MARS 83] hoher Fehlerüberdekkung. Die Objekte der Compilersprache sind funktionell und topologisch beschriebene VLSI-Grundbausteine (leaf cell [MARS 83]).

Signalprozessoren (programmierbare bzw. mit festem Algorithmus) lassen sich aus wenigen Grundzellen (Addition, Multiplikation, Verzögerung) ausgehend von einer funktionellen Beschreibung simulieren. Anschließend kann vollständig automatisch das Layout generiert werden. Echtzeitprozessoren (Pipeline-bit-serielle Operation) können mit dem Siliconcompiler FIRST [Berg 84] realisiert werden. Ein 47stufiges FIR-Filter für 14-bit-Wortlänge und 12-kHz-Taktfrequenz benötigt 5×7 mm^2 Chipfläche in einer 5-µm-NMOS-Technologie [Berg 84].

Die starre Blockanordnung (floor plan) und einfache Verdrahtung führen wegen der unterschiedlichen Blockhöhe zu typischen Flächenverlusten von 20% ... 30%.

Mikroprozessoren werden durch höhere Sprachen beschrieben, welche die Bedingungen für die konkurrierenden Prozesse (Operationen) auf dem Datenpfad angeben. Compiler

Tabelle 4.1 Beschreibungsebene, Beziehung, Elemente, Kompositionsregeln und zu vermeidende Fehler eines Siliconcompilers [Elec 83].

Ebene	Beziehung	Elemente	Kompositionsregeln	Fehler
Verbindung abstrakter Blöcke	Ereignisfolgen	Blöcke, Vereinigung, Aufspaltung, Buffer	Verbindung von Blöcken	Deadlock (Verklemmung), Daten, Steuerung nicht bereit
getaktete Register Takt + Logik		Zustände, Registertransfer, Funktionen	Verknüpfung von Zuständen	Taktmischung, ungetaktete Rückkopplungen
getaktete Grundelemente + Schalter	digitale Eigenschaften	Auf-, Entlade- und Transfertransistoren	Verbindung von Schalternetzwerken, Transistoren, Widerstandsverhältnisse	Ladungsmischung, fehlerhafte Logik, Stockungen
Layout	Abmessungen	farbige Rechtecke	Breiten, Längen, Lage	fehlerhafte Bauelemente

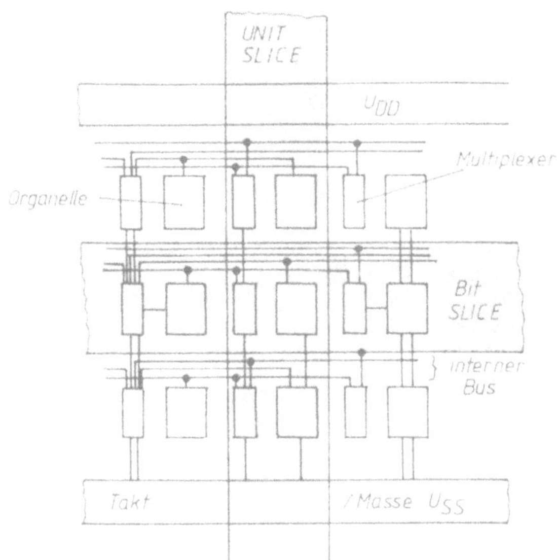

Abb. 4.27 Prinzip eines Siliconcompilers für Mikroprozessoren [Elec 83]

(MacPitt, Bristle-Block-Programm) [Elec 83] übersetzen die Prozessorbeschreibung in eine Datenstruktur, bestehend aus Einheiten (für jeden Prozeß eine „Organelle") und Booleschen Gleichungen (für die Steuerlogik). Die entstehenden Daten dienen als Eingabe für die Layoutgeneratoren. Die Anordnung der Organellen (Schieberegister, Adder u. s. w.), die Verbindungen, die Realisierung der Steuerleitungen, die Auswahl der Datenquellen bei Multiplexern und die Generierung der NOR-Steuerlogik erfolgen vollautomatisch (Abb. 4.27).

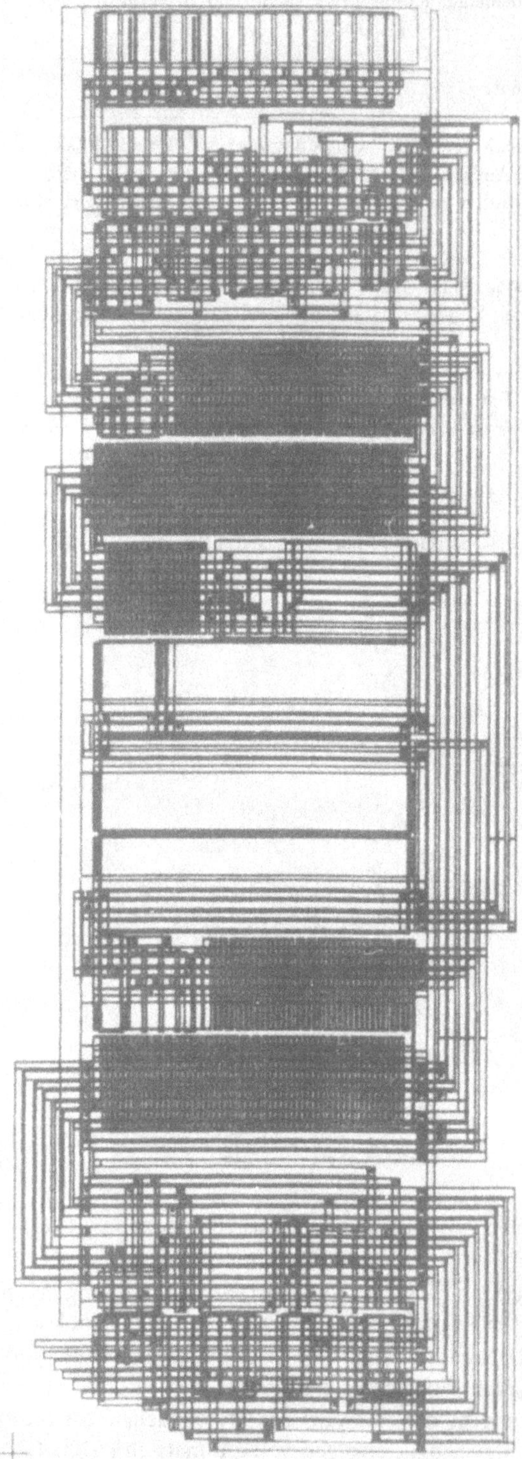

Abb. 4.28 Zellensynthese. NSGT-Siliconcompiler zur Generierung von Layouts ausgehend vom Transistorniveau [RoSM 86]

Siliconcompiler konnten sich wegen des höheren Chipflächenbedarfes bisher nur für ausgewählte Schaltkreisklassen durchsetzen.

4.7.5. Zellensynthese

Die Zellensynthese nutzt die bereits vorgestellten Methoden des Layoutentwurfs. In Ausnahmefällen, wo keine besonderen Anforderungen bezüglich der Packungsdichte bestehen, kann auf eine vollautomatische Zellensynthese von Transistor- oder Logikniveau zurückgegriffen werden. Abb. 4.28 stellt ein vollautomatisch generiertes NSGT-Layout vor. Als Parameter können die Layoutform des Blocks, die Transistorschaltung (Transistortyp, B, L) und die Lage der Anschlußleitungen vorgegeben werden.

4.7.6. PLA-Generatoren

von K. Feske, A. Frenzke, TU Dresden

PLA-Generatoren sind Entwurfshilfen zur maschinellen Umsetzung einer gegebenen, meist sprachlichen Beschreibung für ein zu entwerfendes digitales System in eine topologische Beschreibung für das Layout programmierbarer logischer Anordnungen (PLA).

4.7.6.1. Top-down-Entwurf mit PLA-Generatoren

Werden beim Entwurf integrierter Steuerwerke PLAs als Funktionsblöcke verwendet, so ergeben sich aufgrund ihrer Regularität Vereinfachungen für den Strukturansatz und für die Schrittfolge der Hardware-Synthese. Damit sind vorteilhafte Voraussetzungen für die maschinelle Unterstützung des Top-down-Entwurfsprozesses gegeben, so daß in zunehmendem Maße Teilaufgaben des Steuerwerk-Entwurfs bei VLSI-Schaltkreisen mit PLAs gelöst werden. Ausdruck dieser Tendenz sind zahlreiche Veröffentlichungen über PLA-Generatoren [GIP 80, KACl 81, MRBC 83, AgMe 84 u. a.]. Sie ermöglichen im allgemeinen einen durchgängigen maschinellen PLA-Entwurf bis zum Layout. Dabei kann von einer Formulierung der Entwurfsaufgabe in einer Hardware-Beschreibungssprache (HDL) ausgegangen werden, wobei ein Translator [Diet 80, KaCl 81] die für die Realisierung der Steuerungsaufgabe benötigten Booleschen Gleichungen generiert. PLA-Generatoren sind weiterhin dadurch charakterisiert, daß einige vom Random-Logikentwurf her bekannte Optimierungsmethoden auf die Umformung und Optimierung der PLA-Grundstruktur übertragen worden sind. Durch kombinierte Anwendung von Verfahren

- der Booleschen Minimierung [Kaza 62, DiSu 69, HoCO 74, Fesk 79],
- der PLA-Partitionierung [Gras 80],
- und der PLA-Faltung [NaNS 82, Gras 82, MiSa 83, LeLi 84]

kann dann der Chipflächenbedarf der PLA-Realisierung bedeutend gesenkt werden.

4.7.6.2. Boolesche Minimierung

Die Entwurfsaufgabe besteht in der Minimierung des Gesamtflächenaufwandes für die PLA-Matrizen bei gleichzeitiger Minimierung der Anzahl der Programmierpunkte. Hierzu muß die Optimierung des Verbindungsfelds des gesuchten zweistufigen Schaltnetzwerks unter Berücksichtigung des gesamten Systems zu realisierender Schaltfunktionen erfolgen. Das klassische Vorgehen [Zand 70] beinhaltet die folgenden drei Schritte:

1. Berechne die Menge P aller Mehrfachprimimplikanten,
2. Bestimme alle minimalen Lösungen.
3. Wähle eine bezüglich eines Kostenkriteriums optimale Lösung aus.

Für die effektive Lösung komplizierter Minimierungsprobleme ist aber diese Vorgehensweise wegen des großen Rechenaufwandes nicht geeignet. Praktikabel sind flexible Näherungsverfahren [Kasa 62, DiSu 69, HoCO 74, Fesk 79], die es gestatten, die Lösungsgüte gegen den zu investierenden Rechenaufwand abzuwägen.

Das Programm REKOS [FeKL 77] wurde für den rechnergestützten Entwurf kombinatorischer Schaltungen mit einer großen Anzahl von Variablen (n) und Funktionen (m) entwickelt, wobei als kombinatorische Aufgabenstellungen auch Systeme unvollständig bestimmter Schaltfunktionen in nichtkanonischer Darstellung zugelassen sind. Es existieren Programmversionen für die Computer (BESM6 — $n, m \leqq 48$, EC 1040/1055 $n \leqq 64$, $m \leqq 128$) sowie eine PC-Version. REKOS ist in folgende Moduln untergliedert:

— Input-Modul,
— Produktterm-Generator,
— Auswahl-Programm,
— Modul zur Lösungsverbesserung,
— Output-Modul.

Durch Eingabe eines Inversionsvektors kann die Optimierung an die gewünschte Realisierungsbasis angepaßt werden und für vorgegebene Kombinationen negierter und nicht negierter Funktionen erfolgen.

Der Produktterm-Generator erlaubt

— wahlweise die Berechnung der Menge P aller oder ausgewählter Mehrfach-Primimplikanten (kürzeste Produktterme),
— die Berücksichtigung einer Bewertungsfunktion zur Vorauswahl und
— die Vorgabe von Mächtigkeit und Typ der zu generierenden Menge von Produkttermen.

Die Minimierung des Verbindungsfeldes der PLA-Realisierung erfolgt anschließend mit einem Auswahlverfahren in zwei Schritten:

1. Auswahlschritt: Auswahl einer minimalen Teilmenge C, $C \subseteq P$, von Produkttermen, die das Einsfeld ON des Funktionsbündels F noch insgesamt realisiert (d. h. Minimierung der Zeilenanzahl der Eingangs- und Ausgangsmatrix der PLA)
2. Auswahlschritt: Ausgehend von diesem Minimum Auswahl einer minimalen Teilmenge C_k, $C_k \subseteq P_k$, bezüglich jeder Funktion f_k, $k = 1, \dots, m$, aus der Menge P_k, $P_k \subseteq C_E$ der an der Realisierung dieser Funktion beteiligten Produktterme (d. h. Minimierung der Anzahl der Programmierpunkte der Ausgangsmatrix).

Abb. 4.29 veranschaulicht das Konvergenzverhalten des Auswahlprogramms im ersten Auswahlschritt, das bei der Lösung einer relativ komplizierten Minimierungsaufgabe ermittelt wurde (vgl. Beispiel 3 in Tab. 4.2). Über der aktuellen Indexgrenze l_C der sich aufbauenden Lösung C sind die zugeordneten Indexgrenzen l_P, l_{ON} des sich reduzierenden Auswahlrestproblems (P, ON) sowie das Zeitverhalten der Programmschritte und -zyklen dargestellt.

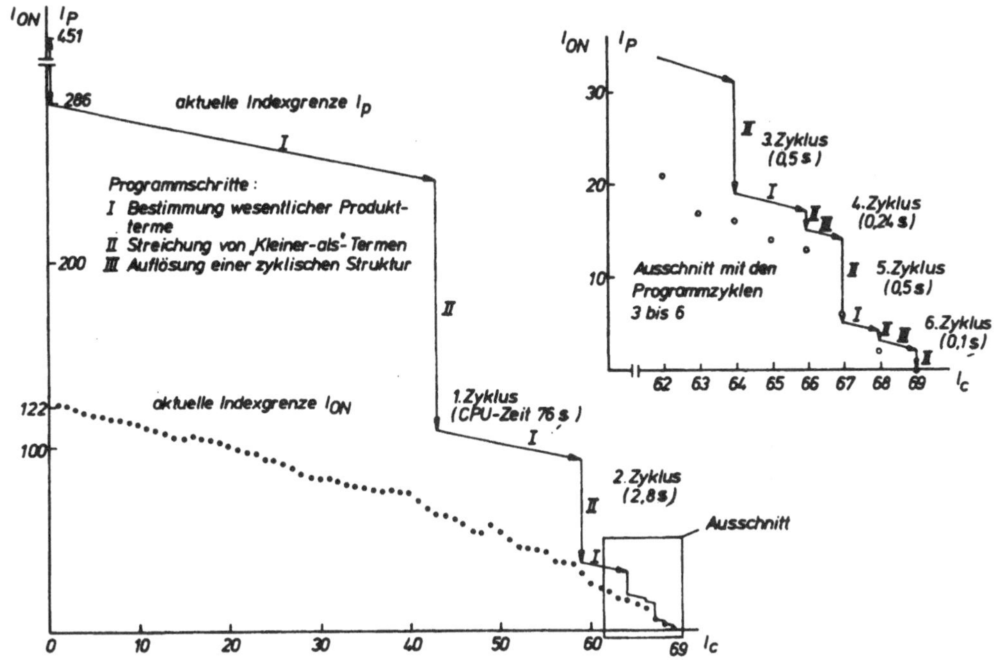

Abb. 4.29 Konvergenzverhalten des Auswahlprogramms

Tab. 4.2 zeigt für folgende Synthesebeispiele die Parameter der kombinatorischen Aufgabenstellungen (Einsmenge ON, Nullmenge OFF) und der mit dem Programm REKOS berechneten Lösungen, sowie die gemessenen Rechenzeiten:

1. Steuerung zur Parameteroptimierung,
2. Befehlsdekoder,
3. Steuerung eines Kraftwerksaggregates,
4. PLA eines Mikroprogramm-Steuerwerks,
5. Theoretische Aufgabenstellung (mittels Funktionsgenerator des Input-Moduls erzeugt).

Tabelle 4.2 Beispiele zur Booleschen Minimierung

Beispiel	n	m	l_{ON}	l_{OFF}	Anzahl der Produktterme	CPU-Zeit in s
1	6	13	39	40	23	2,7
2	12	30	124	127	96	6,2
3	23	26	122	147	69	111,9
4	28	32	300	308	136	140,2
5	48	48	200	200	95	246,0

4.7.6.3. PLA-Faltung

Nachdem in vorangestellten Entwurfsschritten das logische Verhalten festgelegt wurde, kann der Chipflächenbedarf von PLAs durch Faltung weiter verringert werden. Die PLA-Faltung ist eine topologische Umformung, die auf der Möglichkeit der variablen Segmentation physischer Signalleitungen innerhalb des PLA-Layouts beruht. Durch Zuordnung der logischen Signale zu den Segmenten werden physische Spalten bzw. Zeilen der PLA mehrfach ausgenutzt. Die Flächeneinsparung resultiert aus der entsprechenden Verringerung der Anzahl benötigter physischer Spalten bzw. Zeilen für die PLA-Realisierung auf dem Chip.

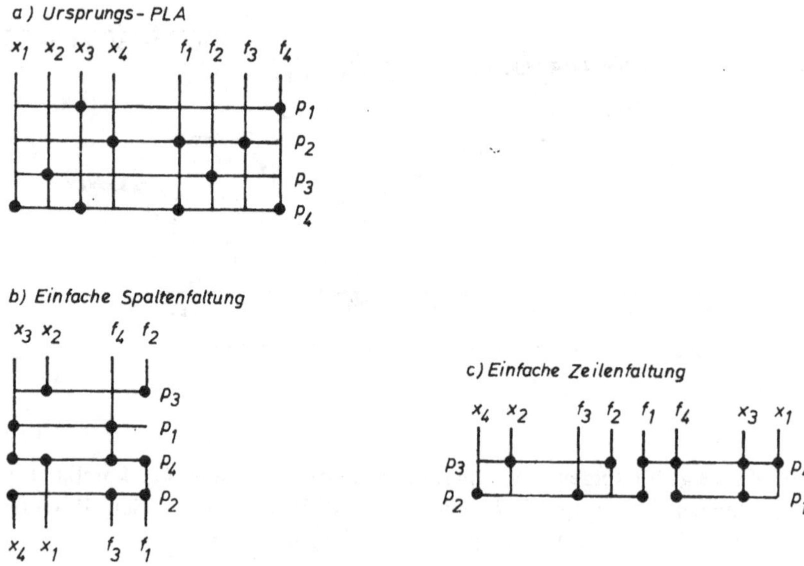

Abb. 4.30 Einfache PLA-Faltung

Je nach Art der Segmentation werden verschiedene Faltungsprinzipien unterschieden. Dabei ist insbesondere das Prinzip der einfachen Faltung, bei dem maximal zwei Segmente pro physischer Signalleitung erlaubt sind, von praktischer Bedeutung. Abb. 4.30 zeigt die symbolischen Layouts einer Ursprungs-PLA sowie der durch einfache Spaltenfaltung und durch einfache Zeilenfaltung entstandenen gefalteten PLAs. Alle Segmente sind von außen zugänglich und können deshalb ohne Auflockerung des Rasters und ohne zusätzliche Verdrahtungsebenen angeschlossen werden.

In [HaNS 82] sind die mathematischen Grundlagen für das Problem der einfachen Spaltenfaltung (ESF) dargelegt. Wenn ein geordnetes Paar logischer Signale, die den Segmenten derselben physischen Spalte zugeordnet werden sollen, als Faltungspaar bezeichnet wird, so lautet die Aufgabenstellung für einen ESF-Algorithmus:

Gesucht sind

1. eine Menge von Faltungspaaren mit maximaler Mächtigkeit und
2. eine dieser Menge entsprechende Zeilenpermutation.

Die Betrachtungen sind auf das Problem der einfachen Zeilenfaltung (EZF) prinzipiell übertragbar. Aus Abb. 4.30c wird deutlich, daß dabei aber entweder die Eingangs- oder Ausgangsmatrix in zwei Teilmatrizen zerlegt wird.

Zur Lösung von Faltungsproblemen haben sich zwei Verfahren durchgesetzt:

- heuristische Geradeaus-Verfahren [HaNS 82, MiSa 83]
- Branch- and -bound-Algorithmen [Gras 82, LeLi 84].

Auf der Grundlage von [Gras 82] wurde ein Branch-and-bound-Faltungsprogramm in FORTRAN 77 entwickelt. Es erlaubt neben der einfachen Spalten- bzw. Zeilenfaltung auch die einfache kombinierte Faltung, d. h. die parallele Flächenoptimierung durch Spalten- und Zeilenfaltungspaare. Das Programm hat folgende Eigenschaften:

- schnelle Ermittlung mehrerer Anfangslösungen mit Hilfe verschiedener Heuristiken,
- schrittweise Lösungsverbesserung durch Baumsuche, die durch den Entwerfer jederzeit abgebrochen werden kann,
- Berücksichtigung von Entwerfervorgaben bezüglich der Anordnung von Signalleitungen (Einordnung in das Gesamt-Layout),
- Dialogprogramm für Problemgrößen mit bis zu 60 Spalten (Zeilen) und 100 Zeilen (Spalten).

In Tab. 4.3 sind Faltungsergebnisse für eine Auswahl von PLAs dargestellt. Die angegebenen Flächeneinsparungen beziehen sich nur auf die Matrizenflächen. Flächenanteile durch Lastelemente, Inverter, Treiber u. a., die sowohl in der Anzahl als auch in der Fläche durch die Faltung nicht beeinflußt werden, sind hierbei nicht berücksichtigt.

Tabelle 4.3 Beispiele zur PLA-Faltung

n	m	l	Logik-dichte	Flächeneinsparung durch		
				ESF	EZF	EKF
23	19	50	12%	48%	12%	–
5	16	14	33%	31%	7%	36%
4	16	8	31%	33%	12%	42%
6	8	9	39%	50%	33%	50%

4.7.6.4. Ein kleines Entwurfsbeispiel

Zur Verdeutlichung des dargestellten Entwurfsabläufs wurde die Aufgabenstellung einer Verkehrsampelsteuerung nach [MeCo 80, S. 85—88] gewählt und für die Verwendung eines 3-bit-Registers modifiziert.

Problembeschreibung in einer HDL

Mit den Ausdrucksmitteln einer Hardware-Beschreibungssprache ist eine kompakte Formulierung der Entwurfsaufgabe möglich.

Mit DDL [Diet 71] ergibt sich folgende Eingabe:

```
⟨SY⟩ CONTROL: ⟨TI⟩P(1.E-3).
⟨TE⟩ H0, H1, N0, N1, C.
⟨EL⟩ TIMER(TL, TS: ST).
⟨AU⟩ ZST[3]:
       ⟨ST⟩
       Z1[0]: H0 = 0, H1 = 0, N0 = 1, N1 = 0,
              |C * TL| ST = 1, →Z2; → Z1 .. (HAUPTSTR. GRUEN)
       Z2[2]: H0 = 0, H1 = 1, N0 = 0, N1 = 1,
              |TS| ST = 1, → Z3; → Z2 ..     (HAUPTSTR. GELB → ROT)
       Z3[5]: H0 = 1, H1 = 0, N0 = 0, N1 = 0 ,
              |¬C + TL| ST = 1, → Z4; → Z3 .. (HAUPTSTR. ROT)
       Z4[3]:H0 = 0, H1 = 1, N0 = 0, N1 = 1,
              |TS| ST = 1, → Z1; → Z4 .....  (HAUPTSTR. GELB →
                                              GRUEN)
```

Der nun folgende Entwurfsablauf ist im Rahmen eines PLA-Generators automatisierbar:

Translator-Ausgabe

Die Ausgabe des DDL-Translators [Diet 80] umfaßt neben den Transferanweisungen einen Satz Boolescher Gleichungen der nach Umformung in Schaltbelegungstabellen [Witt 85] an ein Programm zur Booleschen Minimierung übergeben werden kann.

Boolesche Minimierung

Das Verbindungsfeld

$$
\boldsymbol{V} = \left\{ \begin{array}{cccccccccccccccc}
X & X & 0 & X & 1 & X & \circ & X & 1 & X & X & X & 1 & X & 1 \\
X & X & 1 & X & 1 & 0 & \circ & 1 & X & 1 & X & X & X & X & X \\
1 & 0 & X & 1 & X & X & \circ & 1 & X & X & X & X & X & X & \\
X & X & 1 & X & 1 & X & \circ & X & X & X & 1 & X & 1 & X & 1 \\
X & X & 0 & X & X & 1 & \circ & X & X & 1 & X & X & X & X & X \\
X & X & X & X & 0 & 0 & \circ & X & X & X & X & X & X & 1 & X \\
0 & X & X & 1 & X & X & \circ & X & 1 & X & 1 & X & X & X & X \\
1 & 1 & X & X & 0 & X & \circ & X & 1 & X & 1 & X & X & X & X \\
X & X & X & 1 & X & X & \circ & X & X & 1 & X & 1 & X & X & X
\end{array} \right\}
$$

der minimierten PLA enthält 9 Produktterme und wurde mit dem Programm REKOS in 0,54 Sekunden berechnet. Abb. 4.31a zeigt das zu $\boldsymbol{V}$ äquivalente symbolische Layout. Durch die gleichzeitige Minimierung der Logikdichte erhöht sich die Wirksamkeit nachfolgender topologischer Umformungen:

PLA-Faltung

Die Anwendung der einfachen Spaltenfaltung führt zur Einsparung von 10 der 20 physischen Spalten. Einfache Zeilenfaltung ergibt die Einsparung von 3 der 9 physischen Zeilen. Das

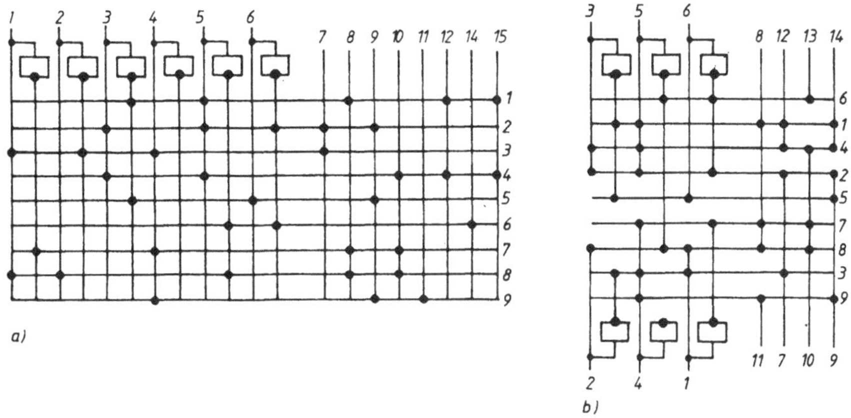

Abb. 4.31 Symbolische Layouts der generierten PL.
a) ungefaltet, b) nach Spaltenfaltung

Ergebnis der kombinierten Faltung ist mit dem der Spaltenfaltung identisch. Alle Ergebnisse wurden ohne Einbeziehung von Entwerfervorgaben ermittelt und stellen optimale Lösungen dar. In Abb. 4.31 b ist das symbolische Layout der PLA nach der Spaltenfaltung dargestellt.

Layout-Generierung

Die PLAs werden in ED-nSGT entsprechend den Entwurfsregeln nach [MeCo 80] entworfen. Es erfolgt gleichzeitig die Transformation der AND-OR- in die NOR-NOR-Struktur. Um die Faltung zu ermöglichen, mußten einige PLA-Bausteine modifiziert werden. In Abb. 4.32 ist das Layout der ungefalteten PLA dargestellt, während Abb. 4.33 das spaltengefaltete Layout zeigten.

4.8. Prüfbarkeit von Schaltkreisen und Testfolgengenerierung

von H. Kassner, ZFT Mikroelektronik Karl Marx Erfurt

Meßtechnische Kontrollen spielen bei der Herstellung hochintegrierter Schaltkreise eine wichtige Rolle. Sie werden mit unterschiedlichen Zielstellungen zu verschiedenen Zeitpunkten des Entwicklungsablaufs bzw. des Herstellungsprozesses eingesetzt.

Während es in der Entwicklungsphase darauf ankommt, möglichst viele Informationen über Funktion, Parameter, Betriebsbereiche und parametrische Abhängigkeiten zu gewinnen, ist es unter den ökonomischen Zwängen der Fertigung erforderlich, die Meßabläufe zu optimieren.

Vorbereitung und Durchführung dieser Messungen erfordern einen erheblichen Aufwand. Es kommen komplizierte programmierbare Testsysteme zum Einsatz. Für jeden Schaltkreistyp ist ein Satz von Meßprogrammen zu erarbeiten sowie die Testpattern bereitzustel-

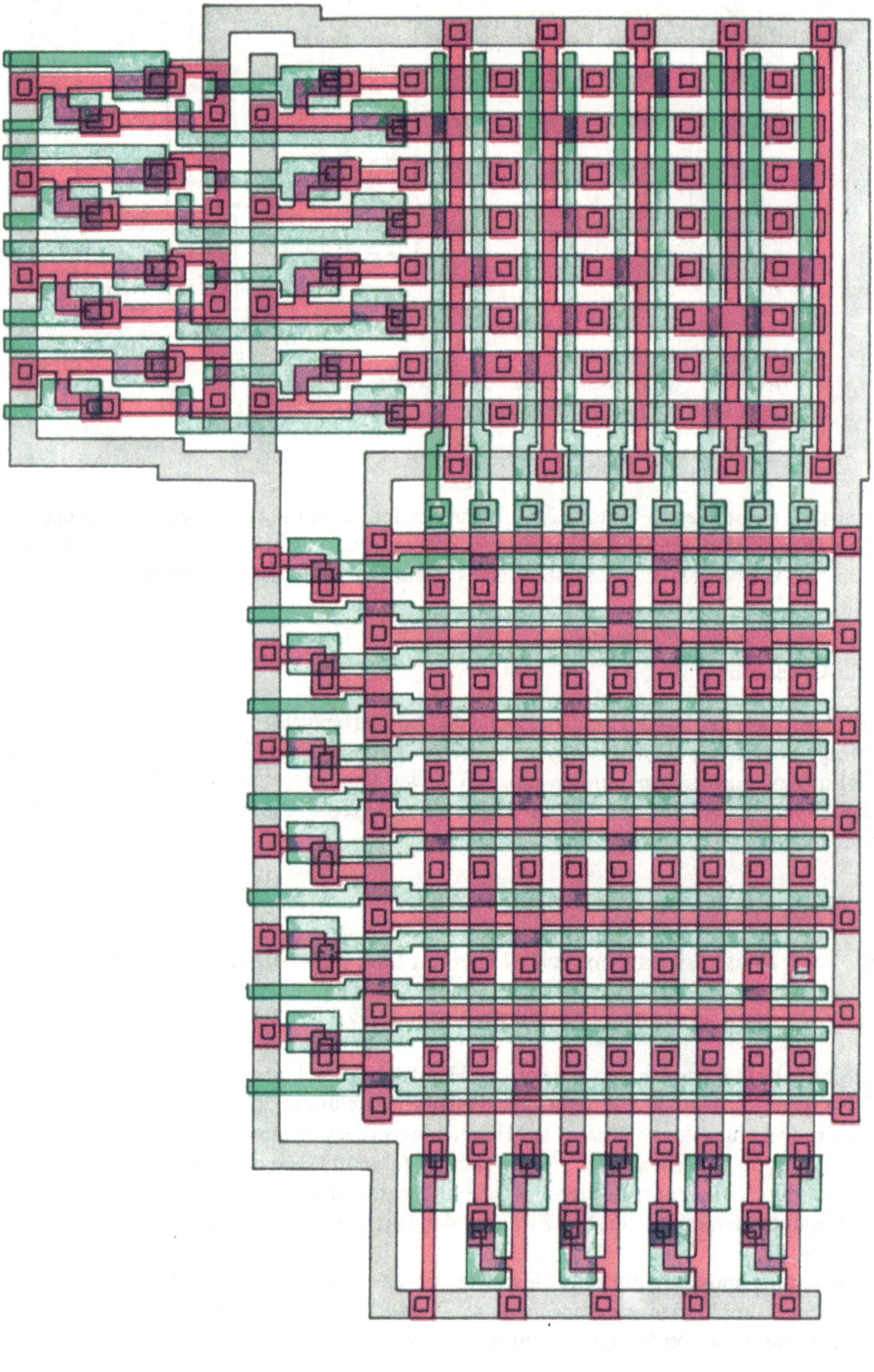

Abb. 4.32 Layout der ungefalteten PLA

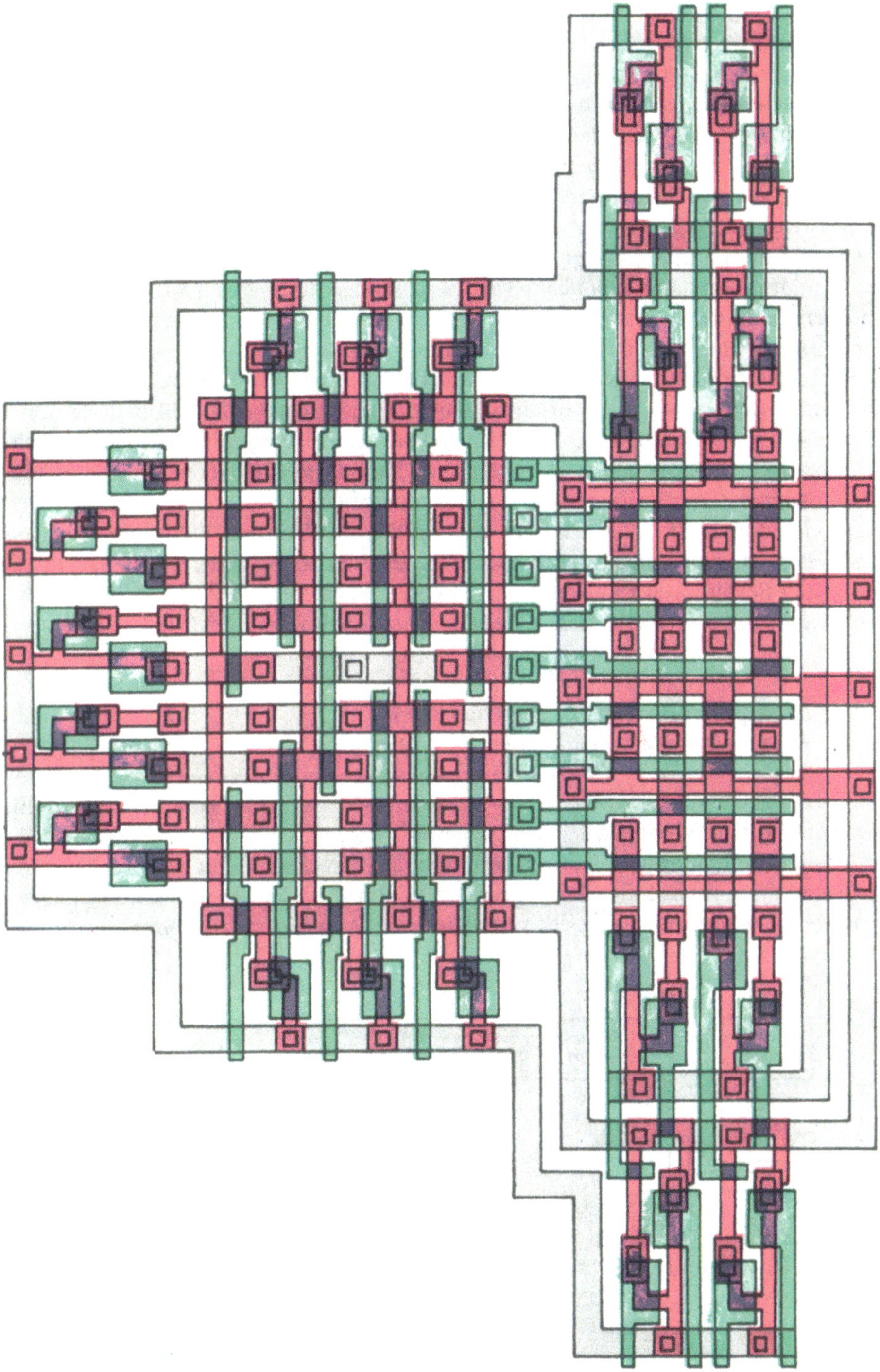

Abb. 4.33 Layout nach der Spaltenfaltung

len. Das Testpattern beinhaltet die Eingangsbelegungsfolgen für den Prüfling, die erwarteten Ausgangsreaktionen sowie Steuerinformationen für das Testsystem.

Mit den raschen Fortschritten auf dem Gebiet der Halbleitertechnologie ist es möglich, immer mehr logische Funktionen auf einem Chip zu integrieren. Nicht in dem gleichen Maße kann jedoch die Anzahl der äußeren Anschlüsse dieser Schaltungen gesteigert werden, über die im wesentlichen alle meßtechnischen Kontrollen zu führen sind. Immer mehr logische Funktionen müssen also über eine relativ kleine Anzahl von Pins geprüft werden. Ein Maß für den Schwierigkeitsgrad dieser Aufgabe ist die durch die Anzahl der speichernden Elemente einer Schaltung und die sequentielle Tiefe ihrer Verkettung bestimmte Komplexität. Der Prüfaufwand nimmt exponentiell mit wachsender Komplexität zu. Daher wird in zunehmendem Maße neben den technologischen Voraussetzungen auch die Prüfbarkeit einer Schaltung zum Kriterium ihrer Realisierbarkeit.

Neben dem mathematisch-theoretischen Gesichtspunkt der Prüfbarkeit, der hier nicht näher behandelt werden soll, sind vor allem auch die praktischen Möglichkeiten der Testdurchführung zu berücksichtigen. Das betrifft sowohl die Leistungsfähigkeit und die technischen Grenzen der einzusetzenden Testsysteme, als auch die Verfügbarkeit und den rechentechnischen Aufwand von Verfahren zur Testpatternerzeugung.

Im folgenden Abschnitt sollen zunächst prinzipieller Aufbau und Funktionsweise von LSI/VLSI-Testsystemen erläutert werden, während im Abschn. 4.8.2 die Testpatternerzeugung für digitale Schaltungen im allgemeinen und im Abschn. 4.8.3 speziell das Problem der Prüfung hochintegrierter digitaler Schaltkreise dargestellt wird.

4.8.1. Prinzipieller Aufbau und Funktionsweise von programmierbaren LSI-Testsystemen

Testsysteme für hochintegrierte Schaltkreise müssen in der Lage sein, komplexe elektrische Signalverläufe für eine Vielzahl von Pins gleichzeitig bereitzustellen und zu bewerten. Sie müssen für den Prüfling dessen „natürliche Umgebung“ nachbilden, dabei aber definierte elektrische und dynamische Einstellungen realisieren, um so die logische Funktionsfähigkeit des Schaltkreises unter Einhaltung der spezifizierten Parameter nachzuweisen.

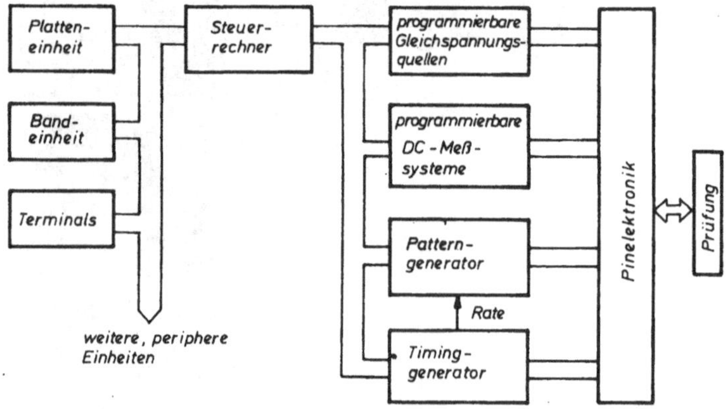

Abb. 4.34 Aufbau eines programmierbaren Testsystems

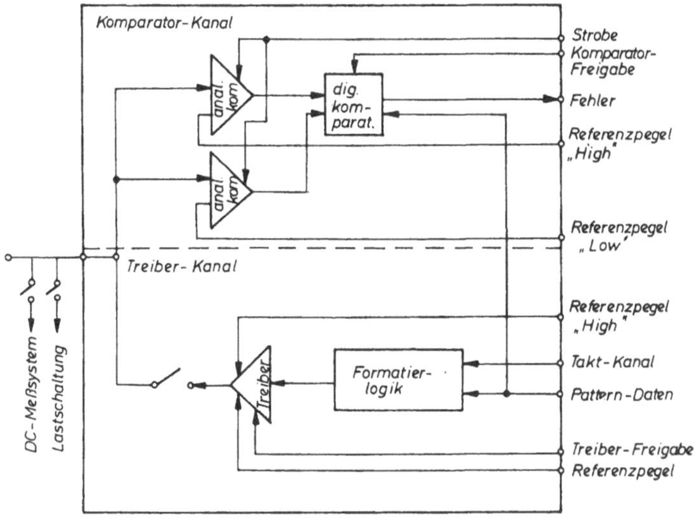

Abb. 4.35 Aufbau der Pinkarten in der Pinelektronik

Es existiert eine große Anzahl technischer Lösungen für solche Testsysteme, auf die in ihrer Vielfalt hier nicht näher eingegangen werden kann. Eine größere Bedeutung haben programmierbare, d. h. über ein Meßprogramm an den Schaltkreistyp und die Prüfaufgabe anpaßbare, Testsysteme erlangt. Der prinzipielle, stark vereinfachte Aufbau eines solchen Systems ist in Abb. 4.34 dargestellt.

An den Steuerrechner sind neben der üblichen Peripherie über einen zweiten Bus die eigentlichen Testerbaugruppen angeschlossen. Diese liefern nach den Anweisungen des Meßprogramms die erforderlichen analogen und digitalen Signale für die Pinelektronik. Die Pinelektronik ist an der Schnittstelle zwischen Testsystem und Prüfling angeordnet. Sie hat, zusammen mit Pattern- und Timinggenerator, eine zentrale Bedeutung für die Testdurchführung. Die Pinelektronik besteht aus einer, der maximal möglichen Pinanzahl entsprechenden Menge von Leiterplatten, den Pinkarten. Der vereinfachte Aufbau dieser identischen Karten ist in Abb. 4.35 dargestellt.

Je Pinkarte ist ein Treiber- bzw. Komparatorkanal realisiert. In Abhängigkeit von der Funktion des angeschlossenen Prüflingspins wird über das Meßprogramm entweder nur der Komparator- oder der Treiberkanal aktiviert. Für bidirektionale Pins kann mit den Komparator- und Treiberfreigabesignalen patternabhängig gesteuert werden, ob Daten getrieben oder bewertet werden sollen. Die erforderlichen Referenzpegelpaare und Taktkanäle werden über das Meßprogramm festgelegt und zugeordnet. Der logische Wert des Bits sowie die beiden Freigabesignale werden über den Patterngenerator bereitgestellt. Dieser ist vor Testbeginn mit den entsprechenden z. B. durch ein automatisches Testsatzgenerierungs(ATG)-Programm erzeugten Patterndaten, zu laden. Hauptbestandteil des Patterngenerators ist im allgemeinen ein schneller Speicher mit einer Logikeinheit zur Adressenerzeugung. Die Breite des Patternspeichers entspricht der Anzahl der Testerpins zuzüglich einiger Steuerkanäle, deren Anzahl und Funktion bei den einzelnen Testsystemen sehr weit variieren kann. Die Adreßerzeugungseinheit ermöglicht sowohl das lineare Auslesen des Patternspeichers als auch Wiederholungen und unterschiedliche Schleifen und Sprünge. Die Übertragungsrate der Patternzeilen zur Pinelektronik wird im Timinggenerator

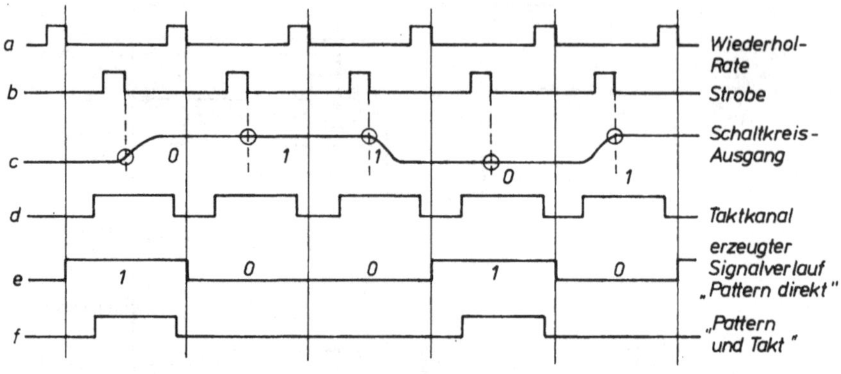

Abb. 4.36 Signalverlauf in der Pinelektronik

programmiert und entspricht der gewählten Testfrequenz. Alle weiteren Taktkanäle werden in bezug auf diese Übertragungsrate programmiert und können in der Pinelektronik als Strobe- oder Taktsignal weiterverwendet werden.

Das Zusammenspiel aller Signale ist in Abb. 4.36 dargestellt. Signal *a* ist die für die Patternübertragung programmierte Rate. Relativ zu diesem Basistakt werden durch Angabe von Verzögerung und Taktbreite alle übrigen Taktkanäle programmiert (*b* und *d*). Das Strobesignal bestimmt den Zeitpunkt, zu dem ein Schaltkreisausgang (*c*) abgetastet wird. Das geschieht in jedem Basistakt immer wieder. Das ebenfalls mit jeder Patternzeile bereitzustellende Komparatorfreigabesignal entscheidet jedoch, ob der betreffende Komparatorkanal ein Fehlersignal erzeugen darf, falls der ermittelte Wert nicht mit dem vorgegebenen Patterninhalt übereinstimmt. Zur Erzeugung der Eingangssignale für den Prüfling kann der Patterninhalt entweder direkt an den Treiber weitergegeben (*e*) oder in der Formatierlogik jeder Pinkarte mit einem Taktkanal nach einer programmierbaren logischen Funktion verknüpft werden. Das Signal *f* entsteht durch logische UND-Verknüpfung der dargestellten Patternspalte mit dem Taktkanal. Im Treiber selbst werden dem so entstandenen Signal noch die programmierten Pegel aufgeprägt, so daß der vollständige elektrische und dynamische Signalverlauf am Prüflingspin bereitsteht.

Über das Meßprogramm werden auf diese Weise Anzahl und Reihenfolge der einzelnen Tests, sowie deren dynamische und elektrische Parameter festgelegt. Den logischen Prüfumfang bestimmt hingegen die Testpattern.

Probleme der Testpatternbereitstellung werden in den nächsten beiden Abschnitten behandelt.

4.8.2. Testpatternerzeugung für digitale Schaltungen

Vom Beginn einer Schaltkreisentwicklung bis hin zum Produktionsprozeß wird eine Vielzahl von Schritten durchlaufen, die alle potentiell zu Fehlern am fertigen Schaltkreis beitragen können. Aufgabe der CAD-Software ist es, die entwurfsbedingten Fehler zu minimieren und möglichst völlig zu beseitigen. Prozeßbedingte Fehler haben die vielfältigsten Ursachen und lassen sich durch strenge Prozeßkontrolle zwar minimieren, aber nicht beseitigen. So vielfältig wie ihre Ursachen sind auch ihre Erscheinungsformen am fertigen Bauelement.

Wollte man alle theoretisch denkbaren Fehler nachweisen, müßte man für eine gegebene prüfbare Schaltung alle kombinatorisch möglichen Zustandsübergänge ausführen. Für einfache Schaltungen mag diese Herangehensweise wohl denkbar sein, für komplexe hochintegrierte Schaltkreise hingegen ist sie völlig unmöglich.

Es ist daher erforderlich und in der Digitaltechnik auch üblich, die Vielzahl der möglichen Fehler auf Fehlermodelle abzubilden und die Vollständigkeit der Prüfung auf das gewählte Fehlermodell zu beziehen.

Eine weite Verbreitung haben das s-a-x-Fehlermodell und die darauf gegründeten Verfahren zur automatischen Testsatzgenerierung (ATG) und zur Testsatz-Verifikation, der Fehlersimulation, gefunden. Allen Ein- und Ausgängen der internen logischen Elemente wird je ein Fehlerpaar s-a-0, s-a-1 (stuck-at-x, „fest auf x") zugewiesen und unterstellt, daß sich die vielfältigen prozeßbedingten Fehler in ihrer Auswirkung auf ein solches Verhalten zurückführen lassen.

Aus Gründen des rechentechnischen Aufwandes werden jedoch meist nur Einzelfehler betrachtet. Mehrfachfehler, d. h. das gleichzeitige Auftreten mehrerer Stuck-at-Fehler, sind nicht oder nur in geringem Umfang zugelassen.

Prinzipiell versuchen alle ATG-Verfahren, an der Stelle des betrachteten Fehlers die entsprechende Gegenbelegung zu erzeugen (1 für s-a-0 und 0 für s-a-1) und das Ergebnis so zu einem der Schaltkreisausgänge fortzupflanzen, daß der Unterschied für den fehlerhaften bzw. fehlerfreien Fall sichtbar bleibt. Damit gilt der betreffende Fehler als nachgewiesen.

ATG-Verfahren sind, speziell bei ihrer Anwendung auf sequentielle Schaltungen, äußerst aufwendig. Sie werden daher erst nach Abschluß des Logikentwurfs und nach erfolgreicher Logiksimulation eingesetzt. Üblich ist auch die Kopplung mit einem Fehlersimulationsprogramm. Für die Fehlersimulation werden nach unterschiedlichen Strategien die betrachteten Fehler in das Logikmodell eingebracht. Für eine vorzugebende Belegungsfolge wird nun untersucht, ob sich an den Schaltungsausgängen Unterschiede zum fehlerfreien Modell ergeben. Ist dies der Fall, gilt der betreffende Fehler als nachgewiesen.

Dadurch ist es möglich, für die aufwendigen ATG-Algorithmen bestimmte Vereinfachungen zuzulassen und über die Fehlersimulation zu bestätigen, ob die betreffenden Fehler tatsächlich geprüft werden.

Da die ATG-Verfahren mit den gleichen Beschreibungsdaten für die betrachtete Schaltung arbeiten wie Entwurf und Logiksimulation, sind sie auch nur in der Lage, prozeßbedingte Fehler nachzuweisen, nicht aber entwurfsbedingte Fehler in der Logik selbst.

Unerfreulicherweise sind aber auch die hier dargestellten konventionellen Verfahren zur Testsatzerzeugung für komplexe Schaltungen nicht oder doch nur eingeschränkt und unter bestimmten Bedingungen anwendbar. Ursachen hierfür sind zum einen die mit wachsender Komplexität exponentiell ansteigenden Anforderungen an Rechenzeit und Speicherkapazität. Zum anderen ist das s-a-x-Einzelfehlermodell nicht hinreichend in der Lage, die in den dicht gepackten hochintegrierten Schaltungen tatsächlich auftretenden Fehlermechanismen zu beschreiben. Hier spielen Brücken- und Sensitivitätsfehler, Mehrfachfehler also, eine größere Rolle. Diese können mit den ohnehin schon überforderten konventionellen ATG-Verfahren nicht mehr behandelt werden.

4.8.3. Prüfung von LSI- und VLSI-Schaltkreisen

Prinzipiell gibt es von der algorithmischen Seite zwei Ansätze zur Lösung des Problems der Prüfung sehr hoch integrierter Schaltkreise:

— Verringerung der Komplexität der Schaltungen und
— Reduzierung der zu behandelnden Datenmengen durch ATG-Algorithmen auf höheren Beschreibungsniveaus.

Eine Verringerung der Komplexität läuft natürlich im allgemeinen dem Integrationsbestreben entgegen. Gelöst werden kann dieses Problem nur durch die entwurfsseitige Realisierung spezieller Testfunktionen in dem betreffenden Schaltkreis. Funktionsbedingt komplexe Schaltungen können so, über eine spezielle Betriebsart „Test" oder durch Ausführung spezieller Testbefehle, in weniger komplexe umgewandelt und konventionellen ATG-Verfahren zugänglich gemacht werden. Möglichkeiten hierfür sind z. B.:
— Modularisierung/Partitionierung,
— Scan-path,
— Realisierung spezieller Testbefehle in Mikroprozessoren und
— Realisierung von Selbsttestfunktionen.

Partitionierung ist die Zerlegung einer gegebenen digitalen Schaltung in kleinere, möglichst schwach zusammenhängende Blöcke, die konventionellen ATG-Verfahren zugänglich sind. Der Aufwand zur Berechnung der Teilschaltung ist in der Summe niedriger als der für die geschlossene Berechnung der Originalschaltung. Die für die Teilschaltungen berechneten Pattern müssen dann jedoch auf die Pins der Originalschaltung transformiert werden. Dies ist um so einfacher möglich, je stärker die Schaltung schon entwurfsseitig modularisiert ist (Abb. 4.37), (Abb. 4.38).

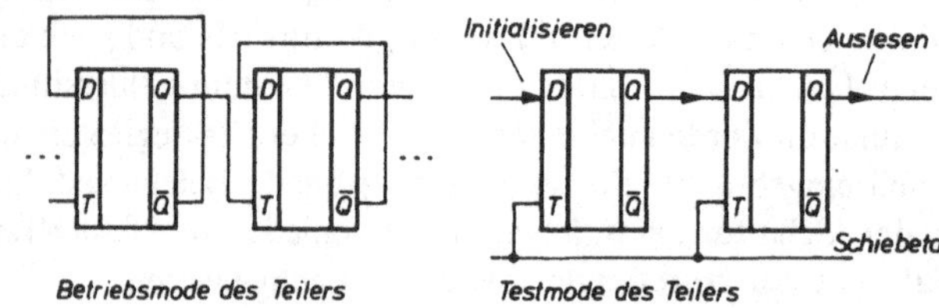

Abb. 4.37 Der Teiler ist zwischen Test- und Betriebsmodus umschaltbar zu gestalten

Beim Scan-path-Prinzip werden alle speichernden Elemente der Schaltung zusätzlich zur normalen Funktion als Schiebekette zusammengeschaltet. Durch Umschalten in eine spezielle Testbetriebsart kann die Schiebekette seriell unter Umgehung der normalen Schaltkreisfunktion geladen werden. In der normalen Betriebsart wird dann ein Arbeitstakt ausgeführt und das Ergebnis wiederum im Testmode über die Schiebekette nach außen transportiert. Damit ist das komplexe Prüfproblem auf ein rein kombinatorisches zurückgeführt worden, das prinzipiell immer lösbar ist (Abb. 4.38). Nachteilig hierbei ist der im allgemeinen hohe zusätzliche Schaltungsaufwand. Ein Kompromiß ist möglich, wenn nicht alle Speicherelemente in den Scan-path einbezogen werden, sondern nur solche, die einen hohen Beitrag zur Komplexität der Schaltung liefern.

Die Einbeziehung spezieller Testbefehle dient der Verringerung der Komplexität von Mikroprozessoren und peripheren Schaltkreisen. Es werden im allgemeinen Zugriffe zu bestimmten Steuerregistern ermöglicht, deren Inhalt anderweitig nur indirekt über langwierige Befehlsfolgen prüfbar wäre. Auch Einchip-Mikrorechner (Mikrorechner mit integriertem Programmspeicher) sind von ihrer Funktion her hochgradig testunfreundlich. Hier wird durch Testbefehle oder spezielle Testbetriebsarten (z. B. DMA: direct memory access in Abb. 4.39) ebenfalls die Abarbeitung externer Programme, unabhängig vom

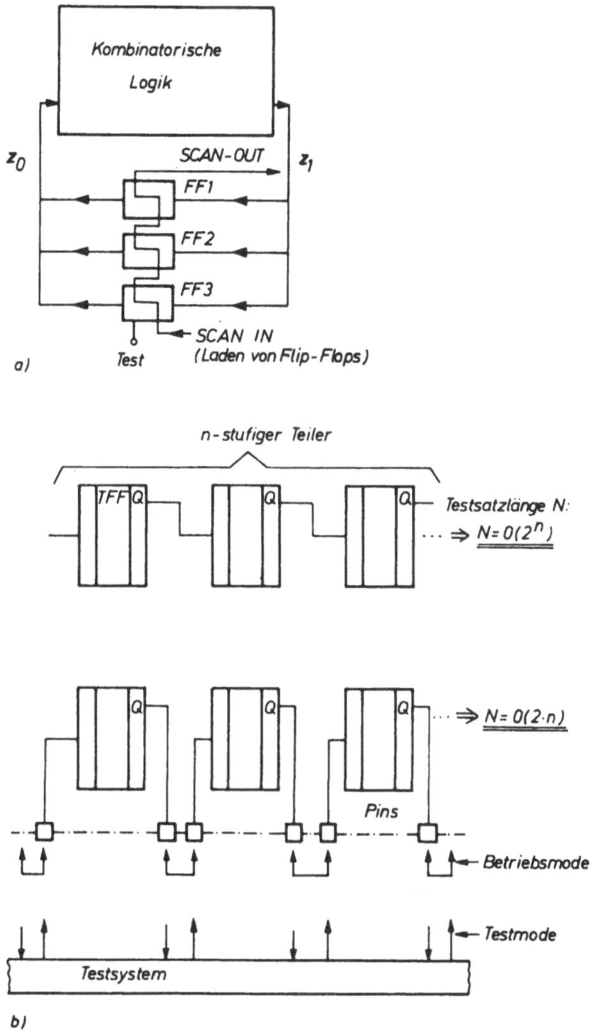

Abb. 4.38 Testprinzipien
a) Path-scan-Verfahren,
b) Auftrennung sequentieller Schaltungen

internen ROM, ermöglicht. Selbsttestfunktionen gewinnen für alle Kategorien komplexer digitaler Schaltungen an Bedeutung. Sie können sowohl im Prüfprozeß des Schaltkreisherstellers, vor allem aber beim Anwender zur Vereinfachung von Service-Problemen eingesetzt werden.

Die Anwendung höherer Beschreibungsniveaus ist nicht für alle digitalen Schaltungen gleichermaßen sinnvoll und möglich. Gut geeignet sind beispielsweise solche Schaltungen, deren Funktion sich mit Hilfe einer Register-Transfer-Beschreibung darstellen läßt. Speziell für Mikroprozessoren und verwandte Schaltungen sind Ansätze zur Lösung des Problems feststellbar. Durch Partitionierung des Prozessors in einen Operations- und einen Steuer-

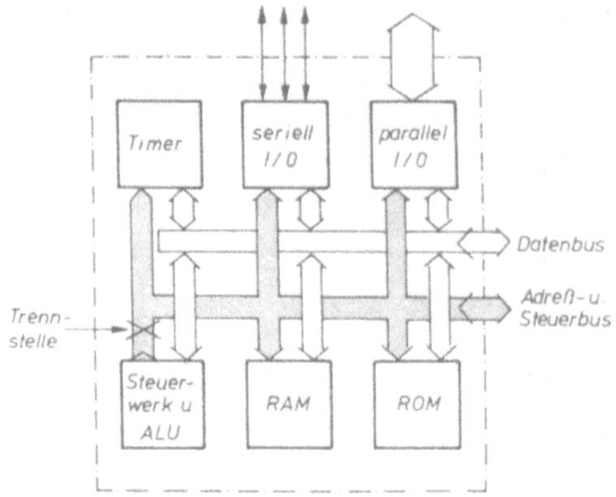

Abb. 4.39 Ausnutzung des DMA-Betriebes in Einchiprechnern zu speziellen Testzwecken

teil ist es möglich, Fehlerauswirkungen funktionell durchschaubar zu machen. Fehler im Operationsteil können durch geeignete Operandenauswahl direkt sichtbar gemacht werden. Dabei ist auch die Behandlung von gegenüber dem s-a-x-Einzelfehler-Modell wesentlich erweiterten Fehlerannahmen möglich. Über das Modell des Operationsteils sind auch Steuerfehler hinsichtlich ihrer Auswirkung funktionell erkennbar und können durch geeignete Operandenauswahl und Befehlsreihenfolge nachgewiesen werden. Ergebnis dieses Verfahrens ist, im Gegensatz zu den endlos scheinenden und schwer interpretierbaren Strömen binärer Belegungsfolgen der konventionellen ATG, ein symbolisches Prüfprogramm in der Assemblersprache des Prüflings.

Zusammenfassend kann gesagt werden, daß die Prüfbarkeit einer hochintegrierten Schaltung kein zufälliges oder beiläufiges Resultat des Entwurfsprozesses ist, sondern nur das Ergebnis einer zielgerichteten Schaltkreisentwicklung in Richtung auf eine leicht prüfbare Realisierung sein kann. Das setzt voraus, daß in allen Phasen des Entwurfs, beginnend beim Systementwurf, prüftechnische Überlegungen einbezogen werden. Diese betreffen sowohl die Einhaltung bestimmter schaltungstechnischer Regeln als auch — und das im zunehmendem Maße — die Realisierung zusätzlicher Schaltkreisfunktionen mit der ausschließlichen Aufgabe, den Prüfprozeß zu unterstützen.

5. Entwurf kundenspezifischer Schaltkreise

Der konventionelle Schaltungsentwurf basiert auf der Verwendung allgemein verfügbarer Standardschaltkreise, wie Speicher, Mikroprozessorbausteine sowie Typen der bekannten TTL-, CMOS- oder ECL-Familien. Aufgrund der hohen Produktionsstückzahlen sind diese Schaltkreise preiswert. Wegen ihres manigfaltigen Einsatzes können sie als umfassend ausgetestet und damit weitestgehend als fehlerfrei angesehen werden. Sie sind in der Regel sofort zu Beginn der Geräteentwicklung verfügbar. Nachteilig ist, daß diese mit der Zielstellung allgemeiner Anwendbarkeit entworfenen Standardschaltkreise im konkreten Einzelfall oftmals nicht die Realisierung optimaler Lösungen ermöglichen. Es ist kein Einzelfall, daß teilweise 50 bis 100 Standardschaltkreise, verteilt auf mehrere Leiterplatten, eingesetzt werden müssen, um eine Funktion zu verwirklichen, die beim heutigen Stand der Technik durchaus mit einem einzigen Spezialschaltkreis realisierbar wäre.

Die vom Weltmarkt diktierte Forderung nach Geräten mit verminderten Raumbedarf, geringerer Verlustleistung und erhöhter Zuverlässigkeit ist in Zukunft nur durch einen sinnvoll kombinierten Einsatz sowohl von Standardschaltkreisen als auch von kundenspezifischen Schaltkreisen erfüllbar.

Tabelle 5.1 Einteilungsschema kundenspezifischer Schaltkreise

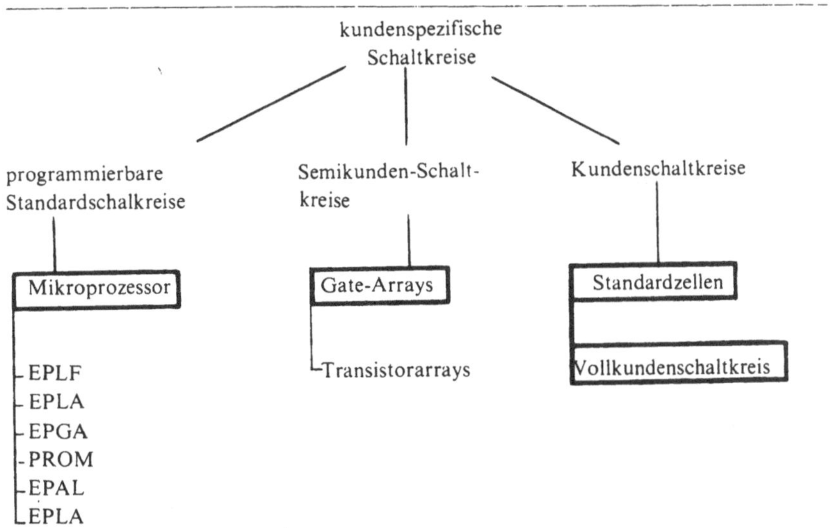

Innerhalb der Klassen der kundenspezifischen Schaltkreise wird allgemein zwischen Kundenschaltkreisen und Semikundenschaltkreisen unterschieden (Tabelle 5.1). Im ersten Fall werden alle Schablonen kundenspezifisch genutzt, während bei den Semikundenschaltkreisen eine Arbeitsteilung im Entwurfsprozeß zwischen Halbleiterhersteller und Kunden stattfindet. Dabei werden nur die im technologischen Prozeß letzten Schablonen der Verdrahtung und Kontaktierung kundenspezifisch entworfen.
Die Wahl des für den jeweiligen Anwendungsfall geeigneten kundenspezifischen Entwurfsverfahrens wird dabei in erster Linie durch ökonomische Aspekte bestimmt. Ein Vergleich verschiedener kundenspezifischer Schaltungen mit jeweils ca. 1000 Gattern ist nach Angaben von [nnnn 84] in Tab. 5.2 zusammengestellt. Mit den Angaben zum notwendigen Bedarf an Schaltkreisen pro Jahr, zu den Entwicklungskosten und zum Stückpreis des Schaltkreises läßt sich ein ökonomischer Variantenvergleich durchführen. Schwierig sind dabei solche weitgehend von der beim Kunden vorhandenen Erfahrung abhängigen Faktoren, wie Entwicklungszeit und Anzahl der möglicherweise notwendigen Redesigns, in den Vergleich einzubeziehen.

Tabelle 5.2 Vergleich von Vollkundenschaltkreisen, Standardzellen und Gate-Arrays anhand ausgewählter Parameter nach [nnnn 84]

Eigenschaft	Vollkunden-schaltkreise	Standardzellen	Gate-Arrays
Entwicklungskosten	1	0,4	0,2
Entwicklungszeit	1	0,3...0,4	0,2
Chipfläche	1	1,2...1,5	1,7...2,2
Ausnutzung	100%	100%	60%...80%
durchschnittl. Redesign	1...2	0,3...0,5	0,2...0,5
Flexibilität	hoch	mittel	gering
Anzahl der Schablonen	8...12	8...12	1..3
Stückzahl pro Jahr in Tausend	> 100	> 10...100	> 1...10

Mit der breiten Einführung kundenspezifischer Schaltkreise treten Veränderungen in der Arbeitsteilung und damit auch in der zu tragenden Verantwortung zwischen Halbleiterhersteller und Kunden ein. Die Verantwortung für den Systementwurf liegt ausschließlich beim Kunden. Die Umsetzung der Systemlösung in einen Schaltkreisentwurf mittels der vom Halbleiterhersteller bereitgestellten CAD-Software erfolgt ebenfalls weitgehend unter Verantwortung des Kunden bzw. der von ihm beauftragten Institutionen (Ingenieurbüros). Der Halbleiterhersteller führt anschließend mit der Herstellung, Messung und Verkappung der Schaltkreise eine Dienstleistung für den Kunden aus (silicon foundry).

5.1. Semikundenschaltkreise

Hauptvertreter der Semikundenschaltkreise sind die Gate-Arrays. Daneben gehören noch alle Arten von Transistor-Arrays in diese Klasse, deren Bedeutung jedoch für die VLSI-Technik gering ist.

5.1.1. Gate-array-Architektur

Der Grundgedanke der Gate-arry-Technik besteht darin, einen einheitlichen Untergrund (Master) mit einer kundenspezifischen Verdrahtung zu versehen. Die verschiedenen Gate-array-Master sind in ihrer Architektur sehr ähnlich. Ein Master besteht aus dem Kernbereich und dem Randbereich. Der Kernbereich enthält in Zeilen angeordnet die Logikzellen. Die einzelnen Zeilen sind jeweils durch Verdrahtungskanäle getrennt (Abb. 5.1). Der Randbereich enthält die Input-/Output-Zellen, die Bondinseln für die Versorgungsspannungen, Teststrukturen und Positioniermarken. Im einfachsten Fall enthält der Kernbereich nur Logikzellen eines Typs. Mit der Einführung prüffreundlicher Entwurfsverfahren (z. B. LSSD = level sensitive scan design) werden in zunehmendem Maße die dafür notwendigen Schaltungen (Master-slave-Flipflop) in extra Zellzeilen (Abb. 5.2) angeordnet [GCDH 83].

Wird die Realisierung komplexer Schaltkreise mittelts Gate-Arrays angestrebt, so ist das Vorhandensein chipinterner Speicherblöcke (RAMs, ROMs, PLAs) wünschenswert. Im einfachsten Fall wird in einem Teil des Kernbereichs eine Matrix spezieller Speicherzellen angeordnet [SMHO 83] (Abb. 5.3). Mittels der kundenspezifischen Verdrahtungsebene ist die Speicherorganisation (Wortbreite) in gewissen Grenzen programmierbar. Ein 1 Kbit Speicher ist z. B. als (128×8)-bit-oder (64×16)-bit-Speicher verwendbar. Die Hauptnachteile dieser Lösung bestehen darin, daß

— die notwendige Speichergröße sich bei verschiedenen Anwendungsfällen stark unterscheiden kann,

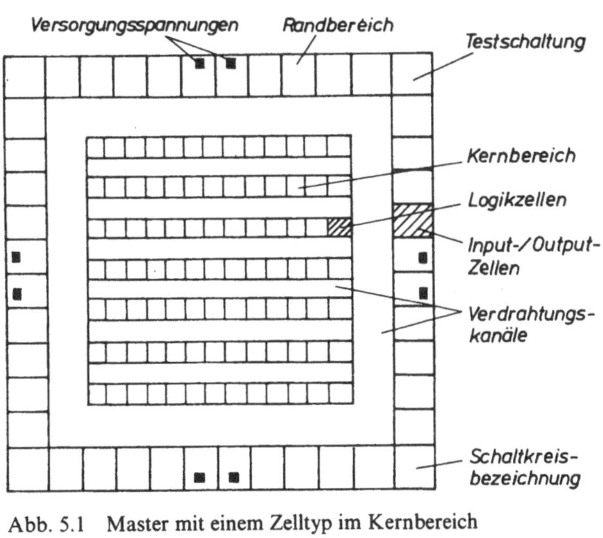

Abb. 5.1 Master mit einem Zelltyp im Kernbereich

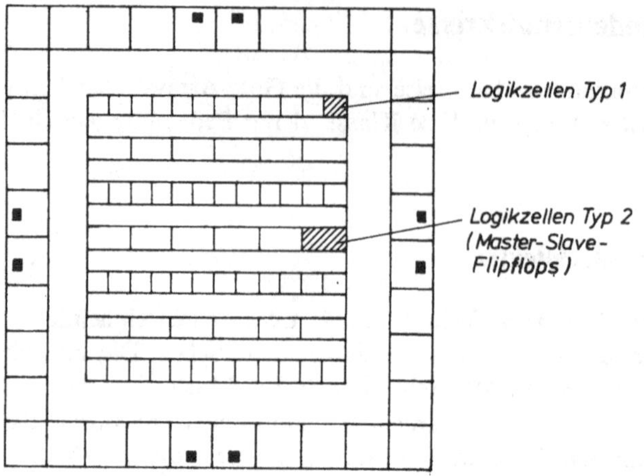

Abb. 5.2 Master mit zwei Zelltypen (Logikzellen und LSSD-Flipflops) im Kernbereich

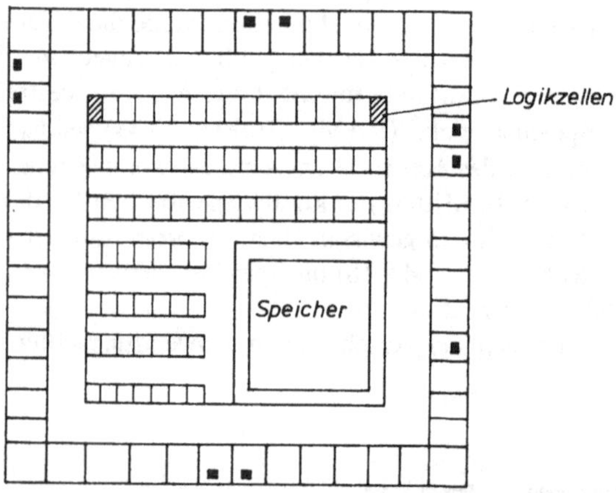

Abb. 5.3 Master mit Speicherblock im Kernbereich

— die Zentralisierung des gesamten Speichers in einem Block die Verdrahtbarkeit des Schaltkreises insgesamt erschwert und teilweise lange Leitungslängen zur Folge hat.

Neuere Lösungen [TFTK 85], [SNOK 85], [KuMH 85] orientieren daher in zunehmendem Maße auf Gate-Arrays, die eine dezentrale Anordnung von Spezialstrukturen ermöglichen. Dabei werden Master mit einheitlichem Zelluntergrund verwendet. Die Trennung zwischen Zellen und Verdrahtungskanälen fällt hierbei weg. Der Kernbereich besteht aus einem regelmäßigen Transistoruntergrund (Siliziumsee). Die Verdrahtung erfolgt in den kundenspezifischen Ebenen im gesamten Kernbereich. Die dafür notwendigen CAD-Systeme sind äußerst aufwendig und befinden sich z. Z. noch in Entwicklung.

Für die kundenspezifische Verdrahtung stehen Teilschaltungen, sogenannte Macros, zur Verfügung. Eine Teilschaltung wird realisiert, wenn das Verdrahtungsmuster dieser Schaltung (Overlay) auf einer (oder mehreren) Logikzelle des Masters plaziert wird. Eine Gatearray-Gesamtschaltung besteht aus einer Vielzahl derart realisierter Teilschaltungen. Die

Verbindung der Teilschaltungen untereinander und zu den Verdrahtungskanälen geschieht in den Verdrahtungskanälen.

Für die Input-/Output-Zellen im Randbereich stehen ebenfalls Macros zur Verfügung. Die Verlegung der Versorgungsspannungsleitungen Betriebsspannung (U_{DD}) und Masse U_{SS} geschieht zwar in den Kundenebenen, wird aber in der Regel vom Halbleiterhersteller vorgenommen. Diese Leitbahnen werden einheitlich in Bereichen, die für den Kunden gesperrt sind (z. B. in der Zelle), verlegt.

5.1.2. Gate-array-Zelle

Eine Gate-Array-Zelle enthält zwischen 4 und 12 Transistoren. Bei CMOS-Gate-Arrays, die im weiteren nur betrachtet werden, ist dabei die Hälfte der Zelltransistoren als p-Kanal- und die andere Hälfte als n-Kanal-Transistoren ausgeführt. Für die kundenspezifische Verdrahtung steht im einfachsten Fall nur eine Leitbahnebene zur Verfügung. Die zur Kontaktierung der Polysiliziumgates und Unterführungen sowie der Source-/Draingebiete notwendigen Kontaktfenster sind Bestandteil des Masters und werden unabhängig von ihrer tatsächlichen Nutzung im technologischen Prozeßfalle geöffnet. Die mit dieser Variante erreichbare Packungsdichte ist niedrig, da nicht genutzte Kontaktfenster von anderen Leitbahnen nicht überquert werden können und Kreuzungen von Signalleitungen nur an vorbereiteten Unterführungen möglich sind. Die hochohmigen Polysiliziumunterführungen begrenzen stark die erreichbaren Schaltgeschwindigkeiten. Gate-Arrays für hohe Geschwindigkeiten sowie große Gatterzahlen werden daher überwiegend mit drei kundenspezifischen Schablonenebenen versehen. Neben zwei niederohmigen Metallebenen, im weiteren kurz mit Al_1 und Al_2 bezeichnet, gehörte dazu noch die Kontaktfensterebene für den Al_1/Al_2-Kontakt. Die Kontakte zum Untergrund (Gates, Source-Drain-Gebiete) sind im Master vorbereitet und erfolgen über die untere Metallisierungsebene (Al_1). Diese Variante ermöglicht eine hohe Flexibilität in der Verdrahtung sowie die Nutzung leistungsfähiger Routing-Verfahren im CAD-System.

Bei mehreren Firmen [STSH 83], [TFTK 85] befinden sich Gate-Arrays mit 3 Metallisierungsebenen, d. h. 5 ... 6 kundenspezifischen Ebenen in Entwicklung. Die Einführung einer dritten Verdrahtungsebene reduziert in erster Linie den prozentualen Chipflächenanteil, der für die Versorgungsspannungsleitungen notwendig ist [STSH 83]. Der mit 2 ... 3 zusätzlichen kundenspezifischen Ebenen erhöhte technologische Aufwand ist im allgemeinen nur für VLSI-Gate-Arrays mit $2 \cdot 10^4 \dots 10^5$ Transistoren gerechtfertigt.

Die Abb. 5.4 zeigt das Layout einer Zelle mit Einebenenverdrahtung. Im Masteruntergrund sind vorgefertigte Unterführungen in Polysilizium angeordnet.

Die Zellen sind mindestens an einer, in der Regel aber an zwei Seiten von den Verdrahtungskanälen aus anschließbar (Abb. 5.5). Die Verdrahtungskanäle im Zellinneren sind bei modernen Gate-Arrays mit zwei Verdrahtungsebenen ausschließlich den Versorgungsspannungsleitungen sowie den Overlays der Macros vorbehalten. Bei älteren Gate-Arrays mit nur einer Verdrahtungsebene ist teilweise eine Verdrahtung der Macros untereinander auch über zellinterne Verdrahtungskanäle üblich.

Die Transistoren in der Zelle sind über die diffundierten Gebiete sowie die Polysilizium-Gates bereits teilweise vorverschaltet. Die in Abb. 5.5 gezeigten Möglichkeiten sind weit verbreitet. Die Verbindung der Gates je eines p- und n-Kanal-Transistors unterstützt die übliche CMOS-Schaltungstechnik. Die kundenspezifischen Verdrahtungsebenen werden von

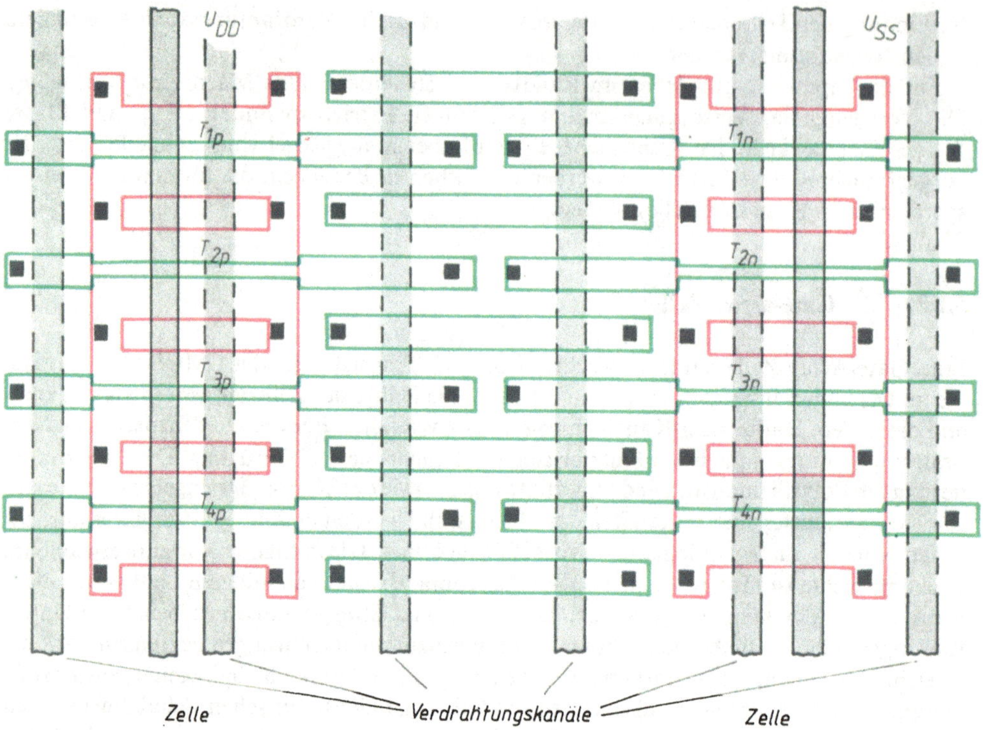

Abb. 5.4 Gate-array-Zelle für eine kundenspezifische Ebene

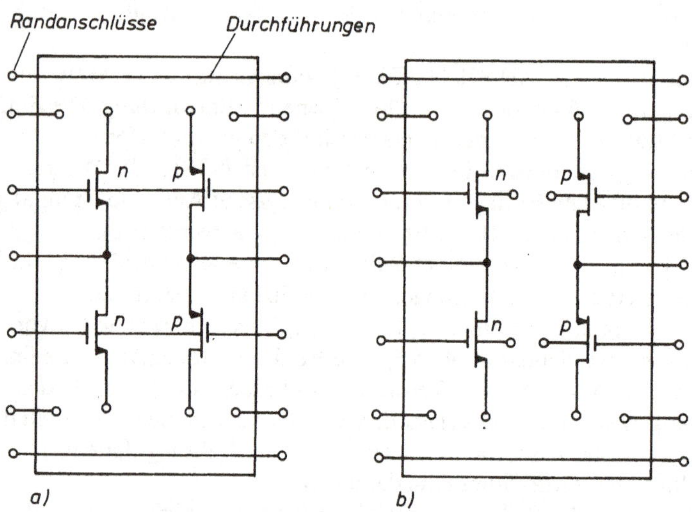

Abb. 5.5 Gate-array-Zellen

a) Gate-array-Zelle mit paarweiser Verbindung der Gates von NMOS- und PMOS-Transistoren

b) Gate-array-Zelle ohne feste Verbindung der Gates von NMOS- und PMOS-Transistoren

der Herstellung dieser Verbindung entlastet. Für Schaltungen mit Transfergates ist diese Zelle schlecht geeignet, da pro Transfergate vier Transistoren blockiert werden, obwohl nur zwei schaltungstechnisch genutzt werden. Für eine solche Schaltungstechnik ist die in Abb. 5.5b dargestellte Zelle mit unverbundenen Gates besser geeignet.

Um eine vertikale Verdrahtung zwischen den Verdrahtungskanälen zu ermöglichen, enthält jede Zelle niederohmige Durchführungen in einer der beiden Verdrahtungsebenen. Die Nutzung der Gates nicht angeschlossener Transistoren als Durchführungen ist prinzipiell möglich. Auf Grund des hohen Polysiliziumschichtwiderstandes und der durch die angeschlossenen Transistoren bedingten höheren kapazitiven Belastung führen solche Durchführungen zu erhöhten Signallaufzeiten. Flexible Gate-array-Zellen [KuMH 85], die sowohl als Logikmacros, Flipflops oder Speicherzellen programmiert werden können, gewinnen zunehmend an Bedeutung. Der Entwurf komplexer VLSI-Schaltungen mittels Gate-array-Technik wird damit möglich. Diese Zellen (Abb. 5.6) enthalten dabei auch Transistoren mit unterschiedlichen B/L-Verhältnissen, die teilweise unterhalb der Verdrahtungsräume angeordnet sind.

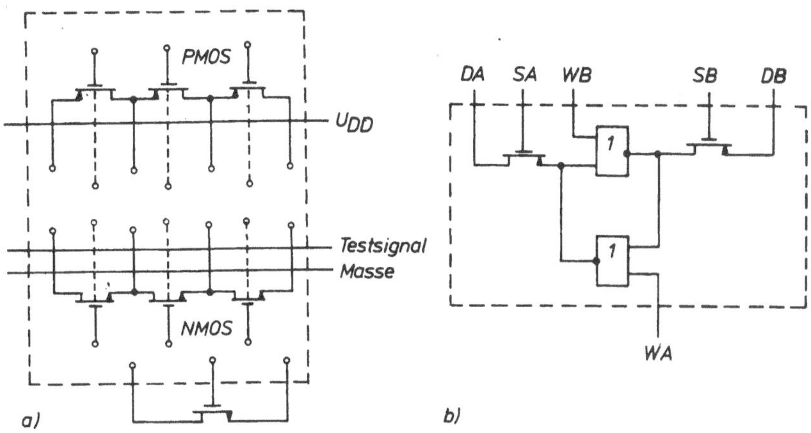

Abb. 5.6 Flexible Gate-array-Zellen
a) Flexible Gate-array-Zelle mit Transistoren unterschiedlicher B/L-Verhältnisse
b) Flexible Gate-array-Zelle als Speicherzelle verdrahtet

Das Zeitverhalten der Zelle wird mit hinreichender Genauigkeit durch die Anstiegs- und Abfallzeiten sowie die Verzögerungszeiten charakterisiert (Abb. 5.7). Für die Anstiegs- und Abfallzeit des Eingangssingnals sind die Bewertungspunkte der 10 %- und 90 %-Wert der Eingangsamplitude. Die Anstiegszeit (rise time) und Abfallzeit (fall time) des Ausgangssignals U_A wird ebenfalls an den Bewertungspunkten 10 %/90 % bzw. 90 %/10 % bestimmt. Die Verzögerungszeiten t_{dLH} und t_{dHL} (delay time) werden von Flankenmitte des Eingangssignals zu Flankenmitte des Ausgangssignals gemessen. Bei CMOS-Schaltungen liegt der Schaltpunkt bei $U_S = U_{DD}/2$. Für Input-/Outputstufen mit TTL-Pegel wird üblicherweise $U_S = 1{,}5$ V angenommen.

Die Möglichkeiten der Schaltungsdimensionierung bei Gate-Arrays sind eng begrenzt. Für die Kanallängen aller Transistoren wird der technologisch mögliche Minimalwert gewählt. Die Transistorbreiten aller n-Kanal- bzw. p-Kanal-Transistoren sind jeweils gleich. Für die Transistordimensionierung steht nur das Breitenverhältnis beider Transistorarten

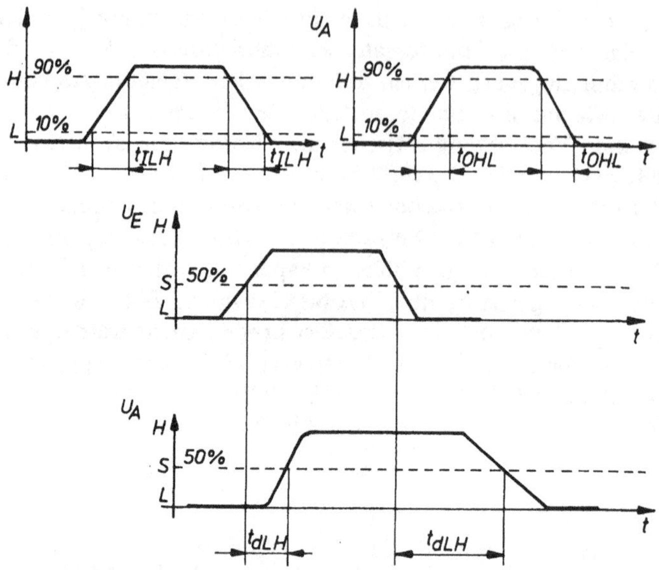

Abb. 5.7 Zur Definition der Verzögerungszeiten t_{dLH}, t_{dHL} und Flankenanstiegs- und Flankenabfallzeiten der Ein- und Ausgangssignale

sowie der Absolutwert der Breite zur Verfügung. Wird bei der Dimensionierung von einem 2fach NAND ausgegangen und weiterhin vorausgesetzt, daß die Einschalt- und Ausschaltverzögerungszeit des Gatters gleich sein soll ($t_{dHL} = t_{dLH}$), so ergibt sich für das Breitenverhältnis (Abb. 5.8)

$$\frac{B_n}{B_p} \approx 2\,\frac{\mu_p}{\mu_n}\,\frac{\left(1+\dfrac{U_{pp}}{U_{DD}}\right)^2}{\left(1-\dfrac{U_{pn}}{U_{DD}}\right)^2} \approx 2\,\frac{\mu_p}{\mu_n}. \tag{5.1}$$

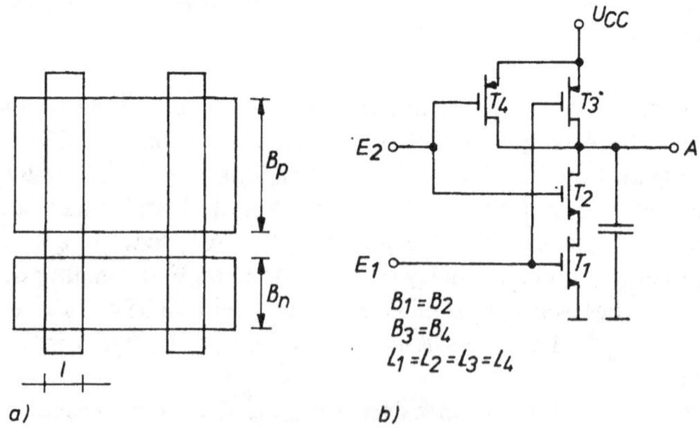

Abb. 5.8 Macro zur Transistordimensionierung
a) Vereinfachtes Zellayout für die Transistordimensionierung
b) Transistorschaltung des Basismacros NAND2

Dabei sind U_{pn}, U_{pp} die Schwellspannungen und μ_n, μ_p die Beweglichkeiten der NMOS- bzw. PMOS-Transistoren. Für typische Werte $U_{pn} = 0{,}8$ V, $U_{pp} = -0{,}8$ V, $U_{DD} = 5$ V und $\mu_p/\mu_n = 0{,}5$ ergibt sich ein Breitenverhältnis $B_n/B_p = 1$.

Die Annahme $t_{dHL} = t_{dLH}$ ist nur für das Grundgatter NAND2 (2fach NAND) erfüllt. Für alle anderen Gatter, insbesondere die NOR-Gatter, treten teilweise erhebliche Unterschiede zwischen t_{dHL} und t_{dLH} auf. Auch andere Dimensionierungsstrategien werden teilweise angewendet.

5.1.3. Macros

Macros sind Teilschaltungen, die auf einer oder mehreren nebeneinander in einer Zeile liegenden Logikzellen realisiert werden. Die Komplexität der Macros reicht von einfachen Grundgattern (Negator, NOR, NAND) bis zu MSI-Schaltungen, wie Volladder, Multiplexer oder Master-Slave-Flipflops. Die für jedes einzelne Macro individuelle, mit den ein bis drei kundenspezifischen Ebenen herzustellende Verdrahtung wird vom Halbleiterhersteller entworfen und im Datenspeicher des Softwaresystems gespeichert. Die Anschlußbelegung an den Rändern des Macros wird im Macrokatalog dokumentiert. Das Layout der Verdrahtung selbst ist für den Kunden ohne Bedeutung, da auch im Falle interaktiver Arbeit eine Manipulation der Macroverdrahtung mit dem Grafikeditor aus Gründen der Entwurfssicherheit nicht zugelassen wird.

In Abb. 5.9 ist für den einfachen Fall einer Einebenenverdrahtung der Macroentwurf eines 2fach NANDs dargestellt. Günstig für Placement und Routing ist es, wenn möglichst viele Signale an beiden Seiten der Zelle anschließbar sind.

Die interne Macroverdrahtung sollte möglichst vollständig im Zellverdrahtungsraum erfolgen, um die Verdrahtungskanäle nicht zu belasten. Die Nutzung von Bahnen der Verdrahtungskanäle für die macrointerne Verdrahtung ist prinzipiell möglich (s. elektrische Äquivalenz, Abschn. 5.1.4.) und bei sehr großen Macros oftmals unvermeidlich, erhöht aber den Softwareaufwand (Abb. 5.16).

Die Logikebene ist die geeignete Beschreibungsebene für Gate-array-Schaltungen. Das zugehörige Simulationsverfahren der Wahl ist somit die dynamische Logikanalyse. Erst für sehr große Gate-Arrays kann künftig auch eine Verlagerung der Beschreibung in die Register-Transfer-Ebene bedeutsam werden.

Für jedes Macro müssen somit die Verzögerungszeiten aller Ein-/Ausgangskombinationen sowohl für H/L- als auch L/H-Übergänge in Abhängigkeit von der externen Last bestimmt werden. Ein sehr komfortables Modell, das auch den Einfluß der Flankensteilheit t_{fe} des Eingangssignals berücksichtigt, hat die Form

$$t_d = t_{d0} + K_{L1} C_{Lx} + K_{L2} C_{Ly} + K_{L3} t_{fe}, \tag{5.2}$$

$$t_{fa} = t_{f0} + K_{L4} C_{Lx} + K_{L5} C_{Ly} + K_{L6} t_{fe}\,. \tag{5.3}$$

Dabei ist t_{d0} die Verzögerungszeit des Macros ohne externe Belastung, C_{Lx} und C_{Ly} die externen Lastkapazitäten am wahren und, wenn vorhanden, am negierten Ausgang. Die Ausgangsflankensteilheit t_{fa} wirkt für das nachfolgende Gatter als Eingangsflankensteilheit. Die Konstanten t_{d0}, t_{f0}, K_{L1} bis K_{L6} werden mittels Netzwerkanalyseprogrammen (STADYNET, SPICE) bestimmt. Da im Gegensatz zum Entwurf mit Einzelschaltkreisen die Para-

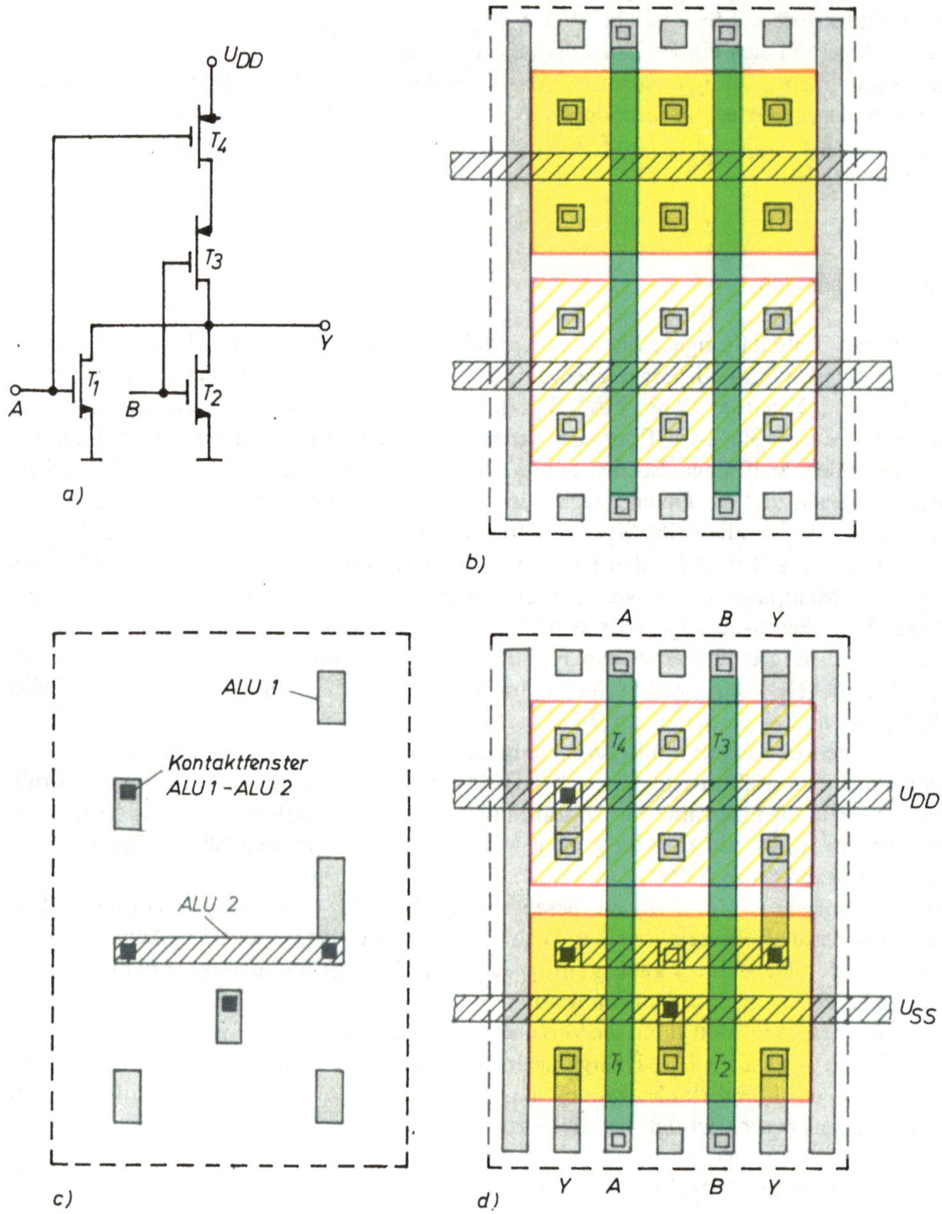

Abb. 5.9 Entwurf des Macros NOR mit zwei Eingängen (NOR2) in einem Gate-Array mit drei kundenspezifischen Ebenen

a) Schaltung,

b) Macrozelle,

c) Overlay,

d) verdrahtetes Macro

meter der Macros eines Chips alle in die eine oder andere Richtung vom Mittelwert streuen, ist es zweckmäßig, neben den im Datenblatt garantierten Werten unter Worst-case-Bedingungen (Slow-Werte) auch typische und Fast-Werte anzugeben. Die Fast- und Slow-Werte können sich dabei durchaus bis zum Faktor fünf unterscheiden.

Wird der Einfluß der Flankensteilheit auf die Verzögerungszeit vernachlässigt, so vereinfacht sich das Modell sehr stark. In Gl. 5.2 ist dann $K_{L3} = 0$. Die Gl. 5.3 entfällt.

Zusätzlich zu den Verzögerungszeiten der Macros treten durch Leitungswiderstände und -kapazitäten verursachte Laufzeiten auf. Für die Kapazität jedes Leitbahnstückes C_{LB} gilt

$$C_{Lb} = C''_{Lb} \cdot B \cdot L\,. \tag{5.4}$$

Dabei sind die Leitbahnkapazität C''_{Lb} und die tatsächliche Breite B der Leitbahn nach der Strukturierung technologiespezifische Daten. Die Länge L des Leitbahnstückes kann nach dem Routing bestimmt werden.

Unterführungen werden durch π-Schaltungen (Abb. 5.10) nachgebildet. Dabei gilt für den Widerstand R_{Poly}

$$R_{Poly} = R''_{Poly} L_{Poly} / B_{Poly} \tag{5.5}$$

und die Kapazität C_{Poly}

$$C_{Poly} = C''_{Poly} L_{Poly} B_{Poly}\,. \tag{5.6}$$

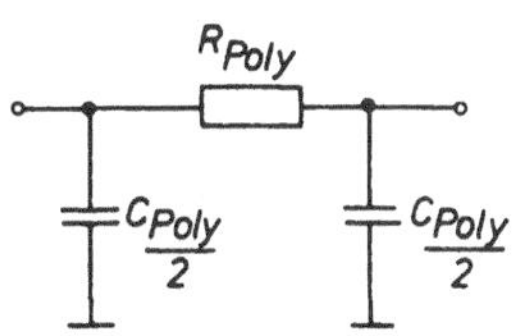

Abb. 5.10 Modellierung von Leitungen und Unterführungen durch π-Ersatzschaltungen

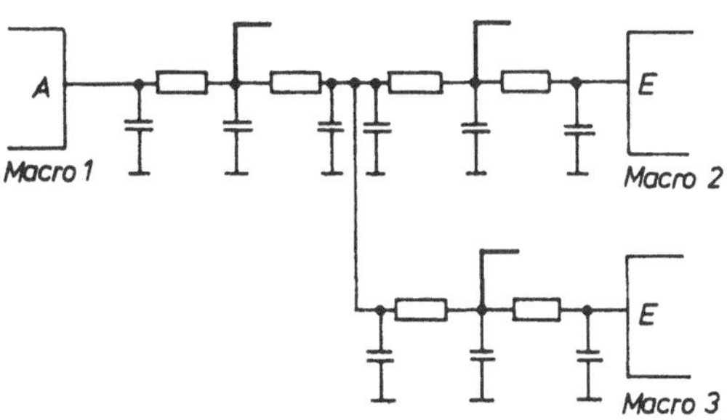

Abb. 5.11 Ersatzschaltung für verzweigte Leitungen

Die Länge und Breite der Unterführung sind L_{Poly} bzw. B_{Poly}. Die Gesamtheit aller zwischen Macroausgang und nachfolgendem Macroeingang befindlichen Leitungsstücke und Unterführung ergibt für den Fall, daß keine Verzweigungen existieren, eine RC-Kette. Für die dynamische Logikanalyse wird daraus eine Laufzeit berechnet. Für verzweigte Verdrahtungen (Abb. 5.11) ist zur exakten Bestimmung der pro Macroeingang wirksamen Laufzeit ein Laufzeitanalyseprogramm einzusetzen, das das entstehende lineare Differentialgleichungssystem löst.

5.1.4. CAD-System für Gate-Array

Die Herstellung erster Muster eines Gate-array-Schaltkreises innerhalb weniger Wochen ist nur mittels eines von der Schaltungseingabe bis zur Patterndatenerstellung durchgängigen CAD-Systems möglich. International bekannte CAD-Systeme für Gate-Arrays sind VENUS von Siemens [HöNS 84], SL2000 von Silvar Lisco [nnnn 83], VAGUA von RCA [SNB 84] sowie die Entwurfssysteme für U5200 vom ZFTM [Fisc 85] und für UK 5000 [GCD 83]. Zum CAD-System gehören als Hauptbestandteile die Programme zur Schaltungseingabe, Logikanalyse, Placement, Routing, Testfolgengenerierung und Patterndatenerstellung. Weiterhin gehören ein zentraler Datenspeicher mit Datenverwaltungssystem sowie ein Rahmensteuerprogramm dazu (Abb. 5.12).

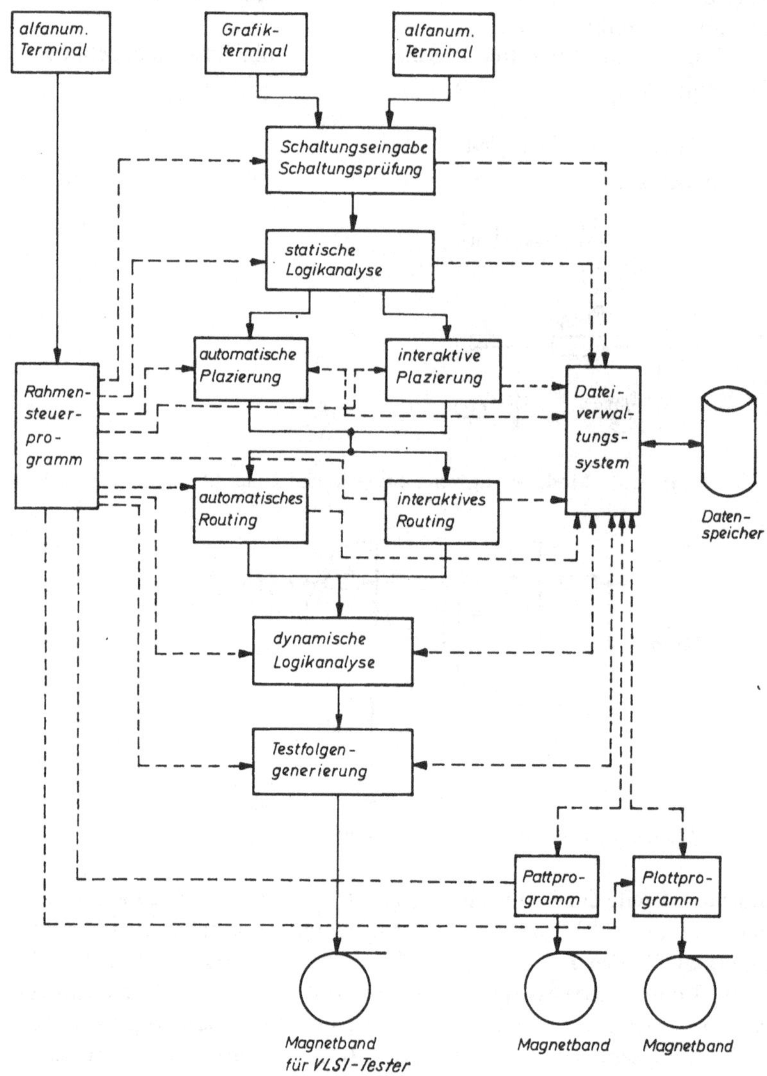

Abb. 5.12 CAD-System für den Gate-array-Entwurf

Der Entwurf eines Gate-array-Schaltkreises erfolgt auf der Logikebene. Der Logikplan ist noch außerhalb des CAD-Systemes so zu überarbeiten, daß als logische Elemente nur noch die im Macrokatalog angegebenen Macros vorkommen. Eine übersichtlich aufgebaute Hierarchie der Logik erleichtert die nachfolgenden Arbeiten wesentlich. Für die Eingabe dieses Logikplanes ins CAD-System existieren zwei Möglichkeiten. Im einfachsten Fall wird die Logik mit Hilfe einer Netzbeschreibungssprache (z. B. NBS-84, MkLDL-Code) beschrieben (Abb. 5.13) und über ein alfanumerisches Display eingegeben. Nach Durchführung einer syntaktischen Prüfung, einer Verträglichkeitsprüfung bezüglich systembedingter Restriktionen (z. B. rückwirkungsfreie Kombinatorik beim LSSD-Entwurf) und der Auflösung der Hierarchie entsteht der interne Netzcode.

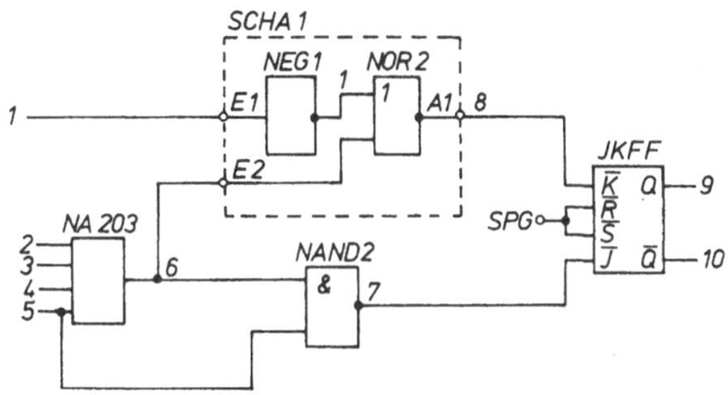


```
G1  2-3-4-5-6              = & NA 203
G2  6-5-7                  = & NAND2
G3  8-SPG-SPG-7-9-10       = & JKFF
S1  1-6-8                  =   SCHA1
S:  SCHA1  E: E1, E2  A: A1
G4  E1-1                   = & NEG1
G5  1-E2-A1                = & NOR2
```

Abb. 5.13 Logikbeschreibung mittels Netzbeschreibungssprache NBS-84 auf Macroniveau

Die grafische Logikplaneingabe mittels Farbgrafikterminal ist eine zweite, heute überwiegend angewandte Möglichkeit. Dabei werden die Schaltzeichen des Macrokataloges sowie sämtliche Zellen- und Signalnamen mittels des Terminals eingegeben.

Vom CAD-System werden wie bei Variante 1 die entsprechenden Prüfungen durchgeführt sowie ein interner Netzcode erstellt. Für die Ausgabe des Gesamtschaltplans sowie einzelner Teile daraus wird ebenfalls das Grafikterminal bzw. für Dokumentationszwecke der Plotter genutzt.

Die logische Richtigkeit der eingegebenen Schaltung wird mittels statischer Logiksimulation geprüft. Für diese Prüfung werden die vom Kunden vorzugebenden Eingangsmuster verwendet.

Programmierbare Bitmustergeneratoren vereinfachen den Aufbau der entsprechenden Stimulidatei und gestalten ihn übersichtlich (Abb. 5.14). Nach erfolgtem Routing liegen auch alle Parameter der Verdrahtung fest und können mittels Laufzeitanalyseprogramm für die dynamische Logikanalyse aufbereitet werden. Für die dynamische Logikanalyse ist die Stimulidatei mit den notwendigen Zeit- und Endbedingungen, Taktfrequenzen, Haltepunkten u. ä. zu ergänzen.

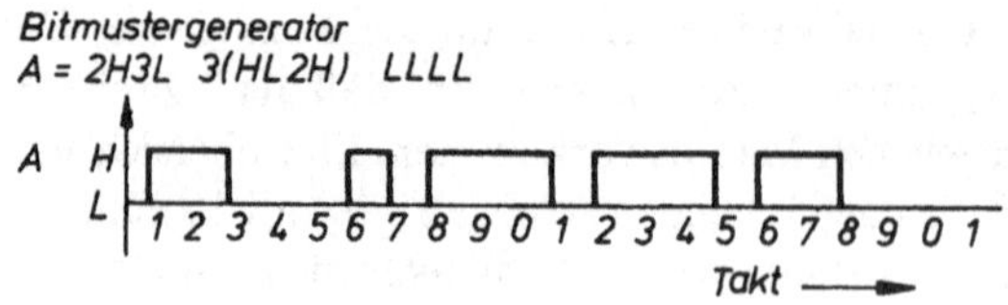

Abb. 5.14 Beschreibung einer H/L-Eingabefolge mittels Bitmustergenerator

Die eigentliche Chipkonstruktion beinhaltet die Plazierung der Macros auf dem Master (Placement) sowie die Herstellung der Verbindungen der Macros untereinander und mit den Input-/Output-Stufen (Routing).

Die Zuordnung der Signale zu den Bondinseln wird vom Anwender bestimmt. Die Software zur automatischen Plazierung optimiert die Anordnung der Macros so, daß die Gesamtverdrahtungslänge minimal wird. Dabei ist zu beachten, daß für vorgegebene zeitkritische Signale Maximallängen der Verdrahtung nicht überschritten werden. Weiterhin sind vom Plazierungsprogramm die Forderungen der nachfolgenden Verdrahtungsprogramme nach „Verdrahtbarkeit“ zu berücksichtigen. Der gesamte Master ist auszulasten. Anhäufungen von Macros in einzelnen Bereichen sind zu vermeiden. Die zu verdrahtenden Punkte sind gleichmäßig über den Master zu verteilen.

Die CAD-Software bietet in der Regel die Möglichkeit, kritische Macros interaktiv von Hand vorzuplazieren. Das betrifft besonders die Anordnung von Macros in unmittelbarer

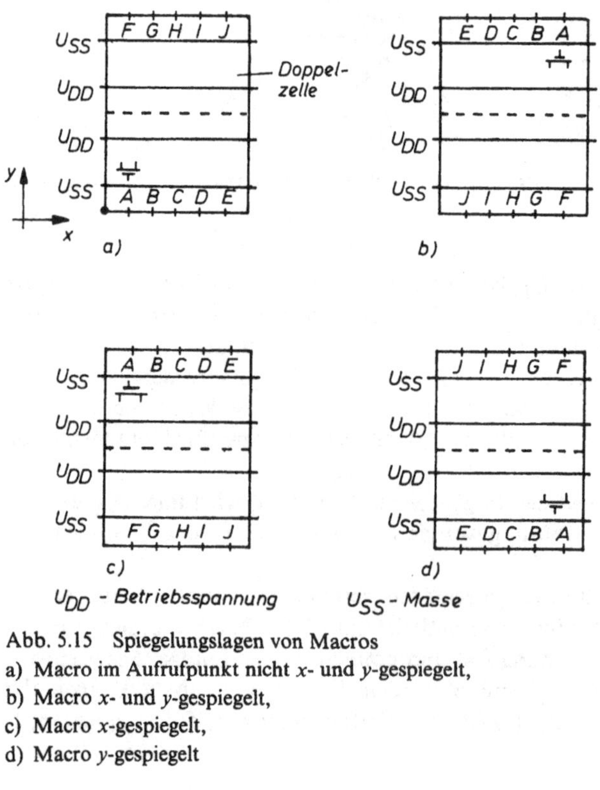

Abb. 5.15 Spiegelungslagen von Macros
a) Macro im Aufrufpunkt nicht x- und y-gespiegelt,
b) Macro x- und y-gespiegelt,
c) Macro x-gespiegelt,
d) Macro y-gespiegelt

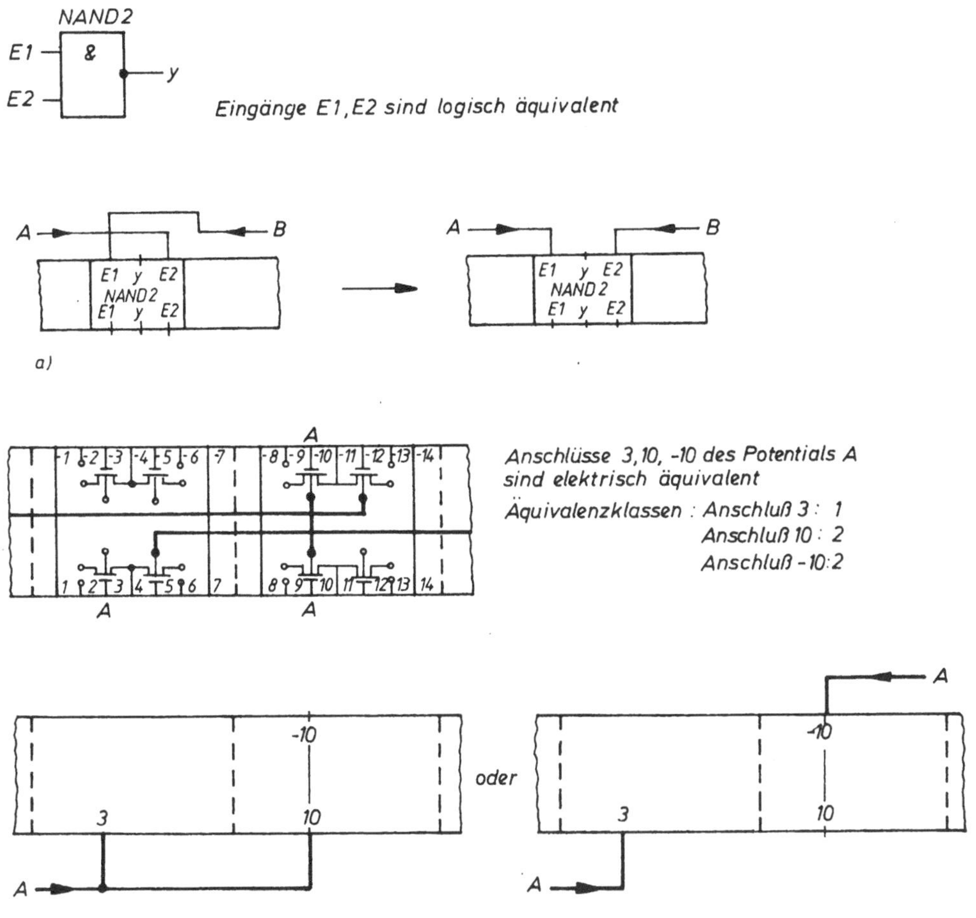

Abb. 5.16 Logische und elektrische Äquivalenzen
a) Darstellung der logischen Äquivalenz am Beispiel der Eingänge E_1, E_2 des Macros NAND2,
b) Elektrische Äquivalenz von Eingängen

Nähe entsprechender Bondinseln. Die benachbarte Anordnung bestimmter Macros (Clusterbildung) kann durch Vergabe hoher Wichtungsfaktoren für die entsprechenden Signalleitungen erreicht werden.

Eine optimale Plazierung ist nur erreichbar, wenn die vom Entwerfer intuitiv genutzten Möglichkeiten der Drehung und Spiegelung der Macros (Abb. 5.15) von der Software beachtet werden. Die Nutzung logischer und elektrischer Äquivalenzen (Abb. 5.16) führt ebenfalls zu einer Verbesserung der Plazierungs- und Verdrahtungsergebnisse. Zwei Eingänge eines Macros werden als logisch äquivalent bezeichnet, wenn eine Vertauschung der anliegenden Signale die Ergebnisfunktion nicht ändert. Die Eingänge eines NAND-Gatters sind z. B. untereinander alle logisch äquivalent. Die elektrische Äquivalenz besagt, daß alle Anschlüsse X_ν $\{3, 10, -10\}$ des Potentials A eines Macros untereinander elektrisch äquivalent sind. Alle im Macro durch das Overlay verbundenen Anschlüsse X_μ $\{(10, -10\}$ des Potentials A gehören zu jeweils einer Äquivalenzklasse. Aus jeder Äquivalenzklasse

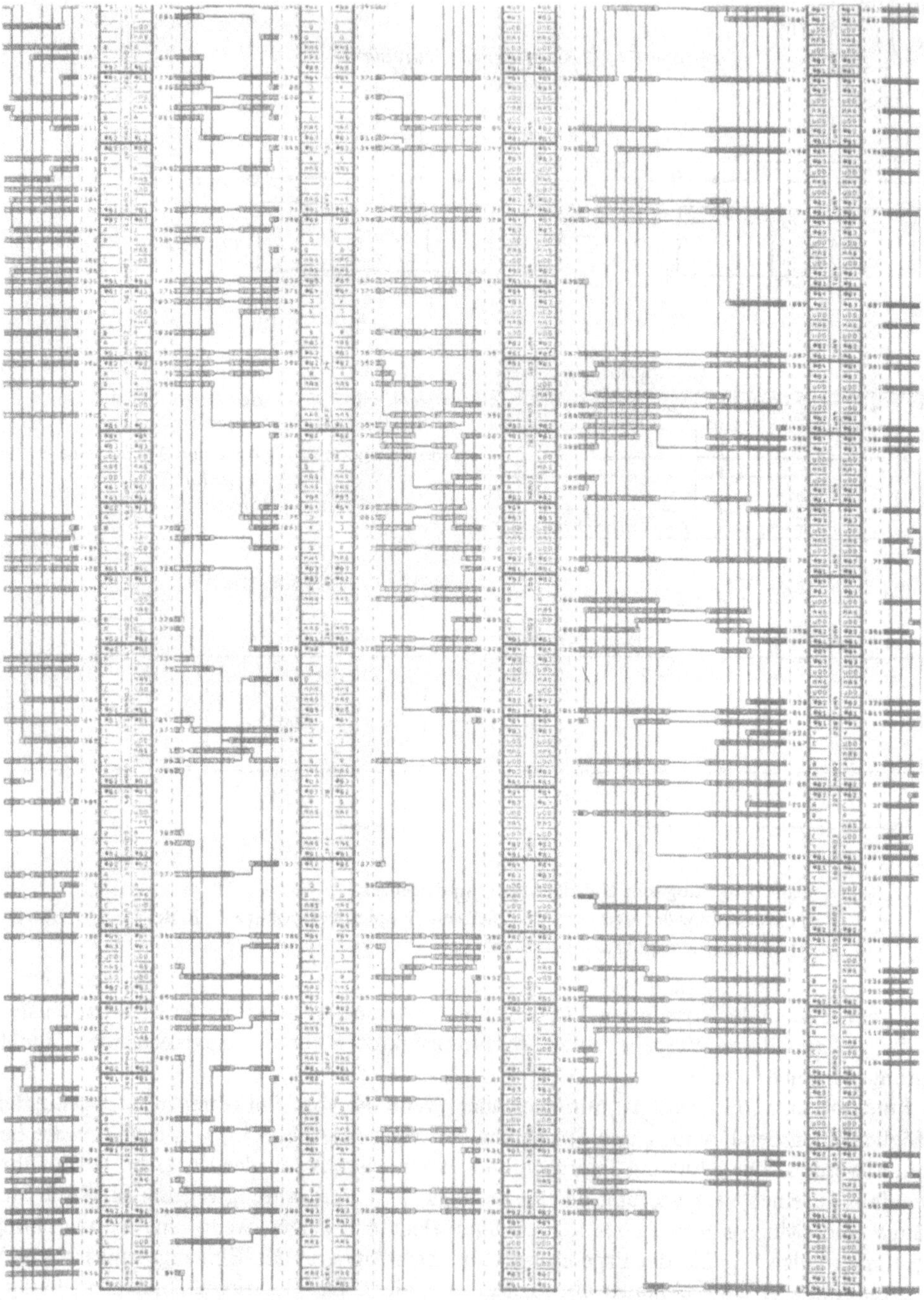

Abb. 5.17 Ausschnitt aus der symbolischen Darstellung der Kanalverdrahtung eines Gate-Arrays (U5200) mit drei kundenspezifischen Ebenen

ist durch die Verdrahtungssoftware genau ein Anschluß anzuschließen. Die Einführung der elektrischen Äquivalenz gestattet es, durch das Overlay im Macro nicht realisierbare Verbindungen im Verdrahtungskanal herzustellen.

An die Plazierung schließt sich die Grobtrassierung (global routing) an. Dabei werden alle Signalleitungen auf die Verdrahtungskanäle aufgeteilt und die notwendigen Durchführungsstellen festgelegt. Die globale Verdrahtung wird iterativ so lange verbessert, bis die Kanalbelegungsdichte an keiner Stelle mehr die Anzahl der verfügbaren Leitungen im Kanal übersteigt. Nach Abschluß der Grobtrassierung liegt für jedes Macro fest, welche Anschlüsse und Durchführungen anzuschließen sind. Das Kanalverdrahtungsprogramm (channel routing) führt einzeln für jeden Kanal die konkrete Verdrahtung entsprechend den Vorgaben der Grobtrassierung aus. Restverdrahtungsprobleme sowie das Verlegen bzw. Umverlegen zeitkritischer Signale können in vielen CAD-Systemen interaktiv gelöst werden. Die manuell durchgeführten Änderungen werden dabei stets auf Vollständigkeit und Übereinstimmung mit dem internen Netzcode geprüft. Die Abb. 5.17 zeigt einen Ausschnitt einer automatisch durchgeführten Kanalverdrahtung.

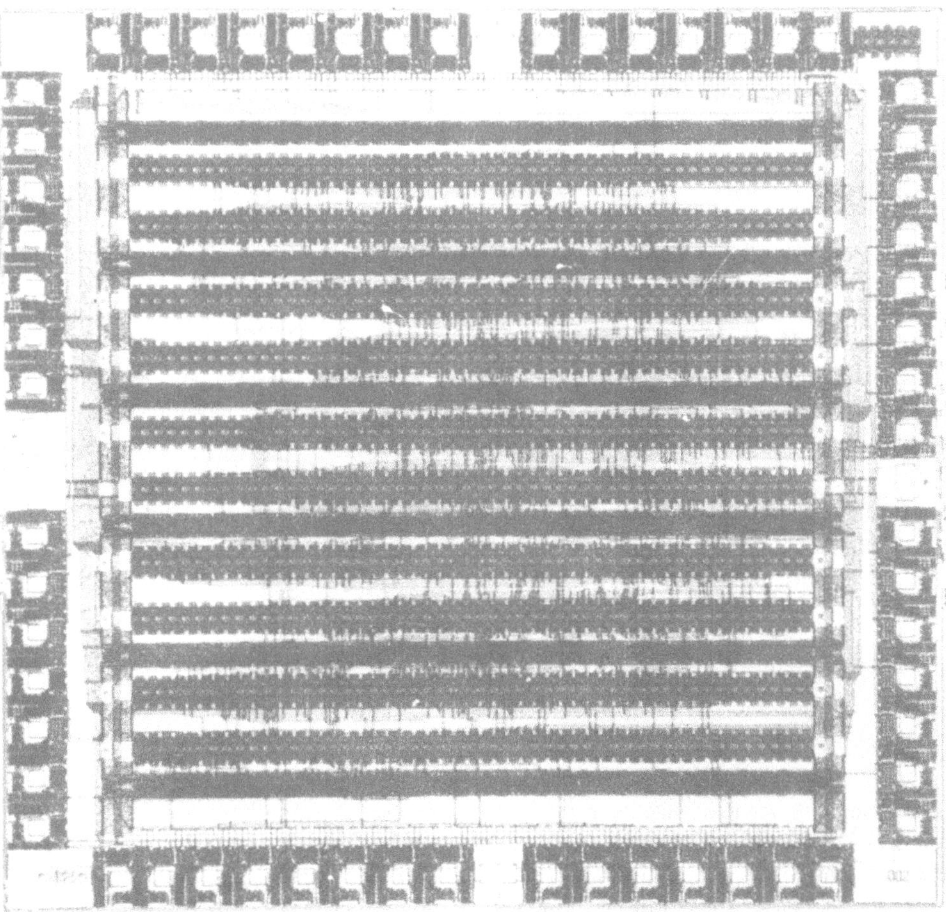

Abb. 5.18 Layoutmikrofotografie eines U5200-Gate-array-Schaltkreises
a) Gesamtschaltkreis,

Nach Fertigstellung der Verdrahtung wird die vollständige statische und dynamische Funktion des entworfenen Gate-array-Schaltkreises mittels Logikanalyse geprüft. Danach werden die Daten zur Schablonenherstellung oder zur Ansteuerung der Elektronenstrahldirektbelichtungsanalage ausgegeben.

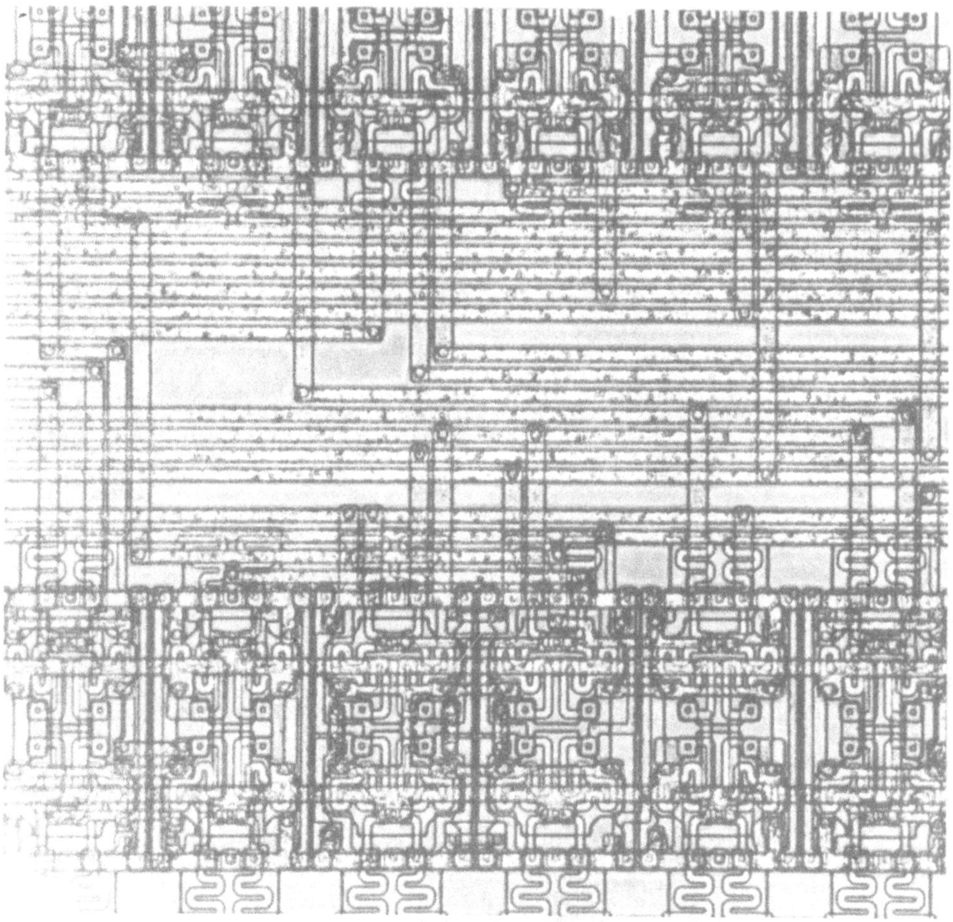

Abb. 5.18 b) Ausschnitt aus einem Verdrahtungskanal

Die Erstellung der Prüffolgen für die Tester wird ebenfalls innerhalb des CAD-Systems realisiert (Abschn. 4.8.). Dabei wird bei Gate-array-Schaltkreisen aus Aufwandsgründen in zunehmendem Maße auf statische, die Struktur der Schaltung berücksichtigende Tests orientiert. Die Layoutmikrofotografie eines U5200-Gate-array-Schaltkreises, der mittels vollautomatischer Plazierung, Grobtrassierung und Kanalverdrahtung entworfen wurde, zeigt Abb. 5.18.

5.2. Kundenschaltkreise

Der Klasse der Kundenschaltkreise werden die Vollkundenschaltkreise sowie die mittels Standardzellverfahren entworfenen Bauelemente zugeordnet. Im Gegensatz zu den Semikundenschaltkreisen werden alle Schablonenebenen kundenspezifisch entworfen. Damit ergeben sich kleine Chipflächen, da die Größe des Schaltkreises nur vom Umfang der zu

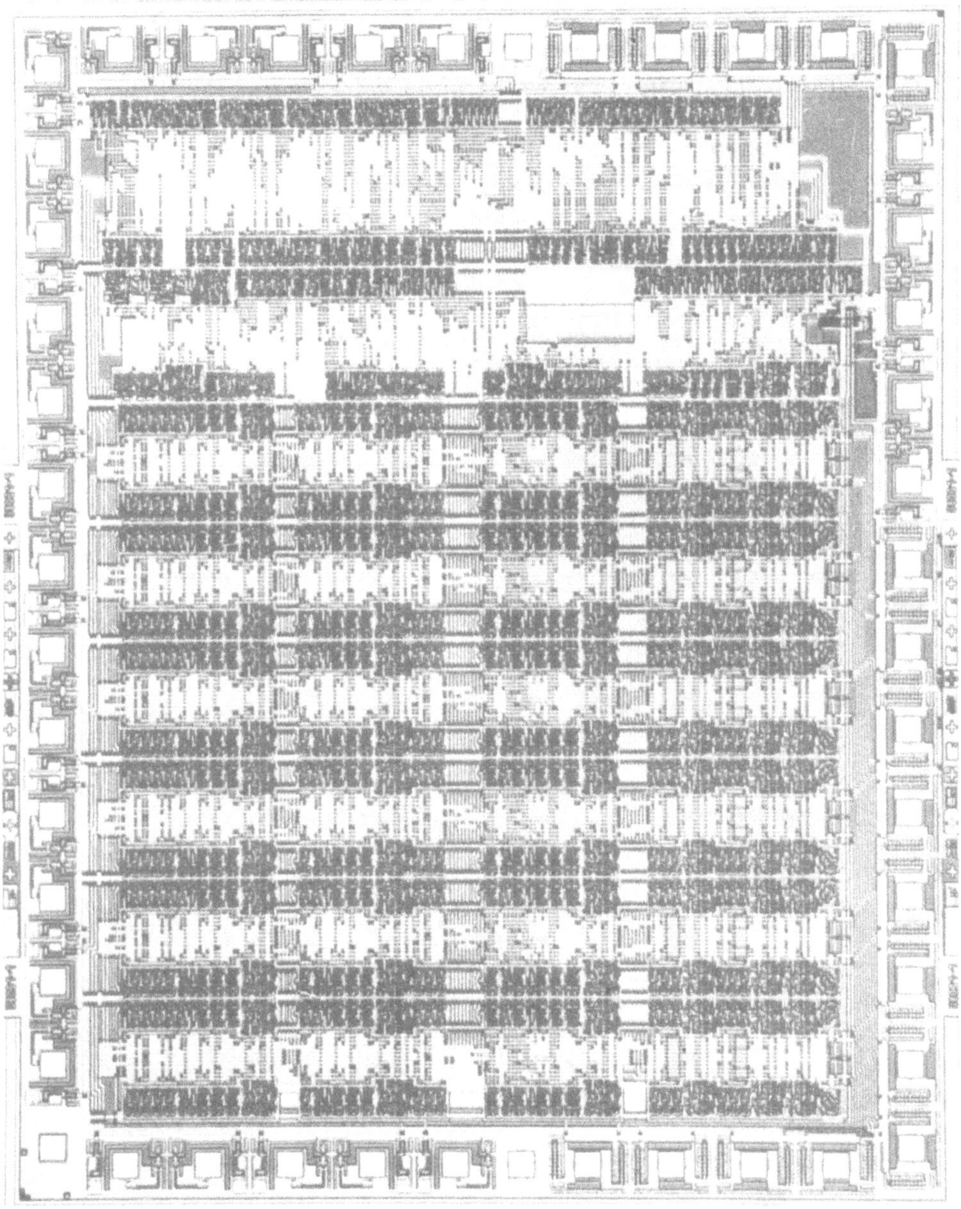

Abb. 5.19 Layoutmikrofotografie eines Standardzellenschaltkreises mit Zellen gleicher Höhe

integrierenden Schaltung abhängt und nicht durch einen fest vorgegebenen Master bestimmt wird. Das Standardzellenverfahren und der Vollkundenentwurf unterscheiden sich durch den beim Entwurf angewandten Grad der Standardisierung und damit natürlich auch durch die erreichbare Entwurfsflexibilität.

5.2.1. Standardzellenentwurf

Der Standardzellenentwurf erfolgt ähnlich wie der Gate-array-Entwurf auf der Grundlage bewährter und erprobter in einer Bibliothek zusammengefaßter Grundschaltungen. Da alle

ZFT Mikroelektronik Dresden — 8/1982

CSGT-2N-STANDARDZELLEN-KATALOG

Bezeichnung: ANO 24 — Blatt: 1

Beschreibung: Kombinatorische Schaltung aus 2 AND-Verknuepfungen von jeweils 2 Eingaengen (E1*E2, E3*E4), die eine NOR-Verknuepfung bildet

Transistordimensionierung:

N1 - 38um	P5 - 62um
N2 - 38um	P6 - 62um
N3 - 38um	P7 - 62um
N4 - 38um	P8 - 62um

Transistorplan:

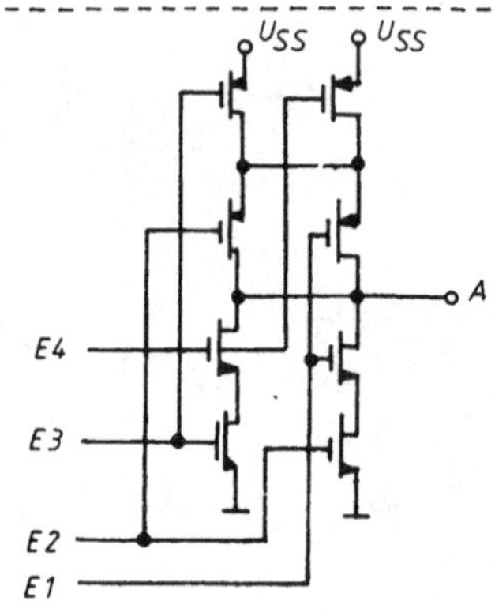

Abb. 5.20 a) Ausschnitt aus einem Standardzellenkatalog (Blatt 1)

Schablonenebenen entworfen werden müssen, ergeben sich für die Standardzellen im Vergleich zu den Macros der Gate-arrays eine wesentlich höhere Flexibilität bezüglich der Schaltungstechnik und Schaltungsdimensionierung sowie eine größere Packungsdichte. Als Nachteil stehen dem der erhöhte Entwurfs- und Schablonenaufwand sowie der längere technologische Durchlauf entgegen.

5.2.1.1. Architektur des Standardzellenentwurfs

Die Standardzellen haben eine rechteckige Form. Höhe und Breite der Zellen sind, abgestuft in Rastereinheiten (RE), variabel. Zur Vereinfachung der Softwareprobleme werden

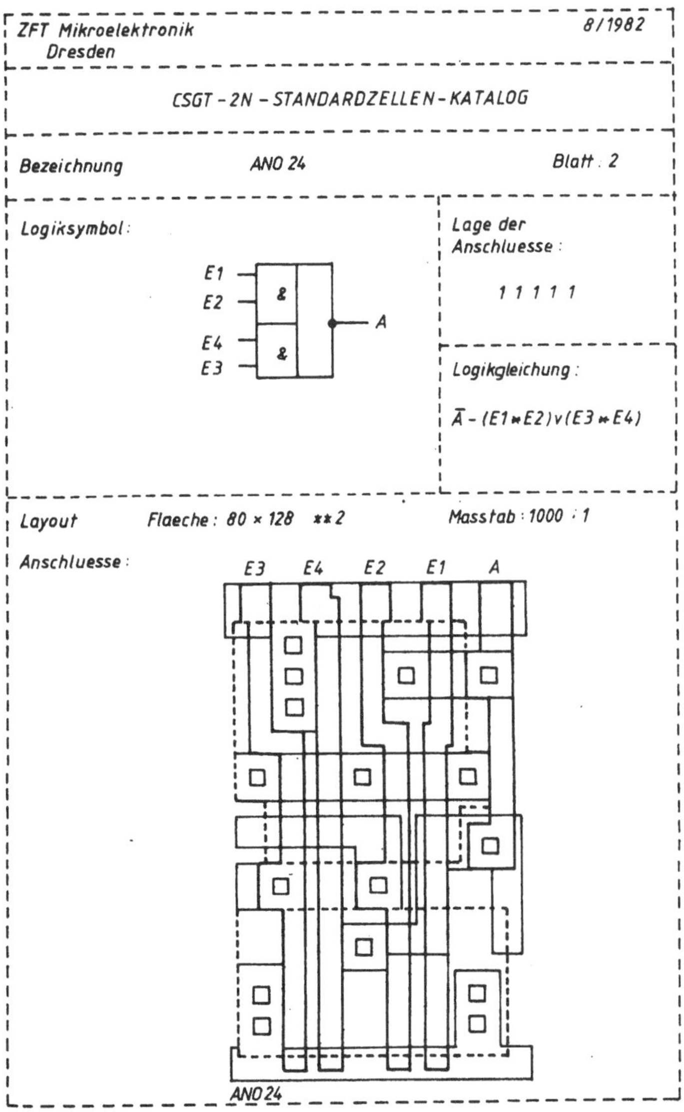

Abb. 5.20 b) Ausschnitt aus einem Standardzellenkatalog (Blatt 2)

in vielen Standardzellenentwurfssystemen nur Zellen gleicher Höhe zugelassen. Die Standardzellen werden im Kernbereich des Schaltkreises in Zeilen angeordnet. Zwischen den Zeilen befinden sich Verdrahtungskanäle variabler Breite (Abb. 5.19). Die Input-/Output-Stufen, Betriebsspannungszuführungen und Testelemente sind ebenfalls als Standardzellen verfügbar. Das gesamte Layout des Schaltkreises einschließlich der Verlegung der Versorgungsspannungsleitungen muß also aus den im Katalog angegebenen Zellen mit Hilfe des CAD-Systems zusammengebaut werden.

5.2.1.2. Standardzellen

Für den Entwurf einer Standardzelle existieren als Restriktionen nur die Abmessungen der Zelle (Zellhöhe!), die Lage der in einem Raster an einer oder zwei Zellseiten angeordneten Anschlüsse sowie der Verlauf der Betriebsspannungsleitungen. Das interne Layout der Zelle kann unter Beachtung dieser Bedingungen nach den Gesichtspunkten maximaler Packungsdichte und optimaler dynamischer Eigenschaften der Schaltung entworfen werden. Bei der Schaltungsdimensionierung können die im allgemeinen unterschiedlichen kapazitiven Belastungen, die im Inneren der Zelle wirken und die sich an den äußeren Zellanschlüssen einstellen, berücksichtigt werden. Die Variabilität in der Transistordimensionierung erlaubt auch relativ problemlos den Entwurf von Standardzellen für Analogschaltungen.

Die Möglichkeiten des Entwurfes von Standardzellen werden gegenwärtig in erster Linie durch Einschränkungen seitens des CAD-Systemes sowie durch die Probleme der Testbarkeit und damit zusammenhängend der Erstellung von Prüffolgen für die Testautomaten begrenzt.

Standardzellenschaltkreise werden sowohl in Technologien mit Si/Al-Verdrahtung als auch mit Al1/Al2-Verdrahtung hergestellt. In Abb. 5.20 werden das Layout und die Schaltung für eine Standardzelle (AN024: UND/ODER-Verknüpfung) in CMOS-p-Wannen-Technologie mit Si/Al-Verdrahtung gezeigt.

5.2.1.3. CAD-System für Standardzellentwurf

Die CAD-Systeme für den Standardzellentwurf weisen viele Gemeinsamkeiten mit den Entwurfssystemen für Gate-Arrays auf. Einige Systeme (VENUS, SL2000) sind daher auch sowohl für den Entwurf von Gate-Arrays als auch für Standardzellen geeignet.

Folgende Besonderheiten ergeben sich beim Standardzellenentwurf:

Die Einbeziehung von Analogschaltungen erschwert die Logiksimulation. Die Analogteile müssen entweder aus der Logiksimulation herausgelöst und mittels Netzwerkanalyse gesondert geprüft werden, oder es muß ein Mixed-level-Simulationsverfahren (z. B. KOSIM [Schw 85]) angewandt werden. Für das CAD-System bedeutet das, daß eine Schaltungssimulation zumindestens für ausgewählte Schaltungsteile auf Transistorniveau möglich sein muß. Neben der logischen Beschreibung der Standardzellen muß somit auch die Transistorschaltung einschließlich Dimensionierung im Datenspeicher zur Verfügung gestellt werden.

5.2.2. Vollkundenschaltkreise

G. HEINZ, Institut für Nachrichtentechnik Berlin

Der Entwurf eines Vollkundenwunschschaltkreises, speziell für eine Massenfertigung von mehreren Millionen Stück pro Jahr (Uhrenschaltkreise, Rechnerchips) nutzt die in Abschn. 4 dargestellten CAD-Methoden zur Realisierung der Pflichtenheftaufgabenstellung eines Kunden. Der zwischen Ausbeute Y und Chipfläche A_{Chip} bestehende exponentielle Zusammenhang

$$Y = \exp(-DA_{\text{Chip}}) \tag{5.7}$$

D — Defektdichte

verbietet jede Verschwendung von Chipfläche.

In einigen Ausnahmefällen werden Kunden durch Nutzung von Ingenieurarbeitsstationen (IWS — engineer work station) befähigt, auf ihre Probleme optimal zugeschnittene Schaltkreise zu entwickeln, wenn die Möglichkeiten von Gate-Arrays und Standardzellen nicht ausreichen.

Abb. 5.21 (s. Beilage) zeigt einen mit Zellkompositionsprinzipien mittels VLSI-Entwurfsmethoden entwickelten LSI-Datenwegprozessor [Hein 84]. Die Realisierung nutzt weitestgehend PLA-, RAM-, ROM-, CAM-, Boolesche Funktions- und Transfergateblöcke. Die Anordnung (floor plan) und Größe der Funktionseinheiten zeigt, welche Blöcke vom Entwerfer noch beeinflußbar sind. Fragen der Betriebsspannungs-, Masse- (Abb. 5.22, Abb. 5.23) und Taktführung (Abb. 5.24) sind zu beachten. Daten- und Steuerleitungen sind konsequent orthogonal zueinander zu führen.

Der Zellentwurf beginnt mit den kompliziertesten Zellen. Die Zellen bestehen aus einem Untergrund und mehreren dazugehörigen in einer Macrobibliothek (Abb. 5.25) abgelegten Spezifikationen (z. B. Leitbahnstücke, Transistoren, Kontakte o. ä.) welche die Funktion auf Logikebene modifizieren. Drei mittels verschiedener Spezifikationen programmierter Ein-/Ausgabestufen mit der jeweiligen Bondinsel (pad) zeigt Abb. 5.26. Die Paßfähigkeit

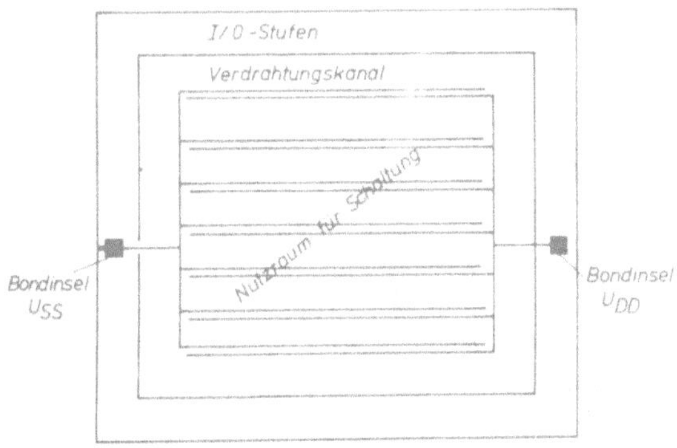

Abb. 5.22 Tunnelfreie Plus- und Masseführung. Es sind immer die drei Zonen, Ring der Bondinseltreiber (E/A-Stufen), der Verdrahtungskanal für lange Verbindungen und die eigentliche Schaltungszone, zu schaffen; nach [Hein 85]

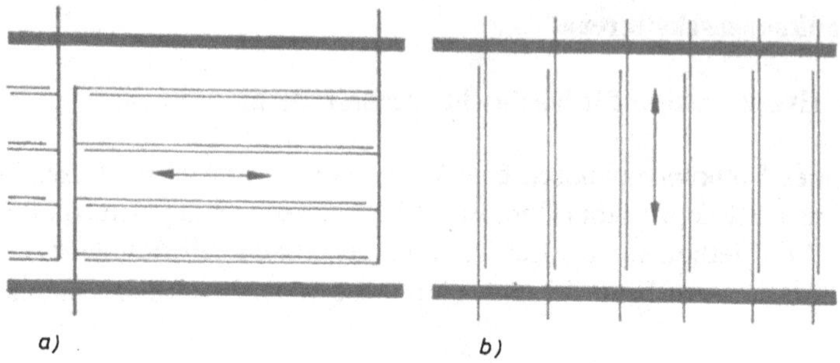

Abb. 5.23 Ausfächerung von Plus- und Masse-Leitungen in Logikblöcken bei vorwiegend
a) waagerechter Signalführung,
b) senkrechter Signalführung

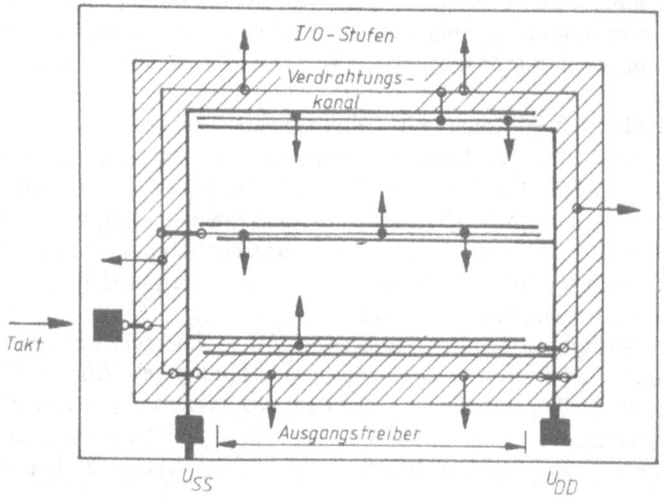

Abb. 5.24 Taktverteilung. Vom Taktring im Verdrahtungsraum werden die in den Logikblöcken liegenden Taktleitungen versorgt. Damit wird die „Gleichzeitigkeit" der Taktung aller Baugruppen verbessert [Hein 85].

der lückenlos aneinandergefügten Zellen wird durch die Definition eines Interfaces (eventuell Nutzung von λ-Entwurfsregeln [MeCo 79]) gesichert.

Die durch „Ankreuzen" programmierten Blöcke können dann direkt simuliert oder durch Aufruf entsprechender Spezifikations- und Untergrundzellen in ein Layout umgesetzt werden. Beim Entwurf wie auch in der Verifikationsphase erweist es sich als günstig, nicht den Zellinhalt, sondern die Zellfunktion und Spezifikation darzustellen (Abb. 5.27) (s. Beilage).

Die in einer Tabelle eingetragenen, vom Befehlsdecoder auszuführenden Signalverknüpfungen legen die Datenarchitektur fest (Abb. 5.28) und sind im Layout zu realisieren. Für Schaltkreise mit hoher Arbeitsgeschwindigkeit sind die örtlichen Beziehungen der Schaltelemente entscheidend und sind anzugeben (Abb. 5.29).

Auf spezielle Details des Prozessors soll hier nicht weiter eingegangen werden.

Abb. 5.25 Einige Kompositzellen der Macrobibliothek des Datenwegprozessors nach [Hein 85]

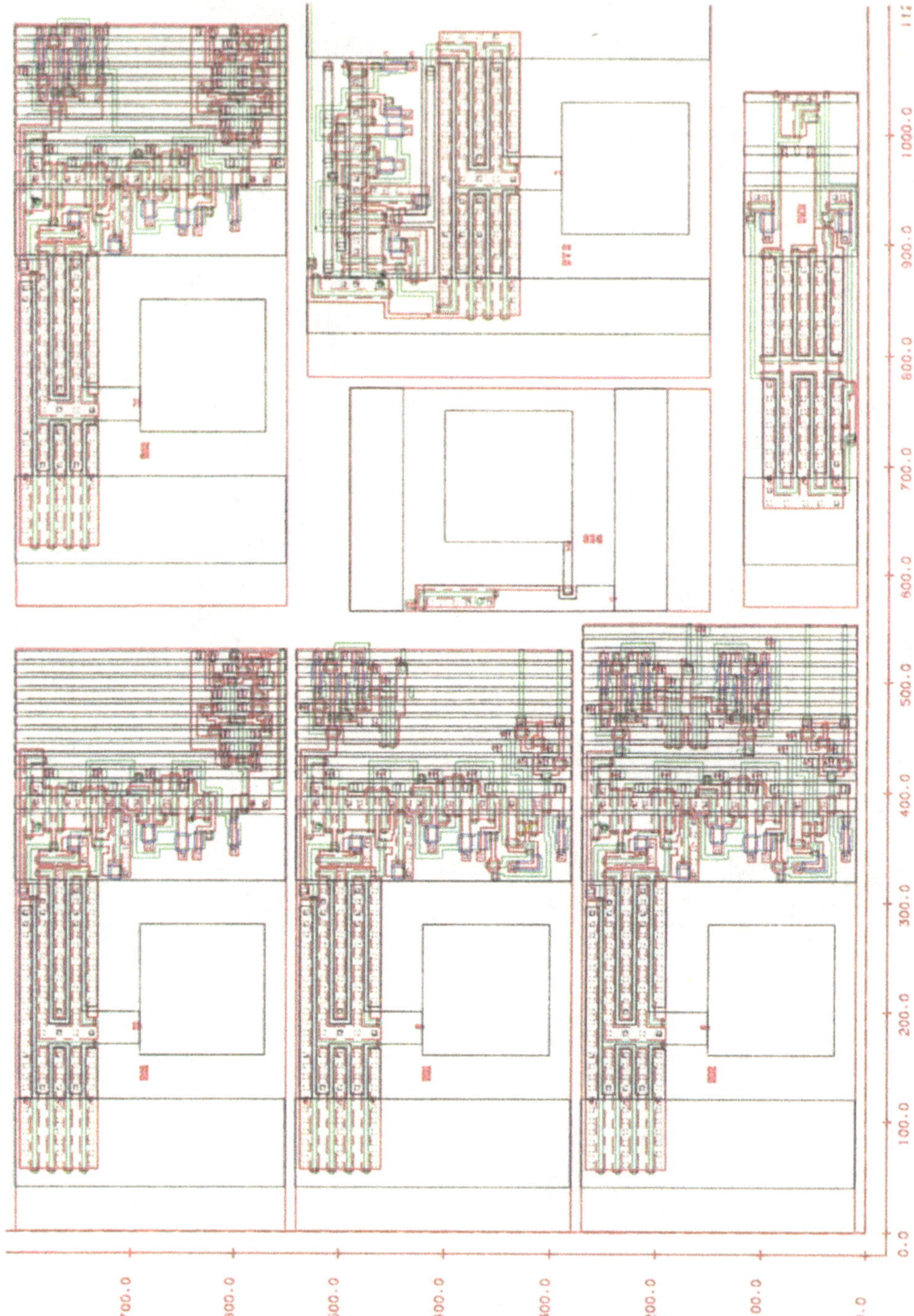

Abb. 5.26 Spezifikation von Zellen. Aus einem Grundlayout einer E/A-Stufe wurden vier verschiedene Varianten generiert nach [Hein 85]

Eingänge																																						Term.	Ausgänge											Bemerkungen
TP	PM2	PM1	PMØ	HMG	SI2	SI1	SI0	ZL3	ZL2	ZL1	ZLØ	BM	BSB6	BSB5	BSB4	BSB3	BSB2	BSB1	BSBØ	SEM	ERN	EALM	EPEM	GM	FM	KSB4	KSB3	KSB2	KSB1	KSBØ	KB4	KB3	KB2	KB1	KBØ	KRV2	KRVS	Nr.	BMØS	BMSPØ	/BM1S	/BMSP1	/DDIS	ORS	OAS	OZS	BINS	AINL	CINL	
																																							1)				4)	1)	1)	1)	1)	1)	1)	
Ø					Ø		1	Ø	Ø	Ø	1		Ø	Ø																								301	Ø		Ø									
Ø					Ø	1	Ø	1	1	Ø	1		Ø	Ø																								302	Ø		Ø									
Ø					1	Ø	Ø	1	1	Ø	1		Ø	Ø																								303	Ø		Ø									
Ø					1	Ø	1	1	1	Ø	Ø		Ø	Ø																								304	Ø		Ø									
1	Ø	Ø	Ø																																			305		1										*
Ø																																						306				Ø								
1	Ø	Ø	1																																			307				Ø								*
Ø					Ø		1	Ø	1	Ø	1		1	Ø																								308					Ø							
Ø					Ø	1	Ø	Ø	Ø	Ø	1		1	Ø																								309					Ø							
Ø					1	Ø	Ø	Ø	Ø	Ø	1		1	Ø																								310					Ø							
Ø					1	Ø	1	Ø	Ø	Ø	Ø		1	Ø																								311					Ø							
Ø				Ø				1	1	Ø	Ø															1	Ø											312					Ø							
Ø					Ø		1	1	1	Ø	Ø														Ø	1	1	Ø										313					Ø							
Ø					Ø	1	Ø	1	1	Ø	Ø														Ø	1	1	Ø										314					Ø							
Ø					1	Ø	Ø	1	1	Ø	Ø														Ø	1	1	Ø										315					Ø							
Ø				Ø				1	1	Ø	Ø															1	1											316					Ø							
1	1							1	Ø	Ø	Ø																											317					Ø							*
Ø								1	Ø	1																1												318						Ø						
Ø								1	1	1			1	Ø	Ø																							319						Ø						
1	1	1						Ø	1	Ø																												320						Ø						*
Ø								1	1	1			1	Ø	1				1																			321							Ø					
1	1	Ø	1					Ø	1	Ø																												322							Ø					*
Ø								1	1	1			1	Ø	1				Ø																			323								Ø				
1	1	Ø	Ø					Ø	1	Ø																												324								Ø				*
Ø					Ø		1	Ø	1	Ø	1	1	Ø	Ø																								325									Ø			
Ø					Ø	1	Ø	Ø	Ø	Ø	1	1	Ø	Ø																								326									Ø			
Ø					1	Ø	Ø	Ø	Ø	Ø	1	1	Ø	Ø																								327									Ø			
Ø					1	Ø	1	Ø	Ø	Ø	Ø	1	Ø	Ø																								328									Ø			
Ø					Ø		1	Ø	Ø	Ø	1		Ø	1																								329									Ø			
Ø					Ø	1	Ø	1	Ø	Ø	Ø		Ø	1																								330									Ø			
Ø					1	Ø	Ø	1	Ø	Ø	1		Ø	1																								331									Ø			
Ø					1	Ø	1	1	Ø	Ø	Ø		Ø	1																								332									Ø			
1	1	Ø						Ø	Ø	Ø	Ø																											333									Ø			*
1	1	1	Ø					Ø	Ø	Ø	Ø																											334									Ø			*
Ø								Ø	1	1	1		1	Ø	1		1	Ø																				335										Ø		
1	1	Ø	1					Ø	1	Ø	1																											336										Ø		*
Ø								Ø	1	1	1		Ø	1																								337											Ø	
1	1		Ø					Ø	1	Ø	1																											338											Ø	*

EtDPs

Abb. 5.28 Programmierung einer Datenweg-Architektur in Tabellenform nach [Hein 85]

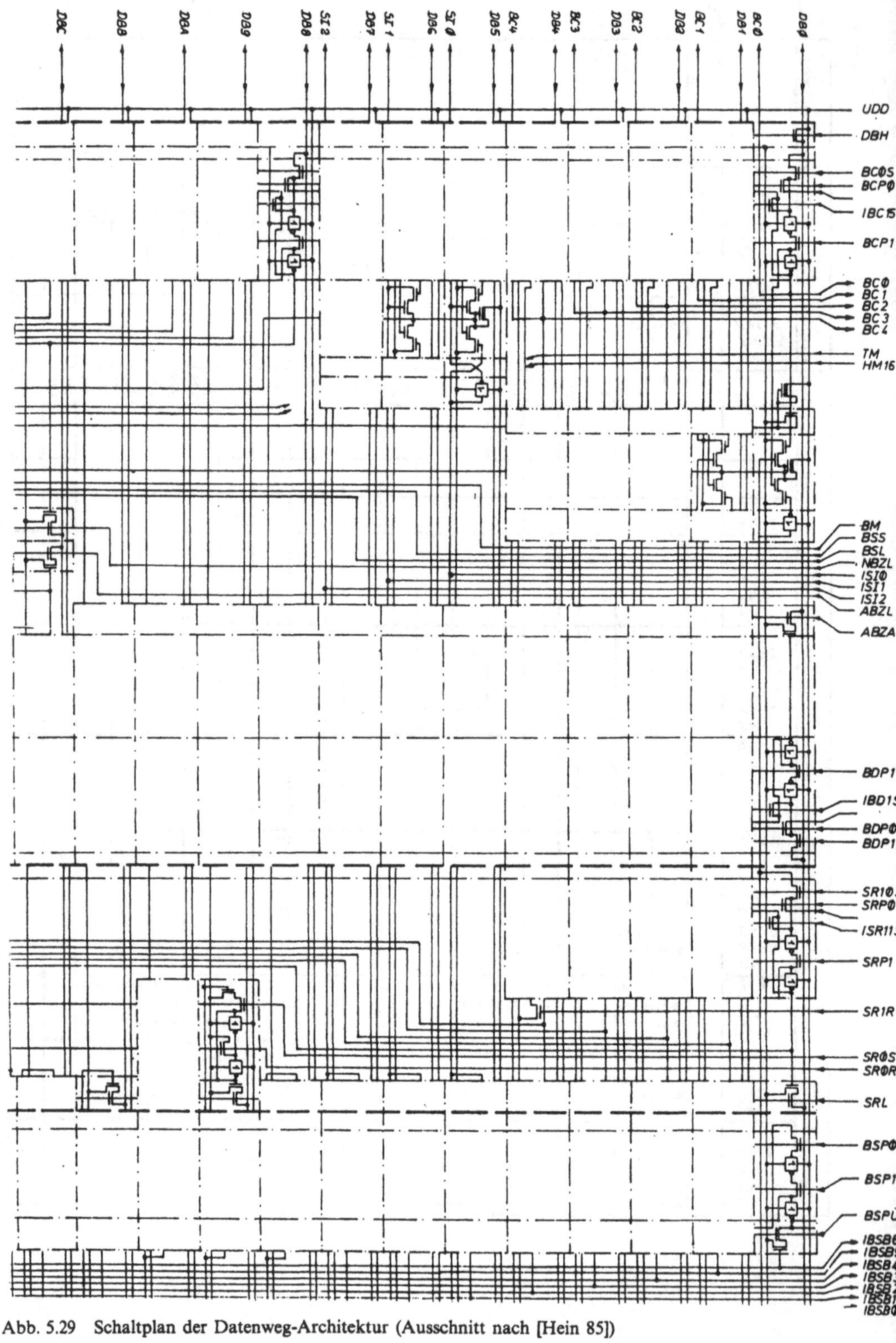

Abb. 5.29 Schaltplan der Datenweg-Architektur (Ausschnitt nach [Hein 85])

5.3. Programmierbare Standardschaltkreise

Bekanntester Vertreter dieser Klasse sind die Einchipprozessoren, deren Befehlssatz kundenspezifisch durch die Programmierung einer chipinternen PLA festgelegt wird. Zunehmende Bedeutung erlangen Schaltkreise, die über die Pins programmierbare ROM- und PLA-Strukturen enthalten. Dabei kommen in der Bipolartechnik durchbrennbare Schmelzverbindungen (fuse, Abb. 5.30) zur Anwendung. Die Schaltkreise werden als FPLA und FPAL bezeichnet.

In der CMOS-Technik [LeLe 85] werden zur Programmierung EPROM-Transistoren (EPLA) verwendet. Vorteilhaft ist dabei die Möglichkeit der mehrmaligen Programmierung. Das mit EPLA-Schaltkreisen erreichbare Gatteräquivalent ist jedoch im Vergleich mit Gatearray- und Standardzellenlösungen klein.

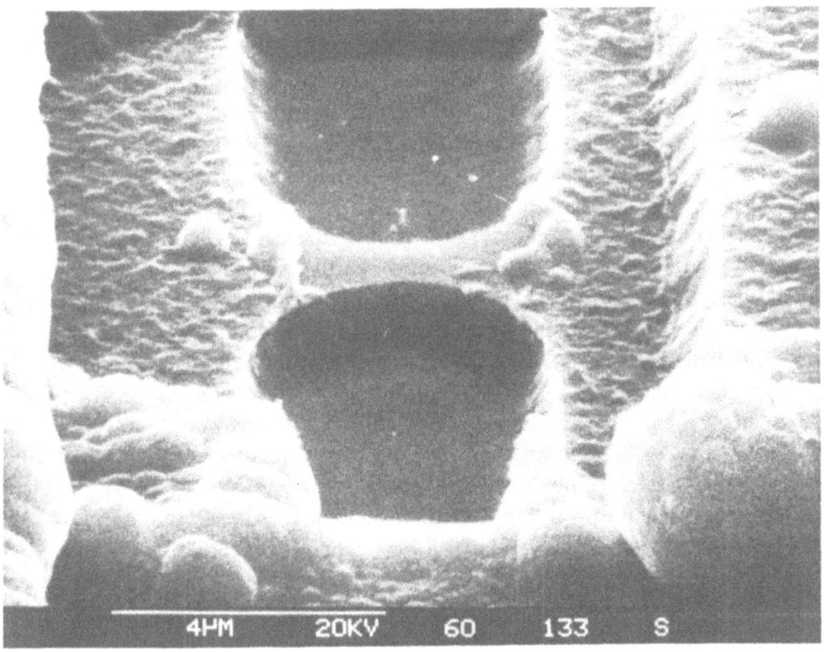

Abb. 5.30 Schmelzsicherung (Fuse) zur Programmierung von FPLA-, FPAL-Schaltkreisen und zur Redundanzprogrammierung in Speichern (s. Abschn. 6.)

6. VLSI-Speicher

Speicher sind die integrierten Schaltkreise mit dem größten Integrationsgrad. Sie stellen bezüglich Strukturabmessungen die höchsten Anforderungen an die Technologie und werden daher auch als Prototypen für die Entwicklung neuer Technologien verwendet.

Der Grundaufbau aller Speicher ist sehr ähnlich. Die Informationsspeicherung findet in einer Speicherzelle statt. In matrixförmiger Anordnung werden in einem Speicherblock bis zu mehreren 10^5 Speicherzellen zusammengefaßt. Ein VLSI-Speicher besteht aus mindestens zwei, teilweise aber auch wesentlich mehr solcher Speicherblöcke (Abb. 6.1). Die Auswahl einer Speicherzelle innerhalb eines Speicherblocks erfolgt nach dem Koinzidenzprinzip. Es wird dabei die Zelle gelesen oder beschrieben, die sich im Schnittpunkt einer ausgewählten Zeile und Spalte befindet. Die Zeilen- und Spaltenauswahl erfolgt mittels Zeilen- und Spaltendekoder. Spezielle Leseverstärkerschaltungen ermöglichen eine schnelle Bestimmung der in der ausgewählten Zelle gespeicherten Information. Die Funktionsgruppen Dekoder und Leseverstärker sind auf dem Chip zweckmäßig an den Rändern der Speicherblöcke angeordnet. Die Ansteuerung der Zeilen- und Spaltendekoder erfolgt über Adreßsignale, die dem Speicherschaltkreis von außen über die Pins zugeführt werden. Mit einer einzigen Adreßbelegung kann sowohl eine einzelne Speicherzelle (Bitorganisation) als auch eine Gruppe von Speicherzellen (z. B. Halbbyte- oder Byteorganisation) ausgewählt werden.

Die verschiedenen Speichertypen unterscheiden sich in erster Linie durch das Wirkungsprinzip, das den jeweils verwendeten Speicherzellen zugrunde liegt.

Beim einfachsten Speichertyp, dem ROM (read only memory) ist der gesamte Speicherinhalt durch Maskenprogrammierung vom Hersteller festgelegt. Der Speicher ist nur lesbar.

Der RAM (random access memory) kann in Abhängigkeit eines Steuersignals (WE — write enable) gelesen oder beschrieben werden. Die Informationsspeicherung erfolgt dabei entweder statisch in einer aus sechs Bauelementen bestehenden Flipflop-Zelle (SRAM = statischer RAM) oder dynamisch in einer Eintransistorzelle (DRAM = dynamischer RAM). Bei Ausfall der Betriebsspannung U_{DD} verlieren RAMs die gesamte gespeicherte Information. Diesen Nachteil haben die elektrisch programmierbaren Speicher (EPROM = electrically programable ROM) und die elektrisch löschbaren Speicher (EAROM = electrically alterable ROM, EEPROM = electrically erasable programmable ROM, NVRAM = non volatile RAM) nicht. Dafür unterscheiden sich bei diesen Speichern die Lesezeiten (im Nanosekundenbereich) und die Schreibzeiten (im Millisekundenbereich) um Größenordnungen. Bei den elektrisch programmierbaren und den elektrisch löschbaren Speichern wird die Information in Form einer elektrischen Ladung, die sich auf einer isolierten Gateelektrode befindet, gespeichert.

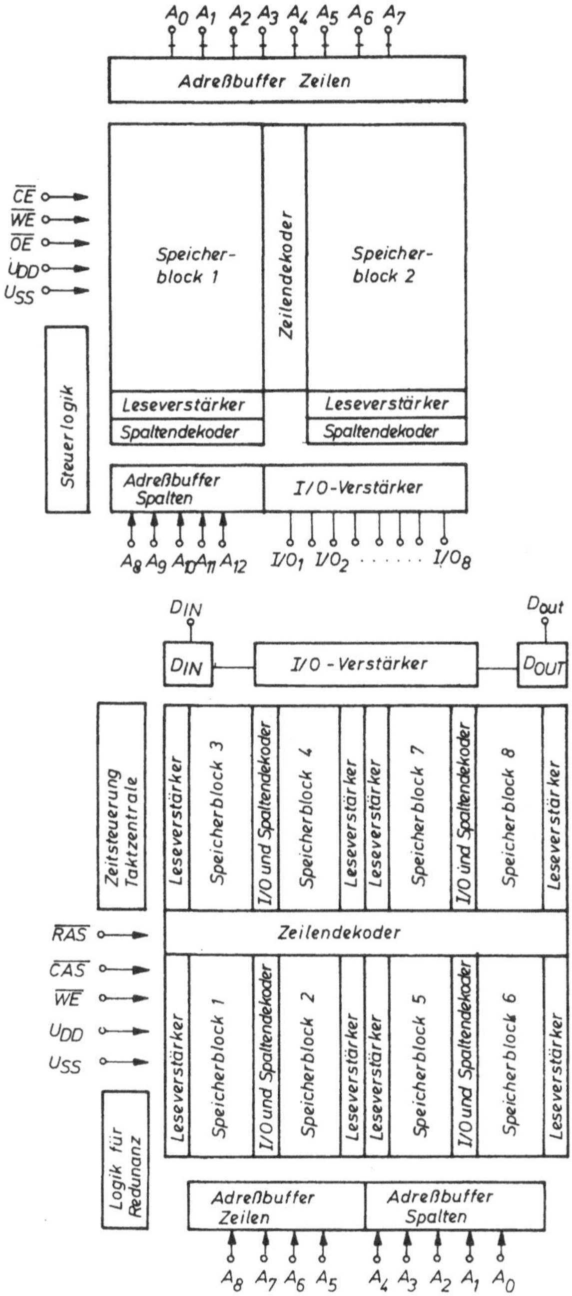

Abb. 6.1 Prinzipieller Aufbau von Speichern
a) Prinzipaufbau eines statischen Speichers,
b) Prinzipaufbau eines dynamischen Speichers

Die derzeit größten hergestellten Halbleiterspeicher sind dynamische RAMs. Auf ausgewählte Probleme der DRAM-Speicher wird im folgenden Abschnitt näher eingegangen. Eine Reihe von Problemen, wie Redundanz oder Signalausbreitung auf langen Leitungen, gilt darüber hinaus auch für die anderen VLSI-Speichertypen. Eine ausführliche Darstellung der SRAMs, EPROMs und der verschiedenen elektrisch löschbaren Speicher würde den Rahmen dieses kleinen Buches sprengen und ist daher nicht möglich.

6.1. Dynamische Speicher (DRAM)

von W. Reinhold, TU Dresden

Halbleiterspeicher mit hohen Speicherdichten werden in großen Stückzahlen in elektronischen Datenverarbeitungsanlagen benötigt. Dynamische RAMs können deshalb als Massenprodukte betrachtet werden, für deren Herstellung neben den elektrischen Parametern insbesondere ökonomische Faktoren eine entscheidende Bedeutung besitzen. Die Ausbeute als ein wichtiger ökonomischer Faktor wird entscheidend durch die Komplexität der Technologie bestimmt. Als ein Optimum zwischen technologischem Aufwand und damit im Zusammenhang stehender Chipgröße hat sich international für Speicher bis 256 Kbit eine n-Kanal-Technik mit zwei Polysilizium-Ebenen und Depletion-Transistoren durchgesetzt. Für eine solche Technologie sind 7 bis 9 lithografische Ebenen erforderlich.

In der Entwicklungsgeschichte der DRAMs hat sich die Eintransistorzelle zum Standardspeicherelement entwickelt. Der minimale Bauelementeaufwand, ein Transistor und eine Kapazität, ergeben einen maximalen Integrationsgrad.

Das Funktionsprinzip der Eintransistorzelle besteht in der Speicherung einer Signalladung auf einer MOS-Kapazität. Ein MOS-Transistor dient als Schalter zum Auf- bzw. Entladen der Kapazität. Den Querschnitt einer konventionellen NMOS-DRAM-Zelle zeigt Abb. 6.2.

Eine solche Ladungsspeicherzelle arbeitet im Nichtgleichgewichtszustand. Die Signalladung wird durch Minoritätsladungsträger gebildet. Sie werden in der Verarmungszone unter dem Gate der Kapazität gespeichert. Sämtliche Leckströme dieser Struktur führen zu einer

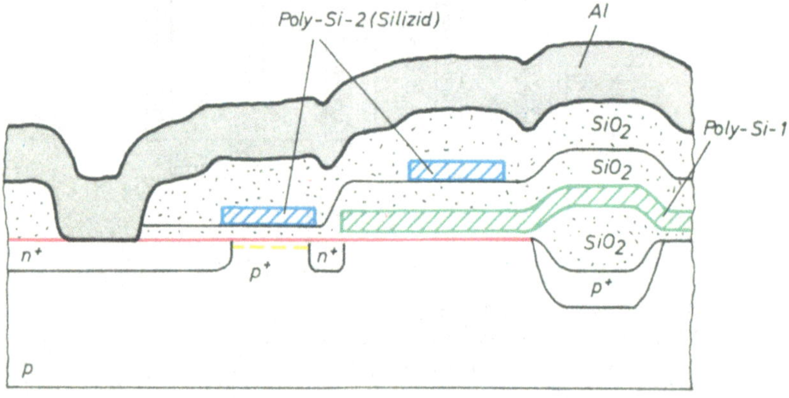

Abb. 6.2 Querschnitt einer NMOS-Eintransistorzelle

Veränderung der Signalladung. Um die Information in der Zelle zu erhalten, ist deshalb eine periodische Regenerierung des logischen Pegels erforderlich. Die Größe der gespeicherten Ladung und die Leckstromrate stellen somit zwei wichtige Funktionsparameter dieser Struktur dar.

Das Auslesen der gespeicherten Informationen erfolgt durch Zuschalten der MOS-Kapazität an eine vorgeladene Bitleitung. Der Potentialausgleich zwischen beiden bewirkt einen von der gespeicherten Ladungsmenge abhängigen Potentialhub ΔU an der Bitleitung. Bei idealem Verhalten des Auswahltransistors beträgt dieser maximal

$$\Delta U_{\max} = \frac{1}{1 + C_B/C_Z} U_{DD} \, . \tag{6.1}$$

Die Speicherkapazität der Zelle C_Z wird von der Dicke des Gateoxids und der Größe der Zellenfläche bestimmt.

Um die Kapazität der Bitleitung C_B zu minimieren, sollte sie in der Ebene mit der geringsten spezifischen Kapazität geführt werden, d. h. im Aluminium. Die Anschlüsse an die Zellen müssen jedoch im n^+-Gebiet erfolgen. Wegen der hohen spezifischen Kapazität dieser n^+-Gebiete ist diese Fläche gering zu halten. Zur Führung der Wortleitungen bleibt in dieser Konzeption nur noch das Polysilizium-2, das auch gleichzeitig die Auswahltransistoren bildet.

Das Potential der Speicherplatte, die vom Polysilizium-1 gebildet wird, wird durch diese Ebene selbst zugeführt. Auf dieser Basis ist ein Layoutentwurf möglich, der eine sehr gute Flächenausnutzung aufweist (s. Abb. 6.3). Es ist nur ein Kontakt für zwei Speicherzellen erforderlich.

Der Entwurf von dynamischen RAMs erfolgt unter zwei Hauptgesichtspunkten:
— minimale Zugriffszeit des Speichers,
— maximale Ausbeute bei der Produktion.

Letzteres erfordert eine höchstmögliche Anpassung des Entwurfs an die technologischen Gegebenheiten. Ein ausgefeilter Handentwurf der Wiederholstrukturen in der Matrix, insbesondere von Speicherzelle, Sensorverstärker und Dekoder, ist die Voraussetzung für eine Flächenoptimierung des Chips. Die Layoutgestaltung der einzelnen Strukturen wird durch deren elektrische Funktion bestimmt. Insbesondere müssen die Datenwege minimale para-

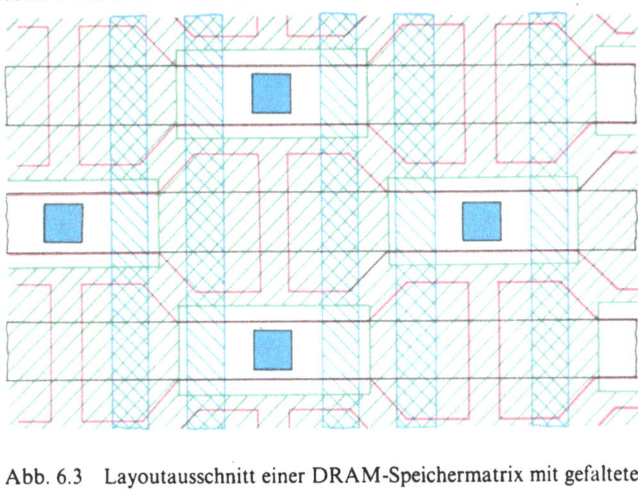

Abb. 6.3 Layoutausschnitt einer DRAM-Speichermatrix mit gefalteten Bitleitungen

sitäre Kapazitäten und Widerstände aufweisen. Dies liefert die Voraussetzung, um eine minimale Zugriffszeit zu erreichen. Umgesetzt werden kann dies aber nur durch eine ausführliche Optimierung des gesamten elektrischen Entwurfs. Die Dimensionierung der Randlogik muß genau an die Verzögerungszeiten und Takterfordernisse der Matrix angepaßt werden. Daraus leitet sich ein großer Aufwand für Netzwerksimulationen ab. Zum anderen ergibt sich hieraus die Notwendigkeit leistungsfähiger Programme zur Rückerkennung der elektrischen Parameter aus dem entworfenen Layout. Auch bei einem automatisierten bzw. teilautomatisierten Entwurf der Randlogik müssen diese Gesichtspunkte berücksichtigt werden.

6.1.1. Optimierungskriterien der Eintransistorzelle

Vom oben beschriebenen Funktionsprinzip ausgehend, spielen für die Optimierung der Eintransistorzelle drei Aspekte eine wichtige Rolle:
— Größe der speicherbaren Signalladungsmenge,
— Reduzierung der Leckströme,
— Minimierung der benötigten Fläche.
Die speicherbare Signalladung Q_S ergibt sich aus der Integration über die spannungsabhängige Speicherkapazität $C_S(U)$

$$Q_S = \int_0^{U_B} C_S(U) \, dU . \tag{6.2}$$

Die Speicherkapazität setzt sich aus zwei Anteilen zusammen

$$C_S = C_{SG} + C_{SB} . \tag{6.3}$$

C_{SG} ist mit der Source-Gate-Kapazität des MOS-Transistors zu vergleichen, wobei aber im Fall der Speicherzelle nur ein Sperrbereich für $U_{GS} \leqq U_P$ und ein aktiver Bereich für $U_{GS} \geqq U_P$ existieren. Die Source-Bulk-Kapazität C_{SB} wird durch den Raumladungsanteil gebildet.

Die beiden einstellbaren Grenzwerte für das Potential in der Speicherzelle sollten Betriebsspannung und Masse sein, um eine maximale Signalladung zu erreichen. In der Speicherzelle ist der Betriebsspannungspegel nur erreichbar, wenn das Potential der Speicherplatte um die Zellenschwellspannung über der Betriebsspannung liegt oder eine Depletionzelle verwendet wird.

Die Berücksichtigung obiger Aspekte spiegelt sich auch in einer speziellen Bestimmung der Entwurfsregeln für das Zellenlayout wider. Besondere Beachtung verdient der Feldoxidsteg zwischen den Zellen. Er beeinflußt sowohl die Leckströme als auch die Speicherladung, aber auch den Auswahltransistor und den Anschlußknoten der Bitleitung. In der heute üblichen NSGT läuft dieser Feldoxidsteg wie ein „Vogelschnabel" zum aktiven Gebiet hin aus (s. Abb. 6.4.). Am Rand der Speicherzelle entsteht dadurch eine örtliche Reduzierung der Inversionsladung.

In Abb. 6.5a ist dargestellt, wie sich dies auf die zweidimensionale Kapazitätsverteilung in der Speicherzelle auswirkt. Die technologisch eingestellte Schwellspannung für die Beispielstruktur beträgt 0,1 Volt. Der am Rand einsetzende Kapazitätsverlust beginnt bereits bei einer Gate-Source-Spannung U_{GS} weit oberhalb 1 Volt. Ebenfalls wird der Einfluß der Ladungsanteile deutlich, die mit der Kanalstopperimplantation verkoppelt sind. Sie tragen

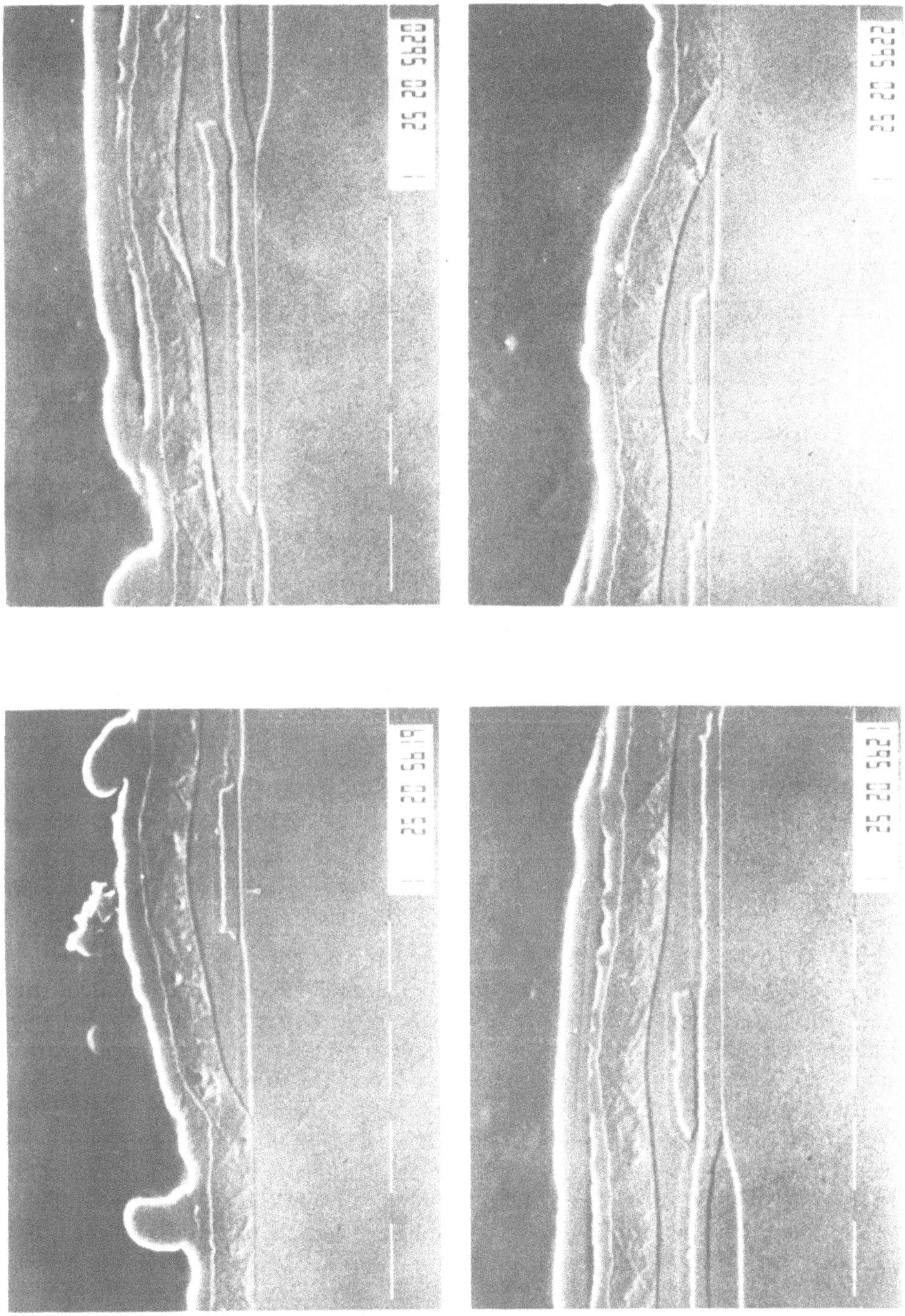

Abb. 6.4 Rasterelektronenmikroskopaufnahme des Querschnitts durch die Speicherzelle

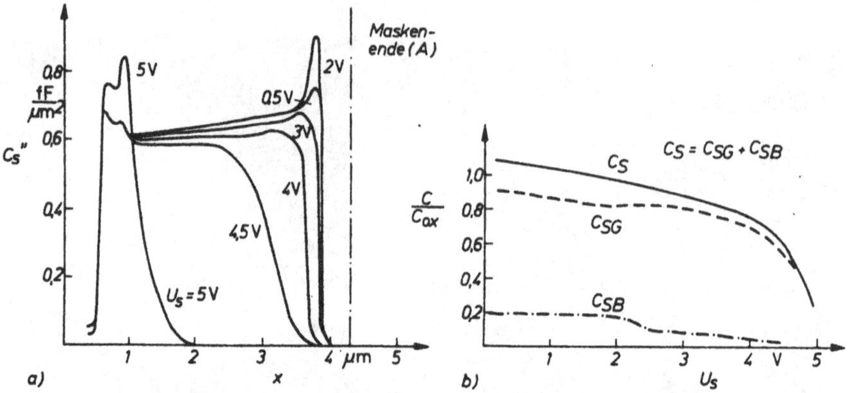

Abb. 6.5 Speicherkapazität einer NMOS-Speicherzelle
a) Kapazitätsverteilung in einer NMOS-Speicherzelle,
b) Spannungsabhängigkeit der Speicherkapazität einer NMOS-Speicherzelle

zu einer Kapazitätsanhebung am Rand der Zelle bei, bewirken aber eine starke Spannungsabhängigkeit der Speicherkapazität (s. Abb. 6.5b).
Extrem wirken diese Faktoren auf den relativ schmalen Eingang der Speicherzelle. Die Schwellspannungserhöhung („Schmalkanaleffekt“ [Rein 82]) führt bei Enhancementzellen zu einem unvollständigen Auslesen der gespeicherten Signalladung.

Im Feldoxidkomplex sind deshalb Technologien mit geringer Kantenverschiebung der aktiven Gebiete anzustreben.

Die Leckströme in der Speicherzelle bestehen nach [Chat 79] aus vier wesentlichen Anteilen:

— Ladungsträgergeneration in der Raumladungszone der Zelle,
— Ladungsträgerdiffusion aus dem Substrat in die Zelle,
— Ladungsträgerdiffusion aus dem Feldoxidsteg in die Zelle,
— Leckstrom des Auswahltransistors.

Insbesondere der dritte Anteil kann durch eine optimale Layoutgestaltung der Zelle, mit minimalem Rand, verringert werden. Die beiden ersten Anteile lassen sich durch den Entwurf nicht mehr beeinflussen, sie werden durch die Technologie und das Substratmaterial festgelegt. Der Leckstrom des Auswahltransistors ist bei der Dimensionierung seiner Länge zu berücksichtigen. Dieser Transistor ist aus Layoutgesichtspunkten und unter gleichzeitiger Beachtung des Schmalkanaleffektes mit minimalen Abmaßen zu entwerfen.

Wenn sich das Gate des Auswahltransistors und die Speicherplatte der Zelle nicht überlappen, können Schwankungen bei der Justage der beiden Polysiliziumebenen gegeneinander keine Veränderung der Kanallänge des Auswahltransistors bewirken. Zwischen beiden Elementen entsteht ein n^+-Gebiet, dessen Größe in Abhängigkeit von der genannten Fehljustage schwankt. Das Raster der Wort- bzw. Bitleitungen entsteht durch die Festlegung des Zellenlayouts. An dieses Raster sind die Strukturen anzupassen, von denen die Matrix umgeben wird. Insbesondere die Dekoder und Sensorverstärker als kritische Strukturen unterliegen jedoch auch Forderungen, die aus der elektrischen Funktion resultieren. Damit keine Widersprüche zum Raster entstehen, muß dies bei der Optimierung des Zellenlayouts berücksichtigt werden.

6.1.2. Gestaltung der Dummy-Zellen

Der beim Lesen der Zelle auf der Bitleitung erzeugte Potentialhub ΔU ist vom logischen Pegel der gespeicherten Information abhängig. Entspricht dieser dem der vorgeladenen Bitleitung, so entsteht kein Potentialhub. Unterscheiden sich beide, dann gilt im Idealfall (kein Ladungsverlust durch Leckstrom) die Gleichung (6.1). Zur Verstärkung dieses kleinen Wertes werden gewöhnlich Sensor-Flipflops benutzt (Abb. 6.6).
Die vom Sensor-FF benötigte Referenzspannung zur Ansteuerung des zweiten Eingangs wird durch das Anschalten einer Dummy-Zelle an eine zweite Bitleitung erzeugt. Damit ein Potentialhub $\Delta U_{\mathrm{Ref}} = \Delta U/2$ entsteht, muß die Dummy-Zelle auf $U_{\mathrm{Ref}} = U_{\mathrm{DD}}/2$ vorgeladen werden. Diese Variante, in der die Kapazität der Dummy-Zelle gleich der der Speicherzelle ist, besitzt den Vorteil geringer Unsymmetrien. Da beide Zellen mit gleichen Geometrien realisiert werden können, besitzen ihre Kapazitäten auch gleiche Spannungsabhängigkeiten.

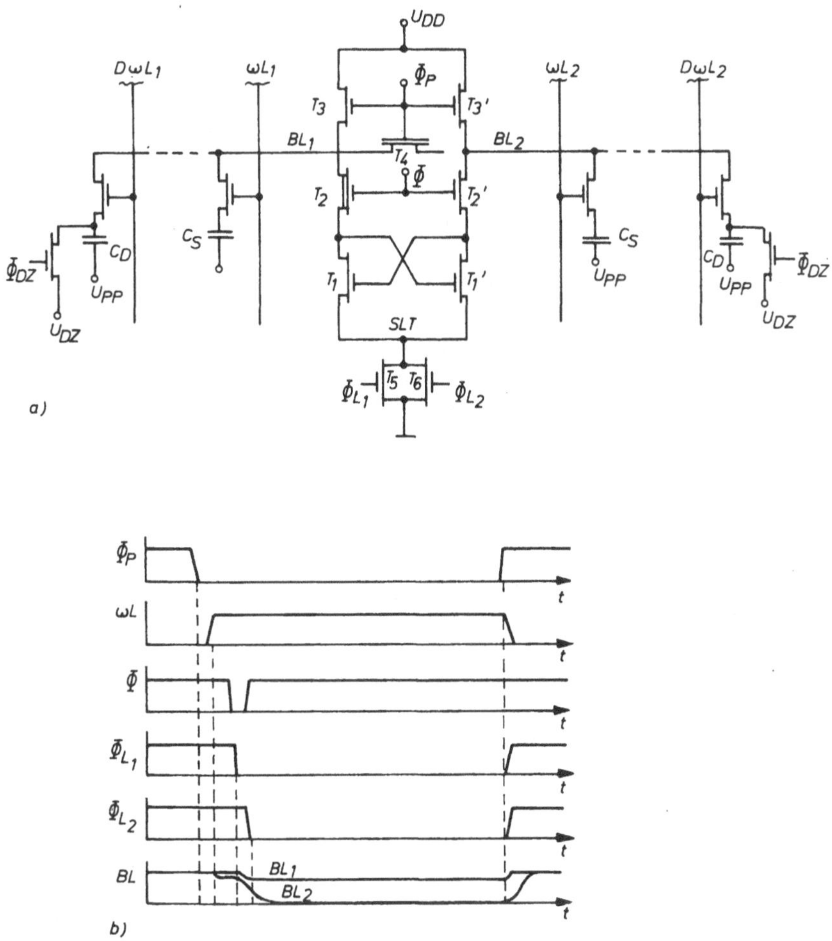

Abb. 6.6 Schaltung eines dynamischen Sensor-Flipflop
a) Schaltung, b) Taktdiagramm

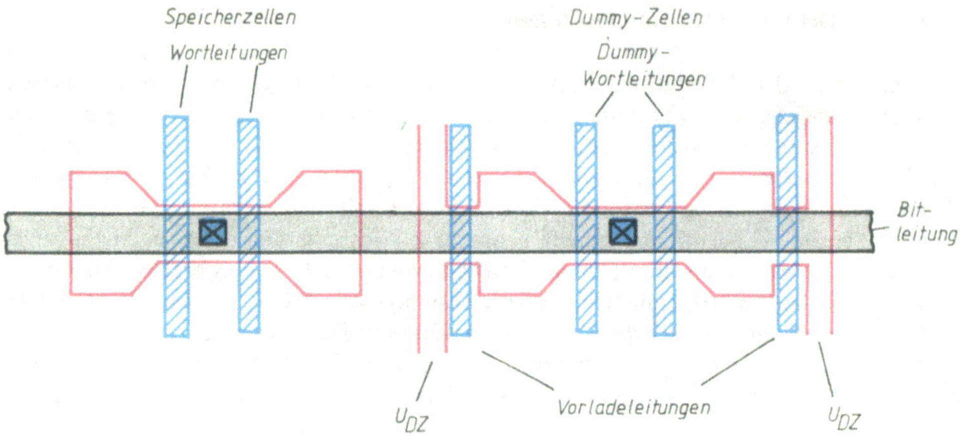

Abb. 6.7 Anordnung der Dummy-Zellen

Werden zwei Dummy-Zellen, die in ihrer Lage der von Speicherzellen zu beiden Seiten des Bitleitungskontakts gleichen, benutzt (s. Abb. 6.7), so können bei richtiger Auswahl der jeweils erforderlichen Dummy-Zelle sogar Einflüsse von Lagefehlern einzelner technologischer Ebenen zueinander, die zu Kapazitätsabweichungen führen, kompensiert werden [Tsan 81].

Zur Festlegung des Referenzpotentials U_{Ref} müssen jedoch die Leckströme beachtet werden. Sie führen zu einer Verringerung des High-Pegels in der Zelle. Auch eine Verschiebung des Low-Pegels infolge von Störungen auf der Masseleitung im Moment des Einschreibens der Informationen in die Zelle kann eine Rolle spielen. Die Definition von zwei Grenzpegeln, U_{Hmin} und U_{Lmax}, die noch sicher verarbeitet werden sollen, liefert einen Wert für das Referenzpotential von

$$U_{Ref} = U_{BL} - \frac{1}{2} \frac{C_S(C_B + C_{DZ})}{C_{DZ}(C_B + C_S)} (2U_{BL} - U_{Hmin} - U_{Lmax}) . \tag{6.4}$$

In dieser Beziehung stellen die Kapazitäten Mittelwerte der spannungsabhängigen Verläufe über den festgelegten Spannungsbereich U_{Hmin} bis U_{Lmax} dar. Der Spannungswert U_{BL} repräsentiert das Potential der vorgeladenen Bitleitung, das z. B. die Betriebsspannung sein kann. C_{DZ} ist die Kapazität der Dummy-Zelle. Zur Festlegung dieses Vorladepegels spielen zwei Gesichtspunkte eine Rolle. Ein wesentlicher Anteil der Bitleitungskapazität wird von den n^+-Anschlußgebieten der Auswahltransistoren gebildet. Deren Kapazität ist stark spannungsabhängig. Somit ist es günstig, das Vorladepotential der Bitleitung möglichst groß gegenüber dem Substratpotential zu wählen, dann wird die Bitleitungskapazität klein. Gleichzeitig legt die Wahl des Potentials den Arbeitsbereich des Auswahltransistors fest. Seine Leitfähigkeit und somit auch die notwendige Zeit für den Potentialausgleich zwischen Zelle und Bitleitung verschlechtern sich mit Vergrößerung des Vorladepotentials. Falls auf Betriebsspannung U_{DD} vorgeladen wird, kann ein vollständiges Aufladen der Speicherzelle beim Schreiben und auch ein vollständiges Auslesen nur durch eine kapazitive Überhöhung des Wortleitungspotentials, über die Betriebsspannung hinaus, gesichert werden.

6.1.3. Gestaltung des Sensor-Flipflop

Voraussetzung für das sichere Erkennen der ausgelesenen Informationen ist eine entsprechende Empfindlichkeit des Sensor-FF. Sie muß die Verarbeitung der auf der Bitleitung entstehenden Mindestpotentialdifferenz sichern. Die schaltungstechnische Realisierung des Sensor-FF ist gemeinsam mit der Entscheidung über den Vorladepegel der Bitleitung festzulegen. In Abb. 6.6 ist eine Variante der in der NSGT verwendeten dynamischen Sensor-FF dargestellt.

Die in [YaIe 79] angegebene Beziehung für die Empfindlichkeit S_1 (in mV) eines Sensor-FF zeigt die bestimmenden Einflußfaktoren

$$S_1 = A\sqrt{\frac{C_0 K}{\beta_0}} \cdot \left| \frac{\beta_1 - \beta_2}{\beta_0} - \frac{C_1 - C_2}{C_0} \right| + |U_{P1} - U_{P2}|\,, \tag{6.5}$$

A — Konstante; β_0, C_0 — entworfene Werte.

Unsymmetrien der Bitleitungskapazitäten C_i und der Transistorkonstanten β_i können zum Teil kompensierend wirken. Schwellspannungsabweichungen der Schalttransistoren U_{pi} jedoch gehen direkt in die Empfindlichkeit ein.

Mit den zur Verfügung stehenden n-Kanal-Transistoren können nur auf Betriebsspannung vorgeladene Bitleitungen verwendet werden. Eine Reduzierung dieses Pegels führt zu einer

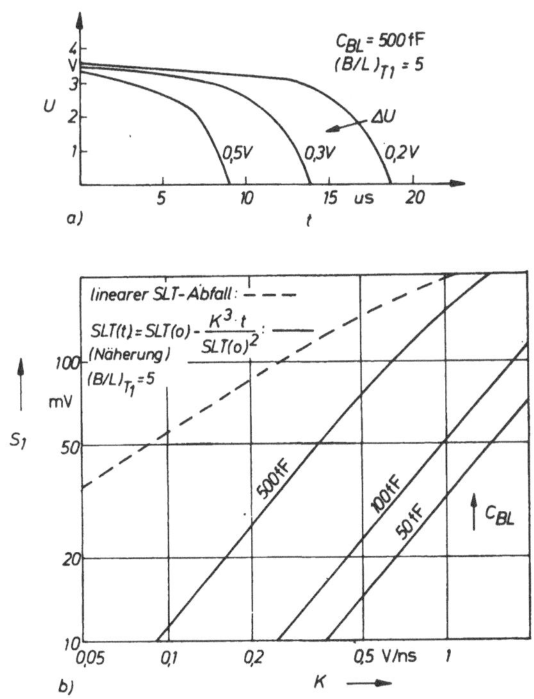

Abb. 6.8 Sensor-Flipflop-(FF)-Optimierung

a) Optimierter Verlauf des Fußpunktpotentials eines Sensor-FF

b) Empfindlichkeiten eines Sensor-FF bei optimalem Verlauf des Fußpunktpotentials nach [Eber 85]

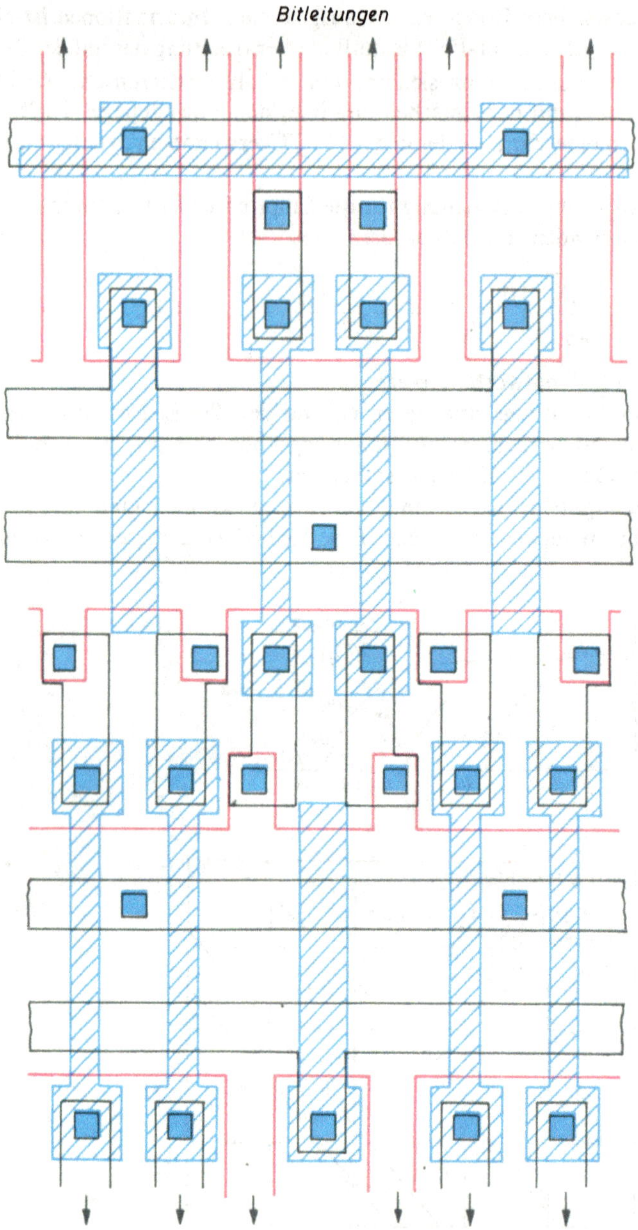

Abb. 6.9 Layout eines Sensor-FF

Verringerung der Empfindlichkeit und erfordert ein kompliziertes Nachladen der auf High zu schaltenden Bitleitungshälfte. Das Schalten des Fußpunktpotentials SLT des Sensor-FF nach Masse muß im ersten Moment mit einem sehr langsamen Abfall *K* erfolgen. Es darf nur ein Schalttransistor leitend werden. Wenn die Steuerspannung des anderen knapp unterhalb der Schwellspannung bleibt, besteht nicht die Gefahr des Entladens der zugehörigen Bitleitung.Ein Regenerieren des High-Pegels auf dieser Leitung ist dann durch eine kapazitive Schaltung („activ pull up") einfach möglich.
Abb. 6.8 zeigt den entsprechend [Eber 85] optimierten Verlauf für das Fußpunktpotential SLT. In guter Näherung kann dieser Verlauf durch das zeitlich gestaffelte Einschalten von zwei unterschiedlich großen Latch-Transistoren (T_5, T_6) erreicht werden. Eine umfangreichere Schaltung für diesen Zweck ist in [Tsan 81] angegeben.

Die beiden Entkoppeltransistoren T_2 und $T_{2'}$ dienen der Verbesserung der Empfindlichkeit. Durch sie werden in der ersten Phase des Lesens die inneren FF-Knoten von der Bitleitung ytrennt und somit die kapazitive Belastung reduziert. Nachdem das Flipflop sicher gekippt ist, werden diese Transistoren wieder geöffnet und damit das Entladen der Bitleitung beschleunigt.

Besondere Bedeutung für die Empfindlichkeit besitzt die kapazitive Symmetrie der Bitleitungen. Eine Realisierung in NSGT gestattet es, die beiden Bitleitungshälften direkt nebeneinander über die Matrix zu führen. Das Sensor-FF liegt dabei am Rand der Matrix. Die erforderliche Führung von zwei Wortleitungen über eine Speicherzelle bereitet in Poly-Silizium-2 keine Probleme (s. Abb. 6.2 und 6.3). Ein Substratrauschen wirkt sich bei dieser gefalteten Anordnung der Bitleitung nur mit einer unwesentlichen Differenz auf beide Bitleitungshälften aus.

Die in Abb. 6.9 gezeigte Realisierung eines Sensor-FF verdeutlicht, wie der Einfluß von Justageschwankungen der Transistorgates zu den aktiven Gebieten auf die kapazitive Symmetrie verhindert werden kann. Die benachbarten Knoten werden nicht durch Feldoxidstege sondern durch gesperrte Transistoren gegeneinander isoliert. Mit diesem schaltungstechnisch einfachen Flipflop sind Empfindlichkeiten bis 50 Millivolt erreichbar (s. Abb. 6.8).

Eine Reduzierung der Bitleitungskapazität und somit eine Vergrößerung des Potentialhubs ist erreichbar, wenn das Sensor-FF in der Mitte des Matrixblocks liegt. Die gefaltete Bitleitung wird dadurch in vier Abschnitte geteilt. Beim Lesen werden jeweils nur zwei Abschnitte zugeschaltet. Diese „geteilten" Flipflop sind bei den langen Bitleitungen von Speichern mit 256 Kbit und mehr notwendig. Eine weitere Unterteilung der Bitleitung bedeutet eine Verdopplung der Dekoder und der Snesor-FFs. An dem in Abb. 6.10 gezeigten 256-Kbit-Speicher ist zu erkennen, daß die Ausdehnung der Dekoder und Sensor-FF ca. 15% der Breite der Matrix ausmachen.

6.1.4. Ausbreitung des Wortleitungstakts

Die größten Probleme bezüglich der Zugriffszeit des Speichers bereiten die Verzögerungszeiten auf den hochohmigen Wortleitungen. Die erreichbaren Schichtwiderstände des Poly-Si-2 liegen bei Werten größer 20 Ω/□. Die Lastkapazität für den Wortleitungstakt wird hauptsächlich durch die Gatekapazitäten der Auswahltransistoren bestimmt. Eine solche Wortleitungsrealisierung in NSGT3 liefert bereits bei 64 angeschlossenen Zellen eine Verzögerungszeit von 30 Nanosekunden. Längere Wortleitungen sind auf diese Weise nicht realisierbar. Eine Lösung dieses Problems bei großen Speichern besteht in der Unterteilung

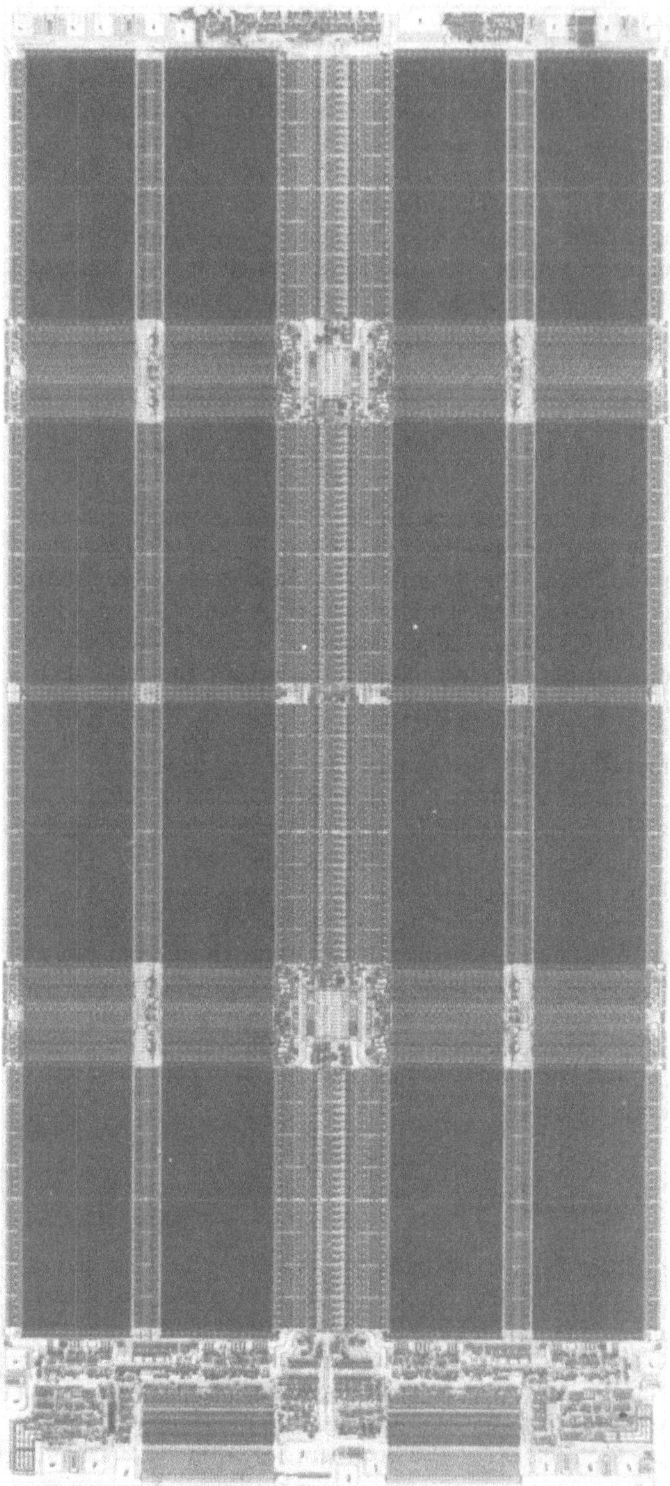

Abb. 6.10 Chipfoto eines 256-Kbit-Speichers "Reprinted by permission of Intel Corporation, Copyright 1985"

der Speichermatrix in kleinere Blöcke. Die Teilung der Wortleitungen erfordert aber eine entsprechende Vervielfachung der Dekoder und damit einen größeren Flächenaufwand.

Innerhalb der Matrix können unerwünschte Kopplungen des Wortleitungstakts auf Nachbarstrukturen auftreten. Gefährdet sind vor allem die benachbarten Wortleitungen und die Speicherplatte. Letztere erhält ihr Potential über die netzartig ausgelegte Poly-Si-1 Ebene. Die minimalen Widerstände der zwischen den Aussparungen für die Bitleitungskontakte entstehenden Stege (s. Abb. 6.11) stellen ein Optimierungskriterium dar, das bereits bei der Zellengestaltung beachtet werden muß.

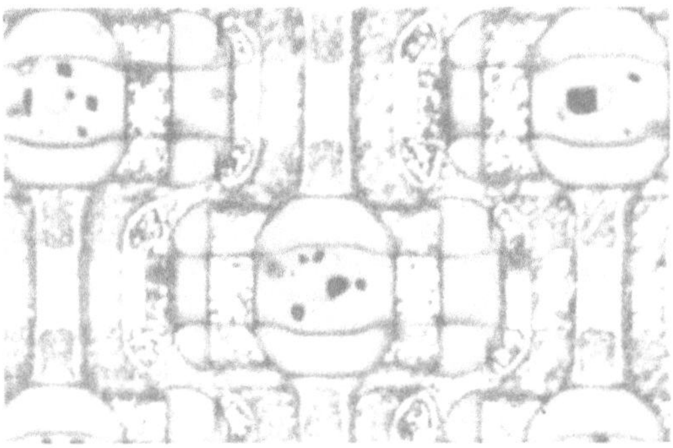

Abb. 6.11 Layoutfoto einer Eintransistorzelle

6.1.5. CMOS-Technologie für dynamische RAMs

Die Anwendung der CMOS-Technik für DRAMs eröffnet neue Perspektiven. Durch ihren Einsatz kann die dynamische Schaltungstechnik weitgehend beseitigt werden. Das erhöht die Zuverlässigkeit der peripheren Schaltungen, reduziert den Aufwand und verringert die Zugriffszeit. Dabei sind die Speicher zur Verringerung der Substratstromspitzen sowie zur Erzielung kurzer Bitleitungen blockweise organisiert. Zur Senkung der Gesamtstromaufnahme sowie zum Schutz der dünnen Gateoxide (10—13 nm) wird sowohl die Bitleitungs- als auch die Plattenvorladung auf 1/2 U_{DD} abgesenkt. Die CMOS-Technologie hat sich für DRAMs größer als 256 Kbit weltweit durchgesetzt.

Die Möglichkeit der Realisierung der Speicherzelle innerhalb der Wanne bietet weitere Vorteile. Die durch den pn-Übergang entstehende Isolation zum Substrat verringert die Empfindlichkeit gegen Alpha-Teilchen sowie den Einfluß des Substratrauschens.

Der Substratstrom wird in der NSGT zum größten Teil durch die Lasttransistoren der Treiberstufen in den Taktgeneratoren gebildet. Während der Zeit des Vorladens der Bootstrapkapazitäten befinden sich diese gerade im kritischen Arbeitsbereich und weisen außerdem die maximale Drain-Substrat-Spannung auf. In einer CMOS-Technik werden diese Transistoren durch p-Kanal-Typen repräsentiert, die aufgrund des niedrigen Ionisationskoeffizienten der Löcher einen um drei bis vier Größenordnungen geringeren Substratstrom aufweisen. Der Substratstrom wird dadurch stark reduziert.

Außerdem ist es vorteilhaft, eine n-Wannen-Technologie zu benutzen, da dann die n-Kanal-Transistoren im Substrat liegen und die entstehenden Substratströme besser abgeführt werden können. Wird die Zelle als p-Kanal-Zelle ausgeführt, so liegt sie in der Wanne, und der pn-Übergang zum Substrat isoliert sie gegen entstehendes Substratrauschen.

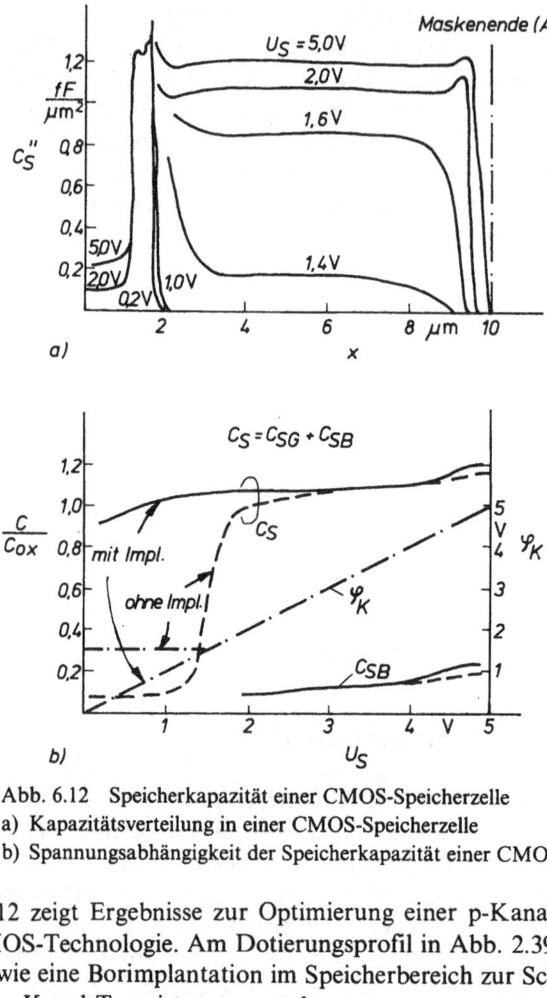

Abb. 6.12 Speicherkapazität einer CMOS-Speicherzelle
a) Kapazitätsverteilung in einer CMOS-Speicherzelle
b) Spannungsabhängigkeit der Speicherkapazität einer CMOS-Speicherzelle (p-Kanal)

Die Abb. 6.12 zeigt Ergebnisse zur Optimierung einer p-Kanal-Speicherzelle in einer n-Wannen-CMOS-Technologie. Am Dotierungsprofil in Abb. 2.39c ist die Tiefe der Wanne von 4 µm sowie eine Borimplantation im Speicherbereich zur Schwellspannungseinstellung der n- und p-Kanal-Transistoren zu erkennen.

Die in Abb. 6.12 dargestellten Verläufe für die arbeitspunktabhängige Speicherkapazität C_S verdeutlichen die Notwendigkeit einer zusätzlichen Borimplantation zur Verringerung der Schwellspannung in der Zelle. Sie beträgt im Beispiel $D_B'' = 2 \cdot 10^{13}\ cm^{-2}$. Ohne diese Implantation wird das Oberflächenpotential bereits bei $U_S = 1{,}5$ V geklammert, was durch die Ausräumung der beweglichen Ladungsträger bedingt ist. Die Abb. 6.13 veranschaulicht diesen Sachverhalt. Erst eine Zusatzimplantation liefert einen annähernd konstanten Kapazitätsverlauf über den gesamten Spannungsbereich, aus dem eine maximale Speicherladung Q_S resultiert. Damit entsteht eine p-Kanal-Depletionzelle.

6.1.6. Redundanzstrukturen zur Ausbeuteerhöhung

Redundanzstrukturen sind bewußt eingebaute Zusatzelemente, die im Bedarfsfall die Funktion defekter Elemente übernehmen. Um eine möglichst große Wirksamkeit der Redundanzstruktur zu erreichen, sind folgende Aufgaben zu lösen:

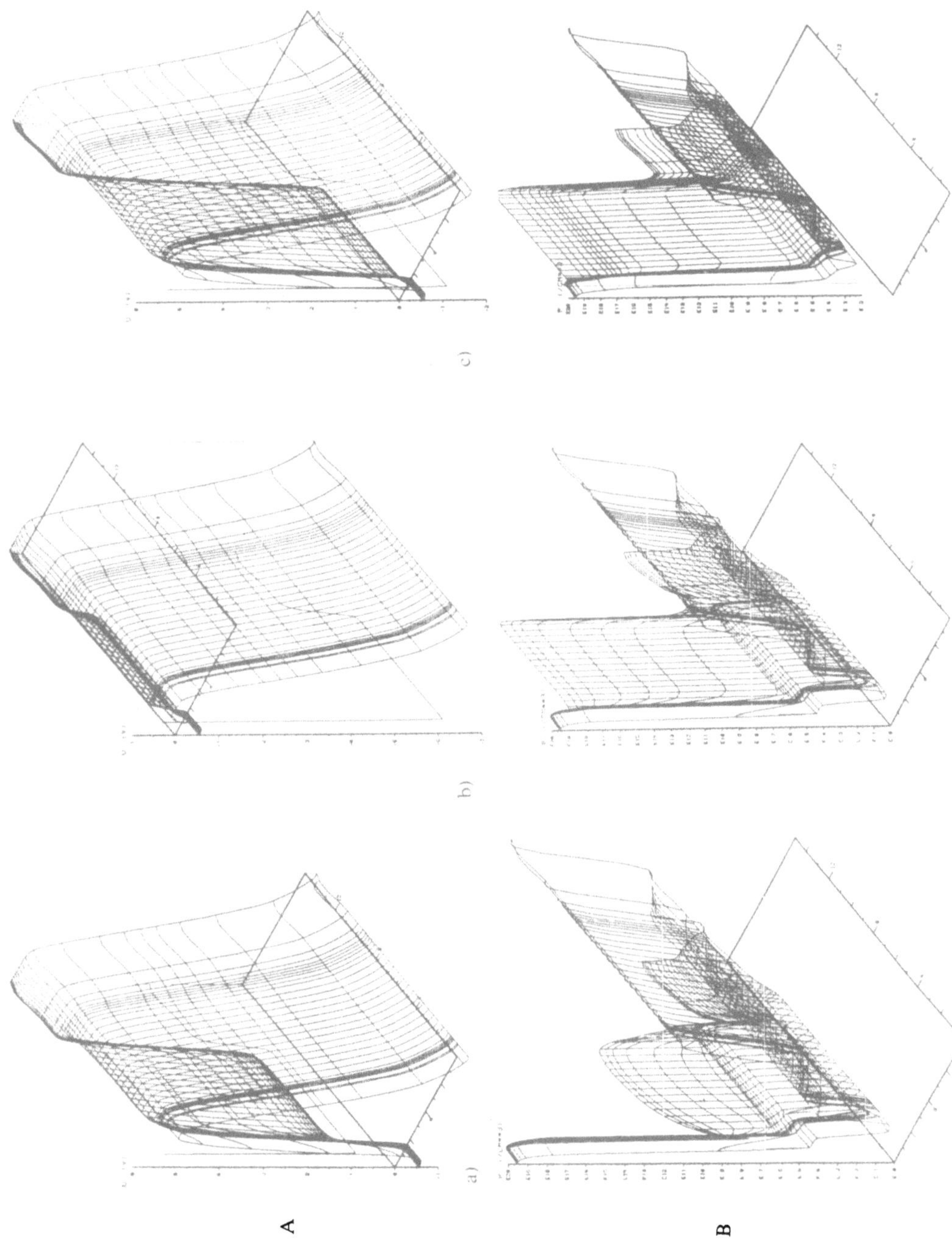

Abb. 6.13 Potential- (A) und Löcherdichteverteilung (B) in einer CMOS-Speicherzelle (p-Kanal-Zelle in n-Wanne) a) entladener Zustand (U_S = 0 V), b) geladener Zustand (U_S = 5 V), c) entladener Zustand mit Zusatzimplantation

— schaltungstechnische und technologische Absicherung von Programmiermöglichkeiten,
— differenzierte Betrachtung der Fehlereinflüsse und damit wesentlich verfeinerte Ausbeutemodellierung,
— systemtechnische Einordnung der Redundanz in den Speicher.

Da Redundanzelemente nur genutzt werden, wenn Fehler auftreten, muß jedes Element über eine programmierbare Logik verfügen. In die Logik wird als Bitmuster die Adresse des zu ersetzenden Elementes eingeschrieben. Als Programmiertechnik hat sich die Zerstörung von Leitbahnelementen (s. Abb. 5.30) mittels Laserstrahl oder elektrischer Impulse durchgesetzt.

Wesentliche Voraussetzung für die richtige Dimensionierung der Redundanzstruktur ist die qualitative und quantitative Betrachtung des Fehlerverhaltens und die darauf aufbauende Ausbeutemodellierung. Dazu ist ein Fehlermodell notwendig, das Prognosecharakter trägt. Bei Vernachlässigung sehr grober Fehler, wie z. B. Scheibenbruch, gehen die in Abb. 6.14 dargestellten Faktoren in die Ausbeute ein.

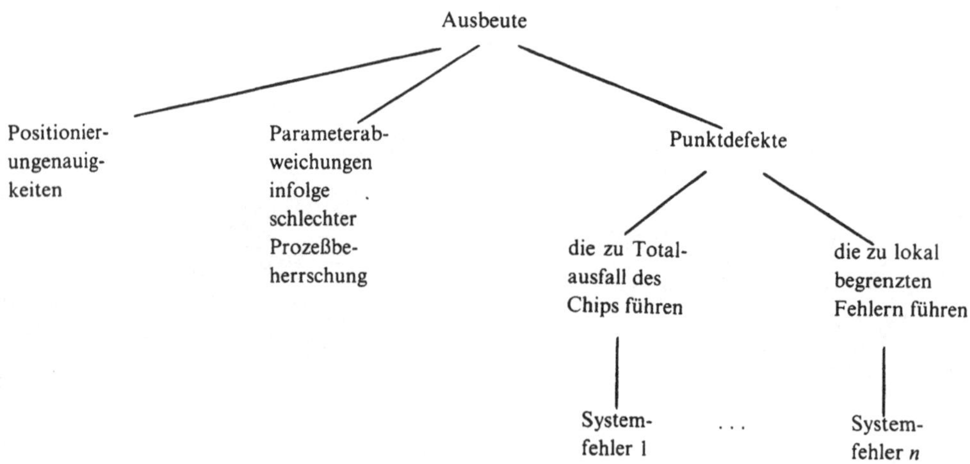

Abb. 6.14 Ausbeutebestimmende Fehler [Lenk 85]

Das Wirkungsfeld der Redundanzstruktur ist die Korrektur von Fehlern, die durch Punktdefekte verursacht werden. Ihre geometrischen Abmessungen liegen in der Größenordnung der Entwurfsregeln, so daß von ihnen kleine Layoutteile betroffen werden. Diese Punktdefekte können in verschiedenen technologischen Ebenen auftreten, und ihre Ursachen können sehr unterschiedlich sein, z. B. Schmutzeinschlüsse, Leitbahnabrisse bzw. -kurzschlüsse. Trotz der örtlichen Begrenztheit kann die Wirkung solcher Fehler den gesamten Speicher funktionsunfähig machen, beispielsweise durch Kurzschluß eines Taktes gegen Betriebsspannung.

Von der Redundanzstruktur kann nur der Teil der Punktdefekte korrigiert werden, der auch in seinen Auswirkungen nur kleine Teile des Speichers erfaßt. Solche Fehler werden als tolerierbare Systemfehler bezeichnet. Charakteristisch sind Zellausfälle, Bit- und Wortleitungsausfälle unterschiedlicher Breite und Kombinationsausfälle (gemeinsamer Ausfall unterschiedlicher Strukturen durch den gleichen Defekt).

Um ein aussagefähiges Ausbeutemodell zu erhalten, ist es erforderlich, ausgehend von der Anzahl der Punktdefekte in den einzelnen technologischen Ebenen, die Fehlerwahrscheinlichkeiten für einzelne reparierbare Fehler sowie ihre zu erwartende Anzahl abzuleiten. Diesen Berechnungen sind die konkreten Layouts aller wichtigen Teilstrukturen, wie Zelle, Dekoder, Sensor-FF, zugrundezulegen. Nur durch die Berücksichtigung der von ihnen eingenommenen anteiligen Gesamtfläche des Chips kommt man zu realen quantitativen Angaben über die Häufigkeit des Auftretens von z. B. einzelnen Zell- oder Bitleitungsausfällen bzw. von Gruppen derartiger Ausfälle.

Entscheidend bestimmt wird die Kombination solcher Fehler vom Systemaufbau des Speichers. Ein gutes Ausbeutemodell, das alle diese Einflüsse berücksichtigt, liefert demzufolge auch Anhaltspunkte zu einer bezüglich hoher Ausbeute geeigneten Systemstruktur.

6.1.7. Systemtechnische Anordnung der Redundanzstrukturen

Die häufigste Form des Redundanzeinbaus sind zusätzliche Wort- und Bitleitungen. Durch die Strukturierung des Speichers in Teilmatrizen und durch die Verwendung mehrerer chipinterner Datenleitungen kann eine Redundanzleitung oft nur einen Teil des gesamten Speichers erfassen. Außerdem ist eine Wort- bzw. Bitleitung oft in mehrere Abschnitte unterteilt, die auch über separate Dekoder verfügen. Damit ergibt sich die Möglichkeit, auch die Redundanzleitungen zu teilen und die Teilleitungen getrennt zu adressieren. Dies bringt den Vorteil einer gezielteren Nutzung der Redundanzleitungen, erfordert aber mehr Programmierelemente. Als Optimierungskriterium zur Strukturierung der Redundanz kann die durchschnittliche Anzahl zu korrigierender Fehler sowie ihre Verteilung über das Chip betrachtet werden. Treten die Fehler häufig als Gruppenausfälle auf, so sind mehrere Redundanzleitungen je Matrixblock notwendig. Da die Anzahl der Programmierelemente in der Regel durch ihren Flächenverbrauch begrenzt wird, ist in solchen Fällen eine getrennte Adressierung von Redundanzteilleitungen ungünstig. Einen weiteren Nachteil dieser getrennten Adressierung bildet der wesentlich größere Aufwand in der Meßtechnik zur Verwaltung der mit der Unterteilung der Leitungen rasch steigenden Anzahl der Fehlerkorrekturmöglichkeiten. Um diese voll auszuschöpfen, ist ein großer Rechenaufwand notwendig. Schöpft man sie dagegen nicht voll aus, dann wird der Vorteil der geteilten Leitungen von vornherein verschenkt. Da die Redundanzleitungen nur einen sehr kleinen Teil der Matrixfläche ausmachen, für die Programmierelemente und deren Ansteuerlogik jedoch eine nicht vernachlässigbare Fläche benötigt wird, ist es sinnvoller, nur mit vollständigen Redundanzleitungen (Wort/Bit) zu arbeiten. Die angeführten Überlegungen verdeutlichen, daß es nicht möglich ist, allgemeine Aussagen zur Ausbeutesteigerung durch Redundanz zu treffen. In [Lenk 85] wird ein Programmsystem vorgestellt, das es gestattet, ausgehend von den technologischen Fehlerparametern, der Systemstruktur des Speichers und dem Layout, zu konkreten Ausbeutevorhersagen bei vorgegebener Struktur der Redundanz zu kommen. Damit wird eine Optimierung der Größe und der Strukturierung der Redundanz möglich.

6.1.8. Softerrors

Softerrors sind Funktionsstörungen, die in hochintegrierten dynamischen und statischen Speichern aufgrund von α-Teilchen auftreten. Die α-Teilchen entstehen durch radioaktiven

Zerfall von Uran und Thorium, die als Spurenmetalle im Gehäusematerial der Schaltkreise und im Silizium selbst enthalten sind.

Bei Energien von 4 ... 9 MeV beträgt die Reichweite der α-Teilchen in Materialien mit Massedichten um 2,5 g/cm³ 10 ... 40 µm. Die aus dem Gehäusematerial austretenden α-Teilchen dringen ins Silizium ein und erzeugen Elektron-Loch-Paare durch Stoßionisation. Pro α-Teilchen ($W_{max} = 9$ MeV) können maximal $2{,}5 \cdot 10^6$ Elektronen-Loch-Paare generiert werden. Die Elektronen werden zur Si-SiO_2-Grenzfläche oder zu den diffundierten n^+-Gebieten abgesaugt und bewirken auf floatenden Spannungsknoten einen Spannungssprung ΔU, der auf hochohmig mit der Betriebsspannung U_{DD} verbundenen Knoten zur Zerstörung von Signalen und damit zu logischen Fehlern führen kann. Bedeutsam wird dieser Effekt dann, wenn die auf einer Speicherkapazität vorhandene Signalladung in der Größenordnung der durch α-Teilchen generierten Ladung Q_α liegt. Erstmals wurde dieser Effekt bei dynamischen 16-Kbit-Speichern mit 1-Transistorzelle beobachtet. Dieser Effekt ist jedoch nicht auf dynamische Speicher beschränkt. Auch statische Speicher mit hochohmigen Lastwiderständen sind anfällig gegenüber Softerrors.

Die Häufigkeit des Auftretens von Softerrors wird in FIT (failure in time) angegeben. Dabei ist definiert, daß 1 FIT einem Fehler in 10^9 Bauelementestunden entspricht. Die Softerrorraten der 256-Kbit- und 1-Mbit-DRAMs liegen im Bereich zwischen 100 ... 1000 FIT [KMSM 84].

Als Schutzmaßnahme gegenüber Softerrors hat sich die Abdeckung der Halbleiteroberfläche mit einer Schutzfolie, z. B. aus Polyimid bewährt, deren Dicke größer als die Eindringtiefe der α-Teilchen ist. Eine völlige Eliminierung der Funktionsstörungen durch α-Teilchen ist bei großen Systemen nicht erreichbar. Dem Einsatz automatischer Fehlerkorrekturkodes kommt daher immer größere Bedeutung zu.

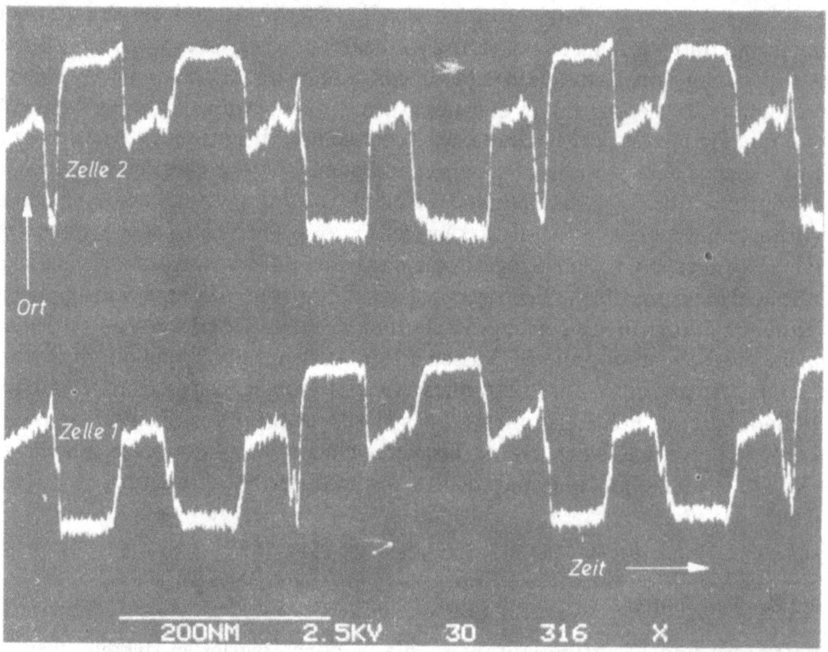

Abb. 6.15 Bestimmung des Zeitverhaltens einer Bitleitung durch Messung am Rasterelektronenmikroskop

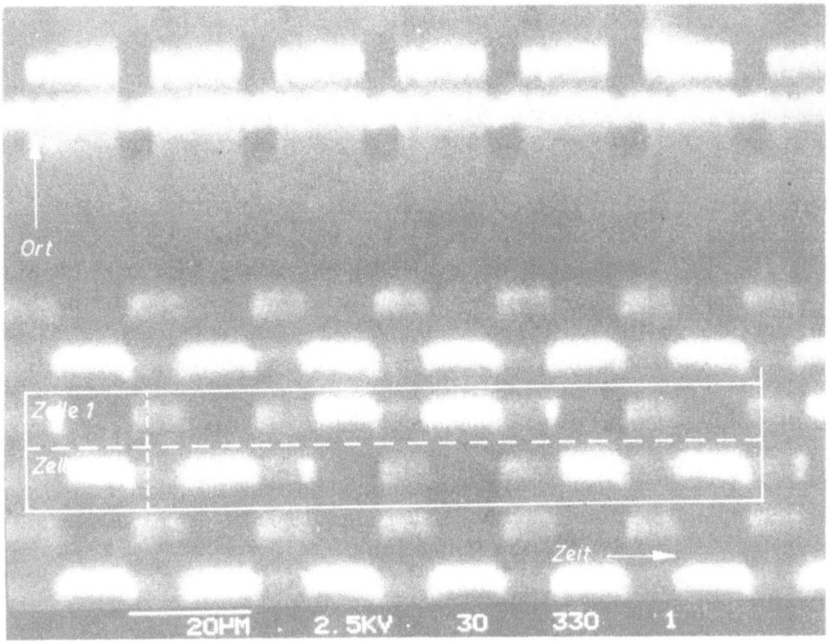

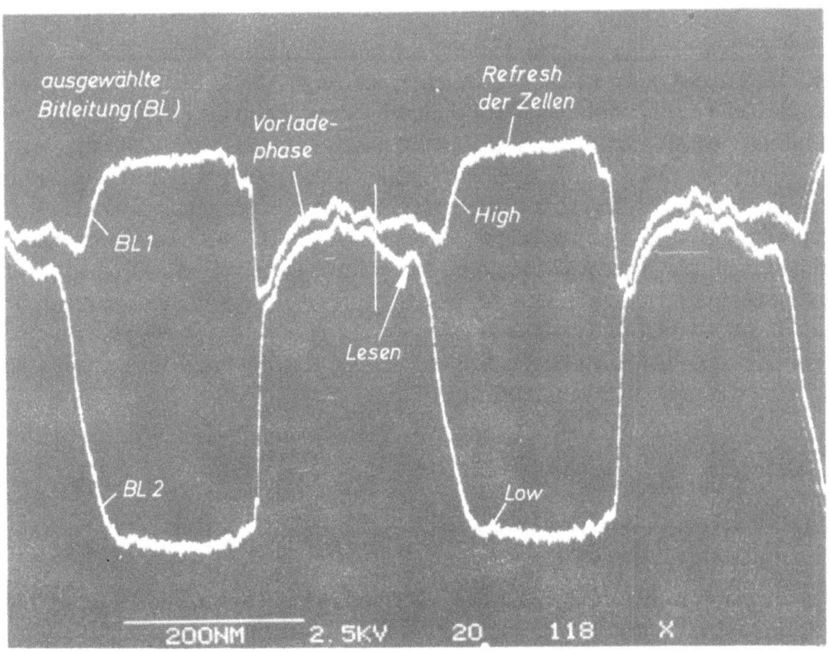

Abb. 6.16 Potentialbestimmung mittels Rasterelektronenmikroskop
a) Bildausschnitt einer Speichermatrix,
b) Oszillogramm

6.1.9. Meßtechnische Besonderheiten

Die Entwicklung dynamischer RAMs erfordert eine sehr genaue Optimierung der inneren Taktabläufe. Die Analyse dieser Abläufe ist nur mit speziellen Meßverfahren möglich, die die kleineren chipinternen Kapazitäten nur wenig belasten. Herkömmliche Vielfachsondentaster, deren Sondenkapazität nicht unter 1 pF liegt, sind dafür nicht geeignet. Eine nahezu lastfreie Messung des zeitlichen Potentialverlaufs ist mittels eines Rasterelektronenmikroskops möglich. Das Potential des abgetasteten Punkts wird dabei als Oszillogramm dargestellt. Die Auflösegenauigkeit des Rasterelektronenmikroskops muß im Millivolt- bzw. Nanosekundenbereich liegen. Abb. 6.15 zeigt das so gemessene Zeitverhalten einer Bitleitung mit einer Eigenkapazität von 0,5 pF. Mit diesem Verfahren können auch unterschiedliche Potentiale anhand der verschiedenen Helligkeitsgrade der jeweiligen Bildpunkte festgestellt werden (Abb. 6.16a). Im dargestellten Bildausschnitt einer Speichermatrix sind die in den Zellen gespeicherten Informationen sichtbar. Zellen mit dunkler Tönung enthalten Low-Potential, hell erscheinende Zellen dagegen High-Potential. Diese Untersuchungsmethode gestattet es beispielsweise, den Einfluß von Schwankungen des Referenzpotentials der Dummy-Zellen aufzudecken und dabei Schwachstellen der Dimensionierung der Speichermatrix sichtbar zu machen (Abb. 6.16b).

6.2. Statische Speicher (SRAM)

Statische Speicher haben den in Abb. 6.1 gezeigten prinzipiellen Aufbau. Das Schaltbild und das Layout einer statischen Speicherzelle zeigt Abb. 2.27. Für große statische RAMs hat die Zelle mit hochohmigen Polysiliziumwiderständen aufgrund der höheren Packungsdichte fast vollständig die konventionelle n-MOS oder CMOS-Zelle mit sechs Transistoren verdrängt. Die schaltungstechnisch einfache periphere Logik (Dekoder, Adreßbuffer, Leseverstärker, I/O-Verstärker, Steuerlogik) wird zweckmäßigerweise in verlustleistungsarmer CMOS-Technik ausgeführt. Für sehr schnelle RAMS wird zweckmäßigerweise eine Technologie mit zwei niederohmigen Verdrahtungsebenen (Al/Al oder Silizid/Al) eingesetzt. Schaltungstechnisch sind teilweise Spannungsüberhöhungsschaltungen in den Dekodern [OCON 83] üblich. Zur Ausbeutesteigerung wird Speicherredundanz genutzt. Im Vergleich zu DRAMs benötigten SRAMs keinen Refresh und haben eine höhere Geschwindigkeit sowie bessere Strahlungsfestigkeit.

6.3. Elektrisch programmierbare Speicher (EPROM)

Das Wirkungsprinzip der EPROM-Speicherzelle beruht darauf, daß durch Ladungsspeicherung auf einem isolierten Speichergate die Schwellspannung des Speichertransistors erhöht wird. Bei Auswahl einer Speicherzelle über die Zeilenleitung bildet sich je nach gespeicherter Information ein Inversionskanal aus (niedrige Schwellspannung) oder nicht (hohe Schwellspannung).

Im Programmierfall werden die Elektronen im Kanal so stark beschleunigt, daß am Drainrand heiße Elektronen entstehen, die aufgrund ihrer hohen Energie den Gateisolator überwinden und auf dem Speichergate verbleiben. Die Programmierspannung liegt um den Faktor 3 ... 5 höher als die Betriebsspannung U_{DD}.

Bei Bestrahlung des Speicherschaltkreises mit UV-Licht werden alle Speichertransistoren gelöscht. In Abb. 6.17 sind Querschnitt und Transferkennlinie eines Speichertransistors dargestellt.

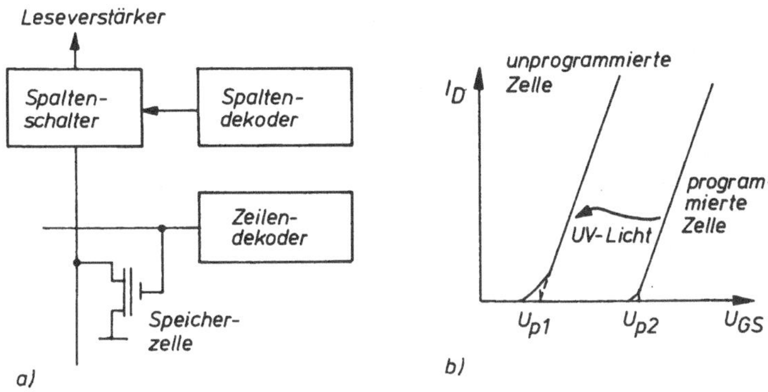

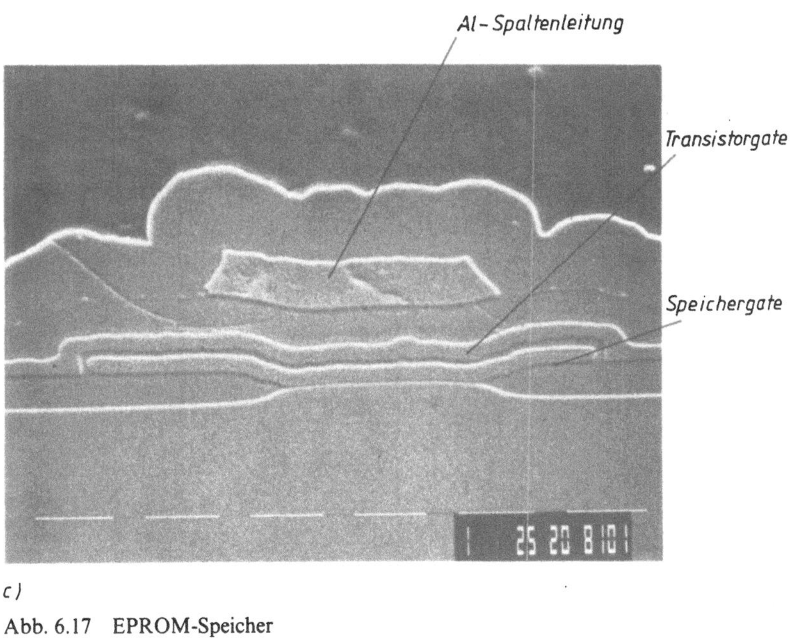

Abb. 6.17 EPROM-Speicher
a) Prinzip eines EPROM-Speichers,
b) Transferkennlinie eines EPROM-Transistors,
c) Rasterelektronenmikroskopaufnahme einer EPROM-Speicherzelle eines 8-KByte-EPROMs

6.4. Elektrisch löschbare Speicher

Die Bezeichnung der elektrisch löschbaren Speicher wird nicht einheitlich verwendet. Speicher mit kleiner Speicherkapazität werden häufig als EPROMs bezeichnet, während sich für größere Speicher zunehmend die Bezeichnung EEPROM bzw. E^2PROM durchsetzt. NVRAMs besitzen eine komplexe Zellstruktur, bestehend aus einer statischen RAM-Zelle und einer EEPROM-Zelle. Durch ein Steuersignal eingeleitet oder bei Absinken der Betriebsspannung werden die gespeicherten Daten aus dem RAM-Teil in den EEPROM-Teil überführt. Bei Wiederstart des Systems erfolgt eine Rückführung in den RAM-Teil.

Die EEPROMs haben gegenüber den EPROMs den Vorteil, daß eine selektive elektrische Löschung einzelner Speicherzellen möglich ist, ohne den Schaltkreis aus dem Gerät herausnehmen zu müssen. In zunehmendem Maße werden die hohen Programmierspannungen chipintern durch Pumpschaltungen erzeugt. Die Dauer, für die die gespeicherten Daten erhalten bleiben (data retention time), beträgt bei Einhaltung der zulässigen Betriebstemperatur ungefähr 10 Jahre. Die Zahl der zulässigen Lösch-Schreib-Zyklen (endurance) liegt üblicherweise bei 10^4 Zyklen. Die Abb. 6.17 zeigt Querschnitt und Schaltbild einer der möglichen EEPROM-Zellen. Als Speichertransistoren kommen MNOS-Strukturen, die die

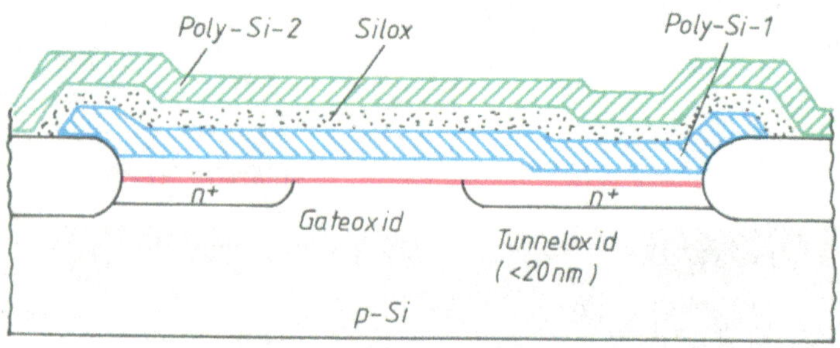

a)

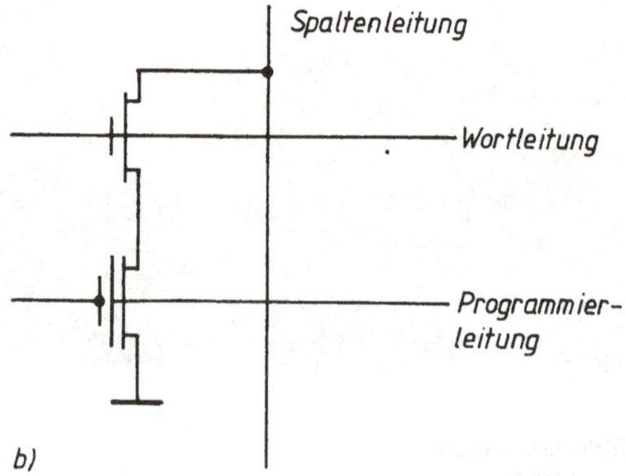

b)

Abb. 6.18 EEPROM-Speicherzelle
a) Querschnitt,
b) Schaltbild

durch ein dünnes Oxid getunnelten Ladungen in Traps innerhalb des Nitriddielektrikums speichern, oder Zellen mit einem Polysilizium-Floatinggate in Frage.

Die in Abb. 6.18 dargestellte EEPROM-Zelle ist eine Zweitransistorzelle. Sie besteht aus einem Speicher- und einem Auswahltransistor. Beim Löschen des Speichers wird eine Wortleitung ausgewählt und die Programmierleitung mit der Programmierspannung UPP verbunden. Durch Tunnelung gelangen die Elektronen auf das Floating-Gate des ausgewählten Transistors. Beim Beschreiben einer Speicherzelle wird ebenfalls die Wortleitung ausgewählt. Die Programmierleitung verbleibt aber auf Massepotential und die Spaltenleitung wird mit UPP verbunden. Damit können die auf dem Floating-Gate des ausgewählten Transistors vorhandenen Elektronen abfließen.

7. MOS-Analogtechnik in VLSI-Schaltkreisen

von F. RIEDEL unter Mitarbeit von M. KRAUSS, TU Dresden

7.1. Zur Entwurfsproblematik von integrierten analogen MOS-Schaltkreisen

Der Durchbruch der integrierten MOS-Analogtechnik als industriell bedeutungsvolles Fachgebiet gelang etwa 1975. Als eine wichtige Ursache ist die Serienfertigung der ersten Mikroprozessoren ab 1974 anzusehen, die lawinenartig viele Anwendungsbereiche der digitalen Signalverarbeitung erschloß. Damit entstand nachdrücklich die Forderung nach linearen A/D-D/A-Umsetzern, da sämtliche in der Natur vorkommenden analogen Signale einer digitalen Signalverarbeitung und umgekehrt zugänglich gemacht werden müssen (Interfaceschaltungen). Folgerichtig wurde vor allem aus wirtschaftlichen Gründen die Aufgabe, analoge und digitale Funktionen auf einem Chip zu integrieren, stark motiviert. Andere interessante Projekte, die bereits Anfang der siebziger Jahre technologisch auf das MOS-Konzept orientierten, waren im Fernmeldewesen die Entwicklung der PCM-Technik für die Sprachübermittlung in Form von Encoder/Decoder-Schaltkreisen einschließlich ihrer Sende- und Empfangsfilter. Gerade solche Operationen zur analogen Signalverarbeitung, wie die Filterung verschiedener Frequenzbereiche mit Hilfe von Schalter-Kondensator-Filtern (Switched Capacitor Filter: SC-Filter), Transversalfilter auf der Basis der ladungsgekoppelten Technik (Charge Transfer Device Transversal Filter: CTD-Transversalfilter) oder die arithemische Verknüpfung von Signalgrößen, sind bis heute aktuell geblieben. Alle genannten Aufgaben erfordern die Beschäftigung mit Entwürfen von präzise abstimmbaren Widerständen oder Kapazitäten bzw. ihrer Verhältnisse, MOS-Analogschaltern, offsetkompensierten Komparatoren, Operations- und Steilheitsverstärkern mit und ohne interne Frequenzgangkompensation, Sample & hold-Verstärkerschaltungen und temperaturstabilen Referenzquellen [Hodg 78].

Der Übergang zu digitalen MOS-VLSI-Technologien in den Jahren 1977/78 ermöglichte den Trend zur Integration ganzer Analogsysteme, wie z. B. im Datenerfassungs-, Datenkommunikations- und Telekommunikationsbereich.

Wenn für diese Aufgabengebiete die MOS-Analogtechnik in den letzten Jahren an Bedeutung deutlich zugenommen hat, läßt es sich nicht umgehen, die Stellung dieses Fachgebietes zur Bipolartechnik zu untersuchen, da die Bipolartechnik bisher als Synonym der integrierten Analogtechnik anzusehen ist. Somit ist es sinnvoll, die wichtigsten Parameter innerhalb des Entwurfs analoger Strukturen für beide Technologien einander gegenüberzustellen. Abb. 7.1 zeigt den Vergleich zwischen den Steilheiten g_m der Bipolar- und MOS-Transistoren [Tsiv 78]. Danach wird ersichtlich, daß die Steilheiten der MOS-Transistoren um ein bis zwei Größenordnungen unter denen der Bipolartransistoren liegen. Größere Steilheiten können in der MOS-Technik nur durch sehr große B/L-Werte erzielt werden, d. h., sie sind mit einem extremen Flächenverbrauch verbunden. Aus diesem Grund sind die maximalen Querströme bei sinnvollem Flächenverbrauch auf ca. 20 mA begrenzt, d. h.,

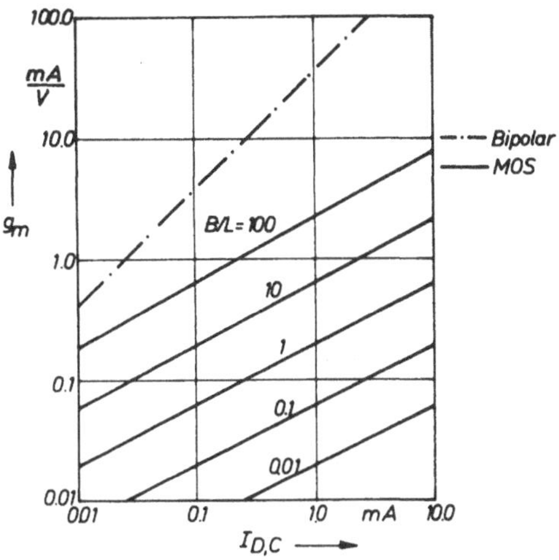

Abb. 7.1 Vergleich der Steilheiten zwischen MOS-Transistoren mit $g_m = \partial I_D/\partial U_{GS} = 2\sqrt{I_D\beta}$ ($I_D = \beta(U_{GS} - U_p)^2$. Pinch-off- und Strong-inversion-Bereich mit Oberflächenpotential $V_S \approx 2V_F$, einfaches Langkanalmodell f. $L > 4$ µm, $\beta' = 0{,}01 \cdot (B/L)$ mA/V² und Bipolartransistoren mit $g_m = I_C/U_T$ (bei Raumtemperatur: $U_T \approx 25$ mV) für verschiedene Ruheströme und B/L-Entwurfsparameter

große Stromstärken von z. B. 1 A werden, abgesehen von VMOS-Technologien, nur durch Bipolartransistoren zur Verfügung gestellt [Hodg 78].

Der gravierende Nachteil niedriger Steilheiten wirkt sich vor allem auf die NF-Verstärkung, das Verstärkungs-Bandbreite-Produkt, den Ausgangswiderstand, den Offset und das Rauschen der MOS-Verstärkerstufen ungünstig aus, auf das Slew-Verhalten dagegen günstig, wenn man effektive Steuerspannungen der Transistoren im Strong-inversion-Fall von $U_{GS} - U_P > 100$ mV voraussetzen kann [Gray 82]. Folglich konzentriert sich eine Vielzahl von Arbeiten darauf, mit Hilfe von

— schaltungstechnischen Maßnahmen (z. B. in NMOS-Technologien: Vergrößerung der NF-Verstärkung durch Bodyeffekt-kompensierte Lastelemente, Erweiterung des Verstärkungs-Bandbreite-Produktes unter Nutzung von Bypass-Kapazitäten bei Sourcefolgern und Kaskodestufe zwecks Kompensation negativer zu niedrig liegender Polfrequenzen, dynamische Erniedrigung des Ausgangswiderstandes bei Ausgangstreibern),
— technologischen Einflußgrößen (z. B. in NMOS/CMOS-Technologien: Verringerung der Gateoxiddicke zwecks Erweiterung des Verstärkungs-Bandbreite-Produktes und des Signal-Rauschabstandes, Erniedrigung der Rauschspannung durch Verlagerung der Kanäle unter die Substratoberfläche mittels Ionenimplantation) und
— entwurfsspezifischen Betriebsbedingungen (z. B. in CMOS-Technologien: Wahl der Arbeitspunkte der Transistoren für Verstärkerschaltungen im Subthreshold (weak inversion)- oder Postthreshold (strong inversion)- Bereich zwecks Vergrößerung der NF-Verstärkung bei gleichzeitiger Verminderung des Verstärkungs-Bandbreite-Produkts und der Verlustleistung (Power-down-Modus) und umgekehrt, vgl. Abb. 7.2)

bestimmte Analogparameter der Strukturen so zu verbessern, daß diese ihren bipolaren Partnern in vielen Fällen durchaus vergleichbar werden [Ried 84]. Vorteilhaft für die MOS-Technik sind vor allem die hohe Gleichstromimpedanz (MOS: ca. 10^{14} Ohm, Bipolar:

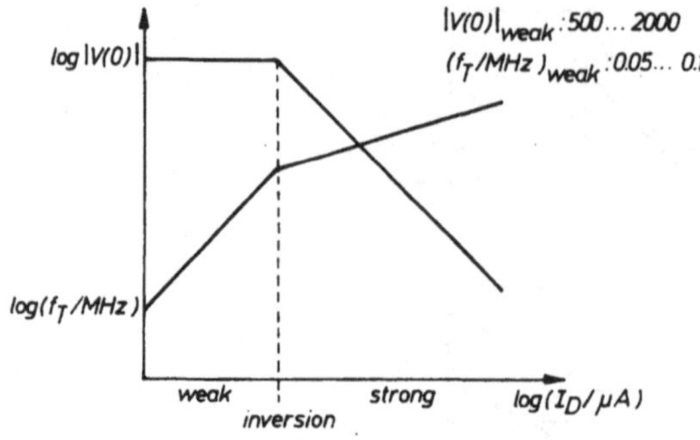

Abb. 7.2 Verlauf der NF-Verstärkung $V(0)$ und des Verstärkungs-Bandbreite-Produktes f_T einer CMOS-Verstärkerstufe in Abhängigkeit des Arbeitspunktes bzw. der Querstromwahl I_D (Weak-inversion-Bereich: Oberflächenpotential $V_S \approx V_F$)

ca. 10^3 Ohm), eine geringere Temperaturabhängigkeit der Analogparameter (Driftverhalten) und eine höhere Kreuzmodulationsfestigkeit durch die quadratische Kennlinie im Pinch-off-Bereich (strong inversion-Fall). Dafür spielt aber der MOS-Schalteroffset infolge der parasitären Kanalrückwirkungskapazitäten (feedthrough error) eine recht nachteilige Rolle. Da innerhalb der analogen Signalverarbeitung aus Gründen der Offset- und Rauschminimierung die meisten Schaltungen getaktet betrieben werden (Chopper-Techniken), kann der nicht vollständig unterdrückbare Schalteroffset z. B. die Auflösung eines A/D-Umsetzers maßgeblich verringern [Rie 1 83].

Im Mittelpunkt des Entwurfes der integrierten MOS-Strukturen steht nach wie vor die statische und dynamische Schaltungsdimensionierung mit Hilfe des Kleinsignalersatzschaltbildes Abb. 7.3. Die in Abb. 7.3 eingezeichnete Steilheit g_m, Backgatesteilheit g_{mB} und der Drainleitwert g_D beruhen auf der Differentiation der Gleichstromkennlinie. Optimale Entwürfe erfordern eine exakte Erfassung der inneren kapazitiven Effekte auf der Basis einer ladungsorientierten Modellierung. Danach werden in Abb. 7.3 für die innerelektronischen Kapazitäten die Zweige C_{DG}, C_{SG}, C_{GB}, C_{SB}, C_{DB} eingeführt, und für die kapazitiven Anteile

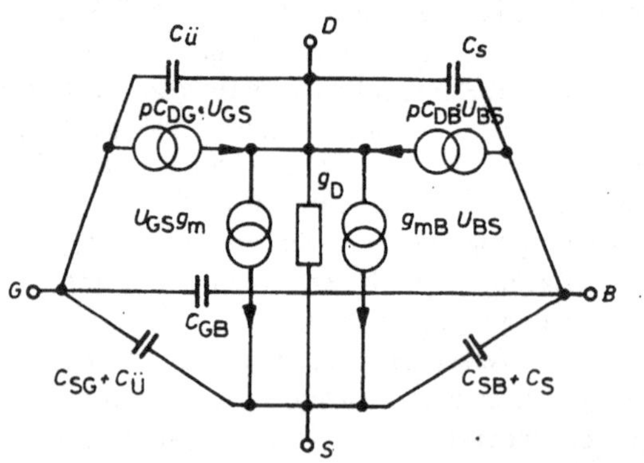

Abb. 7.3 Vollständiges Kleinsignalersatzschaltbild des integrierten MOS-Transistors im Pinch-off-Betrieb nach einer ladungsorientierten Modellierung der innerelektronischen Kapazitäten (Strong-inversion-Fall: $C_{SG} \approx 0{,}4\,C_{0x}$, $C_{DG} \approx 0{,}25\,C_{0x}$, $C_{GB} \approx 0{,}05\,C_{0x}$, $C_{SB} \approx (g_{mB}/g_m)\,C_{SG}$, $C_{DB} \approx (g_{mB}/g_m)\,C_{DG}$, Gatekapazität $C_{0x} = BLC''_{0x}$)

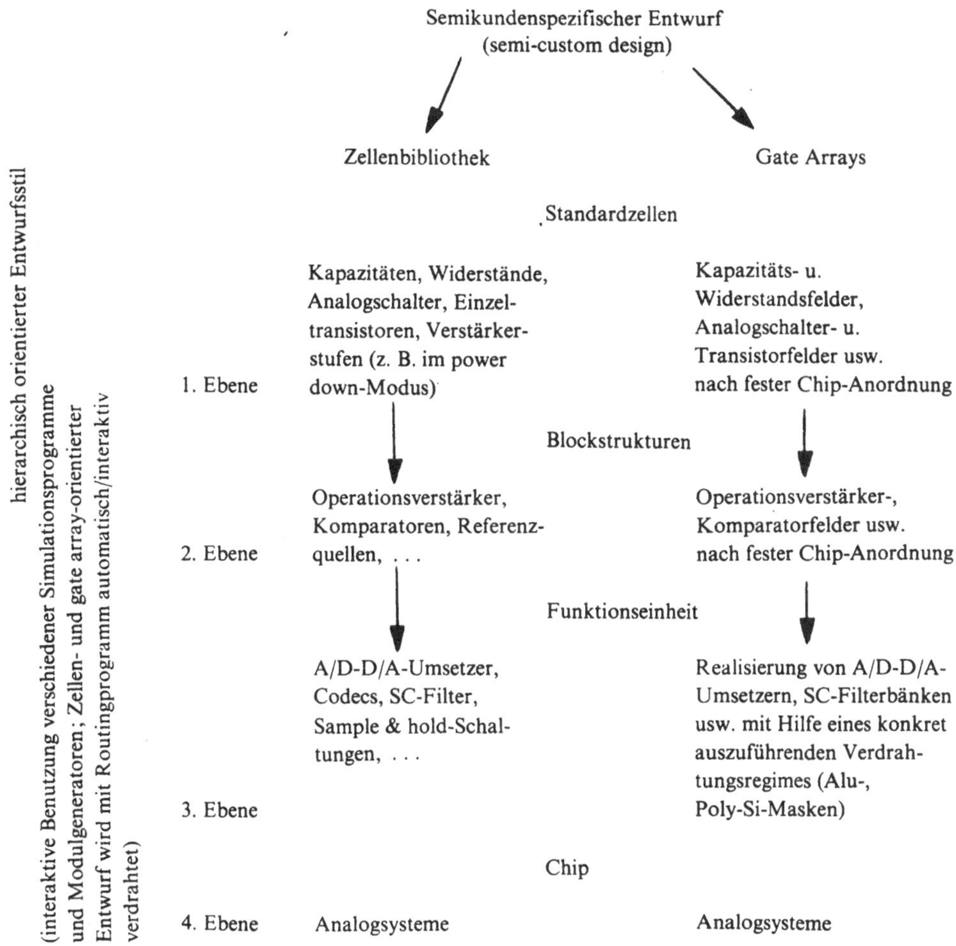

Abb. 7.4 Hierarchisch orientierter Entwurfsstil im semikundenspezifischen Entwurf für integrierte MOS-Analogstrukturen

des äußeren MOS-Transistors die Raumladungskapazitäten der diffundierten Gebiete C_S und die Streukapazitäten $C_Ü$ angenommen [Krau 84]. Die Gültigkeit des verwendeten Ersatzschaltbilds hinsichtlich des Frequenzbereiches kann jedoch in guter Näherung für alle in der Praxis vorkommenden analogen Schaltungen angenommen werden, da sich der innere MOS-Transistor (Kanalladung) gegenüber den von außen angelegten Kleinsignalwechselspannungen auch bei Frequenzen von 100 MHz in der Regel quasistationär verhält. Der quasistationäre Fall (Gleistromkennlinie) bleibt im Kleinsignalbetrieb mindestens bis zur Grenzfrequenz $\omega_G = \mu_n (U_{GS} - U_p)/L^2$ erhalten. Hierbei wird die Beziehung $v = \mu_n E$ vorausgesetzt, die nicht mehr richtig ist, wenn E die Grenzfeldstärke erreicht (Trägergeschwindigkeitssättigung). Der Entwurf der MOS-Analogstrukturen kann nun mit dafür speziell angepaßten NMOS/CMOS-Technologien erfolgen. So wird genau dann eine intensive und rentable Nutzung vieler Analogstrukturen entstehen, wenn ein einheitliches

Technologie- und Softwareniveau für den MOS-Analog/Digital-VLSI-Schaltkreisentwurf vorhanden ist. Diese Tendenz führt nach mehreren Untersuchungen zu einer n-Wannen-CMOS-Technologie (eine Poly-Si- und eine Alu-Verdrahtungsebene mit minimierten Rastermaßen bezüglich Leitbahnbreite und Kontaktkeulenfläche für hohe Packungsdichte), die die Kompatibilität zur NMOS-Technologie einschließt und durch nur einen zusätzlichen Maskenschritt für analoge Probleme die Realisierung von hochwertigen Kapazitäten (Alu-SiO_2-n^+- oder Alu-SiO_2-Poly-Konfigurationen) gestattet [Höff 81]. Für die Entwurfssoftware setzt sich im semikundenspezifischen Entwurf üblicherweise der hierarchisch orientierte Entwurfsstil nach Abb. 7.4 auch in der MOS-Analogtechnik durch, d. h., gemäß der Schaltungskomplexität gilt der Aufbau: Standardzelle, Blockstruktur, Funktionseinheit, Chip. Vor allem bei der Implementierung von MOS-Analogstrukturen in VLSI-Entwürfen (hohe Stückzahlen, große Komplexität) nimmt der Trend zu Kundenwunschzellen (z. B. Operationsverstärkern) zu, die unter dem Aspekt des Flächen- und Verlustleistungsverbrauches eine bestmögliche Anpassung liefern [Degr 84]. Hierbei ist zur Zellenauswahl der interaktive Zugriff zur Analysesoftware (DC-, AC-, Transient- und Rauschanalyse) unbedingt notwendig. Im vollkundenspezifischen Entwurf werden an die Entwurfssoftware die kompliziertesten Anforderungen gestellt, da auf der Basis der Einzeltransistoren sämtliche damit zu entwickelnden Analogschaltungen im Zusammenhang mit ihrer Umwelt laufenden Kontrollsimulationen und interaktiven Eingriffen unterliegen müssen.

Die rasche Entwicklung der digitalen VLSI-Technologien erzwingt auch eine Skalierung der Analogkomponenten (Flächen/Kostenverhältnis). Für die gegenwärtig üblichen 2 µm-n-Wannen-CMOS-Technologien führt dies nicht nur zu einem Anwachsen der Drainleitwerte g_D und einem damit verbundenen Verstärkungsabfall der Stufen, sondern es verringert sich auch der Signal-Rauschabstand [Wong 83]. Da für zukünftige ULSI-Entwürfe im Submikrometerbereich die CMOS-Technologie als effiziente Variante bestehen bleibt [Pfie 84], wird diese Problematik noch wesentlich kritischer ausfallen. Wenn auch dabei Grenzfrequenzen, Einschwingverhalten, Verlustleistungs- und Flächenverbrauch der Strukturen günstiger erscheinen, werden in den nächsten Jahren durch die beiden genannten Faktoren viele MOS-Analogschaltkreise durch digitale Systemlösungen, z. B. mit Signalprozessoren ersetzt. Somit wird sich die MOS-Analogtechnik vor allem auf Interface- bzw. Datenerfassungssysteme konzentrieren, die im digitalen ULSI-Bereich notwendig bleiben.

7.2. Analoge Standardzellen

7.2.1. Integration von Widerständen und Kapazitäten in monolithischer Technik

Die in analogen Schaltungen notwendigen passiven Präzisionsbauelemente können integriert als Widerstände oder Kapazitäten realisiert werden. NMOS-, CMOS-Technologien implizieren Kapazitäten auf einfache Weise und genügen auch höheren Genauigkeitsanforderungen. Darüber hinaus weisen CMOS-Schaltungslösungen, die als passive Strukturen ausschließlich Kapazitäten verwenden, die CMOS-spezifischen Vorteile, wie eine geringe Verlustleistung, auf. Die von den passiven Strukturen herrührenden wesentlichen Fehlereinflüsse sind einerseits auf die nichtidealen Eigenschaften des Kapazitätsbelages bzw. des Schichtwiderstandes (Temperaturkoeffizient, Spannungskoeffizient, Inhomogenität), andererseits auf Fehler der lateralen Geometrie der Struktur (Layouttoleranzen) und parasitäre Effekte zurückzuführen (s. Tab. 7.1). Während die Auswirkung von Geometriefehlern durch den Entwurf herabgesetzt werden kann, sind alle anderen Fehlerquellen physikalisch bedingt und durch die Prozeßparameter sowie die Qualität der Prozeßführung weitestgehend festgelegt [Dahm 78]. Geometriefehler existieren als statistische Fehler in Form einer Kantenunsicherheit ΔL (ca. 0,05 ... 0,3 μm) und als systematische Fehler (Kantenverschiebung z. B. 1 ± 0,5 μm), die eine gleichsinnige Veränderung aller lateralen Dimensionen der Strukturen bewirken.

Tabelle 7.1 Qualitätsparameter integrierter Widerstände und Kapazitäten nach [McCr 75], [McCr 81].

Struktur	Herstellungstechnik	Toleranz geometrisch identischer Strukturen	Temperaturkoeffizient	Spannungskoeffizient
Widerstand	diffundiert	± 0,4% (B = 50 μm)	200 ppm/K	200 ppm/V
	implantiert (Poly-Si)	± 0,12% (B = 40 μm)	400 ppm/K	800 ppm/V
MOS-Kapazität	Alu/SiO_2/n^+-Diff. Poly-Si-2/SiO_2/Poly-Si-1	± 0,03% (70 × 70 $μm^2$)	26 ppm/K	10 ppm/V

Nach dieser Fehleranalyse für die Einzelstruktur sind folgende Richtlinien für den Entwurf abzuleiten [Kra 1 85]:

- Der Schaltungsentwurf muß garantieren, daß die wesentlichsten Parameter nur von Widerstands- bzw. Kapazitätsverhältnissen abhängen, da genaue Absolutwerte nicht realisierbar sind.
- Die Mindestabmessungen der Strukturen sind so zu wählen, daß statistische Verhältnisschwankungen unter der geforderten Schranke bleiben.
- Da die Kantenverschiebung keine Proportionalität zur Kantenlänge aufweist, ist eine befriedigende Kompensation der systematischen Fehler üblicherweise nur bei geometrisch identischen Strukturen zu erreichen. Darauf basiert beispielsweise das Prinzip der „Einheitskapazität", d. h., das Verhältnis C_1/C_2 wird mittels layoutmäßig identischer Kapazitäten C_0 in der Form mC_0/nC_0 realisiert, wodurch gleichzeitig unwägbare Einflüsse wie die Anschlußgestaltung mit einbezogen werden.
- Der Einfluß des Oxiddickengradienten kann durch eine konzentrische- bzw. verteilte Anordnung der „Einheitskapazitäten" vermindert werden.

Abb. 7.5 zeigt einen Ausschnitt aus einem nach diesen Gesichtspunkten entworfenen Kapazitätsnetzwerkes eines A/D-Umsetzers. Eine Möglichkeit der Realisierung präziser, nichtganzzahliger Kapazitätsverhältnisse, wie sie häufig in Filtern benötigt werden, ist in [Kra 1 85] angegeben.

7.2.2. Analogschalter

Da MOS-Transistoren letztlich gesteuerte Widerstände sind, eignen sie sich besonders zum Schalten analoger Signale. Sie weisen ein nahezu ideales Sperrverhalten auf und der im Durchlaßfall vorhandene ohmsche Widerstand R_{ON} kann durch die Dimensionierung in weiten Grenzen den Erfordernissen angepaßt werden. Die typische Signalspannungs-

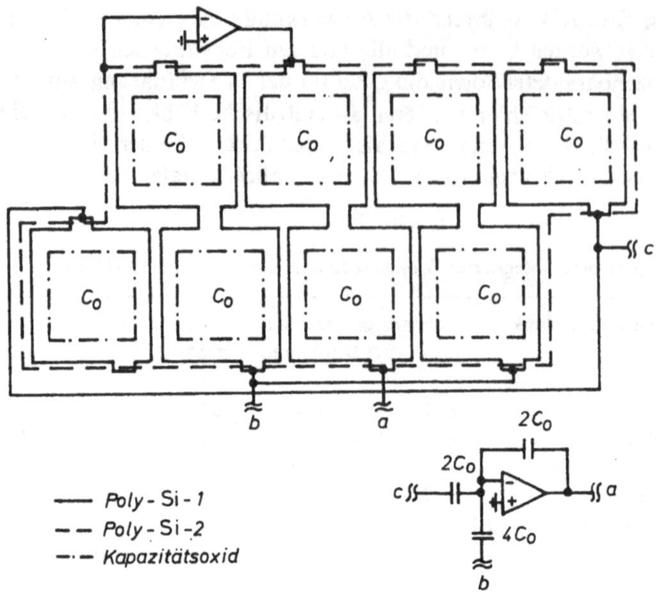

Abb. 7.5 Ausschnitt aus einem A/D-Umsetzer in Form einer Verstärker/Kapazitätsanordnung mit verteilt angeordneten Einheitskapazitäten

abhängigkeit von R_{ON} (Nichtlinearität) ist in Abb. 7.6 für verschiedene MOS-Analogschalter dargestellt. Während bei CMOS-Schaltern die Nichtlinearität durch die Parallelschaltung nahezu aufgehoben wird, führt sie bei Einkanalschaltern zu einer Reduzierung des nutzbaren Signalspannungsbereiches. Weitere Fehlerquellen sind durch parasitäre Ströme (Sperrströme der Drain/Sourcegebiete, Gate/Drain- u. Gate/Sourcekapazitäten der Schaltertransistoren) gegeben. Die Fehler wirken sich in den verschiedenen Betriebsarten des Analogschalters nach [Post 79] mehr oder weniger störend aus (Abb. 7.7a, b, c, Tab. 7.2). In den in der MOS-Analogtechnik häufig anzutreffenden geschalteten Kapazitätsnetzwerken dominiert der Betrieb als Ladungsschalter. Der dabei entstehende statische Schalteroffset (im mV-Bereich) stellt oft eine Grenze für die erreichbare Genauigkeit dar. Zur Reduzierung

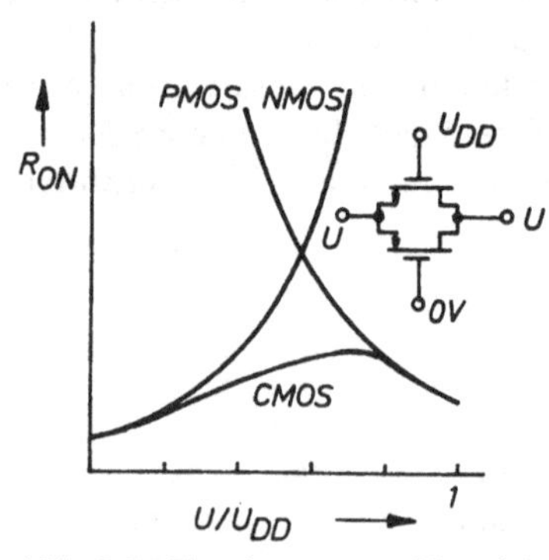

Abb. 7.6 Signalspannungsabhängigkeit des Durchlaßwiderstandes R_{ON} von MOS-Analogschaltern

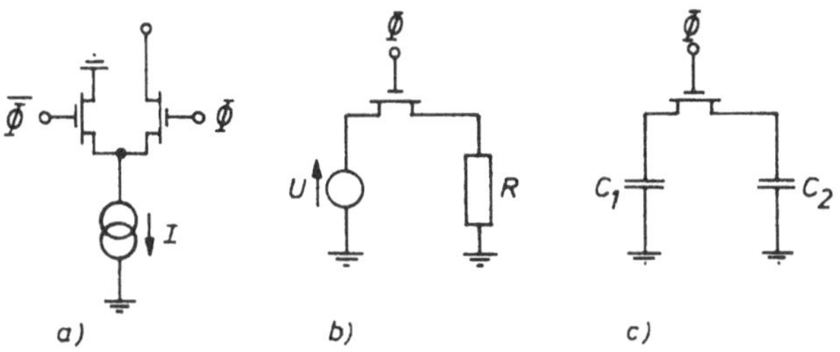

Abb. 7.7 Betrieb des MOS-Analogschalters als Stromschalter (a), Spannungsschalter (b) und Ladungsschalter (c)

Tabelle 7.2 Fehlereinflüsse beim MOS-Analogschalter

Betriebsart	Ursachen für statische Offsetfehler	Ursachen für dynamische Offsetfehler
Stromschalter (Abb. 7.7a)	parasitäre Ströme (meist vernachlässigbar)	kapazitive Einkopplung der Taktflanken
Spannungsschalter (Abb. 7.7b)	endlicher Durchlaßwiderstand	ebenda
Ladungsschalter (Abb. 7.7c)	kapazitive Einkopplung der Steuersignale	Ladezeitkonstante $R_{ON}C$

dieses Offsets werden in den Einkanaltechnologien negiert angesteuerte Dummy-Transistoren nach (Abb. 7.8a) eingesetzt. Beim CMOS-Analogschalter wird durch die inversen Taktsignale von p- und n-Kanal-Transistor eine Kompensation des Schalteroffsets erzielt, die jedoch durch die unvollkommene Symmetrie der Transistoren und Steuerflanken starken Streuungen unterliegt (s. Abb. 7.8b).

Die Drain/Sourcegebiete der Schaltertransistoren führen in SC-Schaltungen einerseits zu Ladungsverlusten durch Sperrströme, andererseits werden über die Sperrschichtkapazitäten Störspannungen aus dem Substrat in den Signalweg eingekoppelt. Aus den genannten Gründen sollen die Analogschalter in solchen Schaltungen unter Berücksichtigung der auftretenden Ladezeitkonstanten so klein wie möglich entworfen werden. Abb. 7.9 zeigt einen Layoutausschnitt eines SC-Filters.

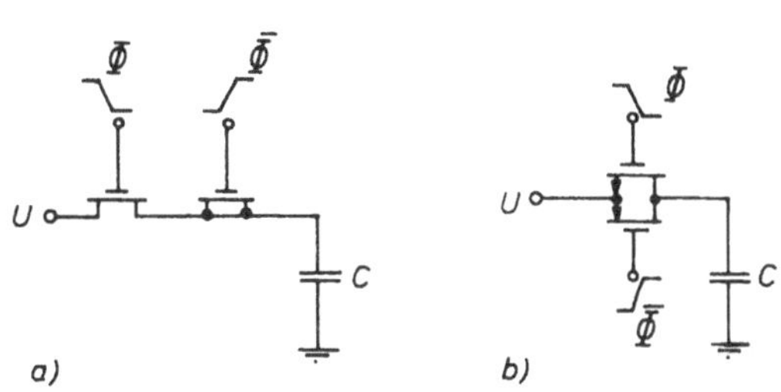

Abb. 7.8 Kompensation des Schalteroffsets beim Einkanalschalter mit Dummy-Transistor (a), beim CMOS-Schalter durch gegenphasige Ansteuerung (b)

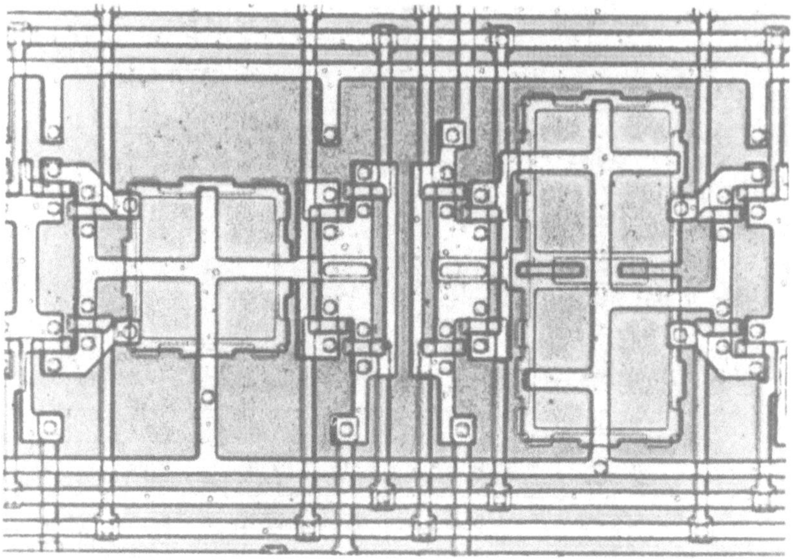

Abb. 7.9 Geschaltete Kapazität eines SC-Filters nach einem präparierten Layoutentwurf

7.2.3. Verstärkerstufen

Die Parameter von MOS-Verstärkerstufen werden durch die typischen Analogeigenschaften der MOS-Transistoren sowie durch die schaltungstechnischen Möglichkeiten, welche die zur Verfügung stehende (VLSI-) Technologie bietet, bestimmt. Letzterer Gesichtspunkt führte dazu, daß sich für die n-Kanal-Enhancement-Depletion-Technologien (z. B. NSGT) und die CMOS-Technologien eine Reihe von Standardschaltungen herausbildeten [Tsiv 78], [Rie 2 83].

Da sich die NF-Verstärkung der MOS-Stufen näherungsweise aus dem Produkt der in 7.1. erwähnten niedrigen Steilheit und dem Lastwiderstand ergibt, eine äußere ohmsche Belastung durch weitere MOS-Verstärkerstufen aber nicht vorhanden ist (isoliertes Steuergate), kommt es darauf an, einen möglichst großen Arbeitswiderstand der Stufe zu realisieren. In der Art und Weise der Realisierung dieses Widerstands aus MOS-Transistoren, des sogenannten Lasttransistors bzw. Lastelements, liegen die wesentlichen Unterschiede der grundlegenden Verstärkerstufen. In Abb. 7.10 sind die drei wichtigsten Varianten dargestellt. E/E- und E/D-Verstärker stehen in den n-Kanal-Technologien, E/E- und CMOS-Verstärker in den Komplementärtechnologien zur Verfügung. Beim E/D-Verstärker wird die Verstärkung durch den Bodyeffekt (Substratgegensteuerung) auf Werte von ca. 30 ... 50 begrenzt. Um in NMOS-Schaltkreisen dennoch höhere Stufenverstärkungen zu erzielen, wird sehr oft die Kaskodeschaltung mit zusätzlicher Stromquelleneinspeisung verwendet (s. Abb. 7.11). Die Kaskodeschaltung ist auch in CMOS-Verstärkern üblich, da sie bei gleicher Verstärkung gegenüber dem einfachen CMOS-Verstärker weniger Flächenbedarf und ein günstigeres Frequenzverhalten aufweist.

Ein weiteres Grundelement von Verstärkerschaltungen bildet der Differenzverstärker (DV). Da er vorwiegend in Eingangsstufen von Operationsverstärkern zur Anwendung kommt, ist neben der Unterdrückung von Gleichtaktsignalen eine möglichst hohe Differenz-

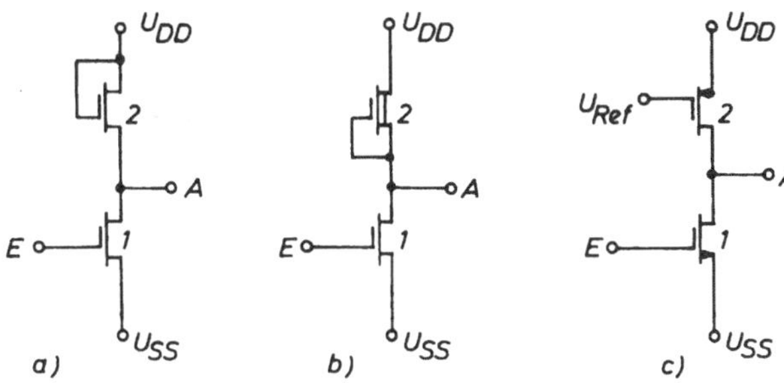

Abb. 7.10 Verstärkerkonfigurationen mit verschiedenen Lastelementen wie

a) E/E(Enhancement)-Verstärker, $V_{EE}(0) \approx -\frac{g_{m1}}{g_{m2} + g_{mB2}}$, ($V_{EE}(0)$: – 5 ... 10),

b) E/D(Enhancement/Depletion)-Verstärker, $V_{ED}(0) \approx -\frac{g_{m1}}{g_{mB2}}$, ($V_{ED}(0)$: –20 ... –50),

c) N/P(CMOS)-Verstärker, $V_{NP}(0) = -\frac{g_{mN}}{g_{DN} + g_{DP}}$, ($V_{NP}(0)$: –50 ... –500).

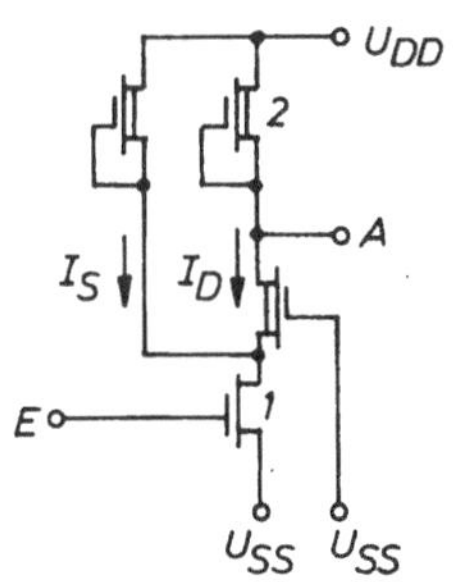

Abb. 7.11 E/D-Kaskodeverstärker mit zusätzlicher Konstantstromquelleneinspeisung I_S, d. h. $V_{KS}(0) \approx -\frac{g_{m1}}{g_{mB2}}(1 + I_S/I_D)^{1/2}$, ($V_{KS}(0)$: –80 ... –150)

verstärkung erwünscht. Am Ausgang der Stufe ist meistens der Übergang vom symmetrischen auf den unsymmetrischen Signalweg mittels phasenaddierender Schaltungen $V_{PU}(0)$ (differential-to-single-ended converter) notwendig (s. Abb. 7.12a). In CMOS-Technologien wird dies durch die Stromspiegelschaltung der Lasttransistoren nach Abb. 7.12b realisiert. Auf die in Abb. 7.12a gezeigte phasenaddierende Schaltung für den NMOS-DV wird häufig (bei Verstärkungsverlust) zugunsten des Frequenzganges verzichtet [Tsiv 80], [Ried 84]. Gleichfalls läßt sich die Kaskodetechnik zur Verstärkungserhöhung von DV-Stufen einsetzen [Rie 1 85].

In Ausgangsstufen, wie z. B. in Operationsverstärkern, werden ein hoher Aussteuerbereich und ein möglichst großes Verhältnis vom maximalen Ausgangsstrom zum Ruhestrom angestrebt. Aufgrund der geringen Belastung durch chipinterne Schaltungen werden an die Niederohmigkeit des Ausgangs keine extremen Forderungen gestellt. Verwendet werden dafür meist Gegentaktstufen, die im A-, B- oder A/B-Betrieb arbeiten und zum Teil über

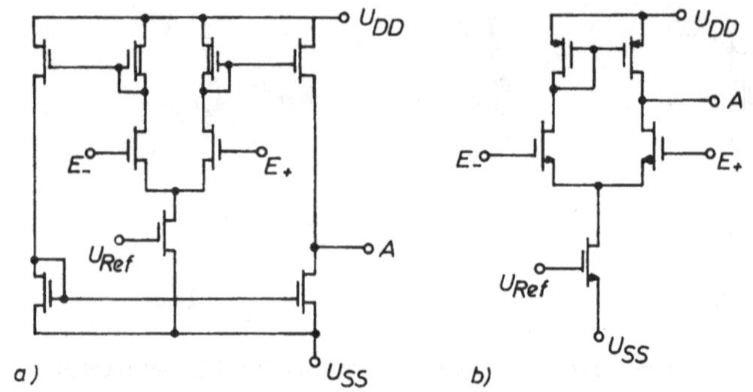

Abb. 7.12 NMOS- (a) und CMOS- (b) Differenzverstärker mit phasenaddierender Schaltung, $V_{PU}(0)$

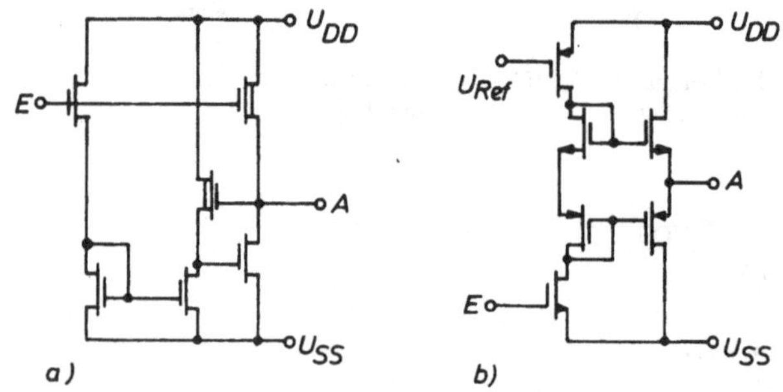

Abb. 7.13 Intern gegengekoppelte Ausgangsstufe in NMOS-E/D-Technik (a) und Gegentakt-B Ausgangsstufe in CMOS-Technik (b)

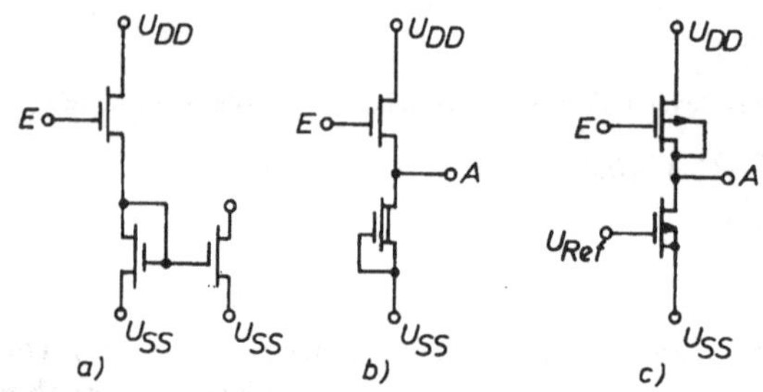

Abb. 7.14 Verschiedene Varianten des Sourcefolgers in a), b) NMOS-Technologien, c) CMOS-Technologie

eine interne Gegenkopplung verfügen (vgl. Abb. 7.1). Dabei kommt in CMOS-Schaltungen auch der Substratbipolartransistor als Emitterfolger zum Einsatz (hohe Stromergiebigkeit bei vergleichsweiser kleiner Fläche).

Ein weiteres Grundelement in Verstärkerschaltungen ist der Sourcefolger, der häufig in Verbindung mit einem Stromspiegel auftritt und zur Pegelverschiebung sowie zur Impedanztransformation eingesetzt wird (vgl. Abb. 7.14).

Die Dimensionierung der einzelnen Stufen ist nur unter Berücksichtigung des gesamten Schaltungskonzepts des jeweiligen Verstärkers möglich, da die dynamischen Zielparameter, die Forderung nach geringem Rauschen der Gesamtschaltung, niedriger Störspannungsempfindlichkeit und die gewünschte hohe Verstärkung schwer in Einklang zu bringen sind.

7.3. Blockstrukturen

7.3.1. Operationsverstärker

Die wichtigste analoge Blockstruktur ist auch in der MOS-Technik der Operationsverstärker (OV). Seine gewünschten Eigenschaften innerhalb eines vorgesehenen Systementwurfes auf dem Chip kommen, verglichen mit den „Idealparametern" eines universell einsetzbaren Operationsverstärkers, dem VLSI-gerechten Entwurf entgegen. So steht die Forderung nach einer möglichst kleinen Offsetspannung durch das in MOS-Schaltungslösungen häufig anzutreffende Prinzip der getakteten Signalverarbeitung und der damit verbundenen Möglichkeit der Offset- und Offsetdriftkompensation nicht mehr im Vordergrund. Bei solchen Schaltungen kann davon ausgegangen werden, daß die Sprungantwort eines zum Zeitpunkt t_0 auf den Eingang des gegengekoppelten Operationsverstärkers gegebenen Spannungssprungs in einer durch das System vorgegebenen (Takt-) Zeit ihren stationären Endwert mit der geforderten Genauigkeit erreicht. Dazu sind eine Mindestverstärkung $V_D(0)$ (statischer Fehler) und ein entsprechender Wert für die Großsignaleinschwingzeit, die mit den Parametern Spannungsanstiegsgeschwindigkeit S (slew-rate) und Transitfrequenz f_T verknüpft ist, zu sichern. Diese Parameterwerte unter der Randbedingung kleinstmöglicher Verlustleistung bei möglichst geringem Flächenbedarf zu erreichen, stellt die zentrale Entwurfsproblematik von MOS-Operationsverstärkern dar.

In der CMOS-Technik, wo Stufenverstärkungen von 100 und mehr problemlos zu erzielen sind, reichen in den meisten Anwendungsfällen zweistufige Konfigurationen aus [Gray 82]. Eine Standardschaltung stellt der sogenannte Pole-splitting-Operationsverstärker dar (s. Abb. 7.15). Er besteht in der Regel aus einem hochverstärkenden Differenzverstärker mit Stromspiegelausgang, dem eine einfache CMOS-Verstärkerstufe nachgeschaltet ist. Die zur Gewährleistung der Stabilität des gegengekoppelten Verstärkers notwendige Frequenzgangkorrektur wird durch einen Miller-Kondensator über der zweiten Stufe vorgenommen. Die dynamisch vergrößerte Miller-Kapazität C verursacht im Zusammenwirken mit dem Ausgangswiderstand des Differenzverstärkers innerhalb der Übertragungsfunktion des OV eine tiefliegende dominante Polfrequenz und verschiebt gleichzeitig die Lastpolfrequenz am Ausgang A des Operationsverstärkers in höhere Bereiche (Pole-splitting-Effekt). Das in Reihe zur Miller-Kapazität liegende Transfergate wirkt als Widerstand und hat die Aufgabe, die durch die kapazitive Rückkopplung entstehende, in der positiven Halbebene befindliche Nullstellenfrequenz zu kompensieren. Die Schaltung ist vorwiegend zum Treiben relativ kleiner kapazitiver Lasten C_L von 5 pF bis 50 pF geeignet. Für größere Werte von C_L kann durch Einfügen eines Sourcefolgers nach dem Differenzverstärker die Ausgangsstufe als Gegentaktverstärker betrieben werden. Sollen ohmsche Lasten getrieben werden, ist es zur Vermeidung von Verstärkungsverlusten zweckmäßig, einen intern gegengekoppelten Ausgangstreiber (z. B. Gegentakt-B-Endstufe) nachzuschalten.

Ein weiteres häufig verwendetes Verstärkerprinzip ist der Steilheitsverstärker bzw. OTA (operational-transconductance amplifier). Abb. 7.16 zeigt eine realisierte Schaltung. Die

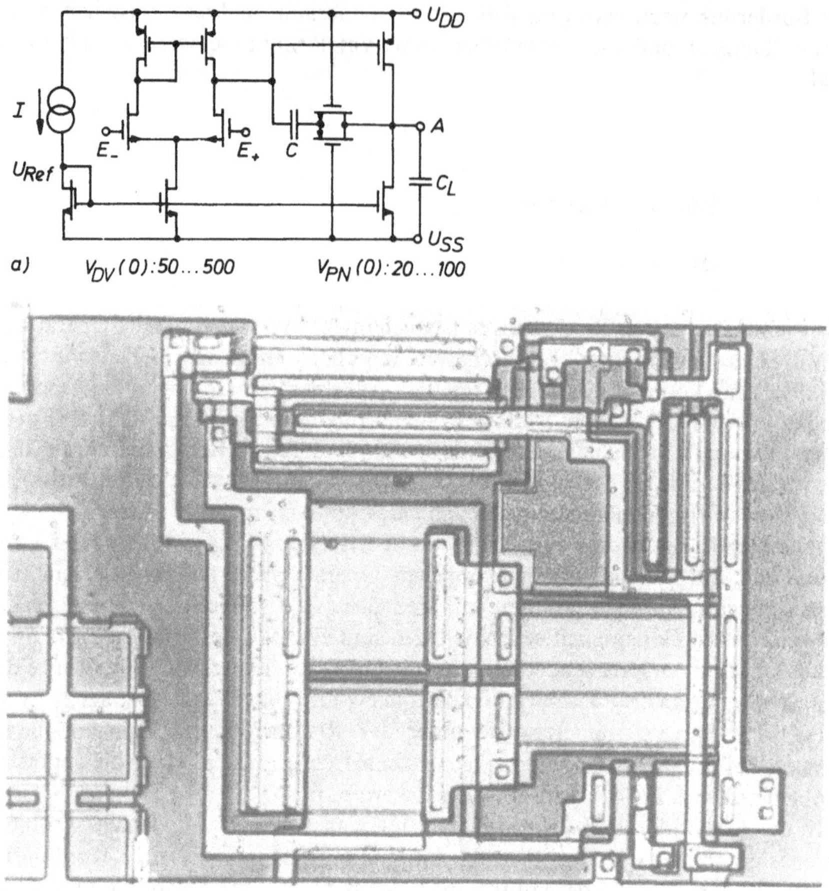

Abb. 7.15 Schaltung (a) und Layout (b) eines CMOS-pole-splitting-Operationsverstärkers nach [Gray 82]

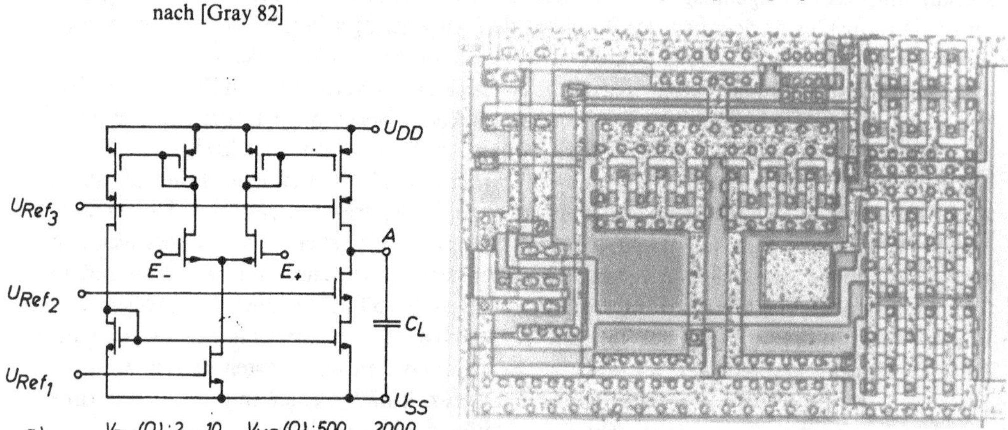

Abb. 7.16 Schaltung (a) und Layout (b) eines CMOS-operational-transconductance-Verstärkers

Steilheit der Eingangstransistoren wird über Stromspiegelschaltungen mit einem Faktor > 1 in die Endstufe gespiegelt. Da diese Stufe im Idealfall einen Ausgangswiderstand $R_A(0) \to \infty$ besitzt (hier durch Kaskodeschaltung angenähert), wird am Ausgang ein von der Differenzeingangsspannung gesteuerter Strom geprägt. Als Operationsverstärker mit einer hohen Spannungsverstärkung ist diese Schaltung nur für eine kapazitive Belastung einsetzbar, da beim Anschluß ohmscher Lasten die im wesentlichen in der Endstufe erzielte Verstärkung auf sehr kleine Werte absinkt. Der Vorteil der Schaltung besteht vor allem darin, daß keine zusätzlichen Frequenzgangkorrekturmaßnahmen notwendig sind, da die dominante Polfrequenz durch die Lastkapazität C_L und R_A (0) gebildet wird, wodurch mit steigender Belastung die Phasenreserve zunimmt. Ein Nachteil der Schaltung in Abb. 7.16 ist die Verringerung des Ausgangsaussteuerbereichs durch die Kaskodestufe. Dies läßt sich aber durch High-swing- oder Folded-cascode-Stufen vermeiden [Choi 83].

Allen CMOS-Verstärkerkonzepten ist die Möglichkeit des Betriebes im Weak-inversion-Bereich gemeinsam. Die dabei erzielbaren hohen Verstärkungen bei geringer Leistungsaufnahme (μW) sind mit einem Bandbreiteverlust verbunden [Vito 77]. Um dies zu verhindern, werden zum Teil dynamische oder adaptive Verstärker eingesetzt. Bei den dynamischen Verstärkern wird der Arbeitspunkt aller Stufen in jedem Signalverarbeitungstakt vom Strong-inversion-Bereich (gute dynamische Eigenschaften) in den Weak-inversion-Bereich (geringer statischer Fehler durch hohe Verstärkung und verschwindende Verlustleistung) verschoben. Bei adaptiven Verstärkern ist die Stromaufnahme aller Stufen aussteuerungsabhängig.

In NMOS-Operationsverstärkern ist aufgrund der geringeren Stufenverstärkung meist ein dreistufiger Aufbau empfehlenswert. In Abb. 7.17 wird ein typisches Schaltungskonzept eines NMOS-Operationsverstärkers gezeigt, bestehend aus Eingangsdifferenzverstärker mit phasenaddierender Schaltung, Kaskode-Hauptverstärker mit Millerkapazität C und intern gegengekoppelter Endstufe [Kra 2 85]. Die in Tab. 7.3 gegenübergestellten Daten der in den Abbildungen 7.15, 7.16, 7.17 gezeigten Vestärkerschaltungen veranschaulichen typische Werte, wie sie mit MOS-Operationsverstärkern erreicht werden. Hierzu sei aber bemerkt, daß bei sorgfältiger Dimensionierung und einer dem Schaltungskonzept optimal angepaßten Frequenzgangkorrektur die Eigenschaften des NMOS-Operationsverstärkers bis auf höhere Transitfrequenzen (um 10 MHz) und ein eventuell günstigeres Einschwingverhalten dem einer CMOS-Variante angeglichen werden können. Diese Aufgabe läßt sich mit Hilfe eines allgemeinen OV-Modells nach [Rie 2 85] lösen und führt z. B. auf eine Schaltungskonzeption nach Abb. 7.18 [Rie 1 85]. Die Schaltung besteht aus einem einseitig ausgekoppelten Differenzverstärker mit einer Regelschleife zur Gleichtaktunterdrückung, einem breitban-

Tabelle 7.3 Wesentliche Parameter der MOS-Operationsverstärker nach Abb. 7.15, Abb. 7.16 und Abb. 7.17

Parameter	CMOS-OV	CMOS-OTA	NMOS-OV
Spannungsverstärkung	50000 (94 dB)	10000 (80 dB)	2000 (66 dB)
Gleichtaktunterdrückung	84 dB	100 dB	70 dB
Slew-Rate (C_L = 50 pF)	± 3 V/μs	± 5 V/μs	± 2,5 V/μs
Transitfrequenz	0,8 MHz	3,5 MHz	2,8 MHz
0,1 %-Einstellzeit (1-V-Sprung)	5 μs	1,5 μs	2 μs
Verlustleistung	3,5 mW	5 mW	15 mW
Chipfläche	0,08 mm²	0,18 mm²	0,15 mm²

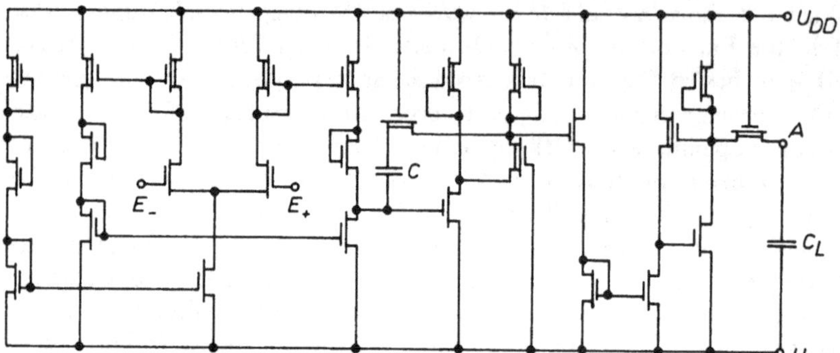

a)

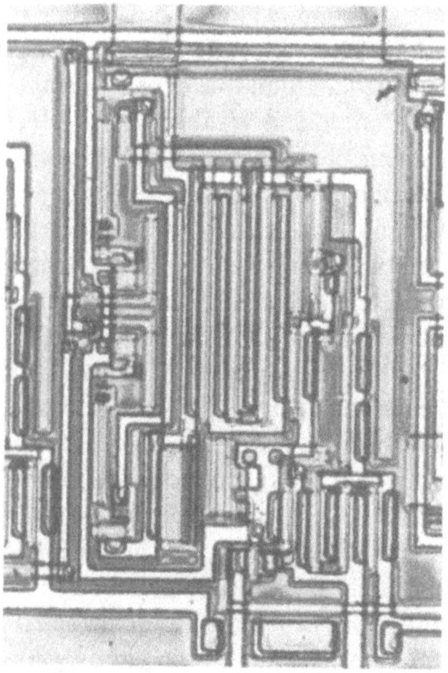

b)

Abb. 7.17 Schaltung (a) und Layout (b) eines Operationsverstärkers in NMOS-E/D-Technik nach [Kra 2 85]

digen Sourcefolger zur Pegelanpassung, der Kaskodestufe nach Abb. 7.11 und einer Ausgangsstufe AS, die als Sourcefolger oder Verstärkerstufe (intern gegengekoppelt wie in Abb. 7.13a) ausgeführt sein kann. Die interne Frequenzgangkompensation wird durch den Gegenkopplungszweig Miller-Kapazität C_C/breitbandiger Sourcefolger realisiert. Die Nutzung der Feedforward-Technik (vgl. Abb. 7.18 z. B. mit C_B) führt vor allem zu hohen Transitfrequenzen bei gleichzeitiger Verlustleistungseinsparung.

Unter der Voraussetzung skalierter Technologien und weiterer spezieller Schaltungslösungen kann bei einzelnen Parametern noch eine wesentliche Verbesserung erzielt werden. So sind in NMOS/CMOS-Techniken Transitfrequenzen über 10 MHz durchaus zu erreichen [Suzu 83], [Ried 84].

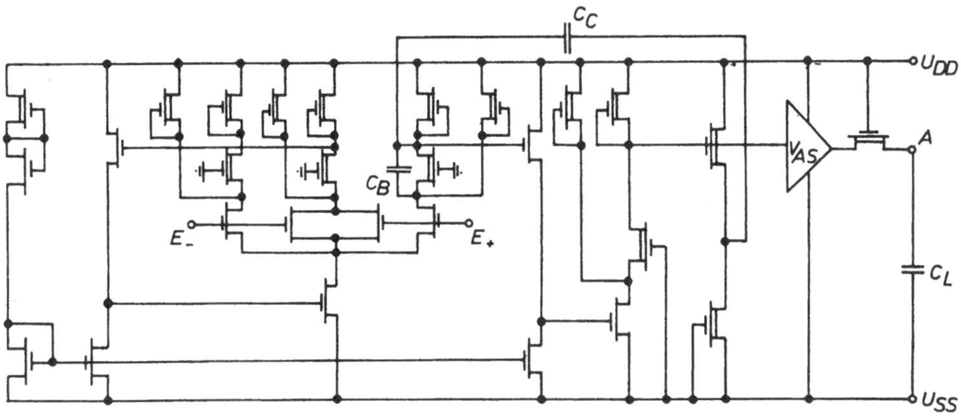

Abb. 7.18 Schaltung eines hochleistungsfähigen NMOS-E/D-Operationsverstärkers nach [Rie 1 85]

7.3.2. Komparatoren

An eine Komparatorschaltung werden Forderungen nach großer Verstärkung $V_K(0)$, niedrigem Offset U_0 und hoher Reaktionsgeschwindigkeit (kleine Verzögerungs- u. Erholzeit) bei vorgegebenen Beschränkungen für Flächen- und Verlustleistungsverbrauch gestellt. Beim Einsatz als Spannungspegelkomparator (im Gegensatz zum Nullpunktkomparator) muß zusätzlich eine hohe Gleichtaktunterdrückung vorhanden sein. Die Lösung dieser Aufgaben mit Operationsverstärkern ist prinzipiell möglich, führt aber aus Gründen der beim Komparator nicht notwendigen Linearität im Aussteuerbereich, Gegenkopplungsfähigkeit usw. nicht zu optimalen Varianten. Die in jedem Falle bei MOS-Komparatoren erforderliche dynamische Offsetkompensation wird mittels kapazitiver Speicherung durchgeführt und ist schaltungstechnisch nicht von der eigentlichen Signalverarbeitung zu trennen. In Abb. 7.19 werden zwei grundlegende Techniken dargestellt. Die Offsetkompensation am Eingang ist unmittelbar verknüpft mit der Differenzbildung (Beseitigung des Gleichtaktanteils) und der Arbeitspunkteinstellung durch Gegenkopplung. Dieses Prinzip kann nach Abb. 7.19a stufenweise oder auch für mehrstufige Anordnungen, wenn diese die entsprechenden Stabilitätskriterien erfüllen, angewendet werden. Für die Offsetspeicherung am Ausgang nach Abb. 7.19b ist Voraussetzung, daß die Eingangsoffsetspannung den Verstär-

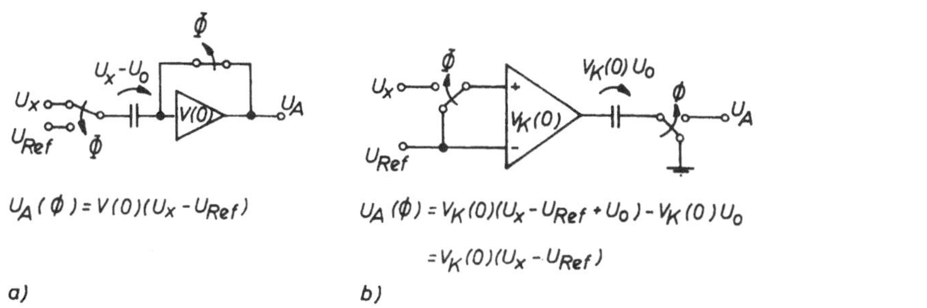

Abb. 7.19 Offsetkompensation einer Komparatorstufe $V(O)$ am Eingang (a) bzw. am Ausgang (b), Komparatorverstärkung, z. B. $V_K(O) = V_{DV}(O)\ V_{PU}(O)$)

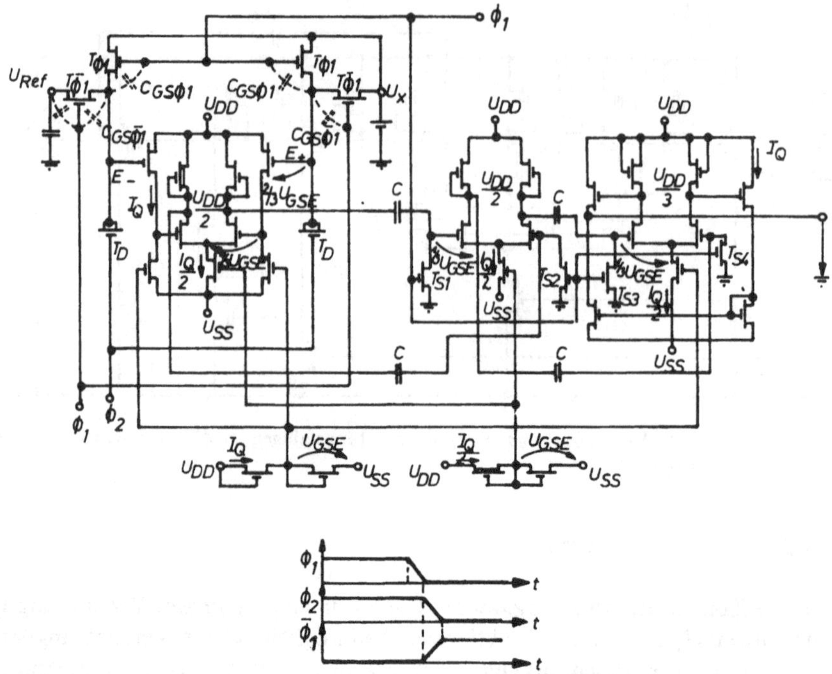

Abb. 7.20 Schaltung und Taktdiagramm eines Differenzverstärker-Komparators in NMOS-Technik mit ausgangsseitiger Offsetkompensation nach [Rie 1 83]

ker nicht übersteuert, was in der Regel nur für die Einzelstufe gesichert ist. Ohne Berücksichtigung des Komparierungsprinzips mit Operationsverstärkern ist eine Einteilung der Vielzahl der möglichen Schaltungsvarianten in geradeausverstärkende Komparatoren, mitgekoppelte Komparatoren und die Kombination beider Varianten sinnvoll. Abb. 7.20 zeigt eine erprobte Schaltung eines Geradeausverstärkers aus ausgangsseitig kompensierten Differenzverstärkerstufen [Rie 1 83], [Ried 84]. Während der Offsetkompensationsphase φ_1 werden die Speicherkapazitäten auf die aktuellen Offsetwerte geladen. Die anschließende Vergleichsphase φ_1 führt die Verstärkung der Eingangsdifferenzspannung durch. Da die notwendigen Umschaltungen durch MOS-Analogschalter ausgeführt werden, entsteht der unter 7.2.2 erläuterte Schalteroffset durch Einkopplung der Taktflanken vor allem am Ein-

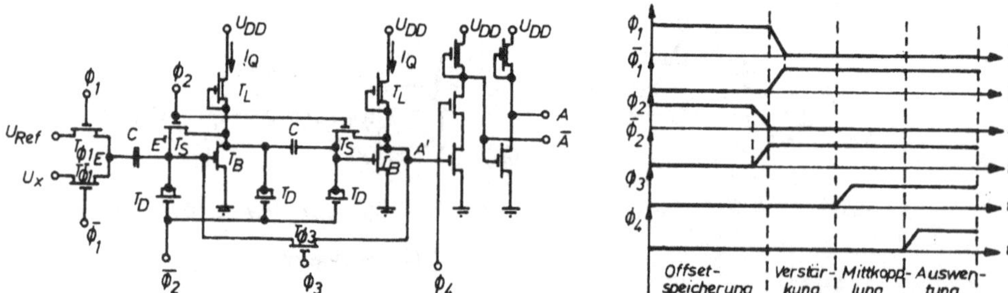

Abb. 7.21 Schaltung und Taktdiagramm eines Mitkopplungskomparators in NMOS-Technik mit eingangsseitiger Offsetkompensation nach [Rie 1 83]

gang des Komparators. Aus diesem Grund wird mit Hilfe der gegenphasig (φ_2) angesteuerten Dummy-Transistoren T_D der Eingangsschalteroffset auf einen Restschalteroffset herabgesetzt. Der gemessene Offset liegt unter 1 mV [Ried 84].

Abb. 7.21 zeigt einen mitgekoppelten Komparator nach [Rie 1 83]. Der Grundgedanke solcher Schaltungen besteht in einer möglichst hohen Verstärkung bei minimalem Flächenverbrauch, was vor allem eine Voraussetzung für die Realisierbarkeit von Parallel-A/D-Umsetzern ist. Bei diesem Schaltungskonzept sind mindestens drei Taktphasen in Form der Offsetkompensationsphase, der Verstärkungsphase und der Mitkopplungsphase notwendig. In der Verstärkungsphase wird mit relativ kleinen Verstärkungen eine Auslenkung der Arbeitspunkte durch die Eingangsspannungsdifferenz bewirkt, die in der Mitkopplungsphase zur Übersteuerung des Verstärkers in die vorgegebene Richtung führt. Ein anzustrebender niedriger Restschalteroffset setzt bei diesen Schaltungen erneut eine sehr sorgfältige Kompensationstechnik voraus (Dummy-Transistoren, Taktschema).

Optimale Ergebnisse bezüglich Genauigkeit und Geschwindigkeit werden durch die Kombination von offsetkompensierten Geradeausverstärkern mit Sensor-Flipflops (Mitkopplungsschaltung) erreicht [Rie 1 83].

7.3.3. Referenzquellen

Die chipgebundene Integration von präzisen Spannungs- bzw. Stromquellen ist eine wesentliche Forderung des Anwenders von VLSI-Schaltkreisen. Ausgehend von den beschränkten technologischen Möglichkeiten der MOS-Prozesse mußten neue Wege zur Realisierung temperatur- und langzeitstabiler Referenzelemente gefunden werden. Dabei sind zwei Prinzipien von grundlegender Bedeutung. Ermöglicht eine Technologie die Herstellung von MOS-Transistoren gleichen Leitfähigkeitstyps, die sich nur durch die Schwellspannung unterscheiden, so läßt sich auf der Basis dieser definierten Schwellspannungsdifferenz ΔU_p eine Referenzspannungsquelle aufbauen (s. Abb. 7.22a)). Referenzquellen dieser Art sind vorteilhaft in NSGT-Prozessen mit implantierten Enhancement- und Depletiontransistoren herstellbar, wobei Temperaturkoeffizienten unter 5 ppm/K erreicht werden [Blau 78]. Abb. 7.23 zeigt eine realisierte Referenzquelle und deren Prinzipschaltung für eine Spannung von $U_{Ref} \approx 3{,}8$ V [Ried 84].

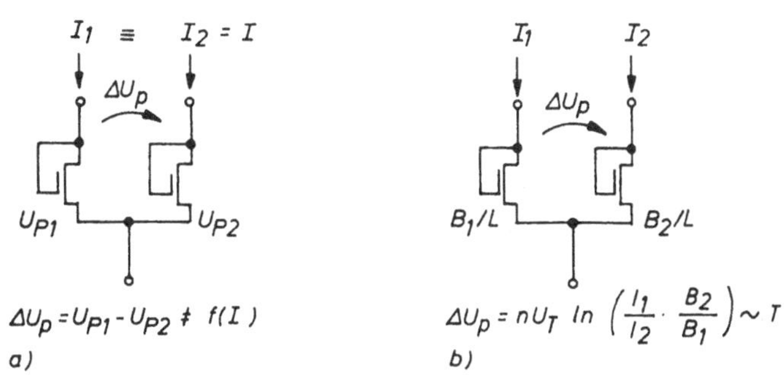

Abb. 7.22 Prinzip der Referenzspannungserzeugung aus einer Schwellspannungsdifferenz (a) bzw. der Erzeugung einer temperaturproportionalen Spannung unter Ausnutzung der Weak-inversion-Kennlinie (b)

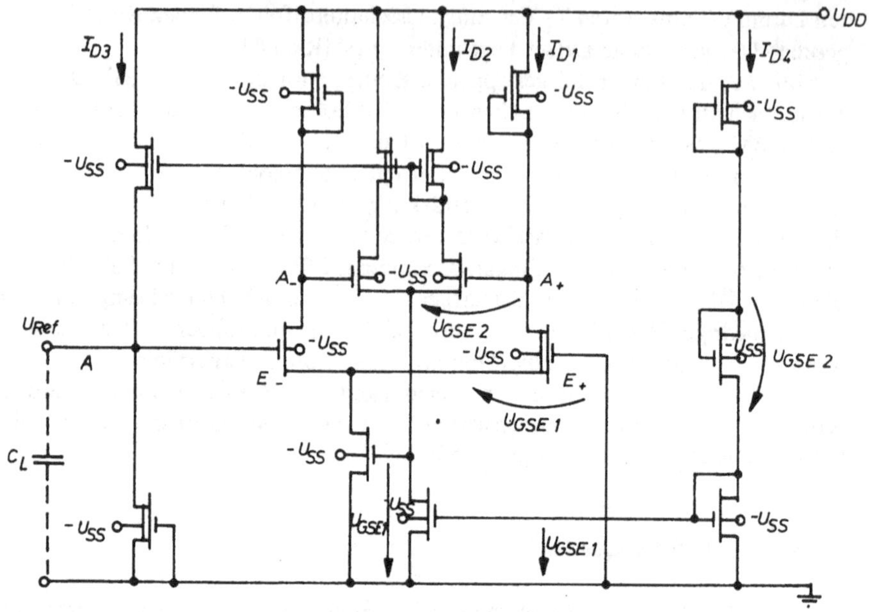

$U_{GSE1} \approx U_{GSE2}$: 0,5 ... 1V

U_{SS} = 5V

U_{DD} = 10V

I_{D1} = 5µA

$I_{D1} < I_{D2} < I_{D3}$

$2I_{D2} = I_{D4}$

a)

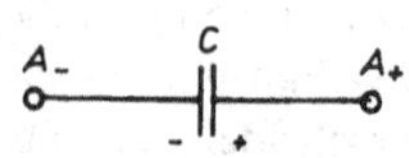

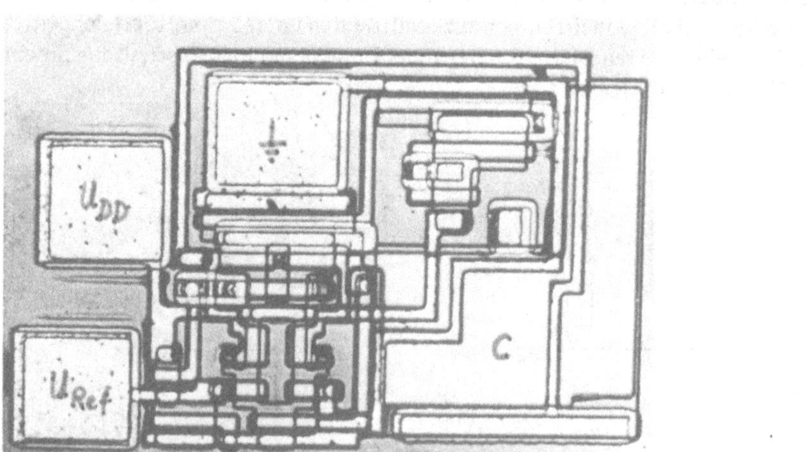

Abb. 7.23 NMOS-Referenzquelle auf der Basis der Schwellspannungsdifferenz zwischen Depletion- und Enhancementtransistor (a) einschließlich Layoutrealisierung (b)

In CMOS-Prozessen können zum Teil Z-Dioden mitintegriert werden, wobei die entstehenden Referenzspannungen von ca. 7 V ... 9 V für viele Anwendungen zu hoch sind. Als Alternative bieten sich dazu ebenfalls Schwellspannungsdifferenzquellen an, die in CMOS-Technologien durch unterschiedliche Dotierung der Poly-Si-Gates realisiert werden. Eine andere Variante sind die CMOS-Bandgap-Referenzquellen. Hierbei wird der definierte Temperaturkoeffizient der Basis-Emitter-Spannung des Bipolar-Substrattransistors von ca. −2 mV/K durch Addition der temperaturproportionalen Spannung einer PTAT-Quelle (proportional-to-absolute temperature) kompensiert. Die PTAT-Quelle läßt sich unter Ausnutzung der exponentiellen I_D-U_{GS}-Beziehung zweier im Weak-in-version-Bereich arbeitender Transistoren (s. Abb. 7.22b)) aufbauen. Eine mögliche schaltungstechnische Realisierung zeigt Abb. 7.24 [Vitt 79]. Typische Werte für den Temperaturkoeffizienten liegen im Bereich von 20 ppm/K ... 70 ppm/K, wobei für Temperaturen über 80 °C eine Verschlechterung aufgrund parasitärer Effekte (Sperrstromzunahme) eintritt.

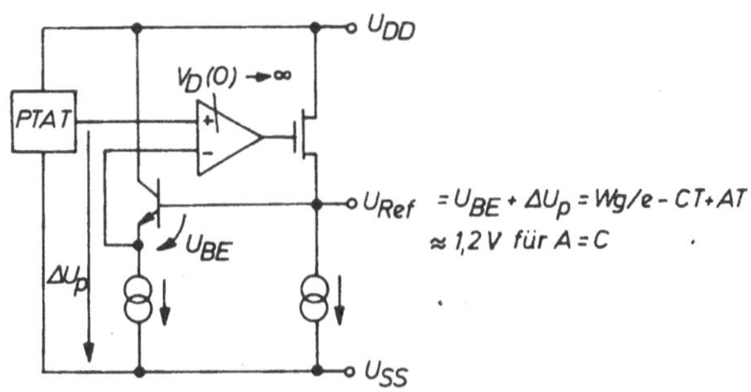

Abb. 7.24 Prinzipschaltung einer CMOS-Bandgap-Referenzquelle

7.3.4. Analoge Signalverarbeitung

Ein großer Teil der Aufgaben der analogen Signalverarbeitung läßt sich mit SC-OV-Schaltungen lösen. Abb. 7.25 zeigt eine Schaltung mit der die Operationen Addition, Subtraktion und Multiplikation mit einer Konstanten ausgeführt werden können. Gleichzeitig tritt durch die getaktete Signalverarbeitung eine Verzögerung (Sample- & -hold-Funktion) ein.

Weiterhin lassen sich Widerstände durch SC-Anordnungen ersetzen. Die wichtigsten Möglichkeiten zeigt Abb. 7.26 [Rien 80]. Danach wird deutlich, daß hier die Schalter einer

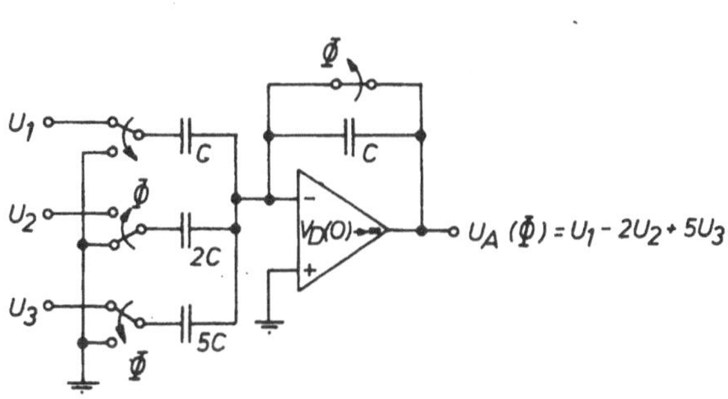

Abb. 7.25 SC-OV-Realisierung der Operationen Addition, Subtraktion und Multiplikation mit einer Konstanten

Umschaltfrequenz f_c folgen und somit das angelegte Signal U_1, das eine Gleich- oder Wechselspannung sein kann, abtasten. Ist, wie in Abb. 7.26a dargestellt, diese Umschaltfrequenz f_c unter Berücksichtigung des Abtasttheorems wesentlich größer als die doppelte Grenzfrequenz eines vorgegebenen linearen RC-Netzwerkes $f_{(-3dB)NW}$ (typ. $f_c/f_{(-3dB)NW} = 100$) bzw. größer als die angelegt Signalfrequenz f_{Signal} am Eingang U_1, so läßt sich der ohmsche Widerstand R als Funktion der Umschaltfrequenz f_c und der umgeschalteten Kapazität C simulieren. Dies wird deutlich durch Abb. 7.27 demonstriert, wo unter den genannten Bedingungen ein zeitkontinuierlicher R_1C_2-Tiefpaß durch den entsprechenden abgetasteten Tiefpaß mit der Grenzfrequenz $f_c(C_1/C_2)$ ersetzt wird. Folglich wird jetzt $\omega_{(-3dB)NW}$, wie oben geschildert, von f_c und C_1/C_2 festgelegt. Wendet man diese Aussagen auf einen Umkehr-

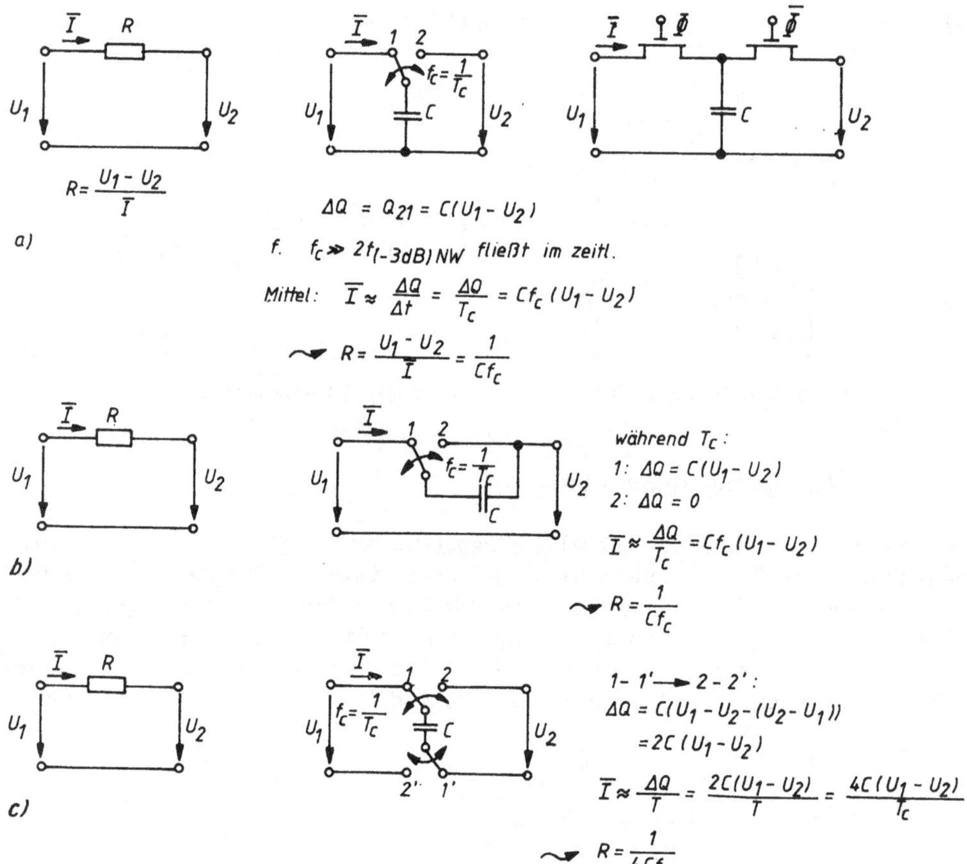

Abb. 7.26 Simulation ohmscher Widerstände durch geschaltete Kapazitäten;
a), b) Vierpol mit ohmschem Widerstand wird im zeitlichen Mittel durch Schalter-Kondensator-Anordnung ersetzt, wobei Umschalter durch zwei MOS-Schalttransistoren realisiert wird,
c) Vierpol mit ohmschem Widerstand wird während der Periode T_c durch umgepolten Kondensator ersetzt, so daß der Strom zweimal durch die Kapazität C pro Abtastintervall fließt (PSRC — periodically reverse switched capacitor)

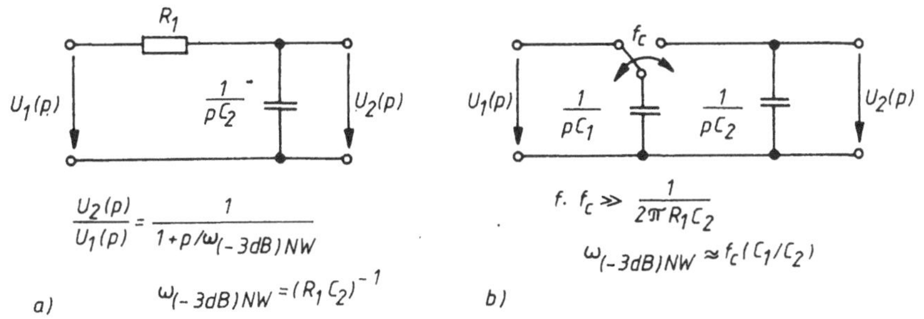

Abb. 7.27 Zeitkontinuierlicher R_1C_2-Tiefpaß (a) wird durch abgetasteten SC-Tiefpaß (b) simuliert

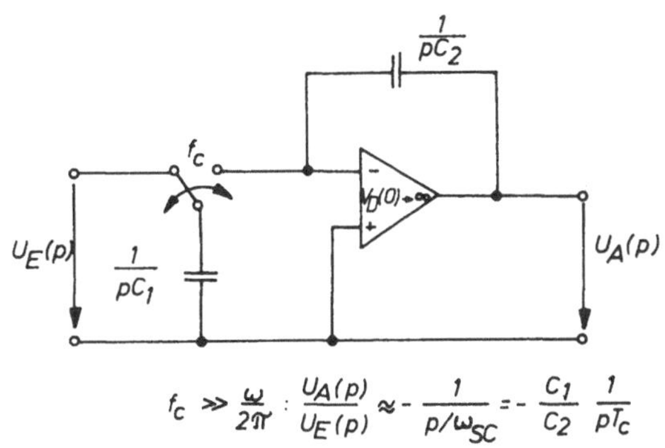

Abb. 7.28 SC-Umkehrintegrator, der unempfindlich gegenüber parasitären Kapazitäten ist

integrator an, entsteht der SC-Integrator nach Abb. 7.28 mit der SC-Integratorbandbreite $\omega_{SC} = f_c(C_1/C_2)$.

Der Vorteil des PSRC-Schaltelementes nach Abb. 7.26c gegenüber dem einfachen SC-Umschalter nach Abb. 7.26a liegt in der Realisierung einer viermal kleineren Kapazität C bei vergleichbar zu simulierendem Widerstand R. Allerdings werden vier Transistoren als Schalter benötigt. Weiterhin kann das PSRC-Schaltelement zur Simulation von Induktivitäten dienen, so daß die Möglichkeit besteht, RLC-Schaltungen direkt in SC-Schaltungen umzusetzen [Spah 81].

7.4. Analoge Funktionseinheiten

7.4.1. A/D-D/A-Umsetzer

Die A/D-Umsetzungsverfahren untergliedern sich allgemein in
- Zählverfahren („level at a time"),
- Wäge- oder sukzessive Approximationsverfahren („digit at a time"),
- Parallelverfahren („word at a time")

und bestimmen nach diesen Prinzipien ganze A/D-Umsetzerklassen. Abb. 7.29 zeigt verschiedene Einsatzgebiete der A/D-Umsetzer, die sich in die drei genannten Verfahren unter-

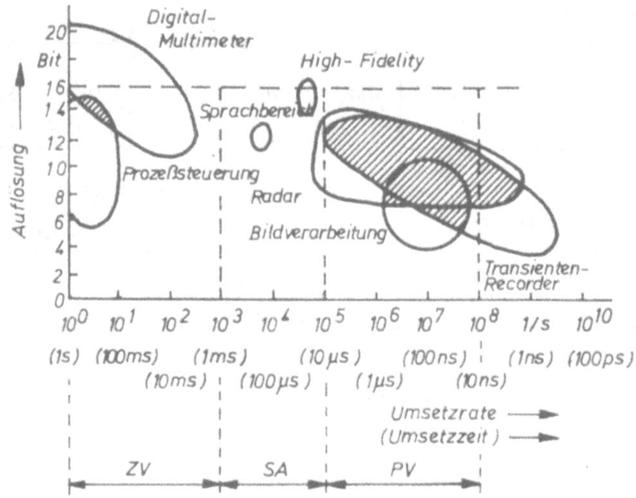

Abb. 7.29 Einsatzgebiete von A/D-Umsetzern und derzeitige Untergliederung der Auflösungen und Umsetzzeiten für NMOS/CMOS-A/D-Umsetzer nach dem Zähl (ZV)-, sukzessiven Approximations (SA)- und Parallelverfahren (PV)

gliedern lassen bzw. in den einzelnen Bereichen vorwiegend mit den entsprechenden A/D-Umsetzerklassen realisiert werden.

Die meisten Zählverfahren arbeiten indirekt, d. h., die unbekannte Eingangsspannung U_X wird zunächst in eine (Tor-) Zeit bzw. Frequenz umgesetzt und durch „Vergleich" mit einer Bezugs-Torzeit bzw. -Frequenz mittels Digitalzähler in das digitale Ergebnis überführt. Als analoge Grundbestandteile werden für diese Verfahren wenige Analogschalter, in der Regel ein Integrator (OV mit RC-Beschaltung oder Kondensator mit U/I-Umsetzer) und ein Komparator sowie die Bezugsfrequenz benötigt. Die verschiedenen Verfahren (Dual-slope, Quad-slope, Charge-balancing usw.) weisen hinsichtlich ihrer Realisierbarkeit als vollintegrierte MOS-Schaltung Vor- und Nachteile auf, die aus den unterschiedlichen Genauigkeitsforderungen an die einzelnen Analogkomponenten bei einer vorgegebenen Auflösung resultieren. Die wenigen passiven Präzisionsbauelemente (z. B. RC-Beschaltung des Integrators) sind bei den heute gefertigten Schaltkreisen nicht mitintegriert. Dieser Kompromiß erlaubt es, bei vertretbarem Aufwand Auflösungen von 12 bit ... 15 bit zu erreichen. Auf der Basis von CMOS-Technologien sind z. B. kostengünstig Taschen-Multimeter herstellbar. Die Auflösungsgrenze von ca. 16 bit wird für MOS-Lösungen in erster Linie durch das $1/f$-Rauschen bestimmt, das infolge der mit der Genauigkeit zunehmenden Umsetzungszeit (10 ms ... 1 s) stark ansteigt. In Abb. 7.30 wird die Schaltung eines als NSGT-Testchip realisierten U/f-Umsetzer nach dem Charge-balancing-Verfahren gezeigt [Kra 385]. Dieses Verfahren stellt extrem geringe Anforderungen an den Komparator (D-Flipflop). Durch Differenzfrequenzzählung in Eichphase ($U_E = 0$) und Meßphase ($U_E = U_X$) erfolgt eine digitale Offsetkompensation. Die Auflösung beträgt $3^1/_2$ Digit (12 bit) im Eingangsspannungsbereich von ± 2 V bzw. $\pm 0{,}2$ V.

Ein A/D-Umsetzer nach dem sukzessiven Approximationsverfahren ist gewöhnlich wie in Abb. 7.31 aufgebaut. Die zu wandelnde Spannung U_X wird mit der Spannung U_{DAC} des D/A-Umsetzers in einem Komparator verglichen. Abhängig vom Ergebnis dieses Vergleiches (Komparatorausgang A) stellt eine Logik das Digitalwort solange ein, bis schließ-

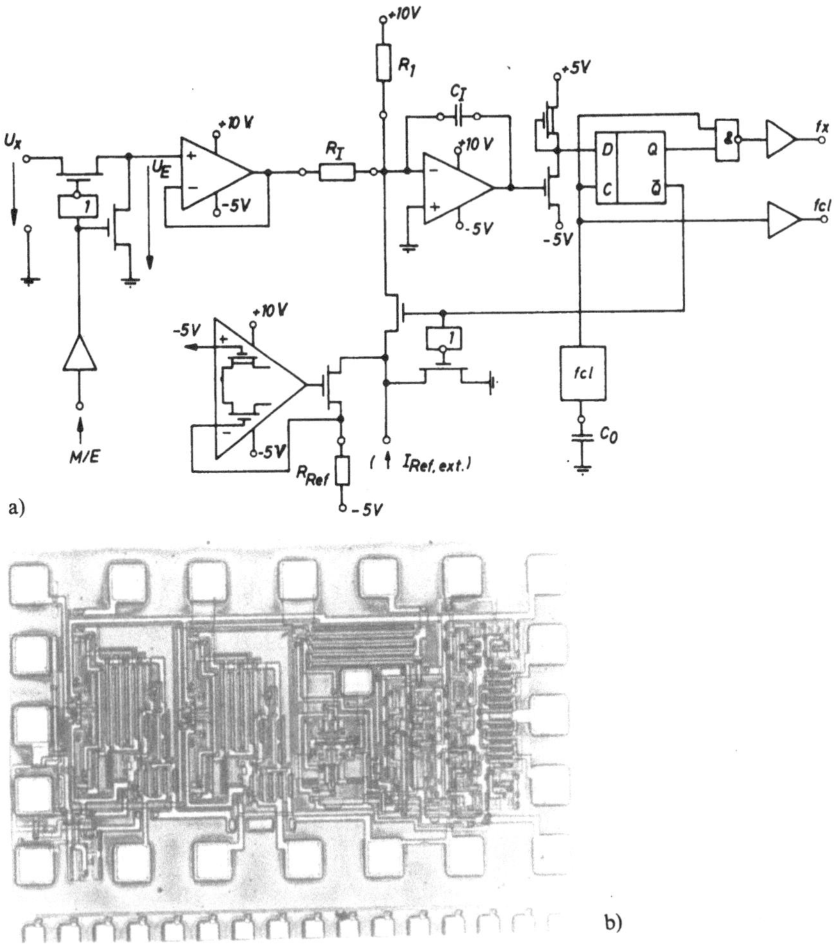

Abb. 7.30 NSGT-Realisierung eines *U/f*-Umsetzers nach dem Charge-balancing-Verfahren mit digitaler Offsetkompensation für eine Auflösung von $3^1/_2$ Digit;
a) Übersichtsschaltung, b) Layoutfoto

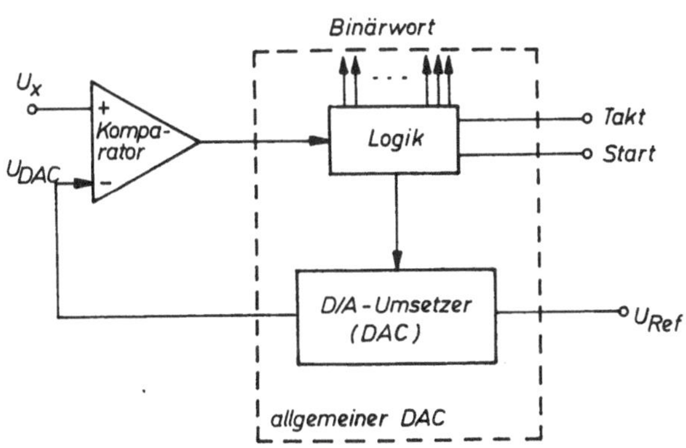

Abb. 7.31 A/D-Umsetzer mit sukzessiver Approximation

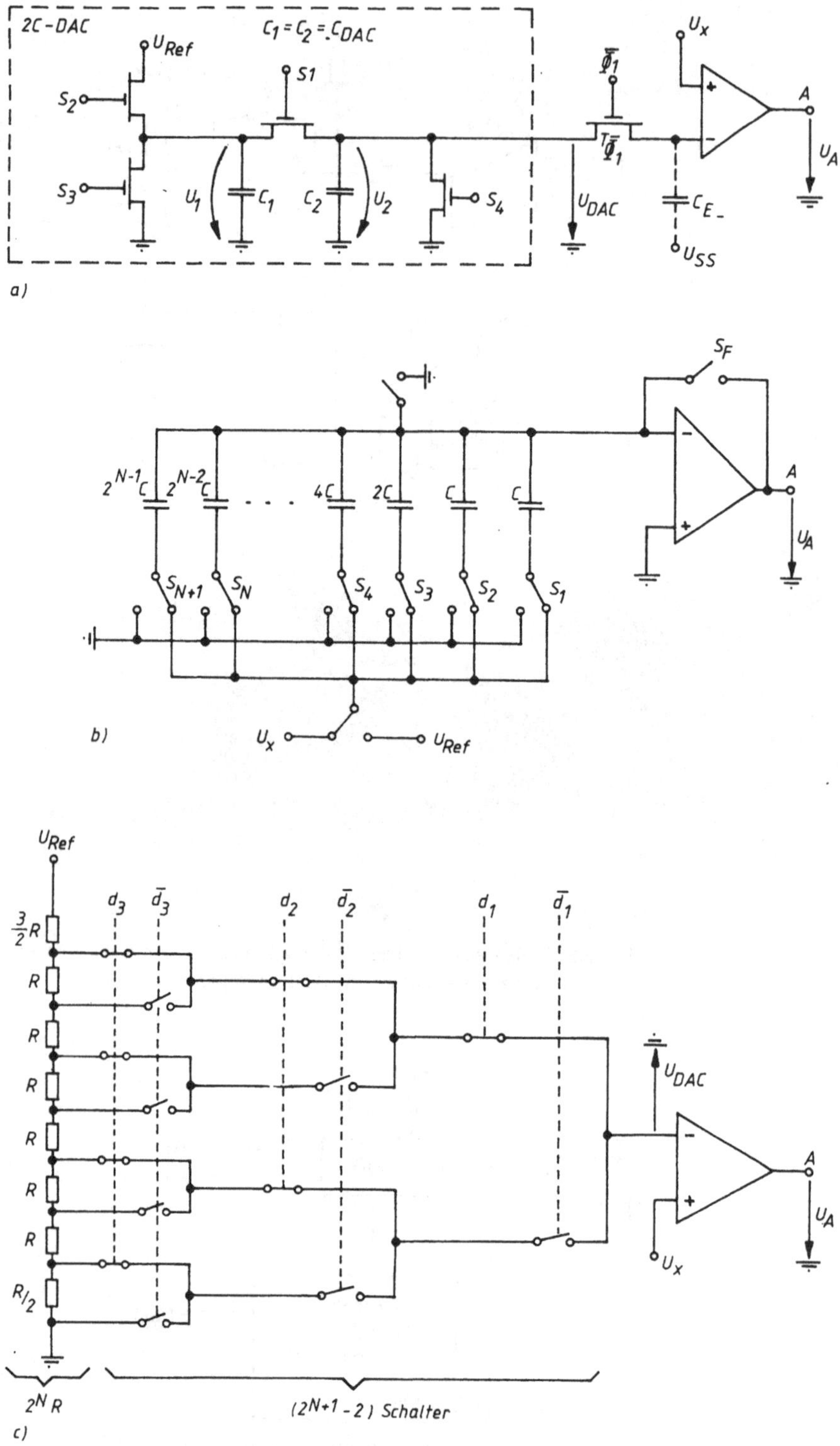

2C-DAC
$C_1 = C_2 = C_{DAC}$
U_{Ref}
S1
S_2
S_3
U_1
C_1
C_2
U_2
S_4
$\bar{\Phi}_1$
U_{DAC}
U_x
A
U_A
C_{E-}
U_{SS}
a)
S_F
$2^{N-1}C$
$2^{N-2}C$
4C
2C
C
C
S_{N+1}
S_N
S_4
S_3
S_2
S_1
A
U_A
b)
U_x
U_{Ref}
U_{Ref}
$\frac{3}{2}R$
R
R/2
d_3 $\bar{d}_3$
d_2 $\bar{d}_2$
d_1 $\bar{d}_1$
U_{DAC}
A
U_A
U_x
$2^N R$
$(2^{N+1}-2)$ Schalter
c)

lich $U_{DAC} \approx U_X$ gilt. Da U_X für die Zeitspanne der Umsetzung konstant sein muß, ist für die meisten Anordnungen dem Umsetzereingang ein Sample & hold-Verstärker vorzuschalten. Für den D/A-Umsetzer sind die wichtigsten drei Grundprinzipien in integrierter MOS-Technik in Abb. 7.32 dargestellt. Bei den kapazitiven Verfahren weist der serielle Ladungsverteilungsumsetzer mit zwei gleichgroßen Kapazitäten $C_1 = C_2 = 25$ pF nach Abb. 7.32a einen geringen Flächenverbrauch auf, jedoch zeigt der auf diesem Prinzip basierende A/D-Umsetzerschaltkreis nach Abb. 7.33, daß der mit $S_1, \ldots, S_4$ kumulativ erzeugte Restschalteroffset die Auflösung bei $U_{Ref} = 5{,}12$ V auf 20 mV begrenzt [Ried 84]. Dies entspricht einem 8-bit-A/D-Umsetzer. Höhere Auflösungsbreiten (z. B. 10-bit-A/D-Umsetzer) sind mit Hilfe des flächenintensiveren parallelen Ladungsverteilungsprinzips nach Abb. 7.32b realisierbar [McCr 75]. Der Auflösungsanstieg ergibt sich durch den Wegfall des kumulativen Restschalteroffsets und den Einsatz eines Nullpunktkomparators, der in Verbindung mit der großen Ersatzkapazität des binärgewichteten Feldes einen viel geringeren Restschalteroffset am Eingang erzeugt. Außerdem wird die Umsetzungszeit reduziert, da hier die Ladungsschalter sehr groß bzw. niederohmig dimensioniert werden können. Die Auflösungsgrenze dieses Umsetzungsprinzips wird vor allem durch die Unterschiede der kleinsten binärgewichteten Kapazitäten bestimmt. Diese Problematik tritt beim 2^NR-A/D-Umsetzer[1] nach Abb. 7.32c nicht auf [Hama 78]. Zwar bleibt dieses Umsetzungsprinzip infolge des großen Flächenverbrauches der Widerstandskette und Schaltermatrix auch auf 8-bit-Wortbreiten beschränkt, dennoch lassen sich mit den einfachsten Metall-Gate-Technologien hohe Ausbeute und einer der niedrigsten differentiellen Linearitätsfehler von $\pm 1/10$ LSB erzielen. Der entscheidende Fehler wird hier im wesentlichen durch den Restschalteroffset am Komparatoreingang gebildet. Dieses Umsetzungsverfahren hat eine häufige praktische Anwendung gefunden. Alle anderen klassischen Umsetzungsverfahren wie die R-2R-Technik[2] oder die binärgewichtete Stromquellentechnik übersteigen als integrierte MOS-Lösungen ebensowenig die 8-bit-Wortbreite und liefern nur geringfügige Vorteile bezüglich der Umsetzungszeit, was aber in der Regel wieder auf Kosten der Verlustleistung geht. Höhere Auflösungen bis 12 bit werden vor allem mit Hilfe von Kapazitäts/Widerstandsnetzwerken als D/A-Umsetzer realisiert, die die einzelnen Vorzüge von Abb. 7.32b, c nutzen [Foto 79].

Eine interessante Alternative zu sukzessiven Approximationsverfahren nach Abb. 7.31 stellt der algorithmische Umsetzer in Abb. 7.34 dar [Hodg 78]. Dabei wird durch fortlaufende Multiplikation der unbekannten Spannung U_X mit dem Faktor 2 und Addition bzw. Sub-

◀ Abb. 7.32 Grundlegende A/D-Umsetzungsprinzipien für MOS-Standardtechnologien nach dem sukzessiven Approximationsverfahren;

a) Serieller Ladungsverteilungsumsetzer mit zwei gleichgroßen Kapazitäten und Komparatoranschluß,

b) Paralleler Ladungsverteilungsumsetzer mit binärgewichteten Kapazitäten und Nullpunktkomparator,

c) Funktionsprinzip des 2^NR-A/D-Umsetzers für $N = 3$ bit ohne eingezeichnete Steuerlogik dieses PSAR-Verfahrens (potentiometric successive approximation register)

---

[1] 2^NR-A/D-Umsetzer: Widerstandskette als D/A-Umsetzer mit 2^N Widerständen R (N: Bitzahl)

[2] R-2R-Technik: D/A-Umsetzer als R-2R-Kettenleiternetzwerk

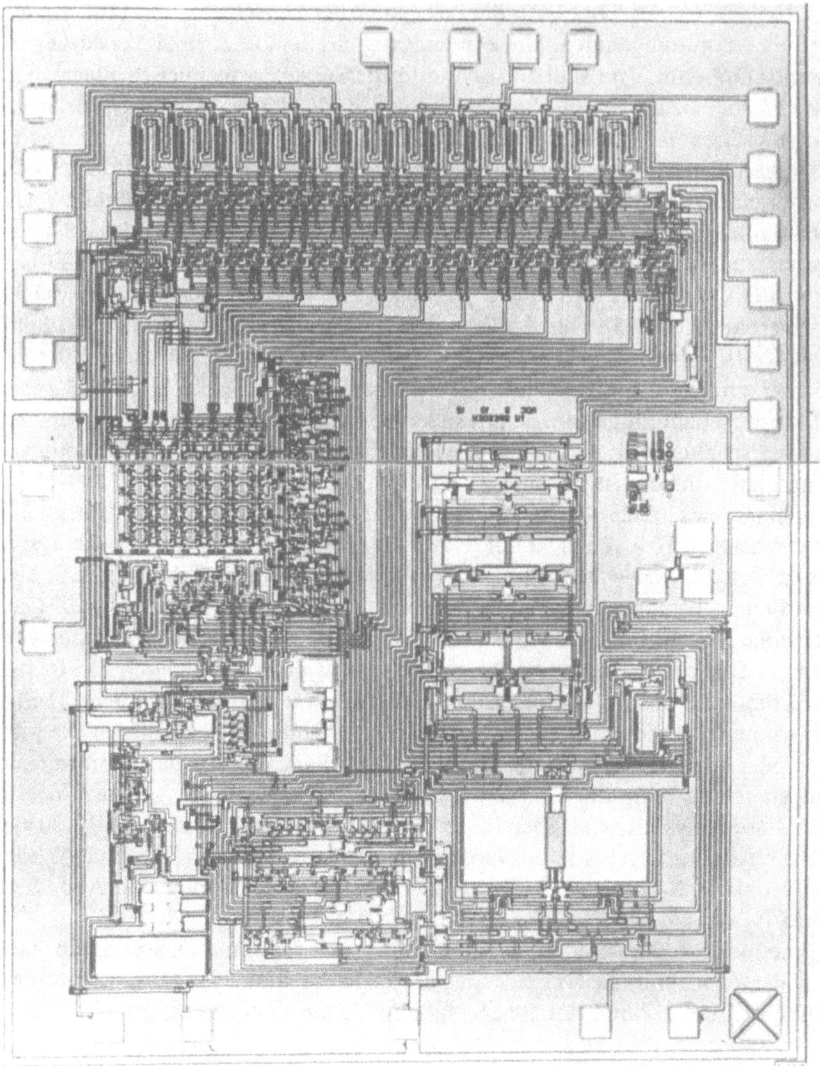

Abb. 7.33 Layout des seriellen Ladungsverteilungsumsetzers nach [Ried 84] als Testschaltkreis mit Parallelausgabe des Binärworts bis max. 12 bit (max. Umsetzungszeit: 180 µs, Chipfläche: $2{,}8 \times 3{,}5\ \text{mm}^2$) und verwendetem Komparator nach Abb. 7.20

traktion der Referenzspannung U_{Ref} eine sukzessive Annäherung an den Wert $U_X \approx U_{\text{Ref}}$ erreicht. Diese Grundoperationen werden mit Schaltungen entsprechend Abb. 7.25 ausgeführt. Die Geschwindigkeit wird durch die Einschwingzeit des Operationsverstärkers bestimmt und liegt bei ca. 1 µs/bit. Eine wesentliche Fehlerursache, die die Genauigkeit auf 10 bit bis 12 bit begrenzt, ist auch hier der Schalteroffset. Hervorzuhebende Eigenschaften dieses Umsetzers sind der fehlende Sample & hold-Verstärker, die hardwaremäßig nicht festgelegte Auflösung und die wahlweise Verarbeitung von bipolaren und unipolaren Ein-

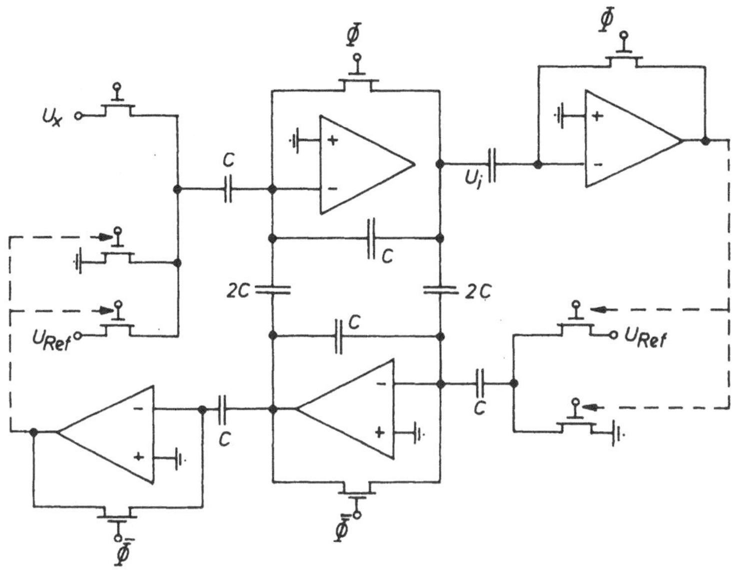

Abb. 7.34 Prinzipschaltung des algorithmischen A/D-Umsetzers als SC-OV-Lösung

gangsspannungen U_X. Abb. 7.35 zeigt das Layout der erprobten Testschaltung eines 8-bit/20-µs-Umsetzers [Kra 4 85].

Aus Trendanalysen läßt sich unter Kenntnis verschiedener technologiespezifischer Schritte ableiten, daß vollintegrierte Einchip-A/D-Umsetzerentwicklungen, abgesehen von „Exoten", in naher Zukunft in Richtung sehr hoher Auflösungen und Genauigkeiten bei mittleren Abtastfrequenzen ($\geqq$ 16 bit/50 KHz) und in Richtung relativ hoher Auflösungen bei sehr hohen Abtastfrequenzen (12 bit/100 MHz) zu erwarten sind. Als erfolgreichste Beiträge, die für die erstgenannte Richtung mit Auflösungsbreiten über 12 bit bisher auf dem NMOS/CMOS-Sektor unter den Randbedingungen (aus ökonomischen Gründen)

— Verwendung von MOS-Standard-Bulk-Technologien,
— Einsatz von diffundierten- oder Poly-Si- Widerständen und den üblich zu integrierenden Kapazitäten

geleistet wurden, sind das sukzessive Approximationsverfahren mit interner Fehlerkorrektur nach Abb. 7.36 und als D/A-Umsetzer das parallel-serielle Widerstandsverfahren nach Abb. 7.37 zu nennen [Tsuk 84], [Post 83]. Sowohl in Abb. 7.36a als auch in Abb. 7.37b sind als Grundprinzipien die Umsetzungsverfahren von Bild 7.32b, c ablesbar. Die sehr schnellen A/D-Umsetzer werden nach dem Parallel- oder Flash-Prinzip realisiert. Abb. 7.38 zeigt den grundsätzlichen Aufbau solcher Schaltkreise. Hierbei konzentriert sich die Entwurfsproblematik auf die Niederohmigkeit der Widerstandskette des Referenzteilers sowie auf die Kompromißbildung zwischen Schalteroffset der Komparatoreingangsstufe und Reaktionsgeschwindigkeit der flächen- und verlustleistungsminimierten Schaltung. Mit Hilfe eines 2-µm-NSGT-Prozesses sind unter Verwendung der Komparationszelle nach Abb. 7.21 6 bit/15 MHz-Funktionsblöcke realisierbar [Rie 3 85]. Bei Berücksichtigung der oben genannten Randbedingungen liegt die derzeitige Leistungsgrenze für lineare 8 bit-A/D-Umsetzer bei Abtastraten um 25 MHz [Tsuk 85]. Hierbei werden entweder offsetkompensierte Abtastkomparatoren in Form von Geradeausverstärkern nach Abb. 7.39a.

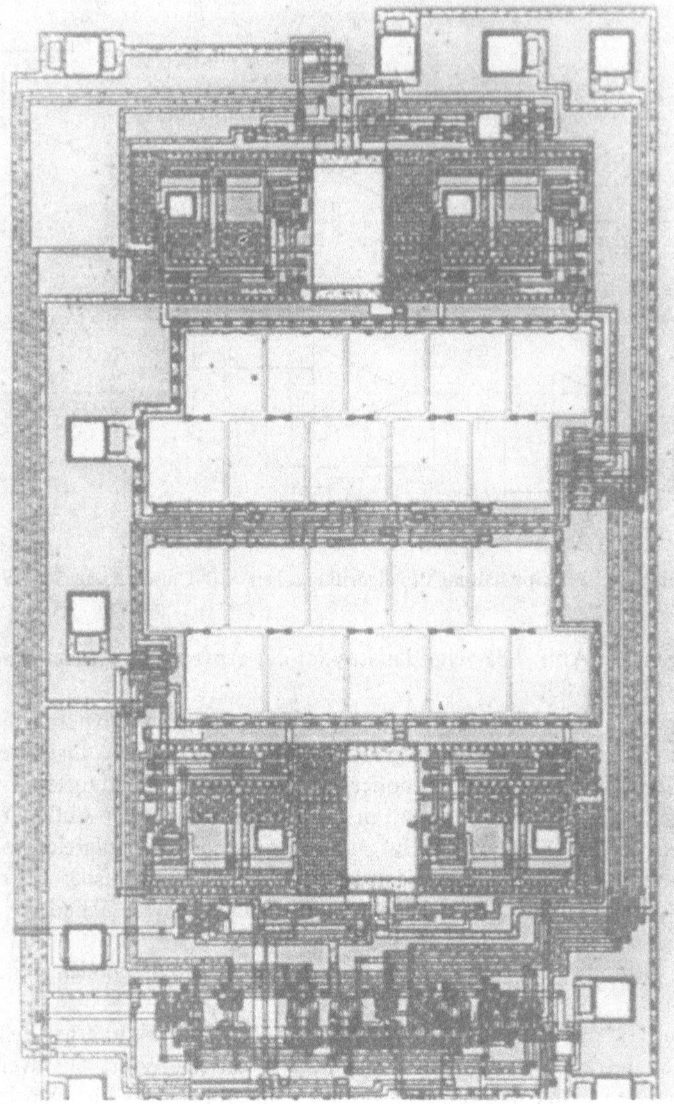

Abb. 7.35 Layout einer CMOS Teststruktur des A/D-Umsetzers nach Abb. 7.34 bzw. [Kra 4 85]

Abb. 7.36 Kombination zwischen parallelem Ladungsverteilungs- und PSAR-Prinzip als A/D-Umsetzer mit internem Selbstabgleich für Auflösungen von 14 bit nach [Tsuk 84]; ▶

a) Blockschaltbild des $(M+N)$-bit-A/D-Umsetzers einschließlich Korrekturschaltkreis für das M-Bit Kapazitätsfeld (höherer Auflösungszyklus) und die N-Bit Widerstandskette (niederer Auflösungszyklus),

b) Prinzip des Selbstabgleiches: Alle Umsetzungsfehler, die durch die Abweichung der Kapazitätsverhältnisse entstehen, werden vorher durch die Kompensationskapazität C_p gemessen, indem jedes Bit mit seinem eigenen Komplement verglichen wird und anschlie-

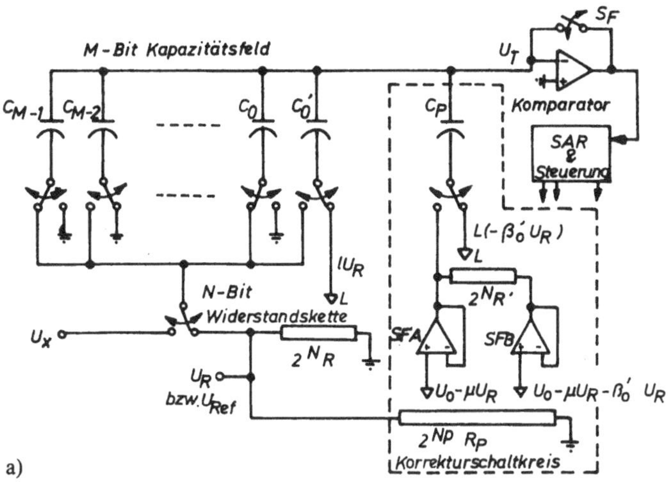

a)

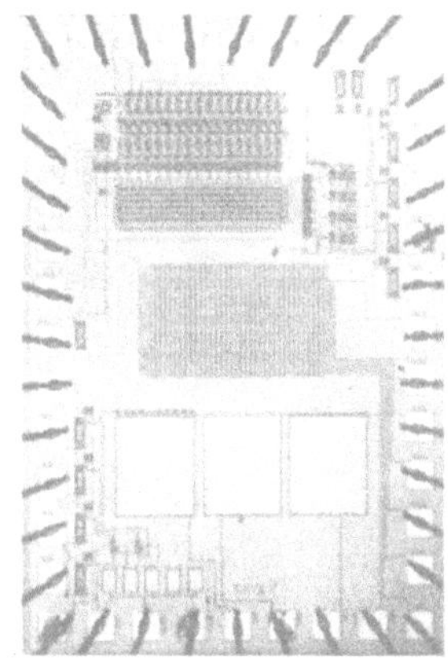

c)

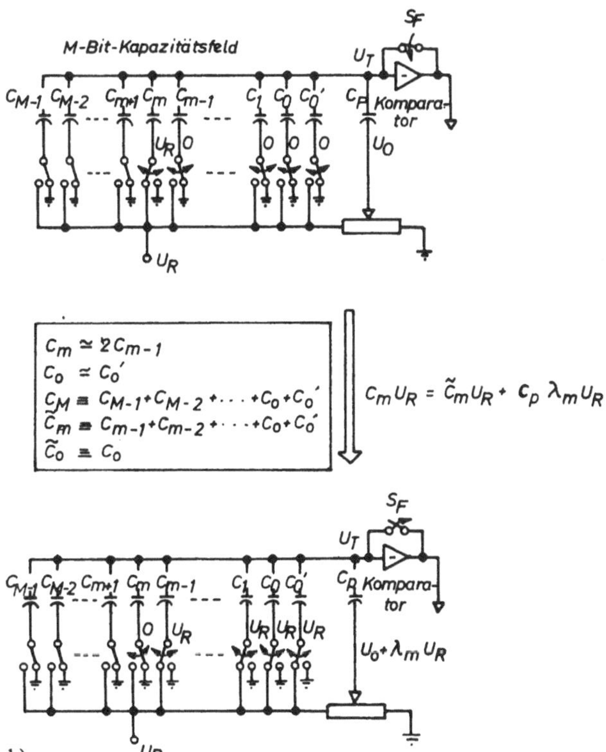

b)

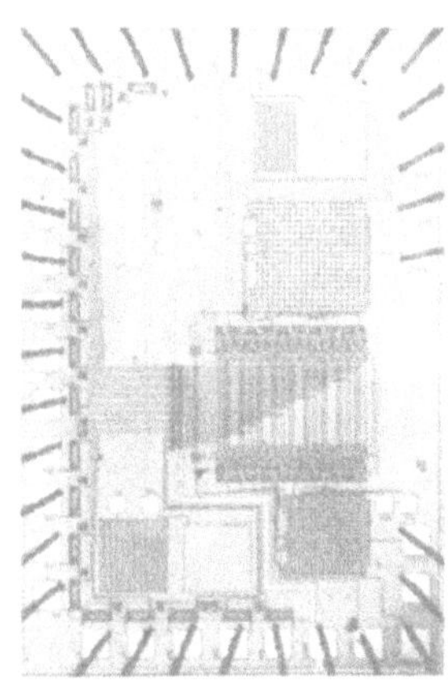

d)

ßend eine Registrierung der Fehler in einem 9-Byte-Speicher erfolgt. Danach kann jeder Fehler automatisch durch C_p während der Umsetzung korrigiert werden,

c) Layout in einer 3-µm-CMOS-Technologie der 6-bit-Widerstandskette nach [Tsuk 84],

d) des 8-bit-Kapazitätsfeldes [Tsuk 84].

Die Abb. c) und d) wurden freundlicherweise direkt vom Autor zur Verfügung gestellt: TSUKADA, T. u. a.: High-Accuracy MOS A/D Converter with Inherent Self-Compensation. Electronics and Communications in Japan, **67-C**, (1984), 1, 77—86.

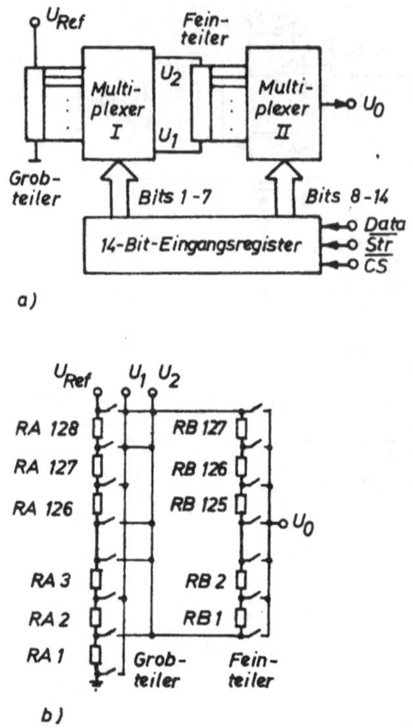

Abb. 7.37 14-bit-D/A-Umsetzer in einer NMOS-Technologie nach [Post 83];
a) Blockschaltbild des Umsetzungsverfahrens mit zwei kaskadierten Widerstandsketten,
b) Anordnung mit zwei 7-bit-Teilerketten

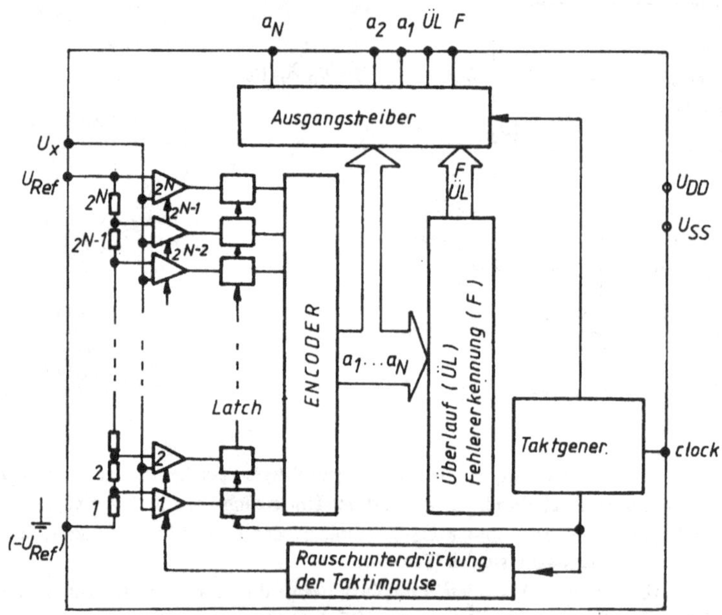

Abb. 7.38 Blockschaltbild für einen Parallel-A/D-Umsetzerschaltkreis

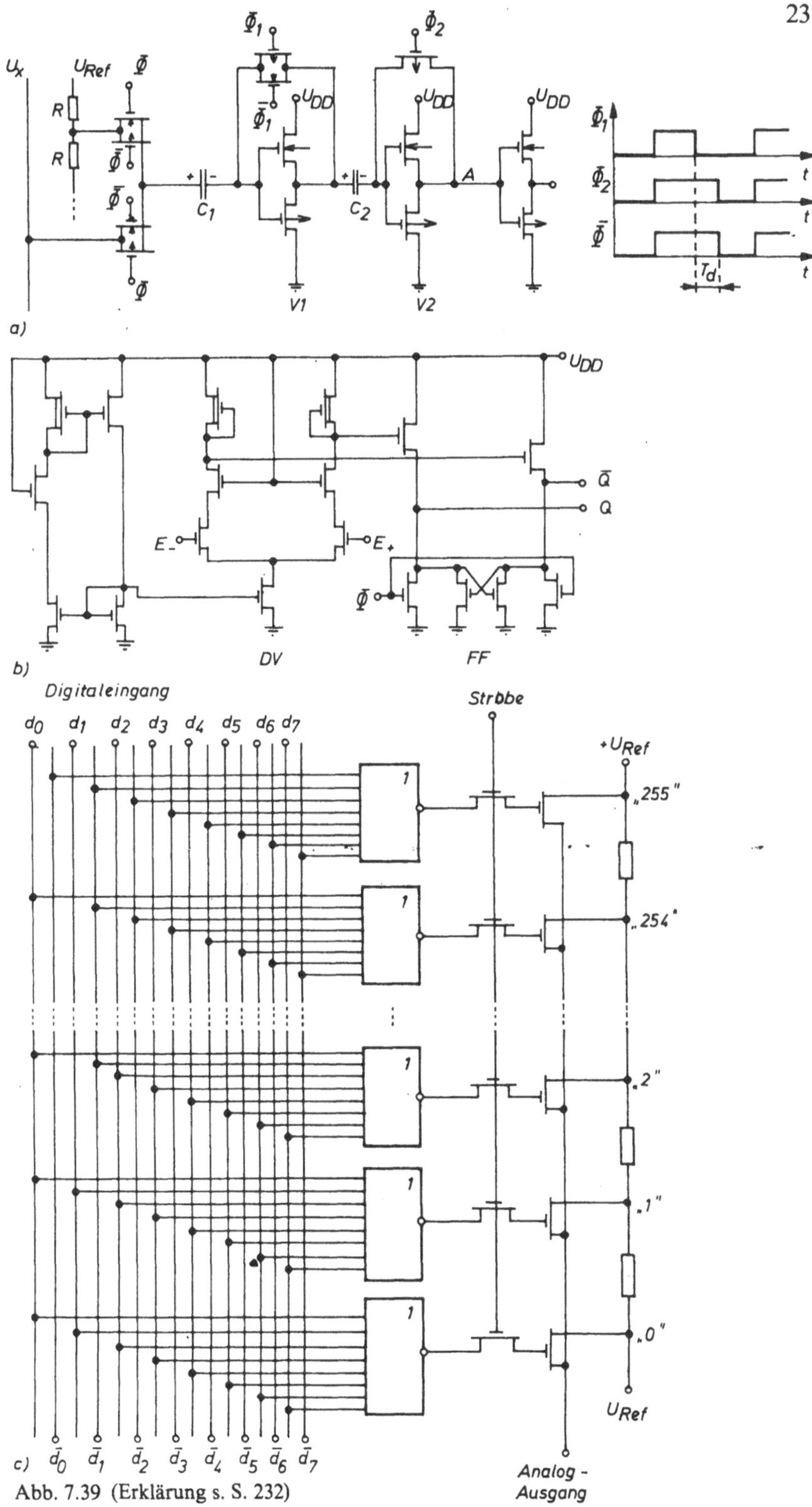

Abb. 7.39 (Erklärung s. S. 232)

Abb. 7.39 Verschiedene Komparatoren für A/D-Umsetzerarchitekturen nach dem Flash-Prinzip in einer 2-µm-N-Wannen-CMOS-Technologie als offsetkompensierte Geradeausverstärker mit oversampling-Technik nach [Tsuk 85] (a), in einer 2-µm-NMOS-Technologie als breitbandiger Differenzverstärkerkomparator mit einer nachgeschalteten strobed-Flipflop-Stufe nach [Drah 83] (b) und Blockschaltbild eines 2-µm-NMOS-Parallel-D/A-Umsetzers nach [Drah 83] (c)

oder breitbandige Differenzverstärkerkomparatoren mit nachgeschalteter Flipflop-Stufe nach Abb. 7.39 b wirksam. Im Interesse höherer Genauigkeit wird für solche A/D-Umsetzerarchitekturen die Komparatortaktansteuerung nach dem Oversampling-Prinzip zweckseffektiver Rauschminimierung bedeutungsvoll (vgl. T_d in Abb. 7.39. a.). Für den Komparatortyp nach Abb. 7.39b läßt sich auch eine CMOS-Variante angeben [Yuka 85]. Ein ausgewählter leistungsfähiger NMOS-D/A-Umsetzer als eigenständiger Funktionsblock wird abschließend in Abb. 7.39c vorgestellt [Drah 83].

7.4.2. Frequenzfilter

Hinsichtlich des Filterentwurfes werden in der integrierten MOS-Analogtechnik meist analoge Abtastfilter realisiert, wobei die SC-Filter die wesentliche Rolle spielen. SC-Filter werden in der einfachsten Klassifizierung vor allem aus der Umsetzung aus digitalen Filtern, RC-aktiven Filtern oder den „klassischen" LC-Filtern gewonnen [Rien 80], [Lüde 78]. Der Vorteil der SC-Filter besteht darin, daß alle Filterparameter nur von den kapazitiven Verhältnissen und der Taktfrequenz bestimmt werden. Es tritt keinerlei ohmsche Belastung für den OV auf und durch die Schalter-Kondensator-Netzwerke im Abtastmodus sind solche Schaltungen driftunempfindlich.

Abb. 7.40 zeigt am Beispiel eines in CMOS-Technik realisierten Cauer-Tiefpasses 5. Ordnung die wesentlichen Entwurfsetappen. Ausgangspunkt ist meist ein LC-Filter, da auf der Basis von Filterkatalogen die Auswahl eines den konkreten Anforderungen genügenden Filtertyps am einfachsten möglich ist. Diese LC-Schaltung wird unter Beibehaltung der Übertragungsfunktion in eine Analogrechnerstruktur, die als aktive RC-Schaltung (Integratorfilter) realisierbar ist, überführt. Bei dieser Transformation ist es möglich, auf bestimmte Parameter, wie Grunddämpfung, optimale Aussteuerung der Einzelstufen zur Erreichung einer hohen Dynamik u. ä., Einfluß zu nehmen. Zuletzt erfolgt das Ersetzen der Widerstände durch geschaltete Kapazitäten, wobei durch geeignete Anordnung der Schalter eine Kapazität mehrere Widerstände ersetzen kann. Eine so gewonnene SC-Schaltung weist in erster Näherung die Parameter des Katalogfilters auf. In der Praxis sind selbst unter der Voraussetzung $f_c \gg f_{Signal}$ geringe Phasenfehler in den einzelnen Filterstufen und damit eine

Abb. 7.40 Wesentliche Schritte der Umsetzung eines LC-Filters in ein SC-Filter am Beispiel eines Cauer-Tiefpasses 5. Ordnung (f_c = 128 kHz, f_{TP} = 3,4 kHz); ▶
a) LC-Katalogfilter,
b) äquivalentes RC-Integratorfilter,
c) SC-Realisierung des RC-Filters,
d) Layout der CMOS-Teststruktur nach [Kra 4 85]

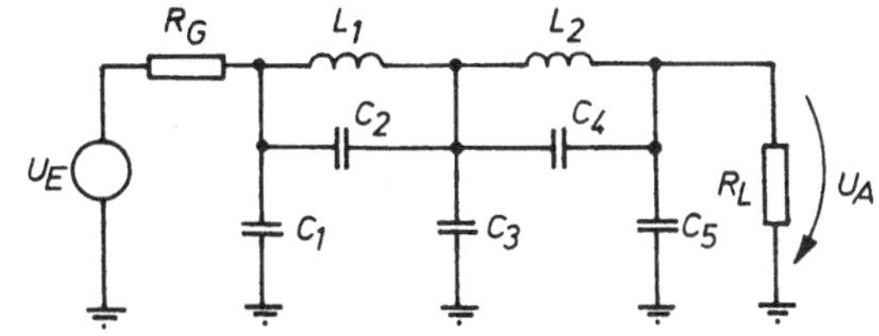

a)

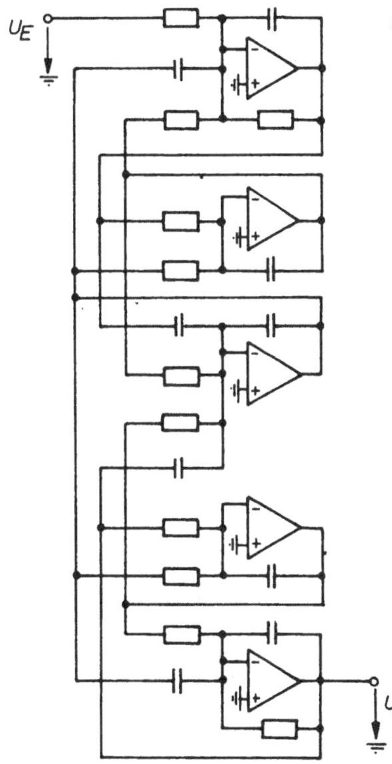

b)

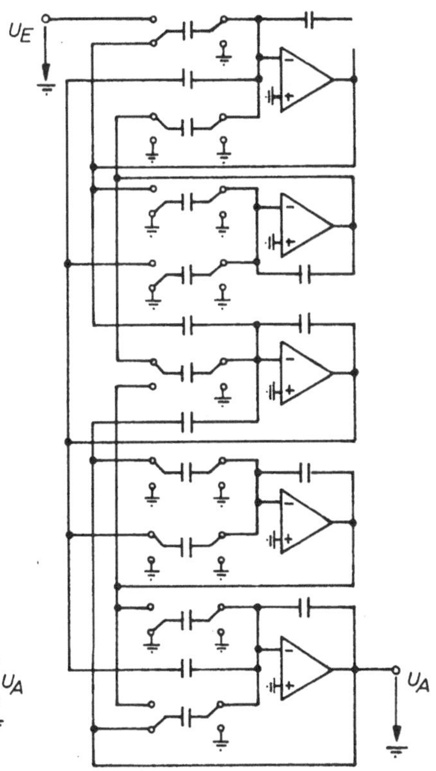

c)

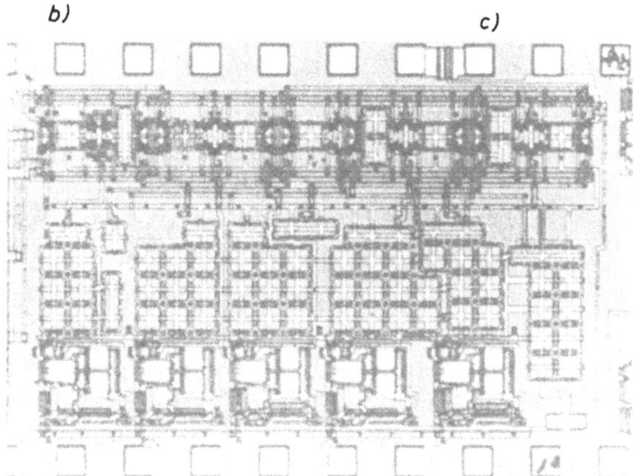

d)

Verfälschung der Übertragungsfunktion vorhanden. Bei hohen Anforderungen sind deshalb weitere Regeln bei der Überführung der RC- in die SC-Struktur zu beachten bzw. durch Rechnersimulation der wirklichen SC-Struktur die Zielparameter zu bestätigen. Untersucht man die Einsatzgebiete von SC-Filtern hinsichtlich der Anzahl der zu integrierenden Strukturen pro Chip, stehen zur Zeit die Spracherkennungssysteme neben den PCM-Telefonsystemen usw. an vorderer Stelle und repräsentieren das übliche Bild der LSI Analog-Technik. Besonders auf diesem Gebiet wird die LSI-Analog-Entwurfsproblematik durch Unterstützung von Bibliotheksstrukturen deutlich (vgl. Abb. 7.41.). Gleichzeitig wird

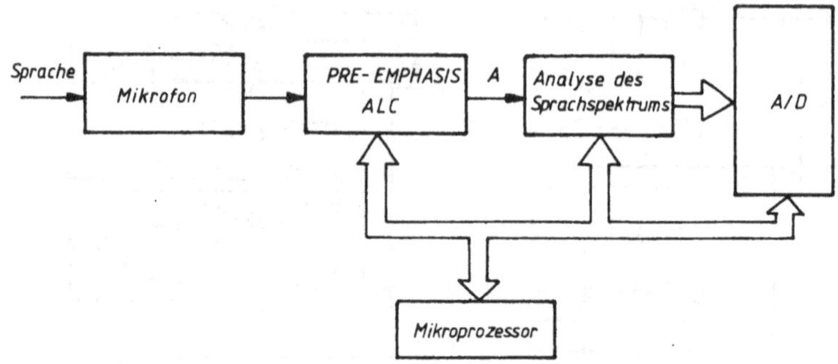

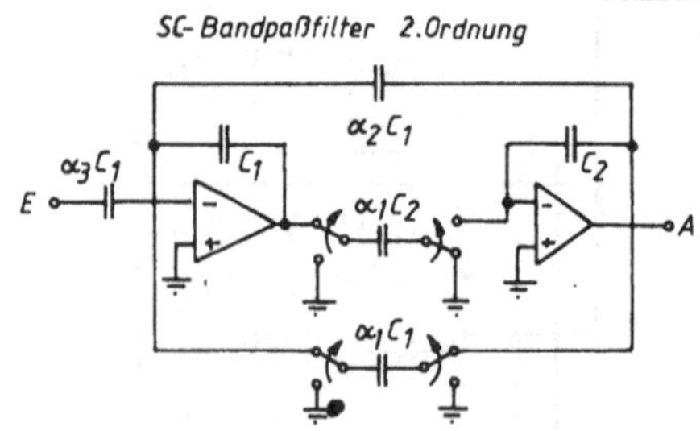

$$H_{BP}(z) = \frac{-\alpha_3 \alpha_1 (z-1)}{z^2 - (2 - \alpha_1 \alpha_2 - \alpha_1^2) z + (1 - \alpha_1 \alpha_2)}$$

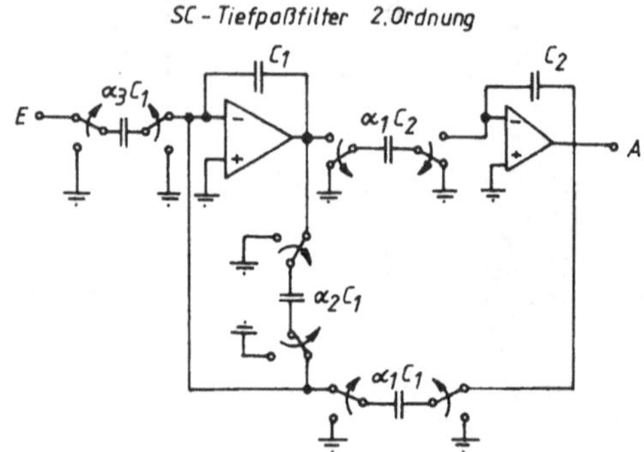

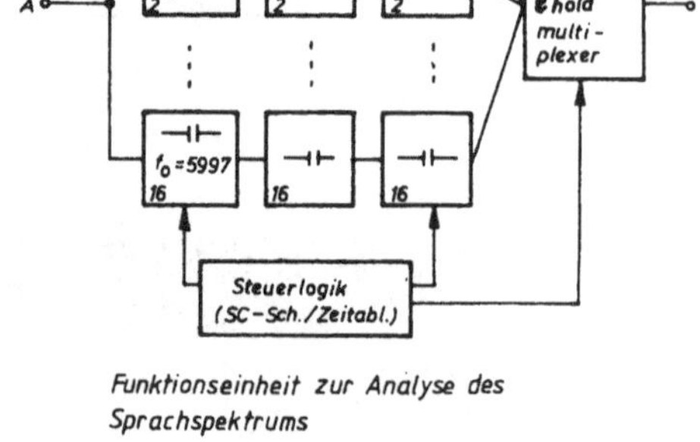

$$H_{TP}(z) = \frac{-\alpha_3 \alpha_1 z}{(1+\alpha_2) z^2 - (2+\alpha_2 - \alpha_1^2) z + 1}$$

Abb. 7.41 Aufbau eines Spracherkennungssystems einschließlich der Funktionseinheit mit SC-Band- und Tiefpaßfiltern zur Analyse des Sprachspektrums nach [Lyon 82]

spürbar, daß solche OV-Parameter, wie Flächenverbrauch und Verlustleistung, zunehmend an Bedeutung gewinnen. Andererseits erfordert der Entwurf ganzer Filtersysteme effektive computergestützte Methoden zur Analyse geschalteter Kapazitätsnetzwerke unter Berücksichtigung des idealen/realen OV und zur Rauschanalyse [DeMa 81].

7.4.3. Codecs

Um den Übergang von der Elektromechanik zur Elektronik in den modernen Vermittlungssystemen voll zu nutzen, wird die Sprachinformation in digitaler Form verarbeitet. Dies hat gegenüber der Vermittlung von analogen Sprachsignalen den Vorteil, daß sich digitale Signale unter Ausschaltung des Rauschanteils über größere Entfernungen leichter regenerieren lassen. Somit wird an den Endstellen für das Aussenden und den Empfang der Sprache eine Encoder- oder Decodereinrichtung, kurz Codec-Funktion benötigt. Für die digitale Verschlüsselung des analogen Sprachinhaltes sind Absprachen zu treffen (CCITT-Empfehlungen), um eine möglichst exakte Rückgewinnung des Analogsignals zu erzielen. Eine große technische Bedeutung hat diesbezüglich die Puls-Code-Modulation (PCM) mit der pseudologarithmischen Übertragungskennlinie (durch linerare Segmente approximiert) erreicht. Zur Realisierung dieser 15-Segment-Kennlinie (μ-Gesetz/USA) oder 13-Segment-Kennlinie

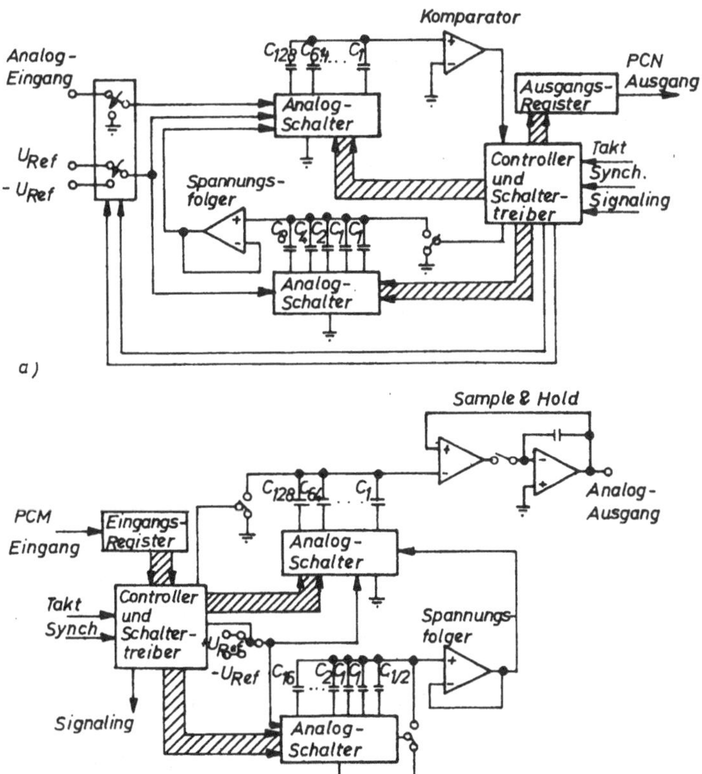

Abb. 7.42 Blockschaltbild für PCM-Sprach-Encoder (a)- und Decoderschaltkreis (b)

(A-Gesetz/Europa) werden z. B. nichtlineare A/D-D/A-Umsetzer nach dem sukzessiven Approximationsverfahren nach Abb. 7.42. eingesetzt [Smar 78]. Durch die entsprechenden Rausch- und Verzerrungsspezifikationen erfordern solche PCM-Sprach-Umsetzer eine Auflösung von 12- oder 13 bit (gesicherte Monotonie) bei ca. 8 bit absoluter Genauigkeit. Nach Abb. 7.42. wird deutlich, daß auch hier wieder das A/D-Umsetzungsprinzip nach Abb. 7.32b ein dafür verwendetes Grundverfahren darstellt. Beide Schaltkreise nach Abb. 7.42 mit Hilfe einer verlustleistungsarmen CMOS-Technologie auf einem Chip zu realisieren, bietet sich an. Gegenwärtig existieren neben diesen PCM-Codecs für einen Sprachkanal auch Systemlösungen für zwei Sprachkanäle einschließlich ihrer Sende- und Empfangsfilter. Ein solches Blockschaltbild zeigt Abb. 7.43 [Iwat 81].

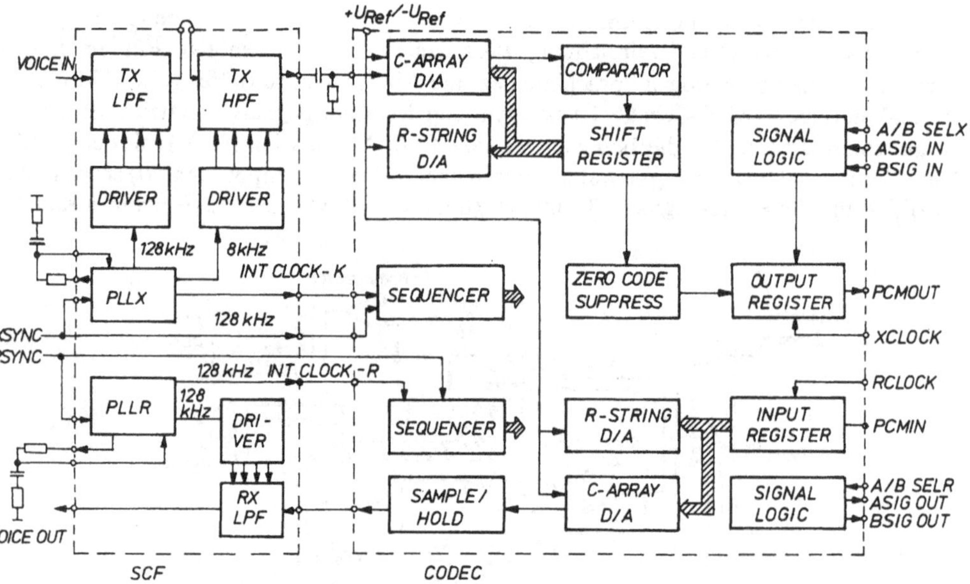

Abb. 7.43 Blockschaltbild des Codec- und Filtersystems

7.5. Ausgewählte Analogsysteme

7.5.1. Datenerfassungstechnik

A/D-D/A-Umsetzersysteme werden als Datenerfassungssysteme bezeichnet und sind allgemein in Abb. 7.44 dargestellt. Hierbei geht es für viele meßtechnische Aufgaben nach Abb. 7.44a darum, über ein Feld von Analogsensoren (z. B. Temperaturfühler, Druckfühler) mittels einer zugehörigen Anzahl von A/D-Umsetzern eine entsprechende Wandlung der analogen Signale in Binärworte auszuführen, um diese der digitalen Signalverarbeitung zu übermitteln. Eine anschließende Rückwandlung der Ergebnisse mittels D/A-Umsetzer bleibt dabei die Regel, da meist entsprechende Analogregler bzw.-antriebe gestellt werden müssen. Um die Anzahl der A/D-D/A-Umsetzer einzusparen, lassen sich nach Abb. 7.44b mit Hilfe von Analogeingangs- und ausgangsmultiplexern die analogen Signalstrecken abtasten. Jedoch erfordert dies Taktgeneratoren zur Ablaufsteuerung. Die gleiche Problematik läßt sich in der Nachrichtentechnik in Abb. 7.44c erkennen. Als Beispiel für ein 8-bit-Datenerfassungssystem mit einem 16-Kanal-Multiplexer sei auf [Runy 78] verwiesen, das A/D-Umsetzer nach dem Prinzip von Abb. 7.32c verwendet.

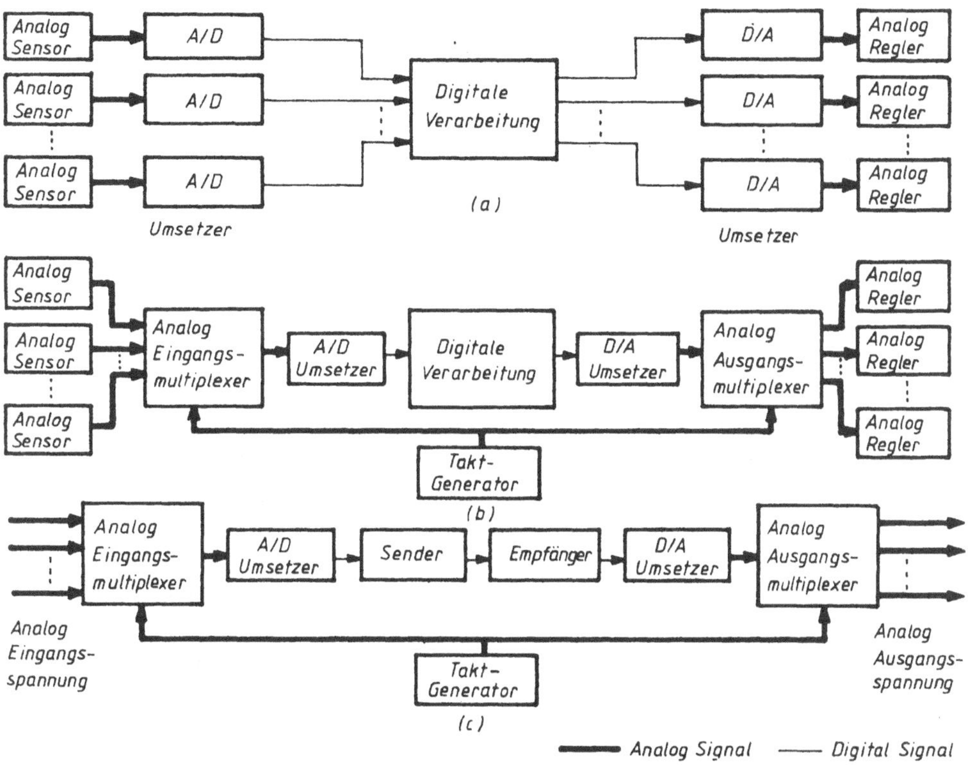

Abb. 7.44 Übliche Analog-Digital-Analog-Systeme nach [Dahm 78]

7.5.2. Datenkommunikationstechnik

Im modernen Datenkommunikationsfeld konzentrieren sich die Schaltkreisentwicklungen auf die Datenmodulations- und Datendemodulationstechniken, kurz MODEMs genannt. MODEMs werden in jüngster Zeit als Einchip-Varianten angeboten und dienen zur Übertragung von digitalen Daten auf Telefonleitungen. Innerhalb solcher Schaltkreise werden z. B. nach Abb. 7.45 die verschiedensten SC-Filter, A/D-Umsetzer usw. im LSI-Niveau benötigt.

7.5.3. Telekommunikationstechnik

Hier sollen vor allem PCM-Systeme betrachtet werden. Ein PCM-System mit z. B. 30 Telefonkanälen zeigt Abb. 7.46. Die gestrichelt eingezeichneten Blöcke sind als SC-Filter (PCM-

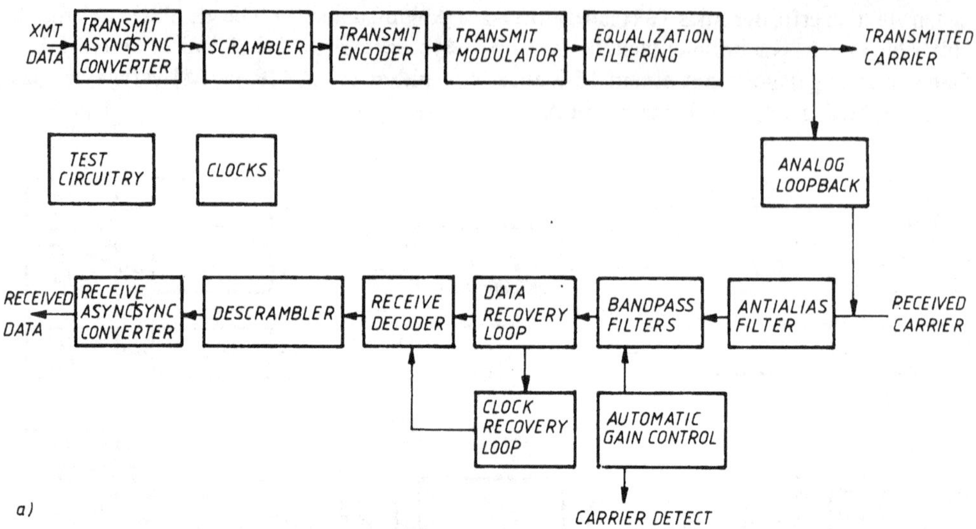

a)

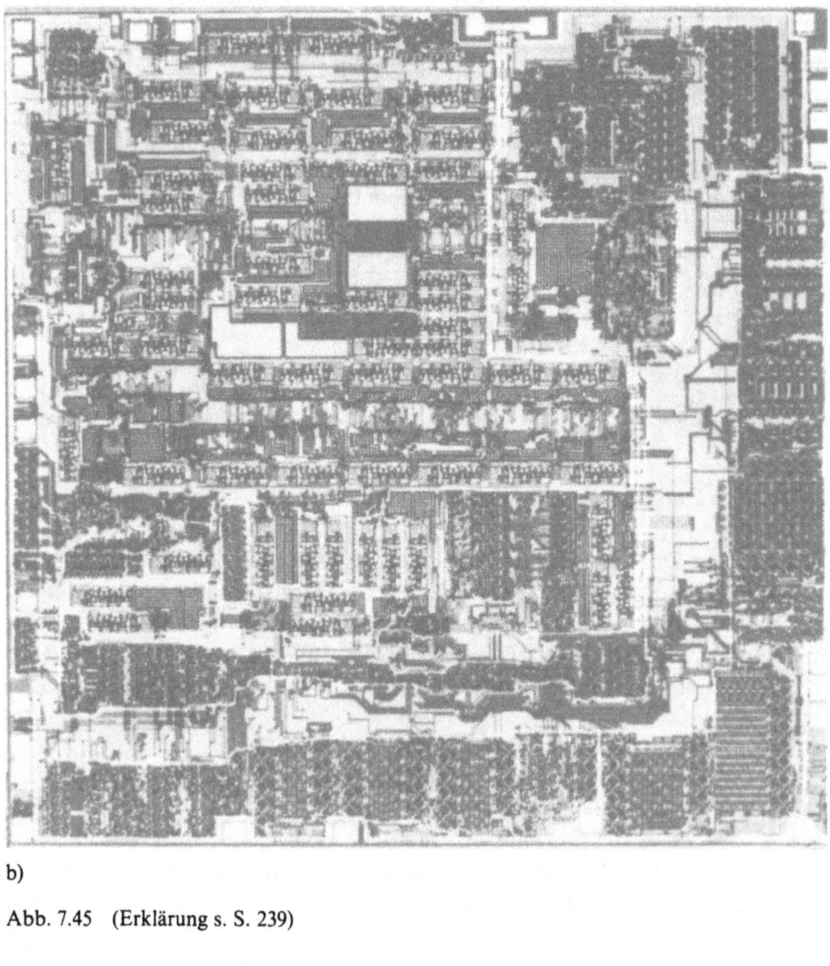

b)

Abb. 7.45 (Erklärung s. S. 239)

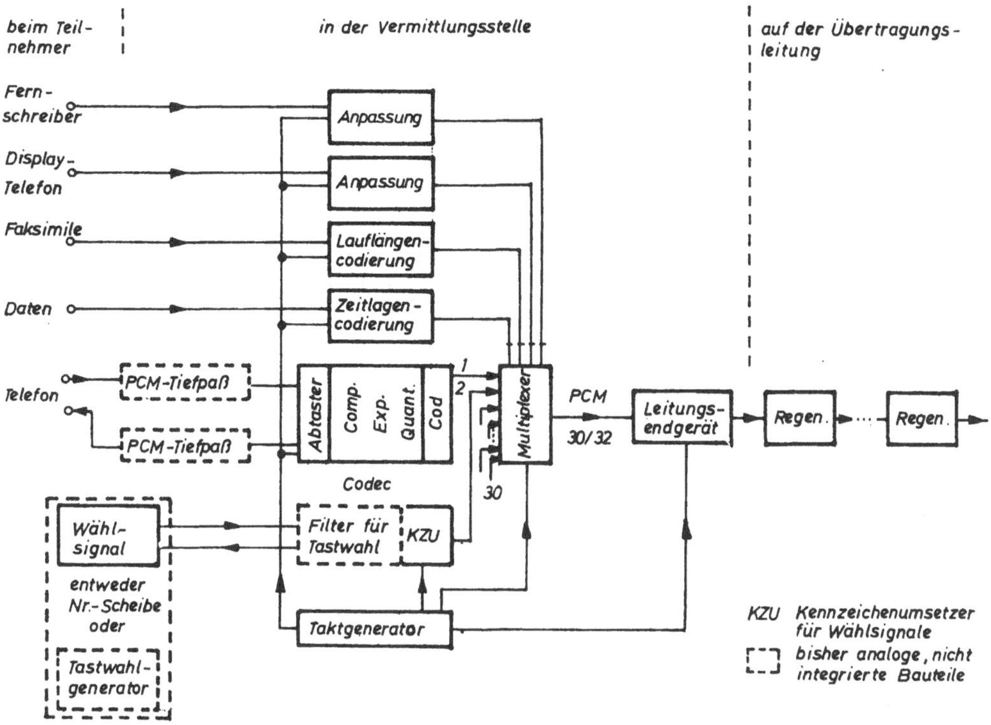

Abb. 7.46 Vereinfachtes Blockschaltbild für PCM30/32 ohne Vermittlung (vom Teilnehmer bis zur Übertragung von 30 Telefongesprächen) nach [Lüde 78]

Tiefpaß zur Bandbegrenzung des Sprachsignals vor dem Abtasten und derselbe Tiefpaß noch einmal zur Demodulation des ankommenden PCM-Signals, Filter zur Tastwahlvermittlung: 8 Bandpässe, 2 Hoch- und 2 Tiefpässe) realisiert. Ziel des modernen Systementwurfs ist es dabei, nahezu sämtliche Signalverarbeitungsfunktionen auf einem Chip unterzubringen. Somit entstehen VLSI-Schaltkreise, die die Filterfunktionen usw. als Analogstrukturen erneut im LSI-Maßstab mitintegrieren. Die nach Abb. 7.46 auf die Übertragungsleitung gesendeten digitalen Signale müssen öfters regeneriert werden. Hierzu dient für diese digitalen Vermittlungssysteme als Grundelement der sogenannte Leitungsequalizer. Dieser empfängt die digitalen Daten mit z. B. 200 Kbit/s, gleicht Verstärkungsverluste von mehr als 40 dB aus und sendet die neu generierten Daten wieder ab. Einen dafür typischen Schaltkreisentwurf zeigt Abb. 7.47 einschließlich seiner Layoutdaten nach Tab. 7.4.

◀ Abb. 7.45 PSK Full Duplex MODEM in NMOS-Technologie

a) Blockschaltbild des Chips nach [Hans 84]

b) Layout des MODEMs (aus: [Hans 84] Hanson, K. u. a.: A 1200 b/s QPSK Full Duplex MODEM. ISSCC84-Dig. of Techn. Papers, **27**, (1984), 194—195. (Copyright © 1984 IEEE); [Komo 84] Komori, A. u. a.: A 200 Kb/s Burst Mode Transceiver with Two-Bridge Tap Equalizer. ISSCC84-Dig. of Techn. Papers, **27**, (1984), 236—237. (Copyright © 1984 IEEE))

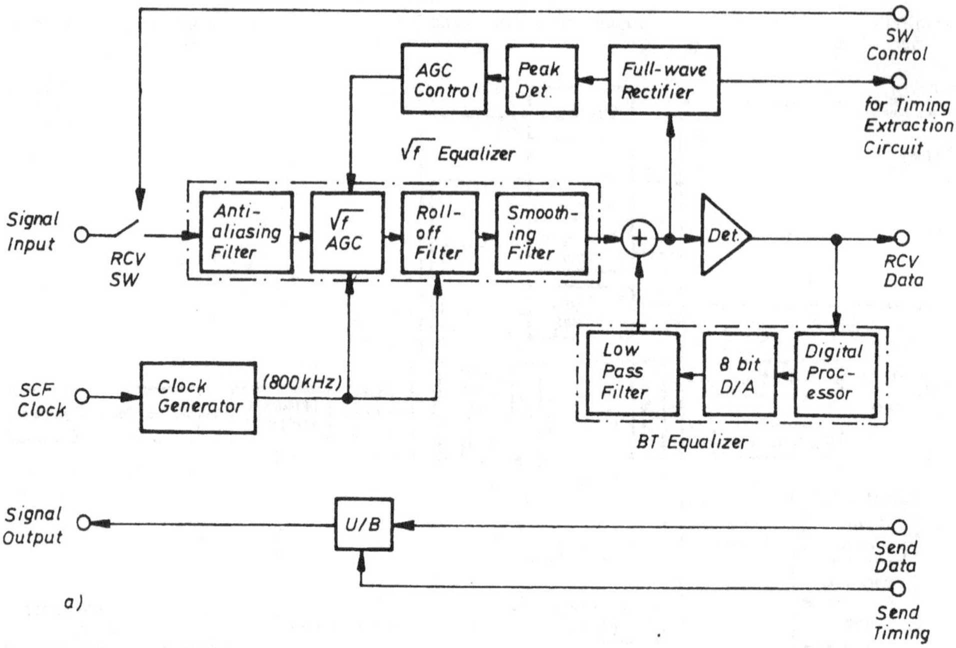

a)

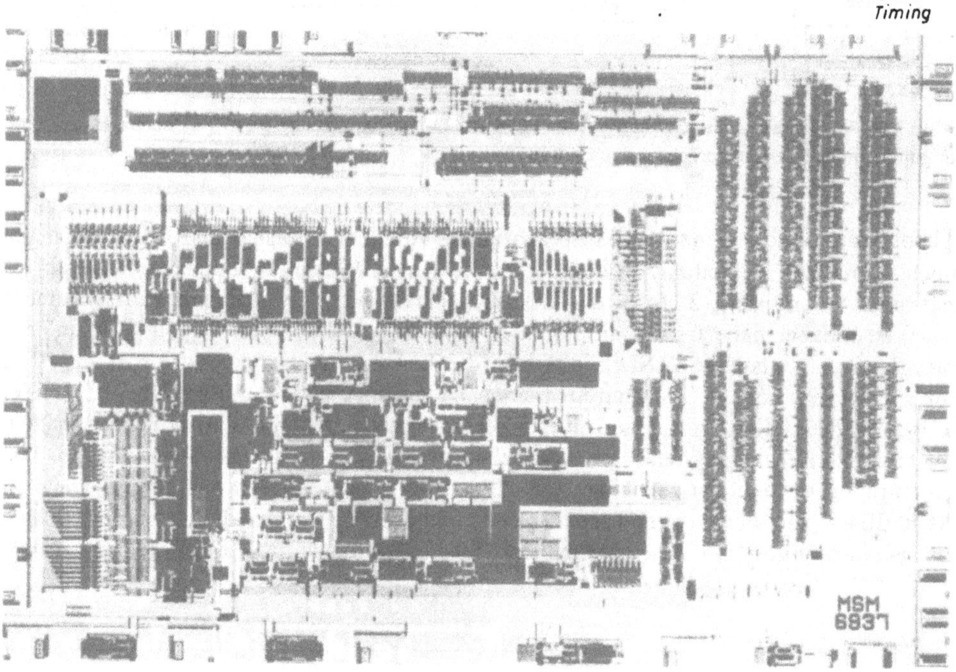

b)

Abb. 7.47 Sende-Empfangsteil zur Regenerierung von digitalen Signalen nach [Komo 84];
a) Blockschaltbild des Sende-Empfangsteils,
b) Layout des Sende-Empfangsteils (aus: [Komo 84] Komori, A. u. a.: A 200 Kb/s Burst Mode Transceiver with Two-Bridge Tap Equalizer. ISSCC84-Dig. of Techn. Papers, **27**, (1984), 236—237. (Copyright © 1984 IEEE))

Tabelle 7.4 Layoutdaten zum Schaltkreis nach Abb. 7.46

Technologie	3 µm-CMOS (2 Poly-Si-Ebenen)
Anzahl der Analogstrukturen	Verstärker & Komparatoren: 30 Kapazitäten: 218 Widerstände: 80 Analogschalter: 318
Anzahl der Digitalgatter	1700
Chipfläche	$7{,}75 \times 5{,}27\ \mathrm{mm}^2$
U_{DD}	5 V
Verlustleistung	128 mW

8. Literaturverzeichnis

8.1. Abschnitt 1.

[DMRS 85] DIRECTOR, S. W., MALEY, W., RUTENBAR, R. A., SHEN, J. P., SIEWIOREK, D. P., SHOJWAS, A. J. and D. E. THOMAS: Integrated CAD, CAM, and CAT of VLSI-circuits and systems. The CMU-Perspective. Design & Test (1985) 6, 87—100.

8.2. Abschnitt 2.

[Berg 72] BERGER, H. H.: Models for contacts to planar devices. Solid-State Electronics, SSE-**15** (1972) 2, 145—158.

[Bers 78] BERSIN, R. L.: Chemically selective anisotropic plasma etching. Solid State Technology, SSTEAP-**21** (1978) 4, 117—121.

[BoLM 84] BOLLINGER, D., LIDA, S., MATSUMOTO, U.: Reactive Ion etching: Its basis and future (Part 1). SSTEAP-**27** (1984) 5, 111—117.

[Burg 84] BURGGRAAF, P.: Reductions reticle trends: Emphasizing 5X. Semiconductor International, August, 1984, 58—63.

[Butu 80] BUTURLA, E. M.: Three-dimensional finite element simulation of semiconductor devices. ISSCC 80 (1980), 76—77.

[ChOD 83] CHIN, D., OST, S. Y., and R. W. DUTTON: A general solution method for two-dimensional nonplanar oxidation. IEEE Trans. on ED-**30** (1983) 9, 993.

[DeGr 65] DEAL, B. E., and A. S. GROVE: General relationship for the thermal oxidation of silicon. J-Appl. Phys. **36** (1965) 12, 2859.

[DGYR 74] DENNARD, R. H., F. H. GAENSSLEN, H.-N. YOU, L. RIDEOUT, E. BASSOUS, A. R. LEBLANC: Design of ion-implanted MOSFET's with very small physical dimensions. IEEE J. Sol.-State Circ., SC-**9** (1974) 5, 256—267.

[DHHS 75] DILL, F. H., HORNBERGER, W. P., HAUGE, P. S., SHAW, J. M.: Characterization of positive photoresist. IEEE Trans. on ED-**22** (1975) 7, 445—452.

[Elli 77] ELLIOTT, D. J.: Increasing the functional speed of photoresist. SSTEAP-**20** (1977) 9, 66—69.

[FaTs 78] FAIR, R. B., und J. C. C. TSAI: Analysis of phosphordiffusen layers. J. Electrochemical Soc., Manchester, **125** (1978) 2, 323.

[Förs 84] FÖRSTE, TH.: Subthresholdleitung in MOS-Transistoren. Arbeitsbericht, TU Dresden, Sekt. 9, B1, 6. 12. 84.

[FuMI 72] FURUKAWA, S., H. MATSUMURA, and H. ISHIWARA: Theoretical considerations on lateral spread of implanted ions. Japan J. Appl. Phys. **11** (1972) 2, 125.

[FWFJ 82] FICHTNER, W., R. K. WATTS, D. B. FRASER, R. L. JOHNSTON, and S. M. SZE.: 0,15 μm channel-length MOSFET's fabricated using E-beam lithography. IEEE Electron Dev. Lett. EDL-**3** (1982), 412—414.

[Ghat 83] GHATE, P. B.: Electromigration-induced failures in VLSI interconnects. SSTEAP-**26** (1983) 3, 113—120.

[GiJM 75] GIBBONS, J. F., JOHNSON, W. S., and S. W. MYLROIE: Projected range statistics: Semiconductors and related materials. 2. ed. Stroudsburg, Perms.: Dowden, Hutchusson u. Ross 1975.

[Grob 79] GROBMAN, W. D.: 1 μm MOSFET'VLSI technology-part VI Electron beam lithography. IEEE Trans. on ED-**26** (1979) 4, 360—368.

[HoLV 84] HOEFFLINGER, B., S. T. LIU, and B. VAJDIC: A three-dimensional CMOS design methodology. IEEE Trans. on ED-**31** (1984) 2, 171—173.

[HoWa 74] HOCKNEY, R. W. and R. A. WARRINER: Two-dimensional particle models in semiconductor-device analysis. Electron Letters **10** (1974) 23, 484—486.

[HPHD 83] HO, C. P., J. D. PLUMMER, HANSEN, S. E., and R. W. DUTTON: VLSI-process modeling — SUPREM III. IEEE Trans. on ED-**30** (1983) 11, 1438.

[HwNi 79] HWA-NIEN, YU: 1 μm MOSFET VLSI technology: Part I-an overview. IEEE Trans. on ED-**26** (1979) 4, 318—324.

[IEDM 82] IEDM Techn. Dig. paper 9.6, 10.6, 17.6, Dez. 1982.

[Ishi 79] ISHIKAWA, H.: A Mo gate 4K static RAM. IEDM, 1972, 358—361.

[KeFH 84] KERTIS, R. A., FITZPATRICK, J., HAN, Y. P.: A 59 ns 256K DRAM using LD^{3}technology and double level metal. ISSCC84 (1984), 96—97.

[KöSW 84] KÖHLER, E., P. SCHELY, und WINKLER, W.: Zellen für dyn. Schreib.-Lese-Speicher mit sehr großer Schreibkapazität. 29. IWK, THI, 29. Okt.—2. Nov. 1984, B1/B2 Heft 4, 199—202.

[Kudo 78] KUDOH, O.: Influence of substrat current on hold-time characteristics of dynamic MOS IC's. IEEE J. Sol.-State Circ. SC-**13** (1978) 2, 235—233.

[LeDu 81] LEE, H. G., and R. W. DUTTON: Two-dimensional VLSI-process modeling program. IEEE Trans. on ED-**28** (1981) 10, 1136.

[Lehm 80] LEHMANN, H. W.: Dry etching techniques. EUROCON 80, 57—62.

[Lehm 1 80] —: Reactive-ion etching goes commercial promissing to boast LSI and VLSI yields. Electronics **53** (1980) 24, 76.

[LiuS 79] LIU, S. S.: A high performance MOS technology for 16k static RAM. IEDM 1979, 352—354.

[Lizu 80] LIZUKE, T.: Fully static 16kb bulk CMOS RAM. ISSCC 1980, 226—227.

[MaFu 85] MATSUMOTO, H., und M. FUKKUMA: Numerical modeling of nonuniform Si thermal oxidation. IEEE Trans. on ED-**32** (1985) 2, 132.

[Mast 84] MASTROIANNI, S. T.: Multilevel metallization device structures and process options. SSTEAP-**27** (1984) 5, 155—161.

[MKWH 84] MASHIKO, K., KOBAYASKI, T., WAKAMIYA, W., HATANAKA, M., YAMADA, M.: A 70 ns 256k DRAM with bitline shielding structure. ISSCC84 (1984), 98—99.

[Moga 78] MOGAB, C. J.: Plasma process set to etch lines with less undercutting. Electronics **51** (1978) 18, 117—121.

[Moga 1 80] —: Plasmaätzanlage HE-813. Electronics **53** (1980) 25,63.

[Moga 2 80] —: Magnetic-microwave plasma etch an define 0,2 μm line wide without undercutting. Electronics **53** (1980) 26, 80—81.

[Mora 81] MORAR, J. M.: High resolutions resist pattering using reactive ion etching techniques. SSTEAP-**24** (1981) 4, 195—198.

[MSSM 85] MOMOSE, H., SHIBATA, H., SAITOH, S., MIYAMOTO, J., KANZAKI, K., KOHYAMA, S.: 1.0-μm n-well CMOS/bipolar technology. IEEE Trans. on ED-**32** (1985) 2, 217—223.

[MuHM 78] MURAMOTO, S., HOSOYA, T., MATSUO, S.: A new selfaligning contact process for MOS LSI. IEDM 1978, 185—188.

[NeNa 82] NEUREUTHER, A. R., and S. N. NANDGANANKAR: Overview of SAMPLE program. Industrial Liasion Program Conference, U. C. Berkley, März 3—4, 1982.

[NSSM 84] NEBE, M., SCHAARSCHMIDT, J., und SCHÜFFNY, R. und, A. MÖSCHWITZER: Ergebnisse zweidimensionaler Bauelementesimulation von MOS- und CMOS-Strukturen. 29. IWK, THI, 29. Okt.—2. Nov. 1984.

[Nürn 85] NÜRNBERG, R.: Persönliche Mitteilung, VEB Werk für Fernsehelektronik, 1985.

[Ohzo 80] OHZONE, T.: 64k static RAM surround n-MOS cells with CMOS circuits. Electronics **53** (1980) 24, 145—148.

[PaBe 84] PARSIEGLA, V., BERGMANN, S.: Rechnergestützte zweidimensionale Simulation ausgewählter VLSI-Prozeßschritte im Zyklus I. Proc. 29 IWK, TH Ilmenau, 1984, 147—153.

[Paul 79] PAUL, R.: Die Mikroelektronik auf dem Weg zur VLSI-Technik. NT-**29** (1979) 2, 49—54.

[PrSa 1 83] PRAMANIK, D., SAXENA, A. N.: VLSI metalisation using aluminium and its alloys. (Part I) SSTEAP-**26** (1983) 1, 127—133.

[PrSa 2 83] —: VLSI metalisation using aluminium and its alloys. (Part II) SSTEAP-**26** (1983) 3, 131—137.

[Penu 83] PENU, 0.: A comprehensive two-dimensional VLSI process simulation program, BICEPS. IEEE Trans. on ED-**30** (1983) 9, 986—992.

[ReMö 82] REINHOLD, W., und A. MÖSCHWITZER: Einige Probleme serieller blockorientierter CCD-Speicher. NT **32** (1982) 1, 31—34.

[Ride 76] RIDEOUT, V. L.: MOSFETs with polysilicon gate selfaligned to the field isolation and to the source/drain region. IEDM 1976, 593—596.

[Rung 77] RUNGE, H.: Distribution of impl. ion under arbitarily shaped mask edges. Phys. stat. sol., Berlin, (a) **39** (1977), 595—599.

[Ryss 78] RYSSEL, H.: The impact of ion implantations on VLSI. IEDM 1978, 583—587.

[Ryss 80] —: Simulation of doping process. IEEE Trans. on ED-**28** (1980) 8, 1484.

[RyPH 83] RYSSEL, H., PRINKE, G., and K. HOFFMANN: Implantation and diffusion models for process simulation. Summer course 1983, Heverlee, Belgium.

[SaAn 83] SASAKI, N., and A. ANZAI: Bipolar process technology evaluation by 3-dimensional device simulations. IEDM 1983, 546.

[SaHa 83] SAI-HALASZ, G. A.: Cosmic ray induced soft error rate in VLSI circuits. IEEE Trans. on EDL-**4** (1983) 6, 172—174.

[Scha 78] SCHAUMBURG, H.: Neue Lithografieverfahren in der Halbleitertechnik. Elektronik **25** (1978) 11, 59—66.

[Scha 81] SCHADE, K.: Halbleitertechnologie. Band 1, VEB Verlag Technik, Berlin, 1981.

[ScPL 68] SCHWENKER, R. O., E. S. PAN, and R. F. LEVER: Arsenic clustering in silicon. J. Appl. Phys. New York, **39** (1968), 4272—4283.

[ScVi 84] SCHAARSCHMIDT, J., VIERGUTZ, H.: Modellierung und Simulation des Halbleitertechnologieprozesses mit dem Programmsystem PROSIM. Wiss. Z. Techn. Univvers. Dresden **33** (1984) 4, 179—185.

[Selb 84] SELBERHERR, S.: Analysis and simulation of semiconductor devices. Springer-Verlag, Wien—New York 1984.

[Shaw 75] SHAW, D.: Self- and impurity diff. in Ge and Si. Phys. Stat. Sol. **72** (1975) 6, 11—39.

[Shin 82] SHINKA, A. K.: Interconnect materials technology for VLSI. Electrochem. Soc., Proceedings of Symposium on VLSI Science and Technology **82—7** (1982) 173.

[SmSt 82] SMITH, G. E., and A. J. STECKL: REPRICE- A two dimensional VLSI process modeling program. IEEE Trans on ED-**29** (1982) 2, 216.

[STSH 85] SANO, T., MATSUKUMA, S., HASHIMOTO, K., CHUCHI, Y., KUDO, O., YAMAMOTO, H.: A 20ns CMOS functional gate array with a configurable memory. ISSCC85 (1985), 146—147.

[SuNT 84] SUZUKI, S., NAKAO, M., TAKESHIMA, T.: A 128k word 8b DRAM. ISSCC84 (1984), 106—107.

[TAHN 84] TAGUCHI, M., AUDO, S., HIJIYA, S., NAKAMURA, T., ECONOMO, S. and T. YABU: A capacitive-coupled bit-line cell for Mb level DRAMś. ISSCC84 (1984), 100—101.

[THDT 85] TAUR, Y., G. J., DENNARD, R. H., TERMAN, L. M., TING, C. Y., PETRILLO, K. E.: A self-aligned 1 μm-channel CMOS technology with retrogarde n-well and thin epitaxy. IEEE Trans. on ED-**32** (1985) 2, 203—209.

[THHM 83] TAM, S., HSU, F.-C., HU, C., MULLER, R. S. and P. K. KO: Hot-electron current in very short channel MOSFET's. IEEE on EDL-**4** (1983) 7, 249—251.

[Toya 78] TOYABE, T.: A numerical model of avalanche break down in MOSFET's. IEEE Trans. on ED-**25** (1978) 7, 825—832.

[Trou 74] TROUTMAN, R. R.: Subthreshold design considerations for insulated gate field effect transistors. IEEE J. Sol.-State Circ. SC-**9** (1974) 2, 55—60.

[Wong 81] WONG, J.: An 5ns fully-static 16k MOS-RAM. ISSCC81, 150—151.

[WoRe 85] WONG, M., and REIF, R.: A trapping mechanism for autodoping in silicon epitaxie. IEEE Trans. on ED-**32** (1985) 2, 83.

[YMPE 85] YAMAGUCHI, T., MORIMOTO, S., PARK, H. K., EIDEN, G. C.: Process and device performance of submicrometer-channel CMOS devices using deep-trench isolation and self-aligned $TiSi_2$ technologies. IEEE Trans. on ED-**32** (1985) 2, 184—193.

[Zald 81] DE ZALDIVAR, J. S.: CMOS-Prozeß mit selbstjustierenden Strukturen. NTG-Fachberichte, Bd. 77, „Großintegration", Baden-Baden, März, 1981, 22—25.

8.3. Abschnitt 3.

[KGDF 85] KOMAL, A., GOSKEL, K., DIODATO, P. W., FIELDS, J. A., GUMASTE, U. V., KUNG, C. K., LIN, K., LEGA, M. E., MAURER, P. M., NG, T. K., OH, Y. T., THIERBACH, M. E.: An IEEE Standard Floating Point Chip.
ISSCC85 (1985), 18—19.

[Lewi 84] LEWIS, E. T.: Optimization of Device Area and Overall Delay for CMOS VLSI Designs. Proceedings of the IEEE **72** (1984) 6, 670—689.

[MeCo 80] MEAD, C., CONWAY, L.: Introduction to VLSI-Systems. Addison-Wesley Publishing Company. Inc., Philippines 1980.

[PPDR 80] PARILLO, L. C., PAYNE, R. S., DAVIS, R. E., REUTLINGER, C. W., FIELDS, R. L.: Twin-tub CMOS — A Technology for VLSI Circuits.
IEDM paper (1980), 752—755.

[Rung 81] RUNG, R. D.: Determining IC Layout Rules for Cost Minimization.
IEEE Solid-State-Circuits **16** (1981) 1, S. 35—42.

[TiSc 83] TIETZE, U., SCHENK, C.: Halbleiter-Schaltungstechnik. Springer-Verlag, Berlin, Heidelberg, New-York 1983.

8.4. Abschnitt 4.

[AgMe 84] AGRAWAL, P., MEYER, M. J.: Automation in the Design of Finite-State Machines.
VLSI DESIGN, Sept. 1984, 74—84.

[Berg 84] BERGMANN, N.: A case study of the F.I.R.S.T. silicon compiler. International Report CSR-159-84, Edinburgh, EH9 3JZ, Feb. 1984.

[Boch 75] BOCHMANN, D.: Einführung in die strukturelle Automatentheorie.
VEB Verlag Technik Berlin 1975, 136—167.

[BrYo 76] BRZOZOWSKI, J. A., YOCHI, M.: Digital Networks. Prentice-Hall, Englewood Cliffs, New Jersey 1976, 121—163.

[Brya 84] BRYANT, R. E.: A switch-level model and simulator for MOS-Digital Systems.
IEEE Transaction on Computers C-**33** (1984) 2, 160—177.

[BuPe 83] BURNSTEIN, M., PELDVIN, R.: Hierarchical wire routing. IEEE Trans. on Computer Aided Design of integrated Circuits and Systems CAD-**2** (1983) 4, okt., 223—234.

[Cald 64] CALDWELL, S. H.: Der logische Entwurf von Schaltkreisen. R. Oldenbourg Verlag 1964, 428—495.

[Chen 85] CHENG, E. K.: Verifying compiled Silicon VLSI Design Oct. 1984, 70—74

[ChGK 75] CHAWLA, B. R., GUMMEL, H. K., KOZAK, P.: MOTIS — an MOS-Timing Simulator.
IEEE Trans. on Circuits and Systems CAS-**22** (1975) 12, dec., 901—910.

[Chin 73] CHINAL, J.: Design Methods for Digital Systems. Springer-Verlag, Berlin, Heidelberg, New York 1973, 246—250.

[DaMe 84] DANNELS, J., MEINCK, M.: Methoden zum Entwurf hochintegrierter Voll-Kundenschaltungen.
Elektrisches Nachrichtenwesen, Fachzeitschrift der ITT **58** (1984) 4, 389—397.

[Deut 76] DEUTSCH, D. N.: A dogleg channel router. Proc. 13th. Design Automation Conference DAC-**13** (1976), 425—433.

[Diet 71] DIETMEYER, D. L.: Logic design of digital systems. Boston: Allyn and Bacon 1971.

[Diet 80] DIETMEYER, D. L.: Digital Design Language Translator. ECE-80-35, October 1980, University of Wisconsin-Madison.

[DiSu 69] DIETMEYER, D. L., and SU, Y. H.: Computer reduction of two-level multiple-output switching circuits.
IEEE Trans. on Comp., C-**18** (1969) pp. 58—63.

[EcGa 85] ECKHARDT, D.; GARTE, D.: Konzeptionsvorschlag einer Systembeschreibung. 14. Arbeitstagung Entwurf von Schaltsystemen und Systementwurf, Dresden, Akademie der Wissenschaften der DDR, ZKI (1985), 7—14.

[ElMR 77] ELSCHNER, H., MÖSCHWITZER, A., REIBIGER, A.: Rechnergestützte Analyse in der Elektronik. VEB Verlag Technik Berlin 1977.

[Evan 85] EVANCZUK, S., Results of a Silicon Compiler Design Challange VLSI Design Vol. VI, No. 7, July 1985, 46—54.

[FeKl 77] FESKE, K., KLÖTZER, R.: Ein Beitrag zur rechnergestützten Synthese kombinatorischer Schaltnetze unter Berücksichtigung der logischen Eigenschaften von Schaltkreisen der emittergekoppelten Logik (ECL). Dissertation (A), TU Dresden, 1977.

[Fesk 78] FESKE, K.: Rechnergestützter Logikentwurf integrierter kombinatorischer Schaltnetzwerke. Nachrichtentechnik Elektronik **28** (1978), 1, S. 22—24.

[Fest 79] FESKE, K.: Zur Berechnung redundanzfreier zweistufiger Schaltnetzwerke mit einer großen Anzahl von Eingangs- und Ausgangssignalen. Wiss. Z. Techn. Univers. Dresden **28** (1979), 2, S. 393—397.

[GiNa 76] GIBSON, D., NANCE, S.: SLIC — Symbolic Layout of Integrated Circuits. Proc. 13th Design Automation Conference DAC-**13** (1976), 434—440.

[GlPe 80] GLASSER, L. A., PENFIELD, P.: An Interactive PLA-Generator as an Archetype for a New VLSI Design Methodology. VLSI Memo No. 80-25, M.I.T., 1980.

[Gras 80] GRASS, W.: Aufteilung von Schaltfunktionen auf programmierbare Logik-Arrays (PLA). Digital Processes, **6** (1980), S. 75—96.

[Gras 82] GRASS, W.: A depth-first Branch-and-Bound Algorithm for PLA-Folding. 19th DAC 82, pp. 133—140.

[GrTh 81] GRASS, W., THELEN, B.: Ein leistungsfähiger Algorithmus zur Optimierung von Funktionsbündeln. Digit. Process. **7** (1981), H. 1, S. 1—19.

[Grun 83] GRUND, F.: Netzwerkanalyseprogramm ANNET. Mitteilung aus dem Institut für Mathematik der AdW der DDR 1983.

[HaNS 82] HACHTEL, G. D., NEWTON, A. R., SANGIOVANNI-VINCENTELLI: A Method for Optimal PLA-Folding. IEEE Trans. on CAD, vol. CAD-**1** (1982), Nr. 2, April 82.

[HaOu 84] HAMACHI, G. T., OUSTERHOUT, A.: A switchbox router with obstacle avoidance. Proc. 21th. Design Automation Conference DAC-**21** (1984), 173—179.

[Heck 83] HECKER, W.: LSINET — ein ereignisorientiertes Hybridsimulationsprogramm für LSI- und und VLSI-Schaltkreise. Dissertation (A) TU Dresden 1983.

[HeRM 84] HECKER, W., RÖSSLER, F., MÖSCHWITZER, A.: LSINET — ein neues Logik- und Timingsimulationsprogramm für LSI- und VLSI-Schaltkreise. Nachrichtentechnik **34** (1984) 6, 214—218.

[HoCO 74] HONG, S. J., CAIN, R. G., OSTAPKO, D. L.: MINI: A Heuristic Approach for Logic Minimization. IBM J. Res. Develop., vol. **18** (1974), pp. 443—458.

[HsPe 79] HSUEH, M. Y., PEDERSON, D. O.: Computer-Aided Layout of LSI Circuit Building Blocks. Proc. IEEE International Symposium on Circuits and Systems (1979), 474—477.

[Hsue 79] HSUEH, M. Y.: Symbolic Layout and Compaction of Integrated Circuits. Electronic Research Laboratory Memorandum No. UCB/ERL/M79/80 (1979), dec.

[Isse 85] ISSEL, W.: Sprachliche Hilfsmittel für die Systembeschreibung. 14. Arbeitstagung Entwurf von Schaltsystemen und Systementwurf, Dresden, Akademie der Wissenschaften der DDR, ZKI (1985), 15—18.

[JeSz 79] JEA, Y. H., SZYGENDA, S. A.: Mapping and Algorithmus for Gate Modeling in a Digital Simulation Enviroment. IEEE Trans. on Circuits and Systems CAS-**26** (1979) 5, 304—315.

[JoSi 85] JOOBBANI, R., SIEWIOREKS, D. P.: WEAVER: A knowledge-based routing expert. Proc. 22nd. Design Automation Conference DAC-**22** (1985), 266—272.

[KaCl 82] KANG, S., VAN CLEEMPUT, W. M.: Automatic PLA-Synthesis from a DDL-P Description. 18th DAC-**82** (1982), 391—397.

[Kaza 62] KASAKOW, W. D. (КАЗАКОВ, В. Д.): Минимизация логических функций большого числа переменных. Автом. и Телемеханика **23** (1962) 9, 1237—1242.

[KeWa 83] KEDEM, G., WATANABE, H.: Graph Optimization Techniques for IC-Layout and Compaction. Proc. 20th. Design Automation Conference DAC-**20** (1983), 113—120.

[Krau 77] KRAUSS, M.: Beitrag zur Modellierung von MOS-Transistoren. Dissertation (A) TU Dresden 1977.

[Lamp 85] LAMPE, U.: Automatische Trassierung von Gate-Arrays. Arbeitsbericht des Instituts für Nachrichtentechnik Berlin (1985), August.

[LeeC 61] LEE, C.: An algorithm for path connection and its application. IRE Trans. on Electr. Computers (1961) 9, 346—365.

[LeLi 84] LEWANDOWSKI, J. L., and LIN, C. L.: A Branch and Bound Algorithm for Optimal PLA Folding. 21th DAC 84, pp. 434—440.

[LiWo 83] LISO, Y. Z., WONG, C. K.: An Algorithm to Compact a VLSI Symbolic Layout with Mixed Constraints. Proc. 20th. Design Automation Conference DAC-**20** (1983), 107—112.

[Mars 83] MARSHALL, R. M.: A Compiler for large scale. Internal Report CSR-150-83, Edinburgh, EH9 3JZ (1983), oct.

[MaSa 85] MAREK-SADOWSKA, M.: Two dimensional router for double layer layout. Proc. 22nd. Design Automation Conference DAC-**22** (1985), 117—123.

[MeCo 80] MEAD, C., CONWAY, L.: Introduction to VLSI-Systems. Addison-Wesley Publishing Company. Inc., Philippines 1980.

[MiSa 83] DE MICHELI, G., SANGIOVANNI-VINCENTELLI, A. L.: PLEASURE: A Computer Program for Simple/Multiple Constrained/Unconstrained Folding for Programmable Logic Arrays. 20th DAC **83**, pp. 530—537.

[MöJo 79] MÖSCHWITZER, A., JORKE, G.: Mikroelektronische Schaltkreise. VEB Verlag Technik Berlin 1979.

[Most 81] MOSTELLER, R.: REST — A leaf cell design system VLSI 81. Academic Press New York 1981.

[MRBC 83] DE MAN, H., REYNDERS, L., BARTHOLOMEUS, M., CORNELISSEN, J.: PLASCO: A Silicon Compiler for nMOS and CMOS PLA's. VLSI '83, IFIP, 1983, pp. 171—181.

[Nehr 84] NEHRKORN, P.: Signalflußorientierte Netzwerksimulation im Schaltkreisentwurf. Wissenschaftliche Zeitschrift der TH Karl-Marx-Stadt **26** (1984) 4, 599—604.

[PeDS 77] PERSKY, G., DEUTSCH, D. N., SCHWEIKERT, D. G.: LTX — A minicomputer-based system for automatic LSI layout. Journ. of Design Automation and Fault-Tolerant Computing **1** (1977) 3, 217—255.

[PrSa 83] PRAMANIK, D., SAXENA, A. N.: VLSI Metallization Using Aluminium and its Alloys. (Part I). Solid State Technology SSTEAP-**26** (1983) 1, 127—133.

[PoEl 84] POWELL, P. A. D., ELMASRY, M. I.: The ICEWATER language and interpreter. Proc. 21th. Design Automation Conference DAC-**21** (1984).

[Posp 73] POSPELOV, D. A.: Analyse und Synthese von Schaltsystemen. VEB Verlag Technik Berlin 1973, 119—138.

[Rein 83] REINERT, D.: Entwurf und Diagnose komplexer digitaler Systeme. VEB Verlag Technik Berlin 1983.

[RiFi 82] RIVEST, R. L.; FIDUCCIA, C. M.: A "greedy" channel router. Proc. 19th. Design Automation Conference DAC-**82** (1982), 418—424.

[RöFM 84] RÖSSLER, F., FISCHER, P., MÖSCHWITZER, A.: LSISIMULATOR — eine leistungsfähiges Programmsystem zur Funktionsverifikation hoch- und höchstintegrierter Schaltkreise. Nachrichtentechnik **34** (1984) 6, 213—214.

[Souk 84] SOUKUP, J.: Global Router. Journal of Digital Systems **IV** (1984) 1, 59—69.

[Su 79] SU, S. Y. H.: A Survey of Computer Hardware Description Languages in the USA, Computer-
[Su 79] Aidet design Tools for Digital System. IEEE Catalog No EHO 132—1 Library of Congress No. 79-84649 New York 1979, 13—19.

[Will 78] WILLIAMS, J. D.: STICKS — A Graphical Compiler for High-Level LSI Design. AFIPS Conf. Proc. **47** (1978), 289—295.

[Witt 85] WITT, H.: Ein dialogfähiges Syntheseprogramm zur Umsetzung einer Fachsprachbeschreibung digitaler Systeme in PLA-Blöcke. Diplomarbeit, Technische Universität Dresden, Sektion Informationstechnik, 1985.

[VLSI 84] Silicon Compilers. Part I: VLSI Design Sept. 1984, 54—58, Part II: VLSI Design Oct. 1984, 65—68

[YoKu 82] YOSHIMURA, T.; KUHO, E. S.: Efficient algorithms for channel routing. IEEE Trans. on CAD/ICAS CAD-**1** (1982), 1, 25—35.

[Zand 70] ZANDER H. J.: Ein Verfahren zur Optimierung von Kombinatsschaltungen mit mehreren Ausgängen bei unvollständigen gegebenen Arbeitsbedingungen. EIK (1970) 3, S. 177—202.

[Zand 82] ZANDER, H. J.: Logischer Entwurf binärer Systeme. VEB Verlag Technik Berlin 1982, 150 bis 160.

8.5. Abschnitt 5.

[Fisc 85] FISCHER, W. J.: CMOS-Gate-Array — Ein Weg zur Realisierung anwendungsspezifischer Schaltkreise. 11. Mikroelektronik-Bauelemente-Symposium, 1985.

[GCDH 83] GRIERSON, J. R., COSGROVE, B., DANIEL, R., HALLIWELL, R. E., KIRK, I. H., KNIGHT, J. C., MC LEAN, J. A., MCGRAIL, J. M., NEWTON, C. O.: The UK5000 — Successful Collaborative Development of an Integrated Design System for a 5000 Gate CMOS Array with Built-In Test. 20th Design Automation Conference (1983), 629—636.

HöNS 84] HÖRBST, E., NETT, M., SANDWEG, G.: Entwicklung von kundenspezifischen Bausteinen — 1. Teil: Übersicht über ein modernes Entwicklungssystem. Elektronik **33** (1984) 19, 65—69.

[KuMH 85] KUBOKI, S., MASUDA, I., HAYASHI, T.: A 4K CMOS Gate-Array with Automatically Generated Test Circuits. ISSCC85 (1985), 128—129.

[LeLe 85] LEUNG, R., LEE, J.: A 50ns 48-Term Erasable Programmable Logic Array. ISSCC85 (1985) 130—131.

[nnnn 83] — —: CAD Software Family for Automated IC Design. Electronic Packaging & Production, 1983.

[nnnn 84] — —: Entwicklung von Kundenschaltungen, Markt & Technik **5** (1984) 6, 24—25.

[Schw 85] SCHWARZ, P.: A Program for the Mixed-Level Simulation of Digital MOS Circuits. ECCTD85 (1985) 000.

[SMHO 83] SANO, T., MATSUKUMA, S., HASHIMOTO, K., OKUCHI, Y., KUDO, O., YAMAMOTO, H.: A 20ns CMOS Functionable Gate-Array with Configurable Memory. ISSCC83 (1983), 146—147.

[SNBS 84] SMITH, D. C., NOTO, R., BORGINI, F., SHARMA, S. S., WERBICKAS, J. C.: The Variable Geometry Automated Universal Array Layout System. IEEE Trans. CAD **3** (1984) 1,

[SNOK 85] SAIGO, T., NIWA, K., OHTO, T., KUROSAWA, S., TAKADA, T.: A Triple-Level Wired 24K Gate CMOS Gate Array. ISSCC85 (1985), 122—123.

[STSH 83] SAIGO, T., TAGO, H., SHIOCHI, M., HIWATASHI, T., SHIMA, S., MORIYA, T.: A 20K-Gate CMOS Gate-Array. ISSCC83 (1983), 156—1957.

[TFTK 85] TAKAYAMA, Y., FUYII, S., TANABE, T., KAWAUCHI, K., YOSHIDA, T.: A 1ns 20K CMOS Gate-Array Series with Configurable 15ns 12K Memory. ISSCC85 (1985), 196—197.

8.6. Abschnitt 6.

[Chat 79] CHATTERJEE, P. K.: Leakge Studies In High-Density Dynamic MOS Memory Devices. IEEE J. of Solid-State Circuits SC-**14**, No. 2, 1979, S. 486ff.

[Eber 85] EBERIUS, H.: Leseverstärker für höchstintegrierte MOSDRAM's und Aspekte ihrer Realisierung in einer 1,5 μm NMOS-CMOS-Technologie. Dissertation A, TU Dresden, 1985.

[Lenk 85] LENKE, F.: Programmsystem MONRED. TU Dresden-Technikum, 1985.

[Rein 82] REINHOLD, W.: Probleme des Entwurfs und der inneren Elektronik von hochintegrierten CCD-Speichern. Dissertation A, TU Dresden, 1982.

[Tsan 81] TSANG, F.: MOS-Random Access Memory. US-Patent 4, 247, 917; 27. Jan. 1981.

[YaIe 79] YANO, T., IEDA, N. u. a.: Highly Sensitive Sense Circuit For Single Transistor MOS RAM. Rewiew of the Electrical Communication Laboratories, 1979, Nr. 1—2, S. 10—17.

[OCON 83] O'CONNOR, K. J.: A 5ns 4K × 1 NMOS Static RAM. ISSCC83, (1983), 104—105.

[NSFT 83] NATORI, K., FURUYAMA, T., SAITO, S., FUJII, S., TODA, H.; TANAKA, T., OZAWA, O.: A 34ns 256K DRAM. ISSCC 83 (1983), 232—233.

[KMSM 84] KUNG, R. I., MOHSEN, A. M., SCHUTZ, J. D., MADLAND, P. D., WEBB, C. C., HAMDY, E. R., SIMONSEN, C. J., GUO, R. T., YU, K. K., CHOU, S.: A Sub 256k DRAM in CMOS III Technology. ISSCC84 (1984), 278—279.

8.7. Abschnitt 7.

[Blau 78] BLAUSCHILD, R. u. a.: A new NMOS temperature-stable voltage reference. IEEE J. SC-**13** (1978) 6, 767—773.

[Choi 83] CHOI, T. C. u. a.: High Frequency CMOS Switched Capacitor Filters for Communication Applications. ISSCC83-Dig. of Techn. Papers, **26** (1983), 246—247.

[Dahm 78] DAHMS, J.: MOS-Kondensatoren über hochdotiertem Substrat in integrierbaren Analog-Digital-Umsetzern. Dissertation A, Universität Dortmund, 1978.

[Degr 84] DEGRAUWE, M. G. R., SANSON, W. M. C.: The Current Effiency of MOS Transconductance Amplifiers. IEEE J. SC-**19** (1984) 3, 349—359.

[DeMa 81] DE MAN, H. u. a.: DIANA-SC: A complete CAD-System for switched capacitor filters. Proc. ESSCIR Conf., (1981), 130—133.

[Drah 83] DRAHEIM, P.: Digital Signal Processing for Video Applications. IEEE J. SC-**18** (1983) 3, 280 to 285.

[Foto 79] FOTOUHI, B., HODGES, D. A.: High-Resolution A/D Conversion in MOS/LSI. IEEE J. SC-**14** (1979) 6, 920—925.

[Gray 82] GRAY, P. R., MEYER, R. G.: MOS Operational Amplifier Design — A Tutorial Overview. IEEE J. SC-**17** (1982) 6, 969—982.

[Hama 78] HAMADE, A. R.: A single chip all-MOS 8-bit A/D converter. IEEE J. SC-**13** (1978) 6, 785—791.

[Hans 84] HANSON, K. u. a.: A 1200 b/s QPSK Full Duplex MODEM, ISSC84-Dig. of Techn. Papers, **27** (1984), 194—195.

[Hodg 78] HODGES, D. A. u. a.: Potential of MOS Technologies for Analog Integrated Circuits. IEEE J. SC-**13**, (1978) 3, 285—293.

[Höff 81] HÖFFLINGER, B., ZIMMER, G.: Der Weg zur neuen CMOS-Technologie. Elektronik-**30** (1981) 12, 55—60.

[Iwat 81] IWATA, A. u. a.: Low Power PCM Codec and Filter System. IEEE J. SC-**16** (1981) 2, 73—79.

[Komo 84] KOMORI, A. u. a.: A 200 Kb/s Burst Mode Transceiver with Two-Bridge Tap Equalizer. ISSC84-Dig. of Techn. Papers, **27** (1984), 236—237.

[Kra 1 85] KRAUSS, M.: Realisierung der Kondensatoren in integrierten SC-Operationsverstärkerschaltungen. Wiss. Zeitschr. d. TU Dresden **34** (1985) 4, 131—138.

[Kra 2 85] KRAUSS, M.: Entwurf und Realisierung eines integrierten Operationsverstärkers in Enhancement/Depletion-MOS-Technik. Nachrichtentechnik/Elektronik **35** (1985) 9, 327—330

[Kra 3 85] KRAUSS, M.: Integrierter U/f-Umsetzer für Digitalvoltmeter in n-Kanal-E/D-Technik. Nachrichtentechnik/Elektronik **35** (1985) 10, 378—379.

[Kra 4 85] KRAUSS, M.: Beiträge zur integrierten CMOS-Analogtechnik. Dissertation B, TU Dresden 1986.

[Krau 84] KRAUSS, M.: Ein Ladungssteuer-Kapazitätsmodell des MOS-Transistors für die Kleinsignalanalyse. TU Dresden, Informationen 09—05, (1984).

[Lüde 78] LÜDER, E.: Integrierbare Filter in VLSI-Technik. AEU-**32** (1978) 10, 281—389.

[Lyon 82] LYON, T. L. u. a.: A Monolithic Audio Spectrum Analyzer for Speech Recognition System. ISSCC82-Dig. od Techn. Papers, **25** (1982), 272—273.

[McCr 75] MC CREARY, J. L., GRAY, P. R.: All-MOS charge redistribution analog-to-digital conversion techniques — part I. IEEE J. SC-**10** (1975) 6, 371—379.

[McCr 81] MC CREARY, J. L.: Matching properties, and voltage and temperature dependence of MOS-capacitors. IEEE J. SC-**16** (1981) 6, 608—616.

[Pfie 84] PFIESER, J. R. u. a.: Performance Limits of NMOS and CMOS. ISSCC84-Dig. of Techn. Papers. **27** (1984), 158—159.

[Post 79] POST, H.-U.: Schaltungskomponenten für MOS-integrierbare Analog/Digital- und Digital/Analog-Umsetzer. Dissertation A, Universität Dortmund, (1979).

[Post 83] POST, H.-U., SCHOPPE, K.: A 14 Bit Monotonic NMOS A/D Converter. IEEE J. SC-**18** (1983) 3, 297—301.

[Rie 1 83] RIEDEL, F.: Entwurf von MOS-Komparatoren für A/D-Konverter. IET-**13** (1983) 6, 519—543.

[Rie 2 83] RIEDEL, F.: Das Frequenzverhalten integrierter MOS-Verstärkerstufen in Einkanaltechnik. IET-**13** (1983) 3, 193—224.

[Rie 1 85] RIEDEL, F., WEDER, U.: Entwurf hochleistungsfähiger MOS-Operationsverstärker. Nachrichtentechnik/Elektronik **36** (1986) 2, 75—79.

[Rie 2 85] RIEDEL, F.: Ein verallgemeinertes Modell zum Entwurf integrierter MOS-Operationsverstärker für die analoge Signalverarbeitung. AEÜ-**39** (1985) 4, 233—241.

[Rie 3 85] RIEDEL, F.: A/D-Funktionsblöcke mit very high speed- und ultra high speed-Abtastraten. Arch. d. elektr. Übertragung **39** (1985) 6, 359—369.

[Ried 84] RIEDEL, F.: Wissenschaftliche Grundlagen für den Entwurf neuartiger analoger MOS-Schaltkreise. Dissertation B, TU Dresden, 1984.

[Rien 80] RIENECKER, W.: Monolithisch integrierbare Filter mit geschalteten Kapazitäten — Teil 1/2. Elektronik-**29**, (1980) 13/14, 37—43 u. 79—83.

[Runy 78] RUNYON, S.: Converters are finally blasting off, and µP Compatibility is the fuel. Electronic Design, **26** (1978), 8.

[Smar 78] SMARANDOIU, G. u. a.: CMOS Pulse-Code-Modulation Voice Codec. IEEE J. SC-**13** (1978) 4, 504—509.

[Spah 81] SPAHLINGER, G.: Simulierte Induktivitäten mit geschalteten Kondensatoren. AEÜ-**35**, (1981) 1, 53—55.

[Suzu 83] SUZUKI, T. u. a.: A CMOS Switched Capacitor Variable Line Equalizer. ISSCC83-Dig. of Techn. Papers, **26** (1983), 74—75.

[Tsiv 78] TSIVIDIS, Y. P.: Design Considerations in Single-Channel MOS Analog Integrated Circuits — A Tutorial. IEEE J. SC-**13** (1978) 3, 383—391.

[Tsiv 80] TSIVIDIS, Y. P. u. a.: A Process-Insensitive High-Performance NMOS Operational Amplifier. IEEE J. SC-**15** (1980) 6, 921—928.

[Tsuk 84] TSUKADA, T. u. a.: High-Accuracy MOS A/D Converter with Inherent Self-Compensation. Electronics and Communications in Japan, **67**-*C* (1984) 1, 77—86.

[Tsuk 85] TSUKADA, T. u. a.: CMOS 86 25 MHz Flash ADC. ISSCC85-Dig. of Techn. Papers **28** (1985), 34—35.

[Vito 77] VITTOZ, E., FELLRATH, J.: CMOS Analog Integrated Circuits Based on Weak Inversion Operation. IEEE J. SC-**12** (1977) 3, 224—231.

[Vitt 79] VITTOZ, E. A., NEYRAUD, O.: A Low-Voltage CMOS-Bandgap Reference. IEEE J. SC-**14** (1979) 3, 573—577.

[Wong 83] WONG, S., SALAMA, C. A. T.: Impact of Scaling on MOS Analog Performance. IEEE J. SC-**18** (1983) 1, 106—114.

[Yuka 85] YUKAWA, A.: A CMOS 8-Bit High-Speed A/D Converter IC. IEEE J. SC-**20** (1985) 3, 775—779.

9. Quellenverzeichnis

Das Urheberrecht für alle Abbildungen ohne Quellenangabe liegt bei den Verfassern bzw. dem VEB Zentrum für Forschung und Technologie Mikroelektronik Dresden und der Technischen Universität Dresden, Sektion Informationstechnik, die mit der Veröffentlichungsgenehmigung einem Abdruck zugestimmt haben.
Für folgende Bilder wurde freundlicherweise die Abdruckgenehmigung erteilt.

Abb. 6.10.: Werkfoto der Firma Intel, 1985. (Copyright © INTEL Corporation 1985)

Abb. 7.36. c), d):

[Tsuk 84] TSUKADA, T. u. a.: High-Accuracy MOS A/D Converter with Inherent Self-Compensation. Electronics and Communications in Japan, **67-C**, (1984) 1, 77—86. (Diese Fotosuurden direkt vom Autor zur Verfügung gestellt.)

Abb. 7.45 b):

[Hans 84] HANSON, K. u. a.: A 1200 b/s QPSK Full Duplex MODEM. ISSCC84-Dig. of Techn. Papers, **27**, (1984), 194—195. (Copyright (c) 1984 IEEE)

Abb. 7.47. b)

[Komo 84] KOMORI, A. u. a.: A 200 Kb/s Burst Transceiver with Two-Bridge Tap Equalizer. ISSCC84-Dig. of Techn. Papers, **27** (1984), 236—237. (Copyright (c) 1984 IEEE)

10. Abkürzungsverzeichnis

ADC	analog digital converter
A/D-	analog to digital (conversion)
BÇCD	buried channel charge coupled device
CAD	computer aided design
CAM	content adressed memory (or)
	computer aided manufacturing
CAT	computer aided test
CCD	charge coupled device
CE	chip enable
CMOS	complementary MOS
CS	chip select
CTD	charge transfer device
CVD	chemical vapour deposition
D/A-	digital to analog (conversion)
DDL	design description language
DIL	dual in line
DMA	direct memory access
DMOS	double diffused MOS
DRAM	dynamic RAM
DRC	design rule checking
DT	depletion transistor
FBM	finite box methode
FDM	finite difference methode
FEM	finite elemente methode
FPLA	fuse PLA
EAROM	electrical alterable read only memory
ECL	emitter coupled logic
E/E-	enhancement-enhancement- (inverter)
E/D-	enhancement-depletion- (inverter)
ET	enhancement transistor
EEROM = E^2PROM	electrical erasable read only memory
EPLA	erasable PLA
EPROM	erasable programmable read only memory
ERC	electrical rule checking
FET	field effect transistor
FAMOST	floating gate avalanche MOS transistor
FIT	failure in time
HMOS	high performance MOS technology

IC	integrated circuit
IGFET	insulated gate field effect transistor
I^2L = ILL	integrated injection logic
JFET	junction field effect transistor
KMOS	Kurzkanal-MOS-Transistor (short channel MOSFET)
LPCVD	low pressure CVD
LRC	logical rule checking
LSI	large scale integration
LSSD	level sensitive scan design
MFT	mean time between failures
MIS-	metal insulator technology
MISFET	metal insulator field effect transistor
MKLDL	spezieller Kode zur Netzbeschreibung
MNOSFET	metal nitride oxide semiconductor field effect transistor
MODEM	modulation demodulation device
MOS-	metal oxide technology
MOSFET	metall oxide semiconductor field effect transistor
MSI	medium scale integration
NBS-84	Netzbeschreibungssprache
NMOS-/nMOS-	n-channel MOS technology
NSGT-/nSGT-	n-channel silicon gate technology
NWA	Netzwerkanalyse
NVRAM	non volatile RAM
OED	oxidationsbeschleunigende Diffusion
OAT	operational transductance amplifier
OV	Operationsverstärker
PCM	pulse code modulation
PLA	programmable logic array
PMOS-/pMOS-	p-channel MOS technology
PMS	processor memory switch (level)
PROM	programmable read only memory
PSAR	potentiometric successive approximation register
PSGT-/pSGT-	p-channel silicon gate technology
PTAT	proportional to absolut temperature
RAM	random access memory
ROM	read only memory
RSRC	periodically reverse switched capacitor
RTL	register transfer logic (level)
SC	switched capacitor
SCCD	surface channel charge coupled device
SCM	stratified charge memory
SGT	silicon gate technology
SIT	static induction transistor
SMD	surface mounted device
SRAM	static RAM
SSI	small scale integration
TTL	transistor transistor logic
ULSI	ultra large scale integration
VLSI	very large scale integration
VMOS	vertical metal oxide silicon
WE	write enable
ZT	zero transistor ($U_p = 0$ V)

11. Sachwortverzeichnis

FSC
www.fsc.org
MIX
Papier | Fördert
gute Waldnutzung
FSC® C083411

Zeitfracht Medien GmbH
Ferdinand-Jühlke-Straße 7
99095 Erfurt, Deutschland
produktsicherheit@kolibri360.de